建设行业专业技术人员继续教育教材

建筑节能

主　　编　栾景阳

副主编　潘玉勤　刘乐辉　郭　慧

崔恩杰　徐宏峰

黄河水利出版社

图书在版编目(CIP)数据

建筑节能/栾景阳编.—郑州:黄河水利出版社,
2008.7(2009.5 重印)
ISBN 7-80734-092-4

Ⅰ.建… Ⅱ.栾… Ⅲ.建筑-节能 Ⅳ.TU111.4

中国版本图书馆 CIP 数据核字(2008)第 077892 号

出 版 社:黄河水利出版社
地址:河南省郑州市金水路 11 号　　邮政编码:450003
发行单位:黄河水利出版社
发行部电话:0371-66026940　　传真:0371-66022620
E-mail:hhslcbs@126.com
承印单位:黄河水利委员会印刷厂
开本:787 mm×1 092 mm　1/16
印张:24.75
字数:569 千字　　印数:10 100—13 100
版次:2008 年 7 月第 1 版　　印次:2009 年 5 月第 3 次印刷

书号:ISBN 7-80734-092-4/TU·66　　定价:48.00 元

前 言

21 世纪是高速变革的时代,世界能源紧张唤起了人们对建筑节能的要求与认识。建筑节能是降低能耗、提高能源利用效率、保护环境的一项重大战略举措,关系到国家可持续发展战略的实施。

为了认真贯彻实施可持续发展战略,建设节约型社会,2005 年 7 月 1 日,我国第一部有关公共建筑节能设计的综合性国家标准——《公共建筑节能设计标准》正式实施,2005 年 10 月 28 日建设部 143 号令发布了新的《民用建筑节能管理规定》,自 2006 年 1 月 1 日起施行。为了促进河南省建设领域节能工作的全面开展,根据河南省建设厅建筑节能暨资源节约工作领导小组对建筑节能工作的安排,河南省建设厅下发了豫建人教(2005)34 号文件《河南省建设厅关于开展建筑节能培训的通知》,决定在全省建设系统开展建筑节能培训,通过节能培训宣传贯彻建筑节能新标准、新规范、新工艺,这对于树立节能理念,促进资源节约和合理利用,缓解我国能源供应与经济社会发展的矛盾都具有十分重要的意义。

为了在建设行业更好地开展建筑节能培训,受河南省建设厅人教处委托,河南省建设教育协会组织河南省建筑节能方面的有关专家编写了这本《建筑节能》教材。本书全面介绍了建筑节能的概念、建筑热工知识、建筑节能的规划与设计、建筑节能设计标准(寒冷地区和夏热冬冷地区)、民用建筑节能检测及验收、建筑节能材料及制品、建筑维护结构构造及施工、国内外建筑节能技术及建筑节能政策与法规,并根据建筑节能培训的需要,把建筑节能设计的典型案例独立编写为一章,以便读者更好地掌握。为了使读者了解建筑节能新产品,本书特意选取了部分优秀节能产品,推荐给各地建设工程选用。本书特别注重实用性、指导性、典型性,既可作为建设行业建筑节能培训教材使用,也可作为建设行业专业技术人员继续教育教材使用。

本书由河南省建筑科学研究院栾景阳副院长任主编,第一章由栾景阳编写,第二、四、五章由潘玉勤编写,第三章由徐宏峰编写,第六、七章由刘乐辉、郭慧编写,第八章由崔恩杰编写。本书在编写过程中得到了河南省建设厅有关领导的大力支持,并参考、借鉴了建筑节能方面有关专家的著作;贵州省建设教育协会审阅了本套教材,并对本次修订工作提出了宝贵意见,在此一并表示感谢。由于时间仓促和编者水平所限,书中难免有不少疏漏、不妥之处,敬请专家学者和读者朋友给予批评指正。

编 者

目　录

第一章　建筑节能概述

第一节　概　述

一、建筑节能的涵义

建筑节能是指建筑产品在规划、设计、建造和使用过程中，通过采用新型墙体材料，执行建筑节能标准，加强建筑物用能设备的运行管理，合理设计建筑围护结构的热工性能，提高采暖、制冷、照明、通风、给排水和通道的运行效率，以及利用可再生能源，在保证建筑物使用功能和室内热环境质量的前提下，降低建筑能源消耗，合理、有效地利用能源的活动。

自1973年发生世界性的石油危机以来的30年间，在发达国家，建筑节能经历了3个发展阶段：第一阶段，称为在建筑中节约能源（Energy Saving in Buildings），在我国称为建筑节能；第二阶段，称为在建筑中保持能源（Energy Conservation in Buildings），意为在建筑中减少能源的散失；第三阶段，近年来，普遍称为在建筑中提高能源利用率（Energy Efficiency in Buildings），意为不是消极意义上的节省，而是积极意义上的提高能源利用效率。

在我国，现在通称的建筑节能，其涵义应为第三阶段的内涵，即在建筑中合理地使用和有效地利用能源，不断提高能源利用效率。

二、中国整体能源结构

2002年，中国一次能源消耗量为14.8亿t标准煤，其中煤炭占66.1%、石油占23.4%、天然气占2.7%、水电占7.1%。基于能源资源条件，在相当长的时间内，中国的能源仍然将以煤为主，且消耗总量的80%是原煤直接燃烧；优质天然气和水能所占比例仍然较低，与天然气探明地质储量和水能资源可开发量在能源资源中所占比例不对称，不到资源量的6%；煤层气、风能和太阳能发电等清洁能源利用刚刚起步。中国是世界上能源生产和消费大国，能源结构性矛盾是能源方面的主要矛盾。

三、我国的建筑能耗及其现状

（一）建筑能耗范围

按照国际通用的分类方法，建筑能耗是指民用建筑（包括居住建筑和公共及附属设施使用过程中的能耗，主要包括采暖、空调、通风、热水供应、照明、炊事、家用电器、电梯等方面的能耗。其中采暖、空调、通风能耗约占2/3。

(二)气候

气候状况是影响建筑用能的一个最基本的环境条件。我国幅员辽阔,横跨寒、温、热几个气候带,气候类型复杂多样。由于受东亚大陆气候的影响,主要的气候特点是冬寒夏热。冬季受到西伯利亚和蒙古高原低温寒流的频繁侵袭,夏季则受到太阳对亚洲大陆腹地的强烈辐射,而从海洋上吹进的东南风较弱。因此,与世界上同纬度地区的平均温度相比,大体上1月东北地区气温偏低14～18℃,黄河中下游偏低10～14℃,长江南岸偏低3～10℃,东南沿海偏低5℃左右;而7月各地平均温度却大体要高出1.3～2.5℃,呈现出很强的大陆性气候特征。于此同时,我国东南地区常年保持高湿,整个东部地区夏季湿度也很高,相对湿度维持在70%以上,亦即夏季闷热,冬季湿冷。此种不良的气候条件,使中国人民世世代代饱受严寒酷暑的折磨,也使中国的建筑节能工作更为艰巨。

(三)房屋建筑规模

我国房屋建筑规模十分巨大,近几年每年建成房屋达16亿～20亿 m^2(见表1-1),超过各发达国家年建成建筑面积的总和。如此巨大的建筑规模,在世界上是空前的;在我国历史上,这些年是房屋建设高潮期,这段高潮过后,很可能不会再度出现。

表1-1 全国1996～2002年新建房屋面积 (单位:亿 m^3)

年份	全国房屋竣工面积	城镇新建住宅面积	农村新建房屋面积
1996	16.20	3.95	8.28
1997	16.61	4.06	8.06
1998	17.09	4.76	8.00
1999	18.74	5.59	8.34
2000	18.20	5.49	7.97
2001	18.24	5.75	7.29
2002	19.67	5.98	7.42

资料来源:《中国统计年鉴》,1997,1998,1999,2000,2001,2002,2003。

在全国建设小康社会目标的指引下,我国城市化将加速发展,人民生活水平不断提高,21世纪开始的20年内,建筑业仍将迅速发展。全国城乡房屋建筑面积到2002年底共计为388亿 m^2,其中城市131.8亿 m^2。预计到2010年底,全国房屋建筑面积为519亿 m^2,其中城市171亿 m^2;估算到2020年底,全国房屋建筑面积为686亿 m^2,其中城市261亿 m^2。

然而,在重视建造房屋积累财富的同时,还应该看到,房屋在约100年的使用期间内,需要消耗大量的能源。浪费能源的房屋建得越多,遗留下来的能源消耗的负担就越发沉重,今后,能源安全问题就越发严峻。可惜,到目前为止,所建造的数量如此巨大的房屋建筑,95%以上都是高能耗建筑,即大量浪费能源的建筑。由于普遍存在的短期行为的束缚,只考虑减少当前一次性基本建设投资,无视上百年使用期间长期的能源消耗,其结果将为后人留下几百亿平方米高耗能建筑,每年多消耗若干亿吨的能源。届时能源供应一旦出现了障碍,采暖、空调、照明、家电设备将无法运转,亿万人民生活和工作就将立即受到严重影响,社会安定就会受到破坏。为了今后不致发生这种情况,必须在今天就做出努力。

发达国家建筑节能搞了30年,在生活舒适性不断提高的条件下,新建建筑单位面积能耗已减少到原来的1/3～1/5,而我国建筑节能工作却行动迟缓,至今城镇建成的节能型建筑仅占建筑总面积的2.1%。过去多年的机遇已经错过了,希望能抓住当前这个千载难逢的发展机遇,不要等到若干年后,能源实在无法支持如此庞大的建筑运转时,再来花巨资用几倍的代价进行节能改造,那我们就太有负于国家、有负于后人了。

(四)家用电器

家用电器是建筑用能,特别是生活用电的一个主要方面。表1-2列出了1995～2002年全国城镇居民家庭平均每百户家用电器拥有量。从中可以看出,洗衣机、电风扇数量基本稳定,电冰箱、冰柜、彩色电视机、电炊具、淋浴热水器等明显增加,以空调器拥有量增长最为迅速。而空调器正是功率较大、耗电最多的家电设备。2001年全国城乡家用空调器拥有量已达4 315.7万台。

表1-2 全国1995～2002年城镇居民家庭家用电器平均拥有量(单位:台/百户)

名称	年份							
	1995	1996	1997	1998	1999	2000	2001	2002
空调器	8.09	11.61	16.29	21.01	24.48	30.76	35.79	51.10
洗衣机	89.97	90.06	89.12	90.57	91.44	90.52	92.22	92.90
电风扇	167.97	168.07	165.74	168.37	171.73	167.91	170.74	182.57
电冰箱	66.22	69.67	72.98	76.08	77.74	80.13	81.87	87.38
冰柜	2.87	3.48	4.46	4.80	5.37	6.52	6.62	6.81
彩色电视机	89.79	93.60	100.48	105.43	111.57	116.56	120.52	126.38
电炊具	84.14	91.50	92.35	95.98	101.82	101.94	107.87	96.02
淋浴热水器	30.05	34.16	38.94	43.30	45.49	49.11	52.00	62.42

资料来源:《中国统计年鉴》,1996,1997,1998,1999,2000,2001,2002,2003。

家庭照明和家用电器用电量很大,且增长迅速。2001年居民家庭照明及部分家用电器用电量见表1-3。

表1-3 2001年城乡居民家庭照明及部分家用电器用电量

名称	拥有量(万台)	耗电量(亿 kW·h)
照明		671
房间空调器	4 136	233
电风扇	50 227	90
电冰箱	12 243	264
洗衣机	17 365	52
电视机	38 825	268
抽油烟机	6 815	59
电饭煲	11 756	116
微波炉	2 427	17
电淋浴热水器	1 809	52

资料来源:照明用电为北京华通人市场信息公司"中国绿色照明工程促进项目年度跟踪调查报告";家用电器用电为本项目调研估算。

(五)建筑能耗现状及展望

由于我国人口众多,生活条件不断改善,建筑能耗数量十分巨大,所占全国能源消费总量的比例也在逐步升高,见表1-4。

表1-4 全国1996~2001年建筑能耗

年份	全国能源消耗总量(Mtce❶)	建筑能耗(Mtce)	建筑能耗所占比例(%)
1996	1 389.5	334.7	24.1
1997	1 381.7	341.4	24.7
1998	1 322.1	345.7	26.1
1999	1 301.2	349.0	26.8
2000	1 303.0	350.4	26.9
2001	1 349.1	358.0	26.5

表1-4中的建筑能耗数量为建设部资料,与某些统计资料中的数据有较大出入,其原因可能在于,不少统计资料中将一些企业职工生活的能耗计入生产用能中,从而降低了建筑能耗数量,增多了生产用能耗数量。

目前,全世界建筑能耗约占能源总消费量的30%,其中住宅能耗约为商用建筑的2倍。建筑能耗与人民生活水平关系甚大,工业化国家建筑能耗占全球建筑能耗总量的52%,东欧/前苏联占25%,发展中国家占23%(Mark Levine,2002)。我国建筑能耗比例将随着人民生活水平的提高而逐步上升。

近几年,建筑能耗增长幅度较小,是由于许多家庭炊事和热水用能由煤炭改为天然气或电,能源效率有了很大提高,炊事、热水用能有所减少,抵消了一部分其他建筑能耗的增加量。

建筑能耗中,采暖、空调用能所占比例较大,照明、家电用能也在不断增加。不同用途的商品能源消耗见表1-5,表中不包括农村、乡镇使用的秸秆、薪柴等非商品能源数量。

表1-5 2001年按终端用途分的建筑能耗

用途	耗能量(Mtce)	所占比例(%)
城镇采暖	134	37.4
农村采暖	23	6.4
空调制冷	41	11.5
照明、家电	25	7.0
炊事、热水	135	37.7
总　计	358	100

❶ tce—标准煤。所谓标准煤,是指1kg煤炭的发热量为8.14kW·h的煤量。市场供应的普通煤,1kg的发热量为5.8~6.4kW·h,经换算,1kg普通煤为0.712~0.786标准煤。

今后，在全面建设小康社会的进程中，随着人民生活水平的提高，建筑能耗必然较快增长，其原因有以下几方面。

(1)房屋建筑继续增加。近几年每年新增房屋面积16亿～20亿m^2，平均每人1.3～1.5m^2；人口也在不断增加，每年增加约900万人；平均每户人口减少，即户数逐步增加。这个大趋势近期不会有太大变化。

(2)城镇化不断加快，农村人口大量向城市转移。而城市人口每人用能量大大高于农村，其比例为3.5:1。

(3)人们对建筑热舒适性的要求越来越高。冬天室温由12℃、16℃提高到18℃甚至20℃；热天的室温由32℃、30℃降低为28℃、26℃，甚至24℃、22℃。在“非典”肆虐以后，普遍提高了通风要求，又要增加采暖和空调能耗。

(4)采暖区大大向南扩展。过去采暖区限定在陇海线以北，现在从福州到桂林，居民冷天都用上了电暖器。20世纪90年代初期才开始发展空调，现在空调制冷范围已从公共建筑扩展到居住建筑，从南方扩展到北方。越来越多的建筑采用空调，北京、天津使用空调已相当普遍；随着某些村镇的渐趋富裕，空调和采暖将在许多村镇逐步得到发展；使用采暖和空调设备的时间也在逐步延长。

(5)居民家庭家用电器品种、数量增加。电视机、电冰箱、洗衣机、电炊具、淋浴热水器等已日益成为一般家庭的必备用品；家用热水器用户越来越多，用量愈来愈大；建筑照明条件也日益改善。

(6)广大农村过去主要使用秸秆、薪柴等生物质能源烧饭和取暖，现在这些非商品能源的使用量已渐趋减少，逐步改用煤、电、天然气等商品能源。

由于上述诸多因素的综合影响，今后，建筑能耗持续增加是不可避免的趋势，但其增长速度与节能工作关系甚大。对建筑能耗发展的预测见表1-6。尽管我国人均建筑能耗将成倍增加，但由于发展条件的限制，仍将处于较低水平。例如，美国1999年建筑能耗12.5亿tce，人均建筑能耗4.58tce(MOE/EIA, Annual Energy Outlook, 2001)，约为中国人均建筑能耗的16倍。我国不可能也不应该采用这种高能耗的发展模式。

表1-6　中国2000～2020年建筑能耗预测

年份	GDP(万亿元)	人口(亿人)	建筑面积(亿m^2)	建筑能耗(亿tce)	单位建筑面积能耗(kgce/m^2)	单位GDP建筑能耗(kgce/元)	人均建筑能耗(kgce/人)
2000	8.94	12.66	353	3.50	9.92	0.039	276.5
年平均增长率(%)	7.0	0.8		4.5			
2010	17.63	13.71	519	5.61 (6.73)	10.81 (12.97)	0.032 (0.038)	409.2 (490.9)
年平均增长率(%)	7.0	0.4		3.0			
2020	34.27	14.27	686	7.54 (10.89)	10.99 (15.87)	0.022 (0.031)	528.4 (763.1)

注：括号内数字为建筑节能工作停滞情况下的能耗数量。

(六)单位面积建筑能耗

采暖耗热量指标是一个地区气候、采暖条件与建筑围护结构状况的综合反映,是采暖能耗的一个基本指标。表1-7为在不同条件下北京建筑采暖耗热量指标的比较,其中31.68W/m²为居住建筑节能设计标准规定的基准数,即1980~1981年北京市通用设计计算值,相当于消耗标准煤25kgce/m²。从表1-7数据的比较可以看出,尽管北京市建筑节能工作取得了很大成绩,在北京采暖区内采暖能耗相对较低,但与建筑节能设计标准规定的指标相比,许多建筑群的实际采暖热耗仍然较高,甚至高于建筑节能设计标准的基准值,表1-7还列出了上海按照《夏热冬冷地区居住建筑节能设计标准》建设的节能50%的住宅的耗热量指标,以资比较。

表1-7 采暖耗热量指标比较

地域	计算或实际	条件	耗热量指标	备注
北京采暖度日数3 076	设计计算	20世纪80年代初通用住宅,多层砖混结构	31.68	按《民用建筑节能设计标准(采暖居住建筑部分)》(JGJ26—1986)
		节能30%的居住建筑	25.3	按《民用建筑节能设计标准(采暖居住建筑部分)》(JGJ26—1986)
		节能50%的居住建筑	20.6	按《民用建筑节能设计标准(采暖居住建筑部分)》(JGJ26—1995)
	实际统计	29个以公共建筑供热为主的热力站平均值(1998~1999)	41.2	统计供热面积112万m²
		43个以居住建筑供热为主的热力站平均值(1998~1999)	32.9	统计供热面积163万m²
上海采暖度日数1 691	设计计算	节能50%的居住建筑	17.4	按《夏热冬冷地区居住建筑节能设计标准》(JGJ134—2001)

资料来源:中国建筑业协会建筑节能委员会,北京市建筑节能"十五"计划背景资料,2000。

全国集中供热锅炉网以北京、天津为重点,调查了"九五"期间自1995~1996年采暖季至1999~2000年采暖季20t和40t锅炉供暖的能耗情况,调查的供暖面积共5072万m²,调查结果汇总表见表1-8。从表中可以看出,北京住宅实际采暖能耗接近设计基准能耗,而远远高出节能标准规定的能耗,但不同地区、不同供暖单位供暖能耗差别很大。在所调查地区中,北京、天津工作有节能基础,在国内属较好水平,其中又以塘沽最为先进;一些煤炭资源丰富的地方,如汾西矿物局,耗煤量就很高。

据北京9家建筑面积为5 200~32 000m²的大中型商场建筑空调能耗调查,单位面积空调年耗电量为160~200kW·h/m²,平均为188kW·h/m²(折合标准煤77.1kgce/m²)。能耗占建筑总能耗的40%~60%。每年每千焦空调负荷的一次能耗平均为1.77kJ,即一次能源效率为 56.5%。

表 1-8　集中供暖能耗调查结果

调查对象	煤耗($kgce/m^2$)	电耗($kW·h/m^2$)	水耗(kg/m^2)	共折标准煤($kgce/m^2$)
北京住宅	22.45	3.57	89	23.91
北京高校*	25.64	3.45	102	27.06
北京几个小区#	46.39	3.98	460	48.06
天津住宅	21.14	2.71	80	22.26
(其中:塘沽)	17.03	2.28	51	17.97
东北住宅	24.64	43.31	180	42.91
华北、西北住宅	41.11	4.99	284	43.18
汾西矿物局	46.39	3.98	460	48.06

注:1. 电耗折煤,1kW·h 电相当于 0.41kgce;水耗折煤,1t 水相当于 0.09kgce。

2. *—住宅占一半,还有教学楼、实验室、体育场管等,采暖期也较长。

3. #—用蒸汽锅炉采暖。

4. 资料来源:全国集中供热锅炉网,“九五”期间供暖能耗调查报告,2002。

广州市调查了 1999 年全年住宅用电情况,其中包括空调用电,见表 1-9。从表中可知,不同的住宅建筑面积,总用电量和空调用电量有所不同;年空调用电量占全年总用电量的 32.7%~43.0%;单位面积空调用电量为 7.3~8.8$kW·h/m^2$。

表 1-9　广州地区住宅空调耗电量分析

项目	每户建筑面积(m^2)				
	40~60	60~80	80~100	100~120	平均
1 月份用电量(kW·h)	67	69	85.7	89.1	
7 月份用电量(kW·h)	163.4	225.6	283.0	322.0	
全年总用电量(kW·h)	1 194.3	1 446.3	1 624.4	1 877.0	1 535.5
年空调用电量(kW·h)	390.3	618.3	696	807.8	628.1
年空调用电占全年总用电量百分比(%)	32.7	42.8	42.8	43.0	40.9
单位面积空调用电量($kW·h/m^2$)	7.8	8.8	7.7	7.3	7.9

资料来源:任俊等,广州住宅空调能耗分析与研究,2002。

(七)空调制冷与采暖高峰负荷

冬季采暖与夏季空调,是造成电力负荷峰谷差最主要的因素。长期以来,东北和华北电网冬季最大负荷高于夏季,由于冬季采暖的需要,东北电网冬季最大负荷与夏季最大负荷的比例达到 1.4:1,大连市 1999 年平均日峰谷差达到 47 万 kW。近 10 年来,由于夏季空调制冷迅速增加,京津唐电网热天最大负荷到 1997 年已基本上与冬季最大负荷相当,此后越来越比冬季最大负荷高。北京 2001 年冬季电力负荷峰值为 566 万 kW,2002 年夏季电力负荷峰值为 684 万 kW。在空调规模急剧扩展的情况下,华北、华东、华中、川渝、广东、福建等电网峰谷差持续快速增大,负荷率明显下降,使发电设备和输电设施的利用率降低,从而对电力系统的经济和安全运行造成重大影响。2002 年夏季降温最大负荷,京津唐电网接近 530 万 kW,河北电网 230 万 kW,华东电网 1 430 万 kW,华中电网 600 万～700 万 kW,其他电网共约 1 650 万 kW(国家电力公司电力负荷变化调研组)。也就是说,2002 年全国各电网空调制冷负荷共达 4 500 万 kW,相当于 2.5 个三峡电站的满负荷出力。尽管不断加紧进行电力建设,2003 年夏季,高温酷暑,多数电网负荷连创历史新高,全国电网差不多全面告急,至少有 10 个省(市)不得不拉闸限电。2002 年底,全国平均每百户家庭空调器拥有量城镇居民家庭为 51.1 台,农村只有 2.3 台,而广州等城市一些家庭已拥有 2～3 台空调器,近 7 年来,城镇家庭每百户平均每年增加约 6 台空调器。至于公共建筑空调的发展更是方兴未艾。上述情况说明,空调不断增加的趋势必将持续多年。由于空调制冷的日益普及,预计到 2010 年,全国制冷电力高峰负荷将增加一倍以上,即达到约相当于 5 个三峡电站的满负荷出力;预计到 2020 年,全国制冷电力高峰负荷还要再翻一番,达到约相当于 10 个三峡电站的满负荷出力,电力系统的峰谷差问题将更为严重。建设每千瓦的电站和电网设施,平均约需 8 000 元的投资,也就是说,为了满足 2020 年短时间空调制冷的高峰负荷,电力建设总投资约需 1.4 万亿元。

与此同时,越来越多地采用天然气代替燃煤进行采暖,使得天然气使用量在冬夏严重失调,北京天然气冬夏用量的比例已达 6∶1,因而天然气管网和设备的利用率极低,为此不得不投入大量资金建设天然气贮气库,又使天然气价格居高不下,造成巨大的浪费。推广燃气空调和楼宇冷热电联产系统,有利于削减夏季电力高峰负荷,增大夏季的天然气用量,增补夏季天然气低谷。

由此可见,抓紧建筑节能,认真执行建筑节能设计标准,不仅建筑冬暖夏凉,舒适性大为提高,空调负荷可降低一半,电力建设投资也可大为减少,电力工业的经济效益可大大提高,安全运行也更有保障。

第二节　建筑节能的目的和意义

21 世纪头 20 年,是我国建筑业的鼎盛时期,2020 年全国建筑面积将接近 2000 年的 2 倍。目前我国每年建成的房屋达 16 亿～20 亿 m^2,超过各发达国家年建成建筑面积的总和,可是,不仅既有的近 400 亿 m^2 建筑中 99% 为高能耗建筑,新建建筑中 95% 以上仍属于高能耗建筑,单位建筑面积采暖能耗为发达国家的新建建筑的 3 倍以上。全国空调高峰负荷已达到 4 500 万 kW·h,相当于 2.5 个三峡电站满负荷出力。这种只考虑眼前利益、放任浪费能源的行为普遍存在。按照目前建筑能耗水平发展状况,到 2020 年,我国建筑能耗将达 10.89 亿 tce,超过 2000 年的 3 倍;空调高峰负荷将相当于 10 个三峡电站满负荷出力。问题相当严重,情况十分紧迫。建筑节能已成为国家的重大战略问题。如果国家从现在起就下决心抓紧建筑节能工作,对新建建筑全面强制实施建筑节能设计标准,并对既有建筑逐步进行节能改造,则到 2020 年,我国建筑能耗可减少 3.35 亿 tce,空调高峰负荷可减少约 8 000 万 kW·h(相应可减少电力建设投资约 6 000 亿元)。由此能源紧张状况必将大为缓解。如果再加大工作力度,要求 2020 年建筑能耗达到发达国家 20 世纪末的水平,则节能效果将更为巨大。如果继续放任自流,错过当前这段大好机遇,不给予高度重视,不采取坚决有效的措施,则将对我国经济社会的可持续发展产生严重障碍,对能源安全和大气环境造成重大威胁。

一、建筑节能是发展国民经济的需要

经济的发展,依赖于能源的发展,需要能源提供动力。1990～1995 年,即第八个五年计划期间,我国国内生产总值平均每年增长 12%,而一次商品能源平均每年增长 3.6%。今后,我国能源的增长速度还将长期滞后于国内生产总值的增长速度。由此可见,能源短缺对我国经济的发展是一个根本制约因素。我们要发展国民经济,就必须依赖于节能。

1994 年我国一次能源总消费量为 14.77 亿 tce(包括薪柴、秸秆等非商品能源 2.48 亿 t),其中城乡民生能耗为 4.76 亿 t,占 32.2%。建筑用能是能耗大户,仅以城镇采暖来说,1994 年采暖地区城镇人口只占全国人口的 13.6%,而采暖用能即占全国商品能源消耗的 9.6%。由于经济的发展,人民生活水平的提高,采暖范围日益扩大,空调建筑迅速增加(1995 年广东省、上海市和北京市百户居民空调器平均拥有量分别达 44.1 台、37.4 台、15.2 台),建筑能耗的增长将远高于能源生产增长的速度,尤其是电力、燃气、热力等优质能源需求正在急剧增加,1990～1994 年,人均生活用电量由 42.4kW·h 增至 72.7 kW·h,集中供热面积由 2.13 亿 m^2 增至 5.06 亿 m^2。

可见,如果高能耗的建筑不断大量兴建,建筑用能继续急剧增长,能源生产的增长速度又赶不上建筑用能的增长速度,势必会限制国民经济的发展。因此,建筑节能对国民经济持续、快速、健康的发展具有极其重要的意义。

二、建筑节能有利于减轻大气污染

人们已经认识到燃烧矿物燃料所排放的烟尘等颗粒物以及二氧化硫和氮氧化物都会危害人体健康,是产生许多疾病的根源;还会造成环境酸化,酸雨会破坏森林,损坏建筑物;而产生的二氧化碳将严重影响工农业生产。包围在地球外层产生的温室效应正在加强,这将导致地球气候产生严重变化,如地球变暖、冰山融化、海平面上升、水旱灾害频发、沙漠化加剧、缺水更加严重等,从而危机人类生存。我国是以煤炭为主要能源,主要是煤烟型污染,危害很大。研究表明,每燃烧 1tce,将产生 24kg CO_2,19.8kg SO_2,406kg CO,4.2kg 粉尘。当前,我国几个大气污染指标,如总悬浮颗粒、降尘、二氧化硫和氮氢化合物等,北方城市高于南方城市,采暖期重于非采暖期。仅城市建筑采暖每年约排放1.9 亿 t CO_2,粉尘 3 000 万 t。采暖期城市大气污染指标普遍超过标准,情况相当严重。大气污染超过标准的基本原因,就是采暖燃煤排放的污染物。今后,采暖建筑越建越多,一个城市每年要建造几百万、上千万平方米的建筑物,为此每年要增加燃煤量上万吨,并相应增加 CO_2 排放量。

因此,开展建筑节能,可大幅度降低采暖能耗,减少有害物质的排放,这将是改善大气环境的重要措施。

三、建筑节能有利于提高住户的室内热舒适度

在开展建筑节能之前，我国绝大多数地区的居住建筑，对建筑物的热工性能都没有给予足够的重视。为了多建房，一味降低一次性投资，其结果是建筑的外围结构保温性能很差，屋顶薄，外墙、外窗漏风严重。夏季炎热，冬季寒冷。有些建筑墙壁结露、窗户结霜、室温过低，寒气袭人。整栋房子犹如一个大散热体，即使供足了暖气也难以提高室内的温度。如前所说，建筑节能是合理使用和有效利用能源，提高能源的利用率。这就要一方面加强建筑物的保温隔热性能，另一方面提高采暖供热系统的效率和运行管理的水平，这样一来，虽然采暖能耗降低了，建筑物由于保温好，热量不容易散失，室内温度反而比不节能前的建筑高。冬季透气、结露、湿冷的现象消失了，热舒程度大为提高。

四、节省了采暖费用的开支

开展建筑节能当然需要增加一定的投资，根据新建筑节能设计标准的目标，节能50%时用于加强建筑物保温和提高门窗气密性的投资不超过土建工程造价的10%，投资回收期不超过10年，在采暖系统中采取节能措施而节约吨标准煤的投资不超过开发吨标准煤的投资。实践证明，这一规定完全能够达到。当前一些建筑单位往往也是房屋建成后的物业管理单位，由于建筑物采取了节能措施，冬季采暖能耗明显减少，然而采暖收费制尚未改变，采暖费也未减少，只要能如数收到采暖费，对物业管理和供暖单位而言，是收入多了而开支少了。

采暖收费制改为按户用热流计量住户自交后，公家以不同方式发给住户外贴。由于总的耗热量减少了，各户也可相应节省采暖费的开支，到那时，节能建筑的用户对建筑节能的效益将会有切身的体会。

五、建筑节能将拉动建筑节能相关产业的发展

建造节能建筑，要提高围护结构的保温隔热性能、门窗的热工和气密性等，采暖供热系统要采取各种措施，来提高系统的运行效率，就必须研究开发各种保温隔热材料，各种不同的构造组合和相应构配件的生产，不同材料、型材组装的门窗，以及高效供热锅炉、鼓引风机、平衡阀、计量装置、自动化智能管理器具仪表等。由于建筑业的规模庞大，新建筑不断产生、旧建筑不断更新，所有建筑都要管理维修，所以与建筑节能有关的许多项目，都可能形成新的产业，迅速发展。

六、开展建筑节能是贯彻国家节能政策的需要

《中华人民共和国节约能源法》已经在全国人大第28次常务会议上审计通过，并以中华人民共和国第90号主席令发布，已于1998年1月1日起实施，这是推进全社会节能降耗，实现国民经济可持续发展的一项重大措施，标志着我国的节能工作已进入有法可依的阶段。在这一部国家法律中，有多项条款直接涉及建筑节能，对建筑节能在管理、合理使用能源、节能技术进步、法律责任等方面都有较具体的法律条文规定。国家建设部也制定了《建筑节能技术政策》，明确了建筑节能的基本目标。为了加强民用建筑节能管理，《民

用建筑节能管理规定》2005 年 10 月 28 日经第 76 次部常务会议讨论通过，以中华人民共和国第 143 号部长令发布，自 2006 年 1 月 1 日起施行。

第三节　我国的建筑节能技术

建筑节能是世界性的大潮流，人们逐渐认识到建筑节能是关系拯救地球、拯救人类的大事情。许多发达国家，新建建筑均为节能建筑，既有建筑也已经或正在改造成为节能建筑。建筑节能已成为建筑的共同选择。我国建筑节能工作起步较晚，建成的节能建筑只占很小比例，建筑能耗远高于发达国家。我国的节能技术水平与发达国家相比也有较大差距。然而，由于政府的重视，制定了一系列的政策法规，开展了众多科研项目。我国的节能技术水平已有很大提高，取得了丰富的研究成果，并广泛地推广应用。

一、采暖建筑节能规划设计

(一)采暖建筑节能规划设计的内容

采暖建筑节能规划设计是建筑节能设计的一个重要方面，它包括建筑选址、分区、建筑布局、道路走向、建筑方位朝向、建筑体型、建筑间距、冬季季风主导方向、太阳辐射、建筑外部空间环境构成等方面。

(二)采暖建筑节能规划设计的目的

采暖建筑节能规划设计的目的是优化建筑的微气候环境，充分利用太阳能、冬季主导方向、地形和地貌等自然因素，并通过建筑规划布局，充分利用有利因素，改造不利因素，形成良好的居住条件，创造良好的微气候环境，达到建筑节能的要求。

(三)采暖建筑规划设计的要点

(1)建筑选址。建筑选址应选择平坦和向阳的基地，避免“霜冻效应”和“风影效应”。

(2)建筑布局。建筑布局宜采用单元组团式布局，形成庭院空间，建立良好的气候防护单元，避免风漏斗和高速风走廊的道路布局和建筑排列。

(3)建筑形态。建筑形态宜采用体形系数小，冬日得热多，夏日得热少，日照遮挡少，利于避风的平整、简洁、美规、大方的建筑形态。

(4)建筑间距。建筑间距应保证住宅室内获得一定的日照量，并结合通风，省地等因素综合确定。

(5)建筑避风。建筑节能规划设计，应利用建筑物阻挡冷风，避开不利风向，减少冷空气对建筑物的渗透。

(6)建筑朝向。我国建筑规划设计，应以南北向或接近南北向为好。建筑物主要房间宜设在冬季背风和朝阳的部位，以减少冷风渗透和围护结构散热量，多吸收太阳热，并增加舒适感，改善卫生条件。

二、墙体节能技术

(一)墙体材料

墙体材料是我国建材工业的重要组成部分，其产值接近建材工业总产值的 1/3，能耗占建材工业总能耗的一半左右。我国墙体材料生产每年能耗超过 5 000 万 tce，建筑采暖能耗近 1 亿 tce，合计占全国能源消耗总量的 15%；砖瓦企业占地 30 万 hm^2。占全国建材企业占地的 67%，每年烧砖毁田 0.47 万～0.53 万 hm^2；墙体材料年运输量达 200 亿 t·km以上，占全国短途运输量的 1/6 以上。

新型墙体材料节能、节土、利废的效果十分明显。我国现有的多孔砖、混凝土砌块、多种利废砖、加气混凝土等新型墙体材料的生产平均能耗每万块为 0.7tce，比实心黏土砖每万块为 1.32tce 约低 47%；建造达到《民用建筑节能设计标准》的建筑，可使每平方米建筑采暖能耗从目前的 31.5kgce 降低到 15.8～22kgce，节能率达 30%～50%。

为此，我国正在大力开发和推广节土、节能、利废、多功能、利于环保并且符合可持续发展要求的各类新型墙体材料。

(二)新型墙体材料的主要类型

1.砖墙

实心砖或多孔砖墙，在外墙内表面抹水泥型或石膏型膨胀珍珠岩砂浆。

2.加气混凝土墙

加气混凝土热导率较低，宜用于框架填充墙和多层住宅的外墙。

3.轻骨料混凝土墙

采用以浮石、火山灰或其他轻骨料制作的多排孔混凝土空心砌块，并用保温砂浆砌筑的墙体。

4.内保温复合墙

复合墙体是指由承重材料与高效保温材料进行复合组成的墙体。承重材料可为砖、砌块和混凝土墙体，高效保温复合材料可为聚苯板、岩棉板或玻璃棉板、充气石膏板、水泥膨胀珍珠岩板等。

保温材料设在承重墙外侧的称为外保温复合墙体；保温材料设在承重墙内侧的称为内保温复合墙体。目前，由于内保温复合墙体宜于安装施工，采用较多；外保温复合墙体施工较复杂，采用较少。

饰面材料主要用纸面石膏板、玻璃纤维增强水泥板、玻璃纤维增强饰面石膏、纤维增强聚合物砂浆等。

内保温复合墙应注意对抗震柱、楼板、隔墙等周边部位“热桥”的构造处理。

“热桥”是指处于外墙和屋面等围护结构中的钢筋混凝土或金属梁、柱、肋等部位。这些部位传热能力强、热流密集，内表面温度较低，向外界散热较快。另外，还应注意内保温墙面面层产生裂缝的问题。为此，应采用合格的材料和正确的构造方法。

5.外保温复合墙

在承重外墙外表面上，粘贴或吊挂聚苯板或岩棉板，然后，贴上网布或挂钢筋网增强，再做抹灰面层形成外墙保温复合墙。此类墙保温隔热性能好，能有效防止墙面面层产生裂缝，但造价高，施工较复杂，目前应用较少。

外墙外保温复合墙体是发展方向，其优点有以下几点：

(1)保温材料对主体结构具有保护作用。

(2)有利于消除或减弱“热桥”的影响。

(3)由于储热能力较强的主体结构位于室内一侧，有利于房间的热稳定性，减少室温的波动。

(4)避免二次装修对内保温层造成的损坏。

(5)既有建筑改造施工时，可减少对住户的干扰。

6. 夹心复合墙

夹心保温复合墙是将保温层夹在墙体中间。主墙体采用混凝土或砖砌在保温材料两侧。保温材料可采用岩棉板、聚苯板、玻璃棉板或袋装膨胀珍珠岩等，并在主墙施工时砌入。

这种墙应用联合钢筋拉结，并作防锈处理。穿过保温层的拉结钢筋，会造成热桥，降低保温效果。

外墙内保温、外墙夹心保温、外墙外保温三种保温墙的技术性能比较，见表1-10。

表1-10　三种保温墙的技术性能比较

技术类型	曲型构选法(由外至内)	主要优点	主要缺点
外墙内保温	结构层+绝热层(矿棉板或玻璃棉板或EPS板)+面层(纸面石膏板或无纸面石膏或GRC轻板)	1. 对面层无耐候要求 2. 施工便利 3. 施工不受气候影响 4. 造价适中	1. 有“热桥”产生，削弱墙体绝热性；绝热层效率仅30%～40% 2. 墙体内表面易发生结露 3. 若面层接缝不严而空气渗漏，易在绝热层上结露 4. 减少有效使用面积 5. 室温波动较大
外墙夹心保温	1. 现场施工：结构层中间填入绝热层(矿棉板或玻璃棉板或EPS板) 2. 预制复合板：钢筋混凝土中间嵌入绝热层	1. 施工尚便利 2. 绝热性优于外墙内保温技术，使用功能尚可 3. 用现场施工法，造价不高	1. 有“热桥”产生，一定程度上削弱墙体绝热性；绝热层效率为50%～75% 2. 墙体较厚，影响有效使用面积 3. 墙体抗震性不够好 4. 预制复合板如接缝处理不当易发生渗漏
外墙外保温	1. 现场施工：饰面层(带色聚合物水泥砂浆)+增强层(被覆玻璃纤维网格布或镀锌钢丝网)+绝热层(EPS板或矿棉板)+结构层 2. 预制带饰面外保温板(例如，嵌有EPS板的钢丝网与钢筋增强的水泥砂浆板)，用粘挂结合法固定于结构层上	1. 基本上可消除“热桥”；绝热层效率高，可达85%～95% 2. 墙体内表面不发生结露 3. 不减少有效使用面积 4. 既适用于新建造房屋，也适用于旧房改造，可不影响使用 5. 室温较稳定，热舒适性好	1. 冬季、雨季施工受到一定限制 2. 采用现场施工，对所用聚合物水泥砂浆以及施工质量有严格要求，否则面层易发生开裂 3. 采用预制板时，对板缝处理有严格要求，否则在板缝处易发生渗漏 4. 造价较高

注：表中EPS为膨胀聚苯乙烯。

三、门窗节能技术

在建筑外围护结构中，门窗的保温隔热能力较差，门窗缝隙是冷风渗透的主要通道。改善门窗的保温隔热性能是节约能源、提高热舒适性的一个技术重点。

（一）采用适当的窗墙面积比

窗墙面积比是指窗户洞口面积与房间立面单元面积的比值。房间单元面积为房屋层高与开间定位线围成的面积。窗墙面积比反映房间开窗面积大小。窗户的传热系数大于同朝向的外墙传热系数，因此采暖热耗量随窗墙面积比的增加而增加。所以，在采光允许的条件下，控制窗墙面积比以及夜间设置保温窗帘、窗板是建筑节能的一个重要措施。

（二）改善窗户的保温性能

增加窗玻璃层数，使用双层或三层窗，利用玻璃之间的密闭空气间层，增大热绝缘系数，降低窗户的传热系数。双层玻璃比单层玻璃传热系数可降低一半，三层的比双层的传热系数又可降低1/3，窗上加贴透明聚酯膜也很有效。采用节能玻璃窗效果尤为明显，节能玻璃包括中空玻璃、吸热和热反射玻璃、泡沫玻璃及太阳能玻璃等。

采用塑钢复合窗和塑料窗较钢窗在保温性能上均有较大改善，见表1-11。

表1-11　目前我国使用窗户性能比较

性能	窗户类型				
	钢窗	铝合金窗	木窗	塑窗	塑钢窗
保温性	差	差	优	优	优
抗风性	优	良	良	差	良
空气渗透性	差	良	差	良	优
雨水渗透性	差	差	差	良	良
耐火性	优	优	差	差	差

（三）提高门窗的气密性，减少冷风渗透

我国多数门窗，特别是钢窗气密性较差，冬季室外冷空气通过门窗缝进入室内，使供暖能耗增加。改进门窗设计，提高制作安装质量，采用自粘性密封条，是提高门窗气密性的重要措施。

（四）提高户门、阳台门的保温性能

发展保温门，采用夹层内填充保温材料的户门，在门芯板上加贴保温材料的阳台门；增加窗帘、窗板或百叶；楼梯间设置门窗并加采暖设备。这些都是提高户门、阳台门等保温性能的有效措施。

四、屋顶和地面的节能技术

（一）平顶屋面

为加强屋顶保温，采用厚度为50～100mm的加气混凝土块，或架空设置的加气混凝土块；采用散铺浮石砂作保温层；在架空层填充袋装膨胀珍珠岩、岩棉或矿棉等效果更好；

还可采用防水层在下、聚苯板在上的倒铺法，保暖效果尤佳。

（二）尖顶屋面

尖顶屋面可顺坡顶内铺钉玻璃棉毡或岩棉毡，也可在天棚上铺设玻璃棉毡或岩棉毡；还可喷、铺玻璃棉、岩棉、膨胀珍珠岩等松散材料。尖顶屋面便于铺设保温层，其保温隔热和防水效果好，发展较快。

（三）地面

房间下部土壤温度变化不大，但与室内空气相邻的边缘地下温度变化却相当大。冬季将有较多热量由此散失，夏季高温高湿的空气与低温的地面接触，则产生结露。故应沿首层地面外墙周围边缘设置一定宽度的炉渣带，有利于保温隔热。

五、太阳能利用

（一）集热

集热是指将密度较低的太阳能，收集起来加以利用。一般采用南窗直接接收太阳热量。目前，多采用被动式太阳房集热。有些建筑采用太阳能热水器，供居民使用热水。

（二）蓄热

白天，利用主体结构将多余热量蓄存起来；晚上，逐渐将热量释放到室内，用以调节室内温度。设置屋顶水池、外壁用水墙，或者设蓄热管网、卵石蓄热床等也可取得一定效果。

六、供热采暖系统节能技术

（一）提高供热锅炉和管网的负荷率和热效率

（1）编制城市供热规划，设置集中锅炉房，采用大型高效率锅炉。

（2）在供热设计中，合理选取热指标值，选用能力适当的锅炉及配套设施，并使循环水泵、鼓风机和引风机的型号与锅炉相适应。

（3）管网内安装调节流量的平衡阀及其专用智能仪表，以使管网水力工况达到平衡，合理分配流量，避免近热远冷的弊端。

（二）科学组织采暖运行

（1）采用连续供暖运行方式，以提高锅炉热效率。

（2）安装恒温调节阀，适时地调控供水及回水温度，达到室内热舒适和节能的效果。

（3）煤种和炉型相配合，以达到提高热效率的目的。

（三）采用热量按户计量及控温技术

（1）采用“热表到户，计算收费”的办法。

（2）引进和开发管网调节控制技术及其设备。

（四）加强管道保温措施

（1）采用岩棉毡保温。

（2）采用预制复合保温管。内管为钢管，外套聚乙烯或玻璃钢管，中间用泡沫聚氨酯保温材料填充。不设管沟，直埋地下。

七、建筑物耗热量指标与采暖耗煤量指标

(一)采暖能耗与建筑物耗热量

采暖能耗是指在采暖期内用于建筑物采暖所消耗的能量,其中包括锅炉及其附属设备运行过程中消耗的热量和电能、室外管网输送热媒过程中消耗的热量,以及为保持室内计算温度需由室内采暖设备供给的热量。后者即称为建筑物耗热量。建筑物耗热量只是采暖能耗中的一部分。为了降低采暖能耗,必须从提高锅炉运行效率、室外管网输送效率以及降低建筑物耗热量等几个方面入手。但前两者毕竟是有一定限度的,因此为了降低采暖能耗,降低建筑物耗热量是一项根本的措施。

建筑物耗热量是指在一个采暖期内,为了保持室内计算温度需由采暖设备供给建筑物的热量,其单位是 kW·h/年。每年实际为每个采暖期。建筑物耗热量指标是指在采暖期室外平均温度条件下,为了保持室内计算温度,单位建筑面积在单位时间内消耗的、需由室内采暖设备供给的热量,其单位是 W/m^2。它是用来评价建筑物能耗水平的一个重要指标。

采暖设计热负荷指标(在采暖设计中常常简称为采暖设计热指标)是指在采暖室外计算温度条件下,为保持室内计算温度,单位建筑面积在单位时间内需由锅炉房或其他供热设施供给的热量,其单位是 W/m^2。它是用来确定采暖设备容量的一个重要指标。由于采暖期室外平均温度比采暖室外计算温度要高,因此建筑物耗热量指标在数值上比采暖设计热负荷指标要小。

(二)采暖耗煤量指标

采暖耗煤量指标是指在采暖期室外平均温度条件下,为保持室内计算温度,单位建筑面积在一个采暖期内消耗的标准煤量,其单位是 kg/m^2。采暖耗煤量指标随建筑物耗热量指标和采暖期时间的增长而增长,随锅炉运行效率和室外管网输送效率的提高而降低。它是用来评价建筑物和采暖系统组成的综合体能耗水平的一个重要指标。某一建筑物或某一小区是否节能、是否达到节能标准的要求,最终要看采暖耗煤量指标。

(三)影响建筑物耗热量指标的几个主要因素

(1)体形系数。在建筑物各部分围护结构传热系数和窗墙面积比不变的条件下,热量指标随体形系数的增加呈直线上升。低层和少单元住宅对节能不利。

(2)围护结构的传热系数。在建筑物轮廓尺寸和窗墙面积比不变的条件下,耗热量指标随围护结构的传热系数的降低而降低。采用高效保温墙体、屋顶和门窗等,节能效果显著。

(3)窗墙面积比。在寒冷地区采用单层窗、严寒地区采用双层窗或双玻窗条件下,加大窗墙面积比,对节能不利。

(4)楼梯间开敞与否。多层住宅采用开敞式楼梯间与采用有门窗的楼梯间相比,其耗热量指标上升 10%～20%。

(5)换气次数。提高门窗的气密性,换气次数由 0.8L/h 降至 0.5L/h,耗热量指标降低 10%左右。

(6)朝向。多层住宅东西向的与南北向的相比,其耗热量指标约增加 5.5%。

(7)高层住宅。层数在10层以上时,耗热量指标趋于稳定。高层住宅中,带北向封闭式交通廊的板式住宅,其耗热量指标比多层板式住宅约低6%。在建筑面积相近的条件下,高层塔式住宅的耗热量指标比高层板式住宅高10%~14%。体形复杂、凹凸面过多的塔式住宅,对节能不利。

(8)建筑物入口处设置门斗或采取其他避风措施,有利于节能。

第四节 我国建筑节能的目标和任务

一、国家建筑节能工作的指导思想、主要目标、工作思路、重点领域

(一)指导思想

以"三个代表"重要思想为指导,树立和落实科学发展观,紧紧围绕实现经济增长方式和城乡建设方式的根本转变;通过国家的政策、法规、技术引导,建立和完善政策法规,建立建筑节能技术法规,加快标准制定修订,加大标准的执行力度,推进材料、产品的技术进步;重点抓住新建建筑节能、既有建筑节能改造、可再生能源在建筑中规模化应用及产业化等关键领域,实行创新机制,全面推进建筑能效提高和规模化使用可再生能源,提高城乡发展质量和效益,促进建设事业结构调整,努力建设节约型城镇。

(二)主要目标

"十一五"期间,建筑节能工作主要目标,一是新建建筑全面执行节能50%的设计标准;建立四个直辖市和北方地区节能65%的国家标准体系和技术支撑体系;完成低能耗和绿色建筑的示范工程,形成相关标准和技术体系,引导"十二五"建筑发展方向;新型墙材生产基本满足需求。二是既有公共建筑节能改造取得突破性进展;深化北方地区供热体制改革,推动北方既有居住建筑节能改造。三是可再生能源在建筑中规模化应用取得实质性进展。四是形成国家推动建筑节能的关键能力。

"十一五"期间,总计节能1.01亿tce,累计建设节能建筑面积21.46亿m^2,其中新建建筑15.92亿m^2,既有建筑改造5.54亿m^2,全社会实施建筑节能工程总投入33 355.5亿元,其中建筑节能增量成本4 951亿元。

(三)工作思路

建筑节能工程的实施,要充分发挥中央和地方两个积极性,而且主要责任在地方。国家提出总体要求并给予资金、政策、技术等方面的支持,进行规模化的示范,为推动全国的建筑节能提供经验与模式,各省、自治区、直辖市按照国家的总体部署和参照国家建筑节能工程实施方案要求,结合地方的实际情况制定本地建筑节能工程实施方案,并在政策、资金和技术力量等方面给予支持,认真组织实施。建筑节能工程的实施应充分发挥市场机制的作用,在中央和地方政府的引导下,以企业投资为主、受益居民为辅,并鼓励社会资金和国外资金投入。

按照以上工作目标和总体思路提出以下方案。

(1)统一部署,分类指导。国家制定建筑节能工程实施方案,并对各地的贯彻落实提出要求;针对各地不同的气候特征、资源状况、经济发展水平,开展不同内容和形式的示

范，分类进行指导。

(2)城市示范，同步推进。城市作为示范平台，摸索相关技术标准、配套政策法规和建筑应用的成套技术，以及依靠市场机制推进工作的机制和模式；国家应及时组织各省、自治区、直辖市认真推广扩散这些经验，从而推动全国建筑节能工作的发展。

(3)创新机制，分级放大。改变传统项目运作模式，突出示范城市的作用，充分调动城市政府的积极性，形成示范城市的可复制推广的政策、标准、技术等，再扩大到各省、自治区、直辖市，大范围推广扩散。

(4)规模应用，需求带动。国家通过资金扶持、政策引导和提供技术咨询，促进相关技术产品的规模化应用，从需求端带动相关产业的产业化发展。

(5)国际合作，借鉴经验。充分与国际合作项目相结合，引入国际先进理念、技术及管理经验等，实现跨越式发展。

(6)有利扩散，方便推广。总结经验成果，形成国家相关技术标准和配套政策法规以及建筑应用的成套技术，摸索出依靠市场机制推进工作的机制和模式，进行全国推广扩散。

(7)提高效率，确保效果。本方案所涉及的领域多、行业多、城市多，组织协调工作相当复杂，为提高工作效率，确保执行效果，需采取有效的方式，如建立国家项目管理办公室，进行项目监管、评估和验收等；引入世界银行的项目费用报销制；委托第三方对项目产出和成果进行评估论证等。

(四)重点领域

根据《国务院关于做好建设节约型社会近期工作重点的通知》(国发[2005]21号)，确定“十一五”期间建筑节能工作重点领域的四个方面。

1.新建建筑节能

1)新建建筑全面执行节能50%的标准

贯彻《关于新建居住建筑严格执行节能标准的通知》(建科[2005]55号)，进一步提高认识，加强领导，落实责任，建立健全监督管理机制，依法推进，严格按本方案确定的目标实施。

2)四个直辖市率先执行新建建筑节能65%的标准并建立相关的国家标准和技术体系

要求四个直辖市在“十一五”期间制定并执行65%的地方标准；通过总结北京、天津、上海、重庆等地区执行节能65%建筑标准的经验，国家组织政策、技术、标准等研究机构和企业，制定推进节能65%标准的政策措施，建立成套的技术支撑体系和相关标准规范，发展和规范建筑节能设计、施工、咨询服务等产业，为“十二五”期间在北方地区全面执行节能65%的标准做好基础工作。

3)低能耗、超低能耗建筑和绿色建筑示范

国家通过资金支持、政策引导和提供技术咨询，充分调动房地产开发商的积极性；选择有积极性和相关能力的房地产开发商，按照国家要求，在低能耗、超低能耗建筑和绿色建筑等方面综合集成各种高效建筑节能成套技术来引导“十二五”期间建筑节能技术及产品的发展方向，形成相应的政策法规和技术标准，组织大规模的宣传推广，以便在“十二五”期间进行大范围的有效扩散。

4)新型墙材和节能材料产品的规模化应用及产业化

国家通过建筑节能工程的实施,拉动新型墙材和节能材料产品产业的发展。为规范新型墙材和节能材料产品的生产,保证质量,降低成本,国家通过确定新型墙材和节能材料产品的产业化基地,并给予政策、技术和资金的支持,发展民族工业,形成满足建筑节能工程实施要求的、质量达到要求的规模化生产基地。

2.既有建筑节能改造

1)既有公共建筑节能改造

既有公共建筑由于产权清晰,相对独立,在调查统计的基础上,尽快安排改造,探索出可以市场化的改造机制和模式,在全国范围推广。既有公共建筑节能改造工程主要针对商业性公建、地方财政支出的公建(含科教文卫、政府机构等)。示范城市按照国家要求,组织本市科研机构、业主单位及相关企业等共同参与,与国际合作项目相结合,积极进行机制和体制创新,开展既有建筑节能改造,国家和示范城市共同总结示范经验和成果,形成既有建筑节能改造关键技术、经济激励政策、投融资模式、过程的管理模式、投资收益的分配模式等,组织各省、自治区、直辖市推广扩散,带动全国城市既有公共建筑的节能改造。

2)深化北方采暖地区供热体制改革,推动既有居住建筑改造

国家一方面通过进一步推进城镇供热体制改革并做出相关部署,使北方地区供热体制改革有实质性进展;另一方面,给予资金扶持、政策引导和技术咨询,选择有积极性和相关能力的城市政府按照国家要求作为示范城市。在示范城市,通过全面推进供热体制改革,按"两手抓"的战略,带动采暖地区采暖系统和围护结构的改造,并为全国提供经验和模式,由国家组织相关省、自治区、直辖市进行推广、扩散。从总体上看,"十一五"期间对北方采暖地区既有居住建筑改造先进行调查摸底,建立能源统计制度,进行城市级示范,积极探索,积累经验,根据各地条件,逐步开展改造工作,在"十二五"期间再全面推开。

3.可再生能源在建筑中规模化应用

国家通过资金支持、政策引导和提供技术咨询,充分调动城市政府的积极性;选择有积极性和相关能力的城市政府,按照国家要求,组织本市科研机构、房地产开发商、相关产品厂商等共同参与,以企业为主体,依靠市场机制,开展可再生能源在建筑中应用技术的研发并进行规模化应用,从需求端带动相关产业发展;摸索出可复制的工作推进模式,并组织大规模宣传推广扩散;形成相关技术标准和配套政策法规,在"十二五"期间再在全国大规模推进。

4.形成国家推进建筑节能的配套措施和相关能力

在建筑节能工程的实施过程中,应做到以下几点:一是制定和修订相关法规,并通过组织示范摸索和试点建筑节能相关配套政策,建立健全建筑节能政策法规体系;二是通过示范完善建筑节能技术,制定相关标准,建立健全建筑节能标准体系,制定图集、工法、手册等,建立健全建筑节能技术;三是继续深化供热体制改革,制定供热价格管理办法等规章,建立城市低收入家庭冬季采暖保障体系;四是建立国家建筑能效检测检验和评估机构;五是加强国际合作,不断提高我国建筑节能技术与管理水平;六是加强建筑节能的培训宣传工作,提高从业人员的相关能力,增强公众的建筑节能意识。

二、河南省建筑节能工作的指导思想、工作原则及主要目标

(一)指导思想

贯彻执行可持续发展战略,树立和落实科学发展观,紧紧围绕经济增长方式和城乡建设方式的根本性转变,通过国家的政策、法规、技术引导,建立和完善政策法规,加快标准制定修订,加大标准的执行力度,提高资源利用率,使建筑节能和墙体材料革新工作服务于河南省经济发展;以完善建筑功能,保护环境,提高广大人民生活质量,全面实现小康为目标,以市场为导向,以科技进步为动力,结合本省条件和特点,发展建筑节能产业,促进河南省城镇化建设,改善人民生活和促进生态环境的协调发展。

(二)工作原则

1.坚持节约建筑用能与改善热环境相结合

河南省各个不同气候区域都要在改善建筑热舒适条件下节约能源,并在节约能源的基础上不断提高建筑热舒适度。努力实现在耗能不高的情况下,全省城镇建筑夏季室温低于26℃,冬季室温达到18℃左右的基本要求。

2.坚持节约建筑用能与墙体改革相结合

墙体材料是建筑外围护构件中的重要组成部分,起保温隔热的作用,性能良好的保温隔热墙材可以阻隔建筑室外热量向室内渗透,降低室内热负荷,节约空调能耗。因此,要发展建筑节能,必须积极开展墙体革新,在国家禁止使用实心黏土砖政策的指导下,发展保温隔热性能良好的新型墙体材料。

3.坚持政府对节能的宏观调控引导与市场机制对节能的促进作用相结合

充分发挥政府部门对节能的宏观调控作用,逐步推动规范性节能市场的形成,要考虑到在市场经济条件下,企业的资产和生产行为必然紧紧围绕以经济效益为中心,居民的节能行为也会与经济利益相关联,因此在制定可行的建筑节能推进政策时要与市场经济的要求相适应,重视企业与居民的实际经济利益。

(三)主要目标

1.新建建筑全面执行节能设计标准

新建居住建筑全面执行节能65%的设计标准,新建公共建筑全面执行节能50%的设计标准;建立健全居住建筑节能65%和公共建筑节能50%的地方标准和技术支撑体系;组织实施低能耗和绿色建筑示范,形成相关的地方标准和技术体系。具体目标有以下几点:

(1)从现在起,全省城镇新建居住建筑全面严格执行国家和省建筑节能设计标准。

(2)从2005年7月1日起,郑州、开封、洛阳等有条件的城市要率先执行《河南省居住建筑节能设计标准》(DBJ41/062—2005)节能65%的新标准;从2006年7月1日起,其他城市开始全面执行节能65%的新标准;从2008年1月1日起,全省所有县(市)开始全面执行节能65%的新标准。

(3)从2006年1月1日起,全省城镇新建公共建筑开始执行建筑节能标准。

(4)从2006年1月1日起开展既有居住建筑节能改造试点示范,政府机构要率先实行办公和居住建筑的节能改造。

(5)坚决贯彻落实豫政办[2004]131号文件精神，省辖市从2008年1月1日起“禁实”，县政府所在地的城镇最迟不得超过2008年底起“禁实”。

(6)新型墙材生产比例2005年达到25%，2007年到达30%，2010年达到35%；应用比例2005年达到55%，2007年达到60%，2010年达到65%。

2.既有建筑节能改造取得突破性进展

在开展新建建筑节能贯标工作的同时，对既有建筑的节能改造应根据轻重缓急逐步展开。在既有居住建筑节能改造方面，到2010年，郑州、鹤壁等市要完成应改造面积的30%～40%，其他省辖市按要求完成20%以上；积极推动县(市)既有居住建筑节能改造。在公共建筑节能改造方面，鹤壁作为省级既有公共建筑节能改造试点示范城市，要起好步、带好头，其他城市也要积极进行公共建筑节能改造。通过节能改造，应达到相关节能设计标准提出的节能65%和50%的目标。

3.大力推进可再生能源在建筑中的应用

积极推广太阳能(光热、光电、光纤)、地热、水热、空气源热泵等自然能源和沼气、秸秆制气等生物质能源在建筑中规模化应用的试点示范。城市建筑中的太阳能利用率要达到10%以上，其中，多层建筑必须采用太阳能技术；同时，结合城市既有建筑平改坡改造工程，积极推进太阳能技术的利用；农村要积极推广太阳能技术、沼气、秸秆制气等生物质能技术，建立可再生能源(太阳能、地热、沼气等)产业化基地，促进可再生能源在建筑中规模化应用取得实质性进展。

4.城镇供热体制和机制改革在采暖地区全面完成

集中供热的节能建筑均按实际耗热量计量收费，集中供热的供热厂、热力站和锅炉房设备及系统基本完成技术改造，以与建筑采暖系统技术改造相适应。

5.形成地方推动建筑节能的关键能力

一是提请省政府、省人大制定建筑节能方面的地方政府规章或法规，并通过组织试点示范摸索建筑节能相关配套政策，建立健全建筑节能地方政策法规体系；二是通过试点示范完善建筑节能技术体系，配套完善相关标准，组织编制相关图集、技术规程、定额、手册等，建立健全建筑节能技术、标准体系；三是继续深化供热体制改革，制定供热价格管理办法，建立城市低收入家庭冬季采暖保障体系；四是建立建筑能效检测检验和评估机构，实施建筑节能评估统计；五是加强建筑节能的培训和宣传工作，不断提高从业人员的相关能力，增强公众的建筑节能意识。

第二章　建筑热工基础知识

第一节　名词术语

为了方便设计人员在建筑节能热工计算和设计中使用，常用的名词术语及其符号、单位罗列如下。

(1)导热系数(λ)：稳态条件下，1m 厚物体，两侧表面温差为 1K，1h 内通过 $1m^2$ 面积传递的热量，单位为 W/(m·K)。

(2)比热容(C)：1kg 物质，温度升高 1K 吸收或放出的热量，单位为 kJ/(kg·K)。

(3)蓄热系数(S)：当某一足够厚度的单一材料层一侧受到谐波热作用时，表面温度将按同一周期波动，通过表面热流的波幅与表面温度波幅的比值，其值越大，材料的热稳定性越好，单位为 $W/(m^2 \cdot K)$。

(4)表面换热系数(α)：表面与附近空气之间的温差为 1K，1h 内通过 $1m^2$ 表面传递的热量。在内表面，称为内表面换热系数；在外表面，称为外表面换热系数。单位：$W/(m^2 \cdot K)$。

(5)表面换热阻(R)：表面换热系数的倒数。在内表面，称为内表面换热阻；在外表面，称为外表面换热阻。单位为 $m^2 \cdot K/W$。

(6)热导(G)：稳态条件下，围护结构两侧表面温差为 1K，1s 内通过 $1m^2$ 面积传递的热量，单位为 $W/(m^2 \cdot K)$。

(7)热阻(R)：表征围护结构本身或其中某种材料阻抗传热能力的物理量，单位：$m^2 \cdot K/W$。

(8)传热系数(总传热系数)(K)：稳态条件下，围护结构两侧空气温差为 1K，1h 内通过 $1m^2$ 表面积传递的热量，单位为 $W/(m^2 \cdot K)$。

(9)传热阻(R_0)：表征围护结构(包括两侧表面空气边界层)阻抗传热能力的物理量，为传热系数的倒数，单位为 $m^2 \cdot K/W$。

(10)围护结构：建筑物及房间各面围挡物，如墙体、屋顶、地板、地面和门窗等。分内、外围护结构两类。

(11)热桥(冷桥)：围护结构中包含金属，钢筋混凝土或混凝土梁、柱、肋等部位，在室内外温差作用下，形成热流密集、内表面温度较低的部位，这些部位形成传热的桥梁，故称热桥。

(12)外墙平均传热系数(K_m)：包括外墙主体部位和周边混凝土圈梁和抗震柱等热桥部位在内，按面积加权平均求得的传热系数，单位为 $W/(m^2 \cdot K)$。

(13)热惰性指标(D)：表征围护结构对温度波衰减快慢程度的无量纲指标，单一材料围护结构，$D = R \cdot S$，多层材料围护结构，$D = \sum R \cdot S$(式中 R 为围护结构材料层的热阻，S 为相应材料层的蓄热系数）。D 值越大，温度波在其中的衰减越快，围护结构的热稳定性越好。

(14)围护结构热稳定性：在周期性热作用下，围护结构本身抵抗温度波动的能力，围护结构的热惰性是影响其稳定性的主要因素。

(15)换气体积(V)：需要通风换气的房间体积，单位为 m^3。

(16)换气次数(N)：单位时间内室内空气的更换次数，单位为 1/h。

(17)集中采暖：热源和散热设备分别设置，由热源通过管道向各个房间或各个建筑物供给热量的采暖方式。

(18)采暖期天数(Z)：累年日平均温度低于或等于 5℃的天数。这一采暖期仅供建筑热工和节能设计计算采用，单位为 d。

(19)露点温度：在大气压力一定、含湿量不变的情况下，未饱和的空气因冷却而达到饱和状态时的温度，单位为℃。

(20)冷凝或结露：特指围护结构表面温度低于附近空气露点时，表面出现冷凝水的现象。

(21)水蒸气分压力(P)：在一定温度下湿空气中水蒸气部分所产生的压力，单位为 Pa。

(22)饱和水蒸气分压力(P)：空气中水蒸气呈饱和状态时水蒸气部分所产生的压力，单位为 Pa。

(23)空气相对湿度(%)：空气中实际的水蒸气分压力与同一温度下饱和水蒸气分压力的百分比。

(24)蒸气渗透系数(μ)：1m 厚的物体，两侧水蒸气分压力差为 1Pa，1h 内通过 $1m^2$ 面积渗透的水蒸气量，单位为 $g/(m^2 \cdot h \cdot Pa)$。

(25)蒸气渗透阻(H)：围护结构或某一材料层，两侧水蒸气分压力差为 1Pa，通过 $1m^2$ 面积渗透 1g 水分所需要的时间，单位为 $(m^2 \cdot h \cdot Pa)/g$。

(26)采暖期室外平均温度(t_e)：在采暖期起止日期内，室外逐日平均温度的平均值。

(27)采暖能耗(Q)：用于建筑物采暖所消耗的能量。本标准中的采暖能耗主要指建筑物耗热量和采暖耗煤量。

(28)建筑物耗热量指标(q_H)：在采暖期室外平均温度条件下，为保持室内计算温度，单位建筑面积在单位时间内消耗的、需由室内采暖设备供给的热量，单位为 W/m^2。

(29)采暖耗煤量指标(q_c)：在采暖期室外平均温度条件下，为保持室内计算温度，单位建筑面积在一个采暖期间消耗的标准煤量，单位为 kg/m^2。

(30)采暖设计热负荷指标(q)：在采暖室外计算温度条件下，为保持室内计算温度，单位建筑面积在单位时间内需由室内采暖设备供给的热量，单位为 W/m^2。

(31)围护结构传热系数(K)：在围护结构两侧空气温差为 1K 的情况下，在单位时间内通过单位面积围护结构的传热量，单位为 $W/(m^2 \cdot K)$。

(32)围护结构传热系数的修正系数(ε_i)：不同地区、不同朝向的围护结构，受太阳辐射和天空辐射的影响，使得其在两侧空气温差同样为 1K 的情况下，在单位时间内通过单位面积围护结构的传热量要改变，这个改变后的传热量与原有传热量的比值，即为围护结构传热系数的修正系数。

(33)建筑物体形系数(S):建筑物与室外大气接触的外表面积与其所包围的体积的比值。外表面积中,不包括地面和不采暖楼梯间隔墙和户门的面积。

(34)窗墙面积比:窗户洞口面积与房间立面单元面积(即建筑层高与开间定位线围成的面积)的比值。

(35)采暖供热系统:锅炉机组、室外管网、室内管网和散热器等设备组成的系统。

(36)锅炉机组:锅炉本体、鼓风机、引风机、除尘器、烟道和风道等的总称。

(37)锅炉机组容量:又称额定出力。锅炉铭牌标出的出力,单位为 MW。

(38)锅炉效率:锅炉产生的、可供有效利用的热量与其燃烧的煤所含热量的比值。在不同条件下,又可分锅炉铭牌效率和运行效率。

(39)锅炉铭牌效率:又称额定效率,是锅炉在设计工况下的效率。

(40)室外管网输送效率(η_1):管网输出总热量(输入总热量减去各段热损失)与管网输入总热量的比值。

(41)锅炉运行效率(η_2):锅炉实际运行工况下的效率。

(42)耗电输热比 *EHR* 值:在采暖室外计算温度条件下,全日理论水泵输送耗电量与全日系统供热量的比值。两者取相同单位,无因次。

(43)建筑物耗冷量指标(q_C):按照夏季室内热环境设计标准和设定的计算条件,计算出的单位建筑面积在单位时间内消耗的需要由空调设备提供的冷量,单位为 W/m^2。

(44)采暖年耗电量(E_h):按照冬季室内热环境设计标准和设定的计算条件,计算出的单位建筑面积采暖设备每年所要消耗的电能,单位为 $kW \cdot h/m^2$。

(45)空调年耗电量(E_c):按照夏季室内热环境设计标准和设定的计算条件,计算出的单位建筑面积空调设备每年所要消耗的电能,单位为 $kW \cdot h/m^2$。

(46)空调、采暖设备能效比(*EER*):在额定工况下,空调、采暖设备提供的冷量或热量与设备本身所消耗的能量之比,无因次。

(47)采暖度日数(HDD18):一年中,当某天室外日平均温度低于 18℃时,将低于 18℃的度数乘以 1 天,并将此乘积累加,单位为℃·d;

(48)空调度日数(CDD26):一年中,当某天室外日平均温度高于 26℃时,将高于 26℃的度数乘以 1 天,并将此乘积累加,单位为℃·d。

(49)典型气象年(TMY):典型气象年是由美国 SANDIA 国家实验室发展起来的一种室外气象模型。它是用统计的方法选出典型月,然后由典型月构成典型气象年。选择典型月的指标是:水平太阳总辐射,干球温度,露点温度的极大值、极小值和平均值。各指标的分配是辐射占 50%,其余指标占 50%。通常以近 30 年的月平均值为依据,从近 10 年的资料中按月序选取接近 30 年的月平均值的 12 个月作为典型气象年。由于选取的 12 个月平均值在不同的年份,资料不连续,还需要进行月间平滑处理,构成典型气象年。

第二节　建筑热工设计分区

一、建筑热工分区

建筑热工设计分区，主要与冬季和夏季的温度状况有关，因此用累年最冷月(即 1 月)和最热月(即 7 月)平均温度作为分区主要指标。累年日平均温度小于等于 5℃和大于等于 25℃的天数作为辅助指标，将全国划分为 5 个区，即严寒、寒冷、夏热冬冷、夏热冬暖和温和地区。其中严寒地区又细分为严寒 A 区和严寒 B 区。具体分区见表 2-1。

表 2-1　建筑热工设计分区

<table>
<tr><th rowspan="2">分区名称</th><th colspan="2">分区指标</th><th rowspan="2">设计要求</th><th rowspan="2">代表性城市</th></tr>
<tr><th>主要指标</th><th>辅助指标</th></tr>
<tr><td>严寒 A 区</td><td rowspan="2">最冷月平均温度≤－10℃</td><td rowspan="2">日平均温度≤5℃的天数≥145d</td><td rowspan="2">必须充分满足冬季保温要求，一般可不考虑夏季防热</td><td>海伦、博克图、伊春、呼玛、海拉尔、满洲里、齐齐哈尔、</td></tr>
<tr><td>严寒 B 区</td><td>长春、乌鲁木齐、延吉、通辽、通化</td></tr>
<tr><td>寒冷地区</td><td>最冷月平均温度 0～－10℃</td><td>日平均温度≤5℃的天数 90～145d</td><td>应满足冬季保温要求，部分地区兼顾夏季防热</td><td>兰州、太原、唐山、阿坝、喀什、北京、</td></tr>
<tr><td>夏热冬冷地区</td><td>最冷月平均温度 0～10℃，最热月平均温度 25～30℃</td><td>日平均温度≤5℃的天数 0～90d，日平均温度≥25℃的天数 40～110d</td><td>必须满足夏季防热要求，适当兼顾冬季保温</td><td>南京、蚌埠、盐城、南通、合肥、安庆、九江、武汉、上海、杭州、长沙、南昌</td></tr>
<tr><td>夏热冬暖地区</td><td>最冷月平均温度>10℃，最热月平均温度 25～29℃</td><td>日平均温度≥25℃的天数 100～200d</td><td>必须充分满足夏季防热要求，一般可不考虑冬季保温</td><td>福州、龙岩、梅州、兴宁、柳州、泉州、厦门、广州、深圳</td></tr>
<tr><td>温和地区</td><td>最冷月平均温度 0～13℃，最热月平均温度 18～25℃</td><td>日平均温度≤5℃的天数 0～90d</td><td>部分地区应考虑冬季保温，一般可不考虑夏季防热</td><td></td></tr>
</table>

二、各热工分区气候特征

(一)严寒地区

我国严寒地区地处长城以北、新疆北部、青藏高原北部。包含建筑气候区划的Ⅰ区全部，Ⅵ区中的ⅥA、ⅥB 和Ⅶ区中的ⅦA、ⅦB、ⅦC。

严寒地区包括黑龙江、吉林全境，辽宁大部，内蒙古中部、西部、北部及陕西、山西、河北、北京北部的部分地区，青海大部，西藏大部，四川大部，甘肃大部，新疆南部部分地区。

严寒地区气候的特点有以下几点：

(1)冬季漫长严寒,年日平均气温低于或等于 5℃的日数为 144～294d;1 月平均气温为 -31～-10℃。

(2)夏季区内各地气候有所不同。Ⅰ区夏季短促凉爽,7 月平均气温低于 25℃；ⅥA 区、ⅥB 区凉爽无夏,7 月平均气温低于 18℃；ⅦA 区夏季干热,为北疆炎热中心,日平均气温高于或等于 25℃的日数可达 72d;ⅦB 区夏季凉爽,较为湿润;ⅦC 区夏季较热;ⅦA、ⅦB、ⅦC 区 7 月平均气温为 18～28℃,山地偏低,盆地偏高。

(3)气温年较差大,Ⅰ区为 30～50℃；ⅥA、ⅥB 区为 16～30℃；ⅦA、ⅦB、ⅦC 区为 30～40℃。

(4)气温日较差大,年平均日较差为 10～18℃。Ⅰ区 3～5 月平均气温日较差大,可达 25～30℃。

(5)极端气温较低,普遍低于 -35℃,漠河曾有全国最低记录 -52.3℃。

(6)极端最高气温区内各地差异很大,Ⅰ区为 19～43℃；ⅥA、ⅥB 区为 22～35℃；ⅦA、ⅦB、ⅦC 区为 27～44℃,山地明显偏低盆地非常之高。

(7)年平均相对湿度为 30%～70%,区内各地差异很大。西部偏于干燥,东部偏于湿润。最冷月平均相对湿度:Ⅰ区为 40%～80%,ⅥA、ⅥB 区为 20%～60%,ⅦA、ⅦB、ⅦC 区为 50%～80%;最热月平均相对湿度:Ⅰ区为 50%～90%,ⅥA、ⅥB 区为 30%～80%,ⅦA、ⅦB、ⅦC 区为 30%～60%。

(8)年降水量较少,多在 500mm 以下,区内各地差异很大。Ⅰ区为 200～800mm,雨量多集中在 6～8 月；ⅥA、ⅥB 区为 20～900mm,该区干湿季分明,全年降水多集中在 5～9 月或 4～10 月,占年降水量的 80%～90%,降水强度较小,极少有暴雨出现;ⅦA、ⅦB、ⅦC 区为 10～600mm,是全国降水量最少的地区,降水量主要集中在 6～8 月,占年总量的 60%～70%,山地降水量年际变化小,盆地变化大。

(9)太阳辐射量大,日照丰富。Ⅰ区年太阳辐射照度为 140～200W/m^2,年日照时数为 2 100～3 100h,年日照百分率为 50%～70%,12 月～翌年 2 月偏高,可达 60%～70%；ⅥA、ⅥB 区年太阳总辐射照度为 180～260W/m^2,年日照时数为 1 600～3 600h,年日照时数为 2 600～3 400h,年日照百分率为 60%～70%。

(10)年平均风速为 2～6m/s,冬季平均风速 1～5 m/s,夏季平均风速 2～7m/s。

(11)冻土深,最大冻土深度在 1m 以上,个别地方最大冻土深度可达 4m。

(12)积雪厚,最大积雪深度为 10～60cm,个别地方最大积雪深度可达 90cm。

上述各部分的气候特征值见表 2-2。

(二)寒冷地区

我国寒冷地区地处长城以南,秦岭、淮河以北,新疆南部,青藏高原南部。

该地区包含建筑气候区划的Ⅱ区全部,Ⅵ区的ⅥC 区和Ⅶ区的ⅦD 区。包括天津、山东、宁夏全境,北京、河北、山西、陕西大部,辽宁南部,甘肃中东部以及河南、安徽、江苏北部的部分地区,新疆南部、西藏东南部、青海南部、四川西部部分地区。

寒冷地区的气候特点有以下几点：

(1)冬季较长且寒冷干燥,年日平均气温低于或等于 5℃的日数为 90～207d;1 月平均气温为－10～0℃。

表 2-2 严寒地区各部分的气候特征值

气候区		Ⅰ区	ⅥA、ⅥB区	ⅦA、ⅦB、ⅦC区
气温(℃)	最冷月	－31～－10	－17～－10	－22～－10
	最热月	8～25	7～18	21～28
	年较差	30～50	16～30	30～40
	日较差	10～16	12～16	10～18
	极端最低	－27～－52	－26～－41	－21～－50
	极端最高	19～43	22～35	37～44
日平均气温≤5℃的天数(d)		148～294	162～284	144～180
日平均气温≥25℃的天数(d)		0	0	0
相对湿度(%)	最冷月	40～80	20～60	50～80
	最热月	50～90	30～80	30～60
	年平均	50～70	30～70	35～70
年降水量(mm)		200～800	20～900	10～600
年太阳总辐射照度(W/m^2)		140～200	180～260	170～230
年日照时数(h)		2 100～3 100	1 600～3 600	2 600～3 400
年日照百分率(%)		50～70	40～80	60～70
风速(m/s)	冬季	1～5	1～5	1～4
	夏季	2～4	2～5	2～7
	全年	2～5	2～5	2～6

(2)夏季区内各地气候差异较大。Ⅱ区的平原地区较炎热湿润,高原地区夏季较凉爽,7月平均气温为18～28℃;ⅥC区凉爽无夏,7月平均气温低于18℃;ⅦD区夏季气候干热,吐鲁番盆地夏季酷热,7月平均气温为18～33℃,日平均气温高于或等于25℃的日数约为120d,高于或等于35℃的日数为97d。

(3)气温年度较差较大,Ⅱ区为26～34℃,ⅥC区为11～20℃,ⅦD区31～42℃。

(4)年平均气温日较差较大,Ⅱ区为7～15℃,ⅥC区为9～17℃,ⅦD区12～16℃。

(5)极端最低气温较低,Ⅱ区为－13～－35℃,ⅥC区为－12～－30℃,ⅦD区为－21～－32℃。

(6)极端最高气温各地差异较大,Ⅱ区为34～43℃,ⅥC区为24～37℃,ⅦD区为40～47℃,吐鲁番极端最高气温达到47.6℃,为全国最高。

(7)相对湿度区内各地差异很大,年平均为30%～70%,最冷月平均相对湿度:Ⅱ区为40%～70%,ⅥC区为20%～60%,ⅦD区为50%～70%,最热月平均相对湿度:Ⅱ区为50%～80%,ⅥC区为50%～80%,ⅦD区为30%～50%。

(8)年降水量各地差异较大，Ⅱ区为300～1 000mm，ⅥC区为290～880mm，ⅦD区为20～140mm。

(9)太阳辐射较大，日照较丰富，Ⅱ区年太阳总辐射照度为150～190W/m²，年日照时数为2 000～2 800h，年日照百分率为40%～60%；ⅥC区太阳总辐射照度为290～880mm；ⅦD区为20～140mm。

(10)年平均风速为1～6m/s，冬季平均风速1～5m/s，夏季平均风速1～5m/s。

(11)冻土深度各地差异较大，最大冻土深度在0～1m，个别最大冻土深度可达1.4m。

(12)雪较厚，最大积雪深度为10～20cm，个别地方最大积雪深度可达70cm。

上述各部分的气候特征值见表2-3。

表2-3　寒冷地区各部分的气候特征值

气候区		Ⅱ区	ⅥC区	ⅦAD区
气温(℃)	最冷月	0～－10	0～－10	－5～－10
	最热月	18～28	11～20	24～33
	年较差	26～34	14～20	31～42
	日较差	7～15	9～17	12～16
	极端最低	－13～－35	－12～－30	－21～－32
	极端最高	34～43	24～37	40～47
日平均气温≤5℃的天数		90～145	116～207	112～130
日平均气温≥25℃的天数		0～80	0	约120
相对湿度(%)	最冷月	40～70	20～60	50～70
	最热月	50～90	50～80	30～60
年降水量(mm)		300～1 000	290～880	20～140
年太阳总辐射照度(W/m²)		150～190	180～260	170～230
年日照时数(h)		2 000～2 800	1 500～3 000	2 500～3 500
年日照百分率(%)		40～60	40～80	60～80
风速(m/s)	冬季	1～5	1～3	1～4
	夏季	1～5	1～3	2～4
	全年	1～6	1～3	2～4

(三)夏热冬冷地区

我国夏热冬冷地区地处秦岭、淮河以南，南岭以北。包含建筑气候区划的Ⅲ区全部，即上海、浙江、江西、湖北、湖南全境，江苏、安徽、四川大部，陕西、河南南部，贵州东部，福建、广东、广西北部和甘肃南部的部分地区。

夏热冬冷地区的气候特点有以下几点：

(1)大部分地区夏季闷热，7月平均气温为25～30℃，年日平均气温高于或等于25℃

的日数为 40～110d。

(2)冬季湿冷,1 月平均气温为 0～10℃,年日平均气温低于或等于 5℃的日数为 0～90d;冬季寒潮可造成剧烈降温,极端最低气温大多可降至 -10℃;甚至低于 -20℃。

(3)气温年较差为 19～29℃;气温日较差小于 6～11℃。

(4)年降水量大,为 1 000～2 000mm。年降雨日数为 150d 左右,多者可超过 200d;春末夏初为长江中下游的梅雨期,多阴雨天气,常有大雨和暴雨出现;沿海及长江中下游地区夏秋常受热带风暴和台风袭击,易有大雨暴风天气。

(5)平均相对湿度为 70%～80%,四季相差不大。

(6)太阳辐射较低,日照偏少。年太阳辐射照度为 110～160W/m^2,四川盆地东部为低值中心,尚不足 110W/m^2;年日照时数为1 000～2 400h,川南黔北地区日照极少,只有 1 000～1 200h;年日照百分率一般为 30%～50%,川南黔北地区不足 30%,是全国最低的。

(7)12 月～翌年 2 月盛行偏北风;6～8 月盛行偏南风;年平均风速为 1～3m/s,东部沿海地区偏大,可达 7m/s 以上。

上述各部分的气候特征值见表 2-4。

表 2-4　夏热冬冷地区各部分的气候特征值

气候区		Ⅲ区	ⅢB 区	ⅢC 区
气温(℃)	最冷月	0～-10	0～-10	1～7
	最热月	27～29	27～30	27～28
	年较差	19～26	19～27	20～27
	日较差	6～9	7～10	6～11
	极端最低	-14～-2	-21～-2	-21～-3
	极端最高	38～40	39～44	37～43
日平均气温≤5℃的天数(d)		0～90		
日平均气温≥25℃的天数(d)		40～110		
相对湿度(%)	最冷月	70～78	71～82	59～84
	最热月	79～85	70～85	73～85
年降水量(mm)		1 000～2 000	900～1 800	700～1 400
年太阳总辐射照度(W/m^2)		110～160		
年日照时数(h)		1 600～2 300	1 200～2 200	1 100～2 100
年日照百分率(%)		37～52	27～51	25～48
风速(m/s)	冬季	1.2～3.6	0.8～3.5	0.4～3.3
	夏季	1.6～3.3	1.1～3.3	0.5～2.9
	全年	1.3～3.4	1.0～3.4	0.5～3.1

(四)夏热冬暖地区

我国夏热冬暖地区地处南岭以南。包含建筑气候区划的Ⅳ区的全部,即海南、台湾全境,福建南部,广东、广西大部以及云南西南部和元江河谷地区。

夏热冬暖地区的气候特点有以下几点:

(1)长夏无冬,温高湿重,1 月平均气温高于 10℃,7 月平均气温为 25~29℃,全年平均气温高于或等于 25℃的日数为 100~200d。

(2)气温年较差和日较差均小,气温年较差为 7~19℃,年平均气温日较差为 5~12℃。

(3)极端最高气温一般低于 40℃,个别可达 42.5℃。

(4)年平均相对湿度为 80%左右,四季变化不大。

(5)雨量丰沛,年降雨日数为 120~200d,年降水量大多在 1 500~2 000mm,是我国降水量最多的地区;年暴雨日数为 5~20d,各月均可发生,主要集中在 4~10 月,暴雨强度大,台湾局部尤甚,日降水量可在 1 000mm 以上;多热带风暴和台风袭击,易有大风暴雨天气。

(6)太阳高度较大,日照较少,太阳辐射强烈。年太阳总辐射照度为 130~170 W/m^2,在我国属较少地区之一;年日照时数大多为 1 500~2 600h,年日照百分率为 35%~50%,12 月~翌年 5 月偏低。

(7)10 月~翌年 3 月盛行东北风和东风;4~9 月大多盛行东南风和西南风;年平均风速为 1~4m/s,沿海岛屿风速显著偏大,台湾海峡平均风速在全国最大,可达 7m/s 以上。

上述各部分的气候特征值见表 2-5。

表 2-5　夏热冬暖地区各部分的气候特征值

<table>
<tr><th colspan="2">气候区</th><th>ⅣA 区</th><th>ⅣB 区</th></tr>
<tr><td rowspan="6">气温(℃)</td><td>最冷月</td><td>10~21</td><td>11~17</td></tr>
<tr><td>最热月</td><td>26~29</td><td>25~29</td></tr>
<tr><td>年较差</td><td>7~19</td><td>10~17</td></tr>
<tr><td>日较差</td><td>5~9</td><td>8~12</td></tr>
<tr><td>极端最低</td><td>-2~3</td><td>-7~3</td></tr>
<tr><td>极端最高</td><td>35~40</td><td>38~42</td></tr>
<tr><td colspan="2">日平均气温≥25℃的天数(d)</td><td colspan="2">100~200</td></tr>
<tr><td rowspan="2">相对湿度(%)</td><td>最冷月</td><td>70~87</td><td>65~85</td></tr>
<tr><td>最热月</td><td>77~84</td><td>72~82</td></tr>
<tr><td colspan="2">年降水量(mm)</td><td>1 200~2 450</td><td>800~1 540</td></tr>
<tr><td colspan="2">年太阳总辐射照度(W/m^2)</td><td colspan="2">130~170</td></tr>
<tr><td colspan="2">年日照时数(h)</td><td>1 700~2 500</td><td>1 400~2 000</td></tr>
<tr><td colspan="2">年日照百分率(%)</td><td>40~60</td><td>30~52</td></tr>
<tr><td rowspan="3">风速(m/s)</td><td>冬季</td><td>1~7</td><td>0.4~3.5</td></tr>
<tr><td>夏季</td><td>1~6</td><td>0.6~2.2</td></tr>
<tr><td>全年</td><td>1~6</td><td>0.5~2.8</td></tr>
</table>

三、河南省所处热工分区

河南省地跨寒冷地区和夏热冬冷地区，具体分区见表2-6。

表2-6　河南省建筑热工设计分区

分区名称	代表性城市
寒冷地区	郑州、安阳、濮阳、新乡、洛阳、商丘、开封、三门峡、许昌、周口、漯河、济源、鹤壁、焦作
夏热冬冷地区	南阳、平顶山、信阳、驻马店

第三节　建筑热工设计要求

一、冬季保温设计要求

(1)为了减少冷风渗透并争取较多的日照，建筑物宜设在避风和向阳的地段。

(2)建筑物的体形设计宜减小外表面积，其平、立面的凹凸面不宜过多，建筑物外部窗户面积不宜过大，应减小窗户缝隙长度，并采取密闭措施。这些措施都有利于节约采暖能耗。

(3)居住建筑，在严寒地区不应设开敞式楼梯间和开敞式外廊；在寒冷地区不宜设开敞式楼梯间和开敞式外廊。公共建筑，在严寒地区出入口处应设门斗或热风幕等避风设施；在寒冷地区出入口处宜设门斗或热风幕等避风设施。

(4)建筑物的外部窗户面积不宜过大，应减小窗户缝隙长度，并采取密闭措施。

(5)外墙、屋顶、直接接触室外空气的楼板和不采暖楼梯间的隔墙等围护结构，应进行保温验算，其传热阻应大于或等于建筑物所在地区要求的最小传热阻。

(6)当有散热器、管道、壁龛等嵌入外墙时，该处外墙的传热阻应大于或等于建筑物所在地区要求的最小传热阻。

(7)围护结构中的热桥部位应进行保温验算，并采取保温措施。

(8)严寒地区居住建筑的底层地面，在其周边一定范围内应采取保温措施。

(9)围护结构的构造设计应考虑防潮要求。

二、夏季防热设计要求

(1)建筑物的夏季防热应采取自然通风、窗户遮阳、围护结构隔热和环境绿化等综合性措施。

(2)建筑物的总体布置，单体的平、剖面设计和门窗的设置，应利于自然通风，并尽量避免主要房间受东、西向的日晒。

(3)建筑物的向阳面，特别是东、西向的窗户，应采取有效的遮阳措施。在建筑设计中，宜结合外廊、阳台、挑檐等处理方法达到遮阳目的。

(4)屋顶和东、西外墙的内表面温度，应满足隔热设计标准的要求(一般情况下，在房间自然通风情况下，建筑物的屋面和东西向外墙的内表面最高温度，应不大于夏季室外计算温度的最高值)。

(5)为防止潮霉季节湿空气在地面冷凝泛潮，居室、托幼园等场所的地面宜采取保温措施或架空做法，地面面层宜采用微孔吸湿材料。

三、采暖建筑地面热工要求

(1)采暖建筑地面的热工性能，应根据地面的吸热系数 B 值，按照表 2-7 的规定，划分成 3 个类别。

表 2-7　采暖建筑地面热工性能类别

地面热工性能类别	B 值($W\sqrt{h}/m^2 \cdot K$)
Ⅰ	＜17
Ⅱ	17～23
Ⅲ	＞23

(2)不同类型采暖建筑对地面热工性能的要求应符合表 2-8 的规定。

表 2-8　不同类型采暖建筑对地面热工性能的要求

采暖建筑类型	对地面热工性能要求
高级居住建筑、幼儿园、托儿所、疗养院等	宜采用Ⅰ类地面
一般居住建筑、办公楼、学校等	宜采用Ⅱ类地面
临时逗留用房屋及室温高于 25℃ 的采暖房间	宜采用Ⅲ类地面

(3)严寒地区采暖建筑的底层地面，当建筑物周边无采暖管沟时，在外墙内侧 0.5～1.0m 范围内铺设保温层，其热阻不应小于外墙的热阻。

四、空调建筑热工设计要求

(1)空调建筑或空调房间应尽量避免东、西朝向和东、西向窗户。

(2)空调房间应集中设置、上下对齐。对温湿度要求相近的房间宜相临布置。

(3)空调房间应避免布置在两面相临外墙的拐角处和有伸缩缝处。

(4)空调房间应避免布置在顶层；当必须布置在顶层时，屋顶应有良好的隔热措施。

(5)在满足使用要求的前提下，空调房间的净高宜降低。

(6)空调建筑的外表面面积宜减小，外表面宜采用浅色饰面。

(7)建筑物外部窗户当采用单层窗时，窗墙面积比不宜超过 0.30；当采用双层窗或单框双层窗时，窗墙面积比不宜超过 0.40。

(8)向阳面，特别是东、西向窗户，应采取热反射玻璃、反射阳光涂膜、各种固定式和活动式遮阳等有效遮阳措施。

(9)建筑物外窗的气密性等级不应低于现行国家标准《建筑物外窗空气渗透性能分级及其检测方法》(GB7107)年规定的3级水平。

(10)建筑物外窗的部分窗扇应能开启。当有频繁开启的外门时,应设置门斗或空气幕等防渗设施。

(11)围护结构的传热系数应符合现行国家标准《采暖通风与空气调节设计规范》(GBJ19－87)规定的要求。

(12)间歇使用的空调建筑,其外围护结构内侧和内围护结构宜采用轻质材料。围护结构的构造设计应考虑防潮要求。

第四节　围护结构保温设计

一、围护结构最小传热阻的验算

外墙、屋顶、直接接触室外空气的楼板和不采暖楼梯间的隔墙等围护结构,应进行保温验算,其传热阻应大于或等于建筑物所在地区要求的最小传热阻。当有散热器、管道、壁龛等嵌入外墙时,该处外墙的传热阻应大于或等于建筑物所在地区要求的最小传热阻。

最小传热阻按照如下方法确定:

$$R_{0\min} = \frac{(t_i - t_e)}{\Delta t} n R_i \tag{2-1}$$

式中　$R_{0\min}$——围护结构最小传热阻,$m^2 \cdot K/W$;

t_i——冬季室内计算温度,℃,居住建筑取18℃;高级居住建筑、医疗、托幼建筑取20℃;

t_e——围护结构冬季室外计算温度,℃,应按表2-9采用;

n——温差修正系数,应按表2-10采用;

R_i——围护结构内表面换热阻,$m^2 \cdot K/W$,应按表2-11采用;

Δt——室内空气与围护结构内表面之间的允许温差,℃,应按表2-12采用。

表2-9　围护结构冬季室外计算温度 t_e　　(单位:℃)

类型	热惰性指标 D 值	t_e 的取值
Ⅰ	>6.0	$t_e = t_w$
Ⅱ	4.1～6.0	$t_e = 0.6t_w + 0.4t_{e.\min}$
Ⅲ	1.6～4.0	$t_e = 0.3t_w + 0.7t_{e.\min}$
Ⅳ	≤1.5	$t_e = t_{e.\min}$

注: 1.热惰性指标 D 值,按GB50176附录二中(二)的规定计算。

2.t_w 和 $t_{e.\min}$ 分别为采暖室外计算温度和累年最低日平均温度。

3.冬季室外计算温度 t_e 应取整数值。

4.全国主要城市四种类型围护结构冬季室外计算温度 t_e 值,可按GB50176－93附录三附表3.1采用。

表 2-10　温差修正系数 n 值

围护结构及其所处情况		温差修正系数 n 值
外墙、平屋顶及与室外空气直接接触的楼板等		1.00
带通风间层的平屋顶、坡屋顶顶棚及与室外空气相通的不采暖地下室上面的楼板等		0.90
与有门窗的不采暖楼梯间相临的隔墙	1~6 层建筑	0.60
	7~30 层建筑	0.50
不采暖地下室上面的楼板	外墙上有窗户时	0.75
	外墙上无窗户且位于室外地坪以上时	0.60
	外墙上无窗户且位于室外地坪以下时	0.40
与有外门窗的不采暖房间相临的隔墙		0.70
与无外门窗的不采暖房间相临的隔墙		0.40
伸缩缝、沉降缝墙		0.30
抗震缝墙		0.70

表 2-11　内表面换热阻 R_i 及内表面换热系数 α_i

适用季节	表面特征	内表面换热阻 R_i	内表面换热系数 α_i
冬季和夏季	墙面、地面、表面平整或有肋状突出物的顶棚，$h/s \leqslant 0.3$ 时	8.7	0.11
	有肋状突出物的顶棚，$h/s > 0.3$ 时	7.6	0.13

注: 表中 h 为肋高，s 为肋间净距。

表 2-12　室内空气与围护结构内表面之间的允许温差 Δt　　（单位:℃）

建筑物和房间类型		外墙	平屋顶和坡屋顶顶棚
居住建筑、医院和幼儿园等		6.0	4.0
办公楼、学校和门诊部等		6.0	4.5
礼堂、食堂和体育馆等		7.0	5.5
室内空气潮湿的公共建筑	不允许外墙和顶棚内表面结露时	$t_i - t_d$	$0.8(t_i - t_d)$
	允许外墙内表面结露，但不允许顶棚内表面结露时	7.0	$0.9(t_i - t_d)$

注: 1. 潮湿房间是指室内温度为 13~24℃，相对湿度大于 75%，或室内温度高于 24℃，相对湿度大于 60%的房间。

2. 表中 t_i、t_d 分别为室内空气温度和露点温度(℃)。

3. 对于直接接触室外空气的楼板和不采暖地下室上面的楼板，当有人长期停留时，取允许温差[Δt]等于2.5℃；当无人长期停留时，取允许温差[Δt]等于 5.0℃。

二、热桥部位内表面结露验算

围护结构中的热桥部位应进行保温验算，并采取保温措施。围护结构常见的热桥形式有 5 种，见图 2-1。

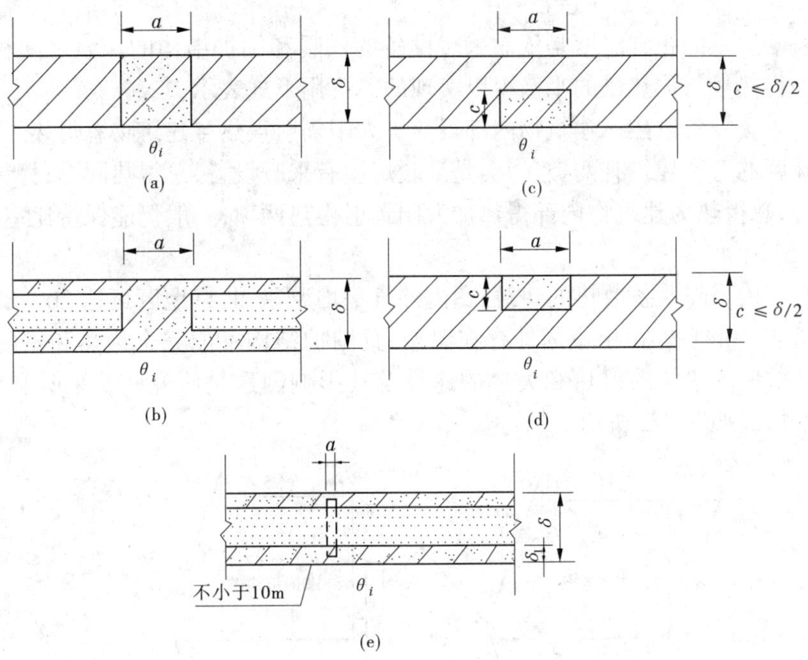

图 2-1　五种常见热桥形式

热桥内表面温度计算方法：

①肋宽与结构厚度比 a/δ 小于或等于 1.5 时

$$\theta_i = t_i - \frac{R_0 + \eta(R_0 - R_0)}{R_0 \cdot R_0} \times R_i \times (t_i - t_e) \tag{2-2}$$

②当肋宽与结构厚度比 a/δ 大于 1.5 时

$$\theta_i = t_i - \frac{t_i - t_e}{R_0} \times R_i \tag{2-3}$$

式中　R_i——内表面换热阻，取 $0.11\mathrm{m^2 \cdot K/W}$；

η——修正系数，按《民用建筑热工设计规范》(GB50176—93)表 4.3.3.1 和表 4.3.3.2 采用

通过以上公式计算得到热桥内表面温度，与室内空气露点比较，若低于室内空气露点，则有可能结露，应加强保温，否则将引起热桥内表面结露。露点一般按采暖期室内空气干球温度 18℃，相对含湿量 60% 条件下，由湿空气 $i-d$ 图查得，对应的露点为 10.1℃。

此外，围护结构的构造设计应考虑防潮要求。

第五节　建筑节能基本原理

一、建筑得热与失热的途径

冬季采暖房屋的正常温度是依靠采暖设备的供暖和围护结构的保温之间相互配合，以及建筑的得热量与失热量的平衡得以实现的。可用下式表示：

采暖设备散热 + 建筑物内部得热 + 太阳辐射得热 = 建筑物总得热

非采暖区的房屋建筑有两类：一类是采暖房屋有采暖设备，总得热同上；另一类是，没有采暖设备，总得热为建筑物内部得热加太阳辐射得热两项，一般仍能保持比室外日平均温度高 3～5℃。

对于有室内采暖设备散热的建筑，室内外日平均温差，北京地区可达 20～27℃，哈尔滨地区可达 28～44℃。由于室内外存在温差，且围护结构不能完全绝热和密闭，热量从室内向室外散失。建筑的得热和失热的途径及其影响因素是研究建筑采暖和节能的基础。其基本情况如图 2-2 所示。

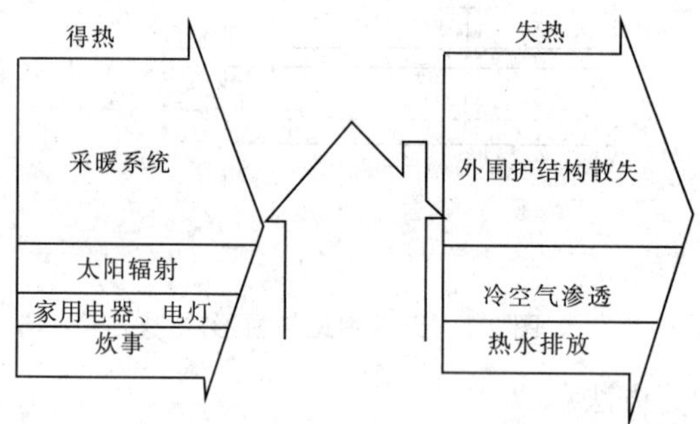

图 2-2　建筑得热与失热因素示意

（一）在一般房屋中建筑得热因素的热量来源有以下几方面

（1）系统供给的热量。主要有暖气、火炉、火坑等采暖设备提供。

（2）太阳辐射热供给的热量。阳光斜射，透过玻璃进入室内所提供的热量。普通玻璃透过率高达 80%～90%，北方地区太阳入射角度低达 13°～30°，南窗房间得热量甚大。

（3）家用电器发出的热量。家用电器如电冰箱、电视机、洗衣机、吸尘器及电灯等发出的热量。

（4）炊事及烧热水散发的热量。

（5）人体散发的热量。一个成人散热量为 80～120W。

（二）一般房居中建筑失热因素

（1）通过外墙、屋顶和地面产生的热传导损失，以及通过窗户造成的传导和辐射传热损失。

（2）由于通风换气和空气渗透产生的热损失。其途径可有门窗开启、门窗缝隙、烟囱、通气孔以及穿墙管缝孔隙等。

(3)由于热水排入下水道带走的热量。

(4)由于水分蒸发形成水蒸气外排散失的热量。

二、建筑传热的方式

建筑物内外热流的传递状况是随发热体(热源)的种类、受热体(房屋)部位及其媒介(介质)围护结构的不同情况而变化的。热流的传递称为传热。传热的方式可分为辐射、对流和导热三种方式。

(一)辐射传热

辐射传热又称热辐射,是指因热的原因而产生的电磁波在空间的传递。物体将热能变为辐射能,任何物体,只要温度高于 0K,就可不停地向周围空间发出热辐射能,以电磁波的形式在空中传播,当遇到另一物体时,又被全部或部分地吸收而变为热能。如铸铁散热器采暖通常靠热辐射的形式,把热量传递给空气。

由于物体具有一定的温度,其表面便发射出电磁波,这种电磁波射至另外物体的表面,即转化为热。邻近的两物体,相互发射波长不同的电磁波,高温物体发射的电磁波主力波长较短,低温物体发射的电磁波主力波长较长。两者不断进行热交换,由于物体的热辐射与其表面的热力学温度的四次方成正比,因而温差越大,由高温物体向低温物体转移的热量便越多。人与周围始终存在热交换,冬天靠窗坐时,感到特别冷;屋顶保温不好,冬冷夏热,均因热交换量加大的缘故。不同的物体,向外界辐射放热的能力不同,一般建筑材料,如砖石、混凝土、油漆、玻璃、沥青等的辐射放热能力很强,发射率高达 0.85～0.95;而有些材料,如铝箔、抛光的铝,发射率低至 0.02～0.06。利用材料辐射放热的不同性能,达到建筑节能的效果。

(二)对流传热

对流传热是指具有热能的气体或液体在移动过程中进行热交换的传热现象。在采暖房间中,采暖设备周围的空气被加热升温,密度减小,上浮,邻近的较冷空气,密度较大,下沉,形成对流传热;在门窗附近,由缝隙进入的冷空气,温度低,密度大,流向下部,热空气则由上部逸出室外;在外墙和外窗内表面温度较低,室内热空气被冷却,密度增大而下降,热空气上升,又被冷却下沉形成对流换热。

对于采暖建筑,当围护结构质量较差时,室外温度越低,则窗与外墙内表面温度也越低,邻近的热空气迅速变冷下沉,散失热量,这种房间,只在采暖设备附近及其上部较暖,外围特别是下部则很冷;当围护结构质量较好时,其内表面温度较高,室温分布较为均匀,无急剧的对流换热现象产生,保温节能效果较好。

(三)导热

导热是指物体内部的热量由一高温物体直接向另一低温物体转移的现象。这种传热现象是两直接接触的物体质点的热运动所引起的热能传递。一般来说,密实的重质材料,导热性能好,而保温性能差;反之,疏散的轻质材料,导热性能差,而保温性能好。材料的导热性能以热导率表示。

热导率是指在稳定传热条件下,1m 厚的材料,两侧表面的温差为 1K 或 1℃,在 1h 内,通过 $1m^2$ 面积传递的热量,单位为 W/(m·K)或 W/(m·℃)。热导率与材料的组成结构、密度、含水率、温度等因素有关。通常把热导率较低的材料称为保温材料，把热导率在0.05W/(m·K)以下的材料称为高效保温材料。普通混凝土的热导率为1.74 W/(m·K)，黏土砖砌体为0.81W/(m·K)，玻璃棉、岩棉和聚苯乙烯的热导率为0.04～0.05 W/(m·K)。

建筑物的传热通常是辐射、对流、导热三种方式同时进行，综合作用的效果。

以屋顶某处传热为例，太阳照射到屋顶某处的辐射热，其中20%～30%的热量被反射；其余一部分热量以导热的方式经屋顶的材料传向室内，另一部分则由屋顶表面向大气辐射，并以对流换热的方式将热量传递给周围空气，如图2-3所示。

又如室内传热情况，火炉炉体向周围产生辐射传热，以及与室内空气的导热传热；室内空气被加热部分与未加热部分产生对流传热。室内空气温度升高和炉体热辐射作用，使外围结构的温度升高，这种温度较高的室内热量又向温度较低的室外流散，如图2-4所示。

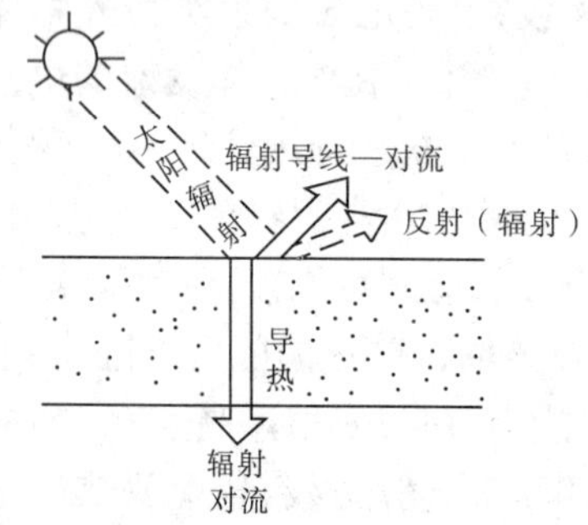

图2-3　屋顶传热示意

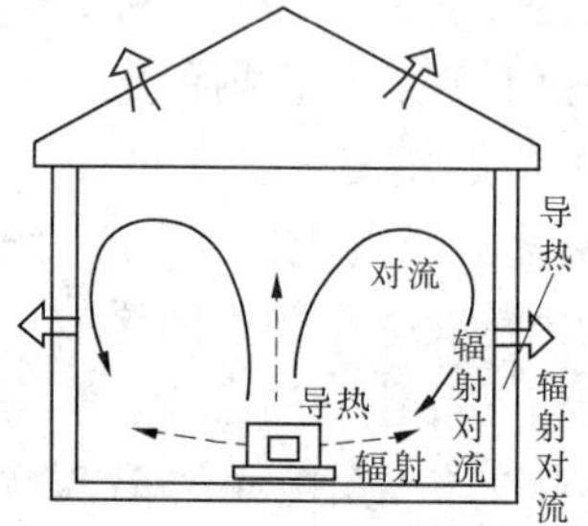

图2-4　室内外传热示意

按照传热过程状态分类可分为稳态传热和非稳态传热。

(1)稳态传热：在传热系统中各点的温度分布不随时间而改变的传热过程。稳态传热时各点的热流量不随时间而变，连续生产过程中的传热多为稳态传热。

外窗保温性能测试过程就是按照稳态传热过程的机理实现的。

(2)非稳态传热：传热系统中各点的温度既随位置而变又随时间而变的传热过程。

冬季室内外温差变化情况下，墙体、外窗、屋顶等围护结构的传热为非稳态传热。

三、建筑保温与隔热

(一)建筑保温

1.建筑保温的含义

建筑保温通常指围护结构在冬季阻止室内向室外传热，从而保持室内适当温度的能力。保温是指冬季的传热过程，通常按稳定传热考虑，同时考虑不稳定传热的一些影响。

2.围护结构的含义

围护结构是指建筑物及其房间各面的围护物，分为透明和不透明两种类型。不透明围护结构有墙、屋面、地板、顶棚等；透明围护结构有窗户、天窗、阳台门、玻璃隔断等。按是否与室外空气直接接触，又可分为外围护结构和内围护结构。与外界直接接触者称为外围护结构,包括外墙、屋面、窗户、阳台门、外门,以及不采暖楼梯间的隔墙和户门等。不需特别指明情况下,围护结构即指外围护结构。

3.保温性能的评价

保温性能通常用传热系数值或传热绝缘系数值来评价。

传热系数原称总传热系数,现统称传热系数。传热系数 K 值,是指在稳定传热条件下,围护结构两侧空气温差为 1K 或 1℃,1s 内通过 $1m^2$ 面积传递的热量,单位是 $W/(m^2 \cdot K)$ 或 $W/(m^2 \cdot ℃)$。

热绝缘系数原称总传热阻,现统称为热绝缘系数。热绝缘系数 R 值是传热系数 K 的倒数,即 $R=1/K$,单位是 $m^2 \cdot K/W$ 或 $m^2 \cdot ℃/W$。围护结构的传热系数 K 值越小,或热绝缘系数 M 值越大,则保温性能越好。

单层平壁围护结构的传热系数 K 为

$$K = \frac{1}{\frac{1}{\alpha_e} + \frac{\delta}{\lambda} + \frac{1}{\alpha_i}} \tag{2-4}$$

式中 α_e——外表面传热系数,$W/(m^2 \cdot K)$;

α_i——内表面传热系数,$W/(m^2 \cdot K)$;

δ——围护结构的厚度,m;

λ——围护结构材料的热导率,$W/(m \cdot K)$。

单位时间内通过围护结构传递的热量值为

$$q = KA(t_i - t_e) \tag{2-5}$$

式中 q——围护结构传递的热量值,W;

K——围护结构的传热系数,$W/(m^2 \cdot K)$,见式(2-4);

A——围护结构的面积,m^2;

t_i——围护结构内侧的温度,℃;

t_e——围护结构外侧的温度,℃。

由式(2-4)、式(2-5)可知:

(1)围护结构材料的热导率 λ 值越小,外、内表面的表面传热系数 α_e、α_i 越小,围护结构的厚度 δ 越大,则围护结构传热系数 K 也越小,单位时间内通过围护结构的热量 q 值就越小,建筑保温效果越好。

(2)建筑围护结构的传热量 q 与其围护结构的面积 A 成正比,因此在其他条件相同时,建筑物采暖耗热量随其体形系数 S 的增大而不是正比例关系。

建筑物的体形系数 S 是指建筑物接触室外大气的表面积 A,与其所包围的体积 V_0 的比值,即 $S=A/V_0$。其含义为单位建筑体积所分摊到的外表面积。

可见,体积小、体型复杂的建筑,以及平房和低层建筑体形系数较大,对节能不利;体积大、体型简单的建筑,以及多层和高层建筑,体形系数较小,对节能较为有利。

(3)提高建筑的保温性能必须控制围护结构的传热系数 K 或热绝缘系数 R。为此,应选择传热系数较小、热绝缘系数较大的围护结构材料。具体做法是,对于外墙和屋面,可采用多孔、轻质,且具有一定强度的加气混凝土单一材料,或由保温材料和结构材料组成的复合材料。对于窗户和阳台门,可采用不同等级的保温性能和气密性的材料。

(二)建筑隔热

1.建筑隔热的含义

建筑隔热通常是指围护结构在夏天隔离太阳辐射热和室外高温,从而使其内表面保持适当温度的能力。隔热针对夏季传热过程,通常以24h为周期的周期性传热来考虑。

2.建筑隔热性能的评价

隔热性能通常用夏季室外计算温度条件下,围护结构内表面最高温度值来评价。如果在同一条件下,其内表面最高温度低于其外表面最高温度,则认为符合隔热要求。

3.建筑隔热对室内热环境的影响

盛夏,如果屋顶和外墙隔热不良,高温的屋顶和外墙内表面,将产生大量辐射热,使室内温度升高。若风速小,人体散热困难,人的体温一般则保持在36.5℃,这是由于人体脑下丘的体温调节中枢进行复杂而巧妙的调节,使体内保持热稳定平衡的结果。外界温度太高,体内热量散发困难,体温增高,人体感到酷热难熬,白血球数量减少,从而导致病患。

即使设有空调制冷设备,对于隔热不良的房屋,进入室内的热量过多,将很快抵消空调制出的冷量,室温仍难达到舒适程度。

4.建筑隔热措施

为达到改善室内热环境、降低夏季空调降温能耗的目的,建筑隔热可采取以下措施:

(1)建筑物屋面和外墙外表面做成白色或浅白色饰面,以降低表面对太阳辐射热的吸收系数。

(2)采用架空通风层屋面,以减弱太阳辐射对屋面的影响。

(3)采用挤压型聚苯板倒置屋面,能长期保持良好的绝热性能,且能保护防水层免予受损。

(4)外墙采用重质材料与轻型高效保温材料的复合墙体,提高热绝缘系数,以便降低空调降温能耗。

(5)提高窗户的遮阳性能。如采用活动式遮阳篷、可调式浅色百叶窗帘、可反射阳光的镀膜玻璃等。遮阳性能可由遮阳系数来衡量。遮阳系数是指实际透过窗玻璃的太阳辐射得热与透过3mm透明玻璃的太阳辐射得热之比。遮阳系数小,说明遮阳性能好。

四、空气间层的传热

在房屋的某些部位上常设置空气间层。空气间层内,导热、对流、辐射三种传热方式并存,但主要是空气间层内部的对流换热及间层两侧界面间的辐射换热,如图2-5所示。影响空气间层传热的因素有以下几点:

(1)空气间层的厚度;

(2)热流的方向;

(3)空气间层的密闭程度;

(4)空气间层两侧的表面温度;

(5)空气间层两侧的表面状态。

空气间层的厚度加大,则空气的对流增强,当厚度达到某种程度之后,对流增强与热绝缘系数增大的效果互相抵消。因此,当空气间层厚度达 1cm 以上时,即便再增加厚度,其热绝缘系数或导热几乎不变。空气间层厚度在 2~20cm 之间,热绝缘系数变化很小。一般 0.5cm 以下的空气间层内,几乎不产生对流,如图 2-6 所示。

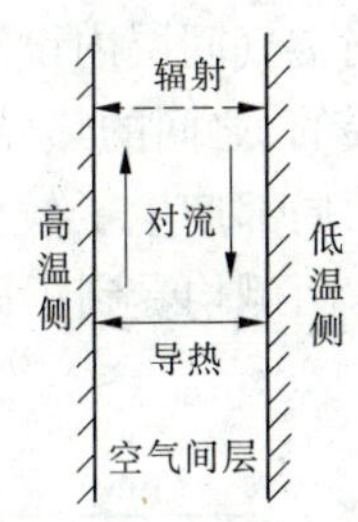

图 2-5　空气间层的传热

热流方向对对流影响很大。热流朝上时,它将产生所谓环行细胞状态的空气对流,其传热也最大。在同一条件下,水平空气间层、热流朝下时,传热最小。垂直的空气间层则介于两者之间。

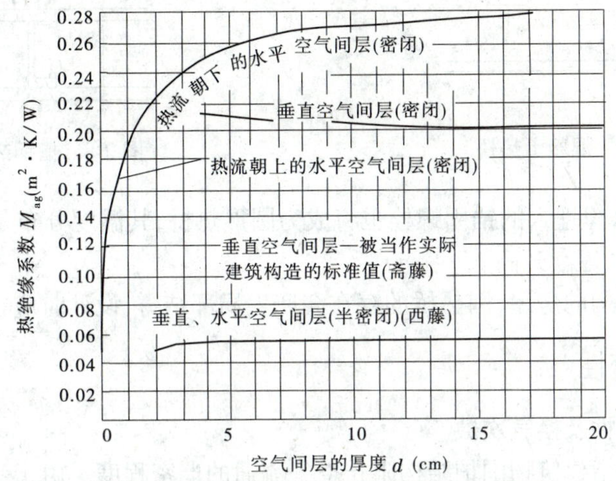

图 2-6　空气间层厚度 d 与热绝缘系数 M_{ag} 的关系

在施工现场制作的空气间层,密闭程度各不相同。有些空气间层存在缝隙,室内外空气直接侵入,传热量必然会增大。

两侧表面温度对间层传热影响很大,当两表面温差较大时,会增强对流且使辐射换热量增大。表面粗糙度对对流换热稍有影响,但在实际应用中可略而不计。然而,材质的表面状态对辐射率的影响却颇大。当使用辐射率小而又光滑的铝箔等材料时,有效辐射常数将变小,辐射换热量也就减少。

辐射换热量在空气间层的传热中所占比例较大,采用在内部使用铝箔等反射辐射效果好的材料或者在空气间层的低温侧设绝热材料,均可使空气间层的辐射换热量大幅度地减少。寒冷地区在空气间层的上下端,以软质泡沫塑料或纤维类绝热材料为填塞物作为气密封条,以确保空气间层的绝热效果。温暖地区,空气间层内适当通气,可将室内水蒸气排向室外,从而可以防止因内部结露所造成的基础或柱子等的腐蚀。

对空气间层传热影响最大的首先是空气间层的密闭程度,其次便是热流方向,两侧温差,有无绝热材料及其布置位置,以及形成空气间层的材料的性质、辐射率和空气间层的厚度等。

人们常常以为混凝土梁或柱本身的厚度已完全满足绝热要求,或者以施工麻烦为理由并不专门制造绝热的梁或柱,这样一来,热桥部分的热损失就会相当大,为此应该考虑相应的绝热措施,否则,不仅热损失大,而且往往形成内部结露,如图 2-7 所示。

当空气间层内设钢制肋时，由于钢与空气间层、钢与内外装修材料（外装修材料也有用钢板的）之间的热导率差别很大，则钢肋将成为热桥，而热流势必在热桥处比较集中，使钢制肋局部产生了较大的温差。该温差不仅在钢制肋的宽度上，而且在相距钢制肋约5cm 的两侧均受到了影响，由此通过测量可确定热桥的热量损失。图 2-8 所示为槽钢热桥。

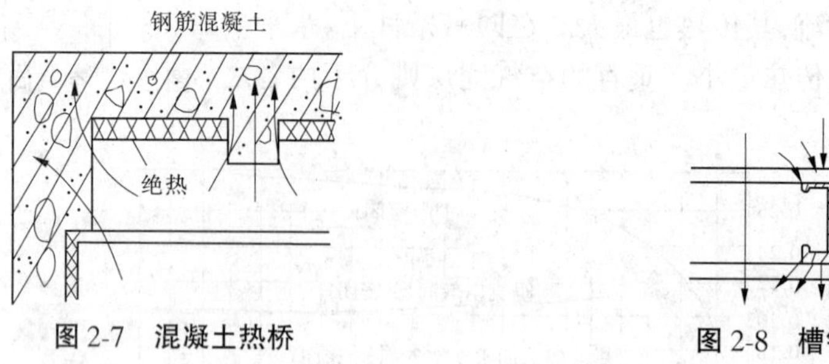

图 2-7　混凝土热桥

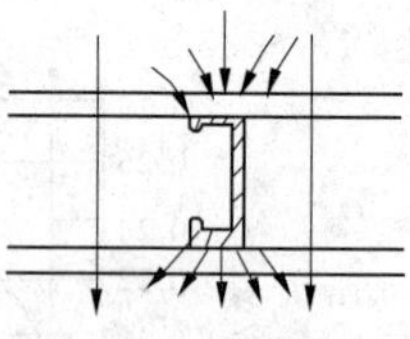

图 2-8　槽钢热桥

在混凝土墙体里埋入的锚固螺栓也将成为圆形热桥，其温度分布是以圆形热桥为中心，向外呈同心圆状逐渐升高。

对于混凝土结构的房屋，因热桥的存在会产生局部结露，设计时应予以充分注意。

五、建筑气密性

（一）建筑气密性及换气次数

建筑气密性是指建筑物围护结构阻止空气流通的严密程度。由于受到外界空气流动及建筑物内外温差作用，以及开启的门窗及各种孔洞、缝隙的存在，则产生内外空气流通，即外界冷空气进入房间，并迫使室内热空气外流，引起换气热转移和建筑的通风换气。

建筑气密性指标主要用室内换气次数确定。换气次数为 1h 内通过孔隙进入室内的空气量与室内体积之比值，单位为次/h。可按下式计算：

$$n = V_{\alpha}/V \tag{2-6}$$

或按体积热容计算：

$$q = 0.3nVC_{u}(t_{i} - t_{e}) \tag{2-7}$$

或

$$q = 0.3V_{\alpha}C_{u}(t_{i} - t_{e}) \tag{2-8}$$

式中　n——换气次数，次/h；

V_{α}——换气量，m^3/h；

C_{u}——空气的体积热容，kJ/(m3·℃)；

V——室内空气体积，m^3；

q——耗热量，W；

$t_{i} - t_{e}$——室内外温差，℃。

换气次数除用式(2-3)计算外，还可用示踪气体衰减法或鼓风门增压法测定。

（二）换气次数的确定，应兼顾卫生和节能两方面

从节能角度考虑，宜尽量提高建筑的气密性，减少换气次数；从卫生角度考虑，则必须有足够的通风换气量，以稀释人体新陈代谢产生的二氧化碳及其他气味，保证有足够的新

鲜空气。一般情况下，每人所需新鲜空气量约为 30m³/h（新规范规定）。现代气密程度高的住宅，进气口显得特别重要。

六、太阳能利用

（一）太阳能

太阳能是地球最主要的天然能量的源泉。太阳辐射能是地球大气层的基本热源，是气候形成的决定性因素，也是建筑外部热环境的主要条件。太阳辐射波穿过大气层，把太阳能输送到地球表面上来。太阳辐射在遇到大气层的各种成分时，一部分被反射回宇宙；一部分以平行光线直接投射，称为直接辐射；还有一部分被空气中的气体分子和浮游的灰尘反射造成各向散射，称为散射辐射。

太阳辐射强度在高纬度地区较弱。在低纬度地区较强，其最高值在当地时间的正午，其最低值则在早、晚时间。

太阳辐射强度随不同季节和朝向而异。北京地区，各垂直面上的辐射强度，1 月份以南向为最大，东南向、西南向次之，东向、西向更次之，北向为最小；7 月份则以东向、西向为最大，东南向、西南向略小，南向次之，北向仍为最小。我国太阳能资源丰富，寒冷地带，一年的辐射总量在 500kJ/cm² 以上，其热量相当于 170kgce/m² 以上。采暖期间，晴天多，照射角度小，日照率在 60%以上。

（二）建筑中太阳能的利用

建筑中太阳能的利用经过良好设计，达到优化利用太阳能的建筑称为太阳能建筑。建筑中太阳能的利用，可分为主动式和被动式两种。

1. 主动式采暖系统太阳能建筑

以主动采暖系统供暖的建筑称为主动式太阳能建筑。主动采暖系统主要由集热器、管道、储热物质以及散热器等组成。主动式系统要有专用的设备，一次性投资较大。一般用供热水系统兼作采暖系统，单纯用采暖系统者少见。

主动式太阳能采暖系统多用于供应热水。但是必须注意供热的集热器水温不宜加热过高，否则，其效率将会降低。

2. 被动式采暖系统太阳能建筑

被动式太阳能采暖系统的特点是将建筑物的全部或一部分作为集热器，同时又作为储热器和散热器；因而，既不要连接管道，又不需要水泵或风机。

被动式采暖系统一般由双层玻璃窗、集热储热墙、活动隔热保温装置等组成，如图2-9所示。

被动式采暖系统中，集热装置主要为南向双层玻璃窗，由它直接收集射入室内的太阳能；集热储热墙是一种附有玻璃或透明塑料薄片形成空间层的墙体，白天太阳光加热空气间层，并通过墙顶和墙底部通风口形成对流向室内供暖。夜间，主要靠储热墙体释放，热量向室内供暖。

被动式太阳能采暖系统不必另设专用设备，应积极提倡采用。美国在 20 世纪 70 年代初，各地设有专职银行资助居民自建并研究太阳能房，1976～1986 年间就建成 20 万幢各种被动式太阳房；欧洲各国也在住宅和各类民用房屋中提倡太阳能的利用。2010 年以

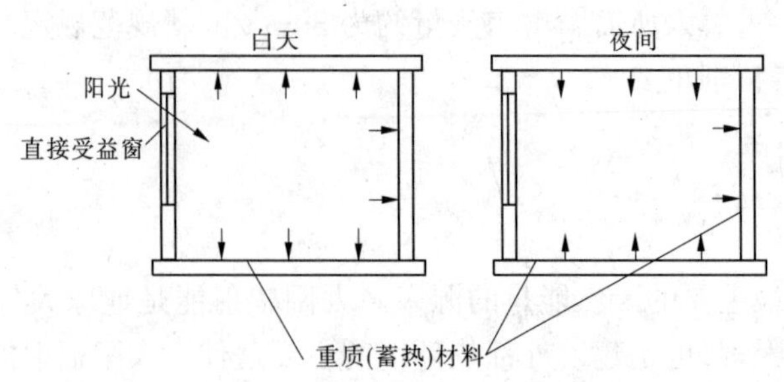

图 2-9　被动式太阳房示意图

前，北美、西欧和日本将建成 200 万幢太阳能商品住宅，全球将达到 300 万幢以上，从而形成 2 000 亿美元规模的商品房市场。

七、采暖供热系统热效率

由热源、热网和热用户组成的系统，称为采暖供热系统。采暖建筑的供热要依靠采暖供热系统来保证。采暖系统热效率的高低，直接制约着采暖建筑耗能及建筑热环境质量。

我国城市采暖主要是使用煤炭，采暖方法主要采用锅炉供热。因此，优化整个城市燃煤锅炉采暖系统是达到高效率的根本途径。其中就包括合理的规划设计、建筑设计、采暖设备的正确选择、合理组织运行管理等，使之满足采暖需要，且不留过多富余量。同时，要做好以下各环节：城市供热总体规划，各供热点供热规模部署，选择热负荷设计参数，安排锅炉容量和台数，配置煤源和煤种，选用循环水泵、鼓风机和引风机，确定供热管网、管径及其保温方法，布置散热器，选择和制定连续供热或供热的制度，随气候因素变化进行运行调节，运用价值规律制定采暖收费标准，进行采暖体制改革等。

第六节　保温材料的热导率与复合材料的传热系数

一、保温材料的热导率

保温材料保温性能的优劣用热导率直观反映。热导率是物体中温度降度 1℃时，单位时间内通过单位面积的导热量。它表征物质导热能力的大小，是材料固有的热物理性质，单位是 W/(m·K)。

影响材料热导率的因素很多，主要因素有以下几点。

(一)材料的状态、成分和结构

同一物质的材料，由于状态不同，其导热机理不同。气体依靠分子热运动和相互碰撞来传递热量；非导电固体通过晶格结构来传递热量；液体依靠不规则的弹性振动传递热量。由于状态变化，引起分子或原子间的距离变化，导热机制也发生了变化，热导率将不相同。一般来说，同一种物质固态时热导率最大，液态时次之，气态时最小。例如，大气压力下 0℃ 时的冰、水和水蒸气的热导率分别为 2.22W/(m·K)、0.55W/(m·K) 和 0.018 3W/(m·K)。

金属导热主要靠自由电子，其热导率要比非金属大得多。但加入其他元素后，由于这些元素阻碍了电子运动，而使其热导率大大下降。例如，常温下纯铜的热导率为 398 W/(m·K)，而含 30%锌的黄铜的热导率为 109W/(m·K)，含 11%锡的青铜的热导率为 24.8 W/(m·K)。

(二)密度

工程上，常用保温材料来减少设备和管道的散热。这些材料呈纤维状或多孔结构，例如岩棉、矿棉、玻璃棉、微孔硅酸钙、膨胀珍珠岩、中空微珠和泡沫塑料等。严格来讲，它们都不是连续体，其热量传递依靠固体骨架和内部介质的导热、对流传热和辐射传热的综合作用。工程上，为方便起见，传递的总热流量均按傅立叶定律计算，得出的热导率常称表观热导率，而习惯上仍简称为热导率。上述材料的热导率较小的原因是：骨架间的空隙和孔腔内含有热导率较小的介质(空气等)，这些介质在保温材料中很少流动或不流动；骨架的存在削弱了辐射传热。

这些材料的密度实际上应称为堆积密度或折算密度，但工程上仍习惯称为密度。一般来说，密度越小，这些材料所含热导率小的介质越多，材料的热导率越小。但密度太小，孔隙尺寸变大，对流传热和辐射传热的作用增强，热导率反而会增加。一定温度下，某种材料有一最佳密度，此时热导率最小。最佳密度一般由试验确定。

(三)温度

各种材料热导率与温度的关系一般为二次方或三次方关系，工程为计算方便，将曲线关系回归成线性关系，即在一定温度范围内把这种关系近似地用下列线性关系表示：

$$\lambda = \lambda_0(1 + bt) \tag{2-9}$$

或

$$\lambda = \lambda_0 + Bt \tag{2-10}$$

式中 $B = b\lambda_0$；t 为材料的算术平均温度，℃。

(四)含水率

多孔材料很容易吸收水分。吸水后，由于热导率较大的水代替了热导率较小的介质(如空气等)，加之在温度梯度的推动下引起水分迁移，使多孔材料的表观热导率增加很多。例如，热导率较小的矿渣棉含水 10.7%时热导率增加 25%，而含水率 23.5%时热导率增加 500%。

低温下，含水材料中的水会结冰，因冰的热导率为空气的几十倍，故结冰将使材料热导率大大增加。所以，露天管道和设备保温时都要采取防水措施，外包保护层。对于低温管道和设备，部分保冷(隔热)材料有时在露点以下工作，容易结露和结冰，因此保冷材料需与大气隔绝。如保冷材料仍与大气接触，可适当增加保冷材料的厚度，以弥补在露点以下工作时由于结露和结冰而引起的材料保冷性能下降。

对于各向异性的材料(如木材、石墨等)，其热导率还与方向有关。

在常温条件下，匀质材料的导热系数是一个定值，与材料的厚度、形状、大小没有关系。建筑中常用的保温材料有聚苯乙烯泡沫塑料板、挤塑聚苯乙烯泡沫塑料板、聚氨酯、胶粉聚苯颗粒、膨胀珍珠岩、硅酸铝复合保温材料等。

对于非匀质材料而言，导热系数是一个变值，与材料的厚度、形状、密度、构造形式等有密切关系。

常规建筑材料物理性能计算参数见表2-13。

表2-13　常规建筑材料物理性能计算参数

序号	材料名称	干密度 ρ_0 (kg/m^3)	计算参数			
			导热系数 λ(W/(m·K))	蓄热系数 S (周期24h) ($W/(m^2·K)$)	比热容 C (kJ/(kg·K))	蒸汽渗透系数 μ (g/(m·h·Pa))
1	混凝土					
1.1	普通混凝土					
	钢筋混凝土	2 500	1.74	17.20	0.92	0.000 015 8
	碎石混凝土	2 300	1.51	15.36	0.92	0.000 017 3
	卵石混凝土	2 100	1.28	13.57	0.92	0.000 017 3
1.2	轻骨料混凝土					
	膨胀矿渣珍珠岩混凝土	2 000	0.77	10.49	0.96	
		1 800	0.63	9.05	0.96	
		1 600	0.53	7.87	0.96	
	自然煤矸石、炉渣混凝土	1 700	1.00	11.68	1.05	0.000 054 8
		1 500	0.76	9.54	1.05	0.000 090 0
		1 300	0.56	7.63	1.05	0.000 105 0
	粉煤灰陶粒混凝土	1 700	0.95	11.40	1.05	0.000 018 8
		1 500	0.70	9.16	1.05	0.000 097 5
		1 300	0.57	7.78	1.05	0.000 105 0
		1 100	0.44	6.30	1.05	0.000 135 0
	黏土陶粒混凝土	1 600	0.84	10.36	1.05	0.000 031 5
		1 400	0.70	8.93	1.05	0.000 039 0
		1 200	0.53	7.25	1.05	0.000 040 5
	页岩渣、石灰、水泥混凝土	1 300	0.52	7.39	0.98	0.000 085 5
	页岩陶粒混凝土	1 500	0.77	9.65	1.05	0.000 031 5
		1 300	0.63	8.16	1.05	0.000 039 0
		1 100	0.50	6.70	1.05	0.000 043 5
	火山灰渣、砂、水泥混凝土	1 700	0.57	6.30	0.57	0.000 039 5
	浮石混凝土	1 500	0.67	9.09	1.05	
		1 300	0.53	7.54	1.05	0.000 018 8
		1 100	0.42	6.13	1.05	0.000 035 3

续表 2-13

序号	材料名称	干密度 ρ_0 (kg/m^3)	计算参数			
			导热系数 λ(W/(m·K))	蓄热系数 S (周期 24h) (W/(m^2·K))	比热容 C (kJ/(kg·K))	蒸汽渗透系数 μ (g/(m·h·Pa))
1.3	轻混凝土					
	加气混凝土 泡沫混凝土	700 500	0.22 0.19	3.59 2.81	1.05 1.05	0.000 099 8 0.000 111 0
2	砂浆和砌体					
2.1	砂浆					
	水泥砂浆 石灰水 泥砂浆 石灰砂浆 石灰石 膏砂浆 保温砂浆	 1 800 1 700 1 600 1 500 800	 0. 93 0.87 0.81 0.76 0.29	 11.37 10.75 10.07 9.44 4.44	 1.05 1.05 1.05 1.05 1.05	 0.000 021 0 0.000 097 5 0.000 044 3
2.2	砌体					
	重砂浆砌筑黏 土砖砌体 轻砂浆砌筑 黏土砖砌体 灰砂砖砌体 硅酸盐 砖砌体	 1 800 1 700 1 900 1 800	 0.81 0.76 1.10 0.87	 10.63 9.96 12.72 11.11	 1.05 1.05 1.05 1.05	 0.000 105 0 0.000 120 0 0.000 105 0 0.000 105 0
	炉渣砖砌体重 砂浆砌筑 26～ 36 孔 黏土多孔 砖砌体	 1 700 1 400	 0.81 0.58	 10.43 7.92	 1.05 1.05	 0.000 105 0 0.000 015 8
3	热绝缘材料					
3.1	纤维材料					
	矿棉、岩棉、 玻璃棉板	80 以下 80～200	0.050 0.045	0.59 0.75	1.22 1.22	0.000 488 0
	矿棉、岩棉、 玻璃棉毡	70 以下 70～200	0.050 0.045	0.58 0.77	1.34 1.34	0.000 488 0
	矿棉、岩棉、 玻璃棉松散料	70 以下 70～120	0.050 0.045	0.46 0.51	0.84 0.84	0.000 488 0
	麻刀	150	0.070	1.34	2.10	

续表 2-13

序号	材料名称	干密度 ρ_0 (kg/m^3)	计算参数			
			导热系数 λ(W/(m·K))	蓄热系数 S (周期 24h) (W/(m^2·K))	比热容 C (kJ/(kg·K))	蒸汽渗透系数 μ (g/(m·h·Pa))
3.2	膨胀珍珠岩、蛭石制品					
	水泥膨胀珍珠岩	800	0.26	4.37	1.17	0.000 042 0
		600	0.21	3.44	1.17	0.000 090 0
		400	0.16	2.49	1.17	0.000 191 0
	沥青、乳化沥青膨胀珍珠岩	400	0.12	0.28	1.55	0.000 029 3
		300	0.093	1.77	1.55	0.000 067 5
	水泥膨胀蛭石	350	0.14	1.99	1.05	
3.3	泡沫材料及多孔聚合物					
	聚乙烯泡沫塑料	100	0.047	0.70	1.38	
	聚苯乙烯泡沫塑料	30	0.042	0.36	1.38	0.000 016 2
	聚氨酯硬泡沫塑料	30	0.033	0.36	1.38	0.000 023 4
	聚氯乙烯硬泡沫塑料	130	0.048	0.79	1.38	
	钙塑	120	0.049	0.83	1.59	
	泡沫玻璃	140	0.058	0.70	0.84	0.000 022 5
	泡沫石灰	300	0.116	1.70	1.05	
	炭化泡沫石灰	400	0.14	2.33	1.05	
	泡沫石膏	500	0.19	2.78	1.05	0.000 037 5
4	木材、建筑板材					
4.1	木材					
	橡木、枫树(热流方向垂直木纹)	700	0.17	4.90	2.51	0.000 056 2
	橡木、枫树(热流方向顺木纹)	700	0.35	6.93	2.51	0.000 300 0
	松木、云杉(热流方向垂直木纹)	500	0.14	3.85	2.51	0.000 034 5
	松木、云杉(热流方向顺木纹)	500	0.29	5.55	2.51	0.000 168 0

续表 2-13

序号	材料名称	干密度 ρ_0 (kg/m^3)	计算参数			
			导热系数 λ(W/(m·K))	蓄热系数 S (周期 24h) (W/(m^2·K))	比热容 C (kJ/(kg·K))	蒸汽渗透系数 μ (g/(m·h·Pa))
4.2	建筑板材					
	胶合板	600	0.17	4.57	2.51	0.000 022 5
	软木板	300	0.093	1.95	1.89	0.000 022 5
		150	0.058	1.09	1.89	0.000 028 5
	纤维板	1 000	0.34	8.13	2.51	0.000 120 0
		600	0.23	5.28	2.51	0.000 113 0
	石棉水泥板	1 800	0.52	8.52	1.05	0.000 013 5
	石棉水泥隔热板	500	0.16	2.58	1.05	0.000 390 0
	石膏板	1 050	0.33	5.28	1.05	0.000 079 0
	水泥刨花板	1 000	0.34	7.27	2.01	0.000 024 0
		700	0.19	4.56	2.01	0.000 105 0
	稻草板	300	0.13	2.33	1.68	0.000 300 0
	木屑板	200	0.065	1.54	2.10	0.000 263 0
5	松散材料					
5.1	无机材料					
	锅炉渣	1 000	0.29	4.40	0.92	
	粉煤灰	1 000	0.23	3.93	0.92	0.000 193 0
	高炉炉渣	900	0.26	3.92	0.92	0.000 203 0
	浮石、凝灰石	600	0.23	3.05	0.92	0.000 263 0
	膨胀蛭石	300	0.14	1.79	1.05	
	膨胀蛭石	200	0.10	1.24	1.05	
	硅藻土	200	0.076	1.00	0.92	
	膨胀珍珠岩	120	0.07	0.84	1.17	
	膨胀珍珠岩	80	0.058	0.63	1.17	
5.2	有机材料					
	木屑	250	0.093	1.84	2.01	0.00 026 30
	稻壳	120	0.06	1.02	2.01	
	干草	100	0.047	0.83	2.01	
6	其他材料					
6.1	土壤					
	夯实黏土	2 000	1.16	12.99	1.01	
		1 800	0.93	11.03	1.01	
	加草黏土	1 600	0.76	9.37	1.01	
		1 200	0.58	7.69	1.01	
	轻质黏土	1 200	0.47	6.36	1.01	
	建筑用砂	1 600	0.58	8.26	1.01	

续表 2-13

序号	材料名称	干密度 ρ_0 (kg/m³)	计算参数			
			导热系数 λ(W/(m·K))	蓄热系数 S (周期 24h) (W/(m²·K))	比热容 C (kJ/(kg·K))	蒸汽渗透系数 μ (g/(m·h·Pa))
6.2	石材					
	花岗岩、玄武岩	2 800	3.49	25.49	0.92	0.000 011 3
	大理石	2 800	2.91	23.27	0.92	0.000 011 3
	砾石、石灰岩	2 400	2.04	18.03	0.92	0.000 037 5
	石灰石	2 000	1.16	12.56	0.92	0.000 060 0
6.3	卷材、沥青材料					
	沥青油毡、油	600	0.17	3.33	1.47	
	毡纸	2 100	1.05	16.39	1.68	0.000 007 5
	沥青混凝土	1 400	0.27	6.73	1.68	
	石油沥青	1 050	0.17	4.71	1.68	0.000 007 5
6.4	玻璃					
	平板玻璃	2 500	0.76	10.69	0.84	
	玻璃钢	1 800	0.52	9.25	1.26	
6.5	金属					
	柴铜	8 500	407	324	0.42	
	青铜	8 000	64.0	118	0.38	
	建筑钢材	7 850	58.2	126	0.48	
	铝	2 700	203	191	0.92	
	铸铁	7 250	49.9	112	0.48	

注 1.围护结构在正确设计和正常使用条件下,材料的热物理性能计算参数应按本表直接采用。

2.有表 2-14 所列情况者,材料的导热系数和蓄热系数计算值应分别按下列两式修正:

$$\lambda_c = \lambda a$$

$$S_c = Sa$$

式中 λ、S——材料的导热系数和蓄热系数,应按本表采用;

a——修正系数,应按表 2-14 采用。

4.表中比热容 C 的单位为法定单位,但在实际计算中比热容 C 的单位应取 W·h/(kg·K),因此表中数值应乘以换算系数 0.277 8。

表 2-14　导热系数 λ 及蓄热系数 S 的修正系数 a 值

序号	材料、构造、施工、地区及使用情况	a
1	作为夹心层在混凝土墙体及屋面构件中的块状多孔保温材料(如加气混凝土、泡沫混凝土及水泥膨胀珍珠岩等),因干燥缓慢及灰缝影响	1.60
2	铺设在密闭屋面中的多孔保温材料(如加气混凝土、泡沫混凝土、水泥膨胀珍珠岩、石灰、炉渣等),因干燥缓慢	1.50
3	铺设在密闭屋面中及作为加心层浇筑在混凝土构件中的半硬质矿棉、岩棉、玻璃棉板等,因压缩及吸湿	1.20
4	作为夹心层浇筑在混凝土构件中的泡沫塑料等,因压缩	1.20
5	开孔型保温材料(如水泥刨花板、木丝板、稻草板等),表面抹灰或与混凝土浇筑在一起,因灰浆渗入	1.30
6	加气混凝土、泡沫混凝土砌块墙体及加气混凝土条板墙体、屋面,因灰缝影响	1.25
7	填充在空心墙体及屋面构件中的松散保温材料(如稻壳、木屑、矿棉、岩棉等),因下沉	1.20
8	矿渣混凝土、炉渣混凝土、浮石混凝土、粉煤灰陶粒混凝土、加气混凝土等实心墙体及屋面构件,在严寒地区,且在室内平均相对湿度超过 65% 的采暖房间内使用,因干燥缓慢	1.15

二、复合材料的传热系数

在围护结构两侧空气温差为 1K 的情况下,在单位时间内通过单位面积围护结构的传热量,即为传热系数,其单位为 $W/(m^2 \cdot K)$。

外墙传热系数计算按下列方法:

$$K = \frac{1}{R_i + R_0 + R_e}$$

式中　R_i——内表面换热阻;

R_0——围护结构传热阻,由下式计算:

$$R_0 = \frac{\delta_i}{\lambda_i}$$

λ_i——各层导热系数;

δ_i——各层厚度;

R_e——外表面换热阻。

从以上公式可知,相同条件下,导热系数越大,热阻越小,传热系数越大,保温性能越差;反之,则导热系数越小,热阻越大,传热系数越小,保温性能越好。所以,要提高保温效果,可考虑采取使用导热系数小的保温材料加强保温。

三、墙体主体部位传热系数计算例题

【例 2-3】　外墙为 240mm 厚 KPI 空心砖墙,内外各 20mm 水泥砂浆找平,外侧采用阻燃型聚苯板($\delta=40$mm)外保温。所用材料的导热系数 λ(W/(m·K)):砖墙 0.58,聚苯板0.042(修正系数 1.2),水泥砂浆取 0.93,求该墙体的传热系数与热阻。

解:传热系数:

$$K_p=\frac{1}{R_i+\sum R+R_e}=\frac{1}{0.11+\frac{0.24}{0.58}+\frac{0.04}{0.042\times1.2}+\frac{0.04}{0.93}+0.04}$$

$$=\frac{1}{1.39}=0.72(\mathrm{W/(m^2\cdot K)})$$

热阻:

$$R=\frac{1}{K_p}=\frac{1}{0.72}=1.39\mathrm{m^2\cdot K/W}$$

四、各种构造围护结构传热系数或热阻计算例题

【例 2-2】 外墙为 240mm 厚砖墙,带钢筋混凝土圈梁和抗震柱,内表面抹水泥砂浆2cm。房间开间 3.3m,层高 2.7m。窗户 1.5m×1.5m。采用聚苯板($\delta=50$mm)内保温。外墙构造见图 2-10。所用材料的导热系数 λ(W/(m·K)):砖墙 0.58,钢筋混凝土 1.74,聚苯板0.042,(修正系数 1.2)。保温形式采用内保温,试计算外墙的平均传热系数。

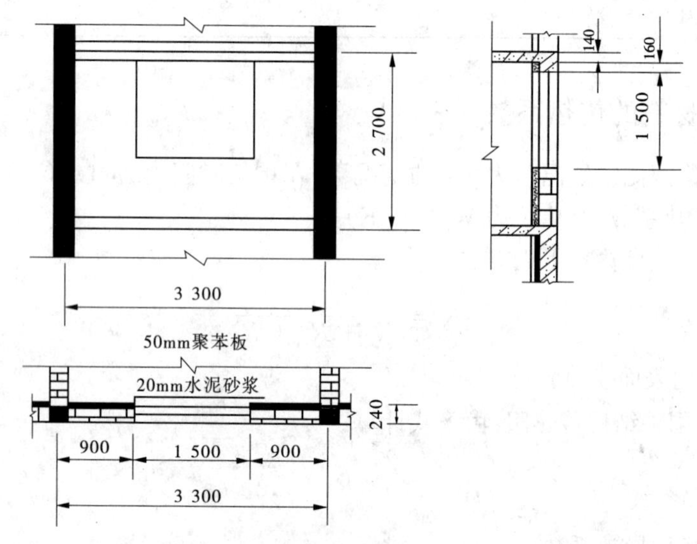

图 2-10 外墙构造(单位:mm)

主体部位:

$$K_p=\frac{1}{R_i+\sum R+R_e}=\frac{1}{0.11+\frac{0.24}{0.58}+\frac{0.05}{0.042\times1.2}+\frac{0.02}{0.93}+0.04}$$

$$=\frac{1}{1.57}=0.64(\mathrm{W/(m^2\cdot K)})$$

$$F_p=(3.3-0.24)\times(2.7-0.3)-1.5\times1.5=5.09(\mathrm{m})^2$$

热桥部位:

构造柱

$$K_{B1} = \frac{1}{0.11 + \frac{0.24}{1.74} + \frac{0.07}{0.58} + 0.04} = \frac{1}{0.41} = 2.44(\mathrm{W/(m^2 \cdot K)})$$

$$F_{B1} = 2.7 \times 0.24 = 0.65(\mathrm{m^2})$$

楼板

$$K_{B2} = \frac{1}{0.11 + \frac{0.24 + 0.05 + 0.02}{1.74} + 0.04} = \frac{1}{0.33} = 3.03(\mathrm{W/(m^2 \cdot K)})$$

$$F_{B2} = (3.3 - 0.24) \times 0.14 = 0.43(\mathrm{m^2})$$

圈梁

$$K_{B3} = \frac{1}{0.11 + \frac{0.24}{1.74} + \frac{0.05}{0.042 \times 1.2} + \frac{0.02}{0.93} + 0.04} = \frac{1}{1.30} = 0.77(\mathrm{W/(m^2 \cdot K)})$$

$$F_{B3} = (3.3 - 0.24) \times 0.16 = 0.49(\mathrm{m})^2$$

外墙平均传热系数：

$$K_m = \frac{K_P \cdot F_P + K_{B1} \cdot F_{B1} + K_{B2} \cdot F_{B2} + K_{B3} \cdot F_{B3}}{F_P + F_{B1} + F_{B2} + F_{B3}}$$

$$= \frac{0.64 \times 5.09 + 2.44 \times 0.65 + 3.03 \times 0.43 + 0.77 \times 0.49}{5.09 + 0.65 + 0.43 + 0.49}$$

$$= \frac{6.52}{6.66}$$

$$= 0.98(\mathrm{W/(m^2 \cdot K)})$$

【例 2-3】 同例[2-2]，保温形式采用外保温，试计算墙体的平均传热系数。

主体部位：

$$K_p = \frac{1}{R_i + \sum R + R_e} = \frac{1}{0.11 + \frac{0.24}{0.58} + \frac{0.05}{0.042 \times 1.2} + \frac{0.02}{0.93} + 0.04}$$

$$= \frac{1}{1.57} = 0.64(\mathrm{W/(m^2 \cdot K)})$$

$$F_p = (3.3 - 0.24) \times (2.7 - 0.3) - 1.5 \times 1.5 = 5.09(\mathrm{m^2})$$

热桥部位：

构造柱

$$K_{B1} = \frac{1}{0.11 + \frac{0.24}{1.74} + \frac{0.02}{0.58} + \frac{0.05}{0.042 \times 1.2} + 0.04} = \frac{1}{1.31} = 0.76(\mathrm{W/(m^2 \cdot K)})$$

$$F_{B1} = 2.7 \times 0.24 = 0.65(\mathrm{m^2})$$

楼板

$$K_{B2} = \frac{1}{0.11 + \frac{0.24 + 0.02}{1.74} + \frac{0.05}{0.042 \times 1.2} + 0.04} = \frac{1}{1.29} = 0.78(\mathrm{W/(m^2 \cdot K)})$$

$$F_{B2} = (3.3 - 0.24) \times 0.14 = 0.43(\mathrm{m}^2)$$

圈梁

$$K_{B3} = \frac{1}{0.11 + \dfrac{0.24}{1.74} + \dfrac{0.02}{0.93} + \dfrac{0.05}{0.042 \times 1.2} + 0.04} = \frac{1}{1.30} = 0.77(\mathrm{W/(m^2 \cdot K)})$$

$$F_{B3} = (3.3 - 0.24) \times 0.16 = 0.49(\mathrm{m}^2)$$

外墙平均传热系数：

$$\begin{aligned} K_m &= \frac{K_P \cdot F_P + K_{B1} \cdot F_{B1} + K_{B2} \cdot F_{B2} + K_{B3} \cdot F_{B3}}{F_P + F_{B1} + F_{B2} + F_{B3}} \\ &= \frac{0.64 \times 5.09 + 0.76 \times 0.65 + 0.78 \times 0.43 + 0.77 \times 0.49}{5.09 + 0.65 + 0.43 + 0.49} \\ &= \frac{4.46}{6.66} \\ &= 0.67(\mathrm{W/(m^2 \cdot K)}) \end{aligned}$$

计算结果表明，这一外保温墙体的平均传热系数为 0.67W/(m^2·K)，比采用内保温墙体的平均传热系数 0.98 低 30%。可见，采用外保温效果要比内保温好，且外保温可有效避免热桥。

[**例 2-4**]　试求图 2-11 的浮石混凝土三排孔空心砌块的平均热阻值。已知浮石混凝土的密度为 1 300kg/m^3，导热系数 $\lambda_1 = 0.53$ W/(m·K)；45mm 及 50mm 厚空气间层的当量导热系数分别为：$\lambda_2 = 0.25$，$\lambda_3 = 0.28$；$R_1 + R_2 = 0.11 + 0.04 = 0.15$(m^2·K/W)。

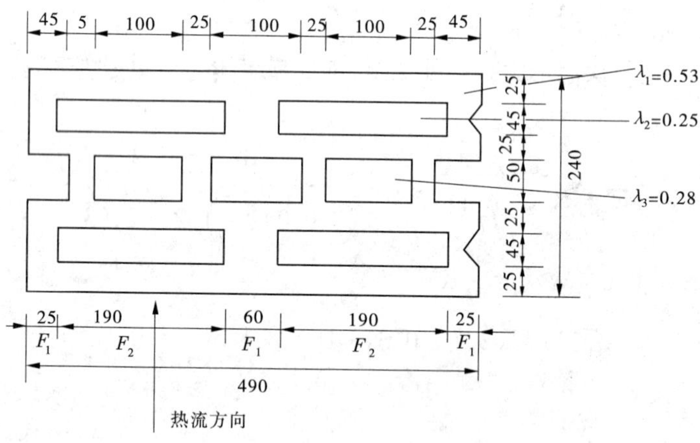

图 2-11　浮石混凝土空心砌块结构尺寸(单位:mm)

为便于计算，先将中间一排孔与两侧孔排齐，然后按平行于热流方向将砌块划分成 5 段。

$$F_1 = 2\times0.025 + 1\times0.06 = 0.11$$

$$F_2 = 2\times0.19 = 0.38$$

$$F_0 = 0.49$$

$$R_{01} = \frac{0.24}{0.53} + 0.15 = 0.45 + 0.15 = 0.60$$

$$R_{02} = 4\times\frac{0.025}{0.53} + 2\times\frac{0.045}{0.25} + 1\times\frac{0.05}{0.28} + 0.15$$

$$= 0.19 + 0.36 + 0.18 + 0.15 = 0.88$$

$$\frac{\lambda_2 + \lambda_3}{2}\Big/\lambda_1 = \frac{0.25 + 0.28}{2}\Big/0.53 = 0.50$$

查表 $\varphi = 0.96$,空心砌块的平均热阻:

$$\overline{R} = \left[\frac{F_0}{\frac{F_1}{R_{01}} + \frac{F_2}{R_{02}}} - (R_i + R_e)\right]\varphi = \left(\frac{0.49}{\frac{0.11}{0.60} + \frac{0.38}{0.88}} - 0.15\right)\times0.96$$

$$= (0.80 - 0.15)\times0.96$$

$$= 0.62(\mathrm{m^2\cdot K/W})$$

【例 2-5】 试算传统屋顶在郑州地区是否需要设置隔汽层,见图 2-12。

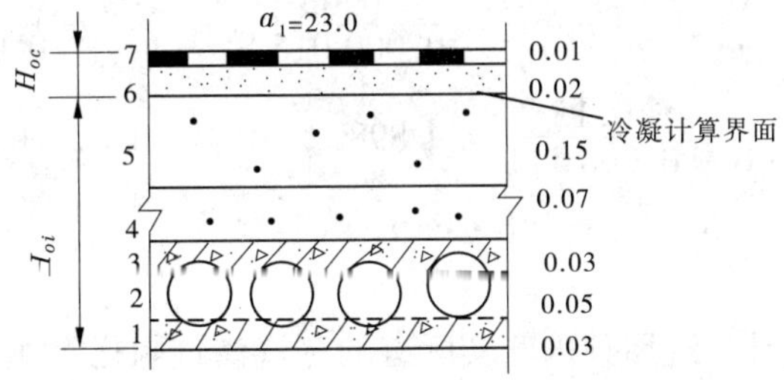

图 2-12 保温屋顶构造尺寸(单位:m)

(1)钢筋混凝土:$\lambda_1 = 1.74, R_1 = 0.02, \mu_1 = 0.000\ 015\ 8$

(2)空气间层:$\bar{\lambda}_2 = 0.91, \bar{R}_2 = 0.07, \mu_2 = \infty$

(3)钢筋混凝土:同(1);

(4)干铺炉渣:$\lambda_4 = 0.29, R_4 = 0.24, \mu_4 = 0.000\ 193\ 0$

(5)加气混凝土:$\lambda_5 = 0.22, R_5 = 0.52, \mu_5 = 0.000\ 111\ 0$

(6)水泥砂浆:$\lambda_6 = 0.93, R_6 = 0.02, \mu_6 = 0.000\ 021\ 0$

(7)二毡三油:$\lambda_7 = 0.17, R_7 = 0.06, H_7 = 2\times1\ 107 + 267 + 480 = 2\ 961.0$ $(\mathrm{m^2\cdot h\cdot Pa/g})$

室内:$t_i = 18℃, \varphi_1 = 60\%, P_i = 1\ 237.5\ \mathrm{Pa}$

室外:$t_e = -5.7℃, \varphi_1 = 58\%, P_e = 219.6\ \mathrm{Pa}$

冷凝界面温度:

$$\theta_c = t_i - \frac{t_i - t_e}{R_e}(R_i + R_{e\cdot i})$$

$$= 18 - \frac{18 + 5.7}{1.10} \times (0.11 + 0.02 + 0.07 + 0.02 + 0.24 + 0.52)$$
$$= 18 - 21.1 = -3.1(℃)$$
$$P_{S.C} = 476.0 \text{ Pa}$$
$$H_{o.e} = H_6 + H_7 = \frac{\delta_6}{\mu_6} + H_7 = \frac{0.02}{0.000\,021} + 2\,961.0$$
$$= 3\,013.4(\text{m}^2 \cdot \text{h} \cdot \text{Pa} / \text{g})$$

加气混凝土($P_o = 500$)的重量湿度允许增量$[\Delta\omega] = 4\%$。

内侧所需的蒸汽渗透阻:

$$H_{o.i} = \frac{P_i - P_{S.C}}{\frac{10\rho_0 \delta_i [\Delta\omega]}{24Z} + \frac{P_{S.C} - P_e}{H_{o.e}}} = \frac{1\,237.5 - 476.0}{\frac{10 \times 500 \times 0.15 \times 4}{24 \times 152} + \frac{476.0 \times 219.6}{3\,913.4}}$$
$$= \frac{761.5}{0.822 + 0.066} = 857.5(\text{m}^2 \cdot \text{h} \cdot \text{Pa} / \text{g})$$

内侧实际有的蒸汽渗透阻:

$$H_{o.i} = \frac{\delta_1}{\mu_1} + \frac{\delta_2}{\mu_2} + \frac{\delta_3}{\mu_3} + \frac{\delta_4}{\mu_4} + \frac{\delta_5}{\mu_5} = \frac{0.03}{0.000\,015\,8} + \frac{0.05}{\infty} + \frac{0.03}{0.000\,015\,8}$$
$$+ \frac{0.07}{0.000\,193\,0} + \frac{0.15}{0.000\,111} = 1\,898.7 + 0 + 1\,898.7 + 362.7 + 1\,351.4$$
$$= 5\,511.5 > 857.5\ (\text{m}^2 \cdot \text{h} \cdot \text{Pa} / \text{g})$$

验算结果表明,这种传统屋顶内侧实际有的蒸汽渗透阻已远远大于内侧计算所需的蒸汽渗透阻。如果钢筋混凝土屋面板本身密实,且接缝处水泥砂浆填充密实并作良好的隔汽处理,则在整个采暖期内,加气混凝土保温层内的湿度增量不会超过允许增量。因此,在郑州地区,这种传统屋顶可不设隔汽层。

第三章　采暖建筑节能规划设计

第一节　建筑布局

一、改善日照条件

太阳辐射为地球接受到的一种自然能源。太阳光线的正交面上的辐射强度约为 1.44W/m^2。地球地表受到的短波与长波年辐射量如图 3-1 所示。

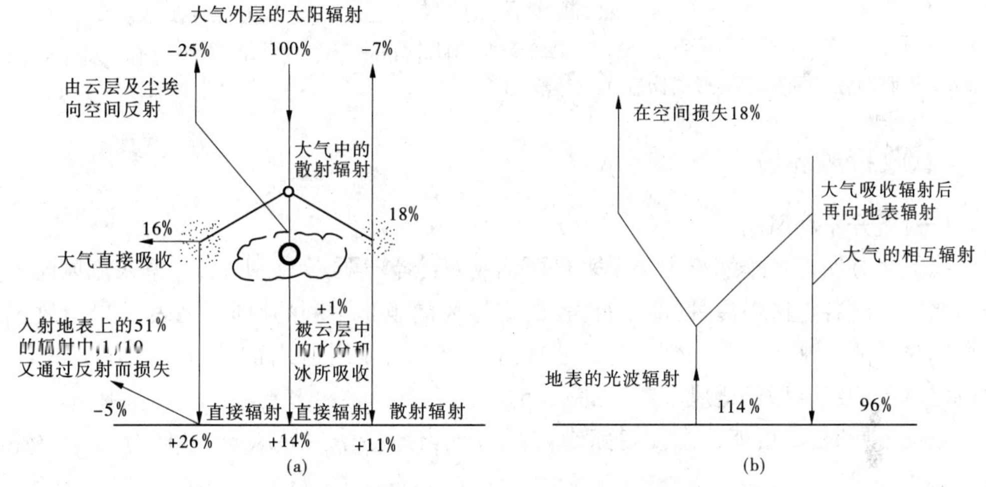

图 3-1　地球上太阳辐射年总量(以大气顶部的入射量为 100%)

(a)太阳的短波辐射　(b)太阳的长波辐射

在采暖的季节里,应使建筑物争取获得最大的太阳辐射热量,以利节能。晴天里太阳辐射热来源于太阳直接辐射、天空的散射以及地面反射来的太阳直接射辐射与散射辐射。太阳辐射热进入建筑物的方式有三种:①被表面吸收的分量 α;②被表面反射的分量 γ;③透过表面的分量 τ。α、γ、τ 取决于表面的物理特性,其和为 1。

建筑的合理布局,有利于改善日照条件。以住宅楼群为例,住宅楼群中不同形状、布局走向的住宅其背向都将产生不同的阴影区,地理纬度越高,建筑物背向的阴影区的范围也越大,因而在住宅楼组合布置时,应注意从一些不同的布局处理中争取良好日照。

(1)在多排多列楼栋布置时,采用错位布局,利用山墙空隙争取日照,见图 3-2。

(2)点、条组合布置时,将点式住宅布置在好朝向位置,条状住宅布置在其后,有利于利用空隙争取日照,如图 3-3 所示。

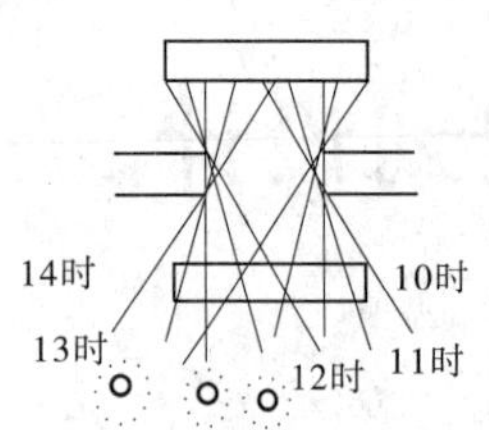

图 3-2 利用山墙间隙错落布置提高日照水平

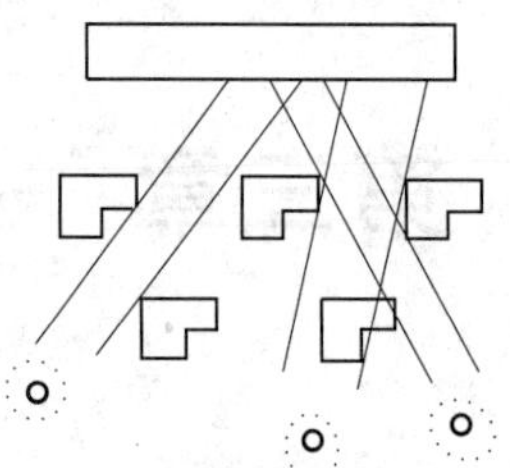

图 3-3 条式和点式住宅结合布置改善日照效果

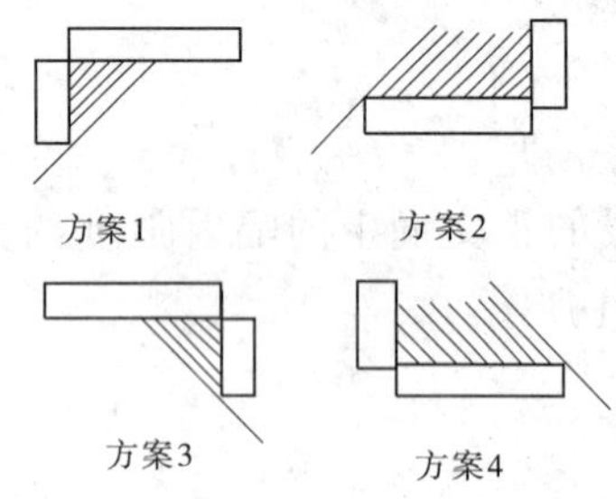

图 3-4 东西向住宅四种拼接形式比较

(3)在严寒地区,城市住宅布置时可通过利用东西向住宅围合成封闭或半封闭的周边式住宅方案。这种布局可以扩大南北向住宅间距,可以形成较大的院落,对节能节地有利。南北向与东西向住宅围合一般有 4 种情况,如图 3-4 所示。这四种情况从对争取室内日照,减少日照遮挡来看,方案 2、方案 4 最好。

(4)全封闭围合时,开口的位置和方位以向阳和居中为好。

二、改善风环境

(一)避开不利风向

我国北方城市冬季寒流主要受来自西伯利亚冷空气的影响,所以,冬季寒流风向主要是西北风。而各地区最冷月(即 1 月份)的主导风向也是不利的风向(见表 3-1)。故建筑规划中为了节能,应封闭西北向,合理选择封闭或半封闭周边式布局的开口方向和位置,使得建筑群的组合做到避风节能(见图 3-5)。

建筑布局时,尽可能注意使道路走向平行于当地冬季主导风向,这样有利于避免积雪。

表 3-1 我国寒冷地区主要城市 1 月份最多风向频率及冬季平均风速

城市	风向频率(%)	风速(m/s)	城市	风向频率(%)	风速(m/s)
北京	C NNW 18 14	2.8	沈阳	N 13	3.1
石家庄	C N 31 10	1.8	长春	SN 21	4.2
太原	C NNW 24 14	2.6	哈尔滨	S 14	4.8
包头	N 17	3.2	黑河	NW 49	3.6

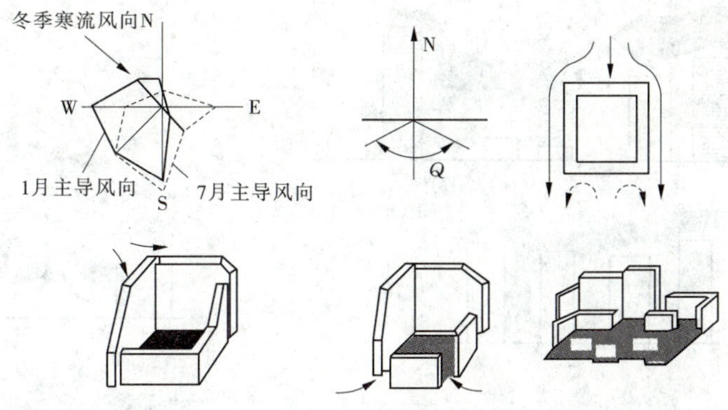

图 3-5　建筑避风方案

(二)阻隔冷风与降低风速

通过适当布置建筑物,降低冷天风速,可减少建筑物和场地外表面的热损失,节约热能。建筑物紧凑布局,使建筑间距与建筑高度之比在 1∶2 的范围以内,可以充分利用风影效果,使后排建筑避开寒风侵袭,如图 3-6 所示。

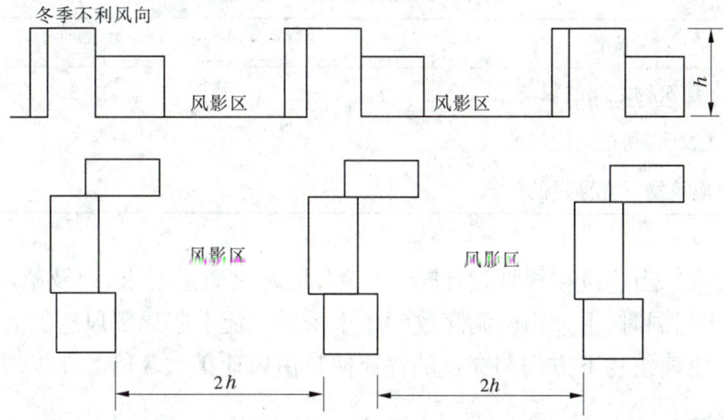

图 3-6　建筑物的紧凑布置具有良好的防风效果

利用建筑组合将较高层建筑背向冬季寒流风向,减少寒风对中、低层建筑和庭院的影响,以创造适宜的微气候。

以实体围墙作为阻风设施时,应注意防止在背风面形成涡流,可在墙体上作引导气流向上穿透的百页式孔洞,使小部分的风由此流过,而大部分的气流在墙顶以上的空间流过,这样就不会形成涡流。

(三)避免局地疾风

(1)下冲气流。在组合的建筑群体中,当建筑群体各栋建筑高度和间距相近时,气流无下冲现象,见图 3-7(a);当一栋建筑远远高于其他建筑时,它将受到沉重的下冲气流的冲击,见图 3-7(b);当若干栋建筑组合时,在迎冬季季风方向减少某一栋楼,均能产生由于其间的空地带来的下冲气流。这些下冲气流与附近水平方向的气流形成高速风及涡流,从而加大风压,造成热损失加大,见图 3-7(c)。

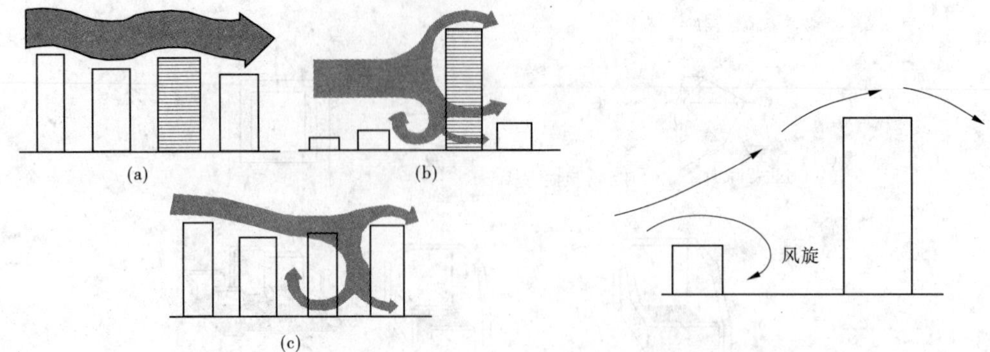

图 3-7 建筑物组合产生的下冲气流　　图 3-8 低层与高层建筑物之间的相互作用

(2)风旋。当低层与高层建筑如图 3-8 布局时,在冬季季风入侵时,会形成比较大的湍流,称为风旋。其能使风速加大,进而增大风压,造成热能损失增大。研究结果表明,若高层建筑物前方有低层建筑物,则在行人高度处的风速与在开敞地面上同一高度处自由风速之比值(见表 3-2),其风旋风速扩大 1.3 倍,建筑物拐角处气流风速扩大 2.5 倍。

表 3-2 建筑物附近的风速比

位置	风速比
建筑物之间的风旋	1.3
建筑物拐角处的气流	2.5
由建筑物下方穿过的气流	3.0

(3)风洞效应。当建筑在规划设计时,为了满足防火通道要求,以及解决人流疏散要求需要设计过街门洞时,由过街门洞穿过的冬季季风气流引起局部风速加大,称为风洞效应(见图 3-9)。由建筑物下方门洞穿过的气流使自由风速扩大 3 倍。在规划布局时,应避免风洞效应的发生。

(4)风漏斗。在建筑布局时,若将高度相近的建筑排列在街道的两侧,并用宽度是其高度 2~3 倍的建筑与其组合会形成风漏斗,这种风漏斗可以造成高速风,提高风速 30%,加剧建筑热损失,如图 3-10 所示。应尽量避免采用这种布局。

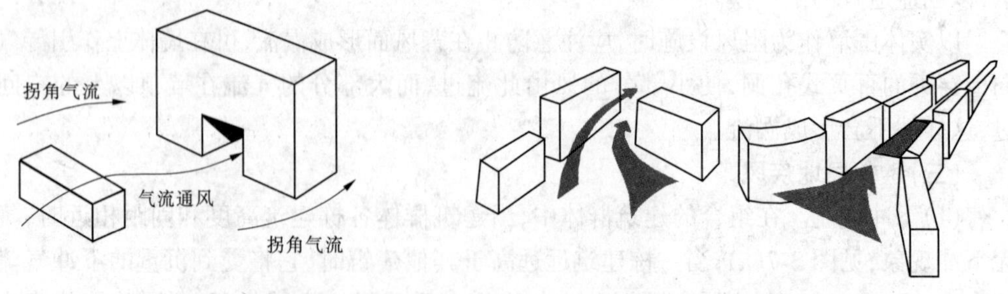

图 3-9 风洞　　图 3-10 风漏斗改变风向与风速

三、建立气候防护单元

利用建筑的合理布局，形成优化微气候的良好界面，建立气候防护单元(见图 3-11)，对节能有利。气候防护单元的建立，应充分结合特定地点的自然环境因素、气候特征、建筑物的功能、人的行为活动特点，也就是建立一个小型组团的自然—人工生态平衡系统。

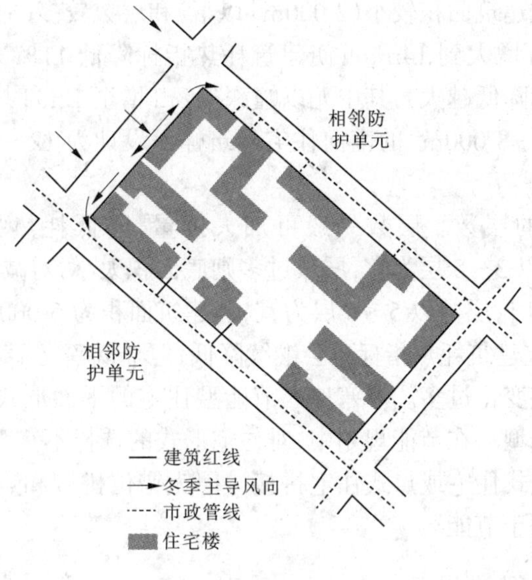

图 3-11　气候防护单元

单元组团式布局，形成较封闭、完整的庭院空间，充分利用和争取日照，避免季风干扰，组织内部气流，利用建筑外界面的反射辐射，形成对冬季恶劣气候条件的有利防护，改善建筑的日照条件和风环境以达到节能的效果。

第二节　建筑体型

人们在设计中常常追求建筑形态的变化。从节能角度考虑，合理的建筑形态设计不仅要求体形系数小，而且需要冬季日辐射得热多，需要对避寒风有利。具体选择节能体型受多种因素制约，包括当地冬季气温和日辐射照度、建筑朝向、各面围护结构的保温状况和局部风环境状态等，需要具体权衡得热和失热的情况，优化组合各影响因素才能确定。在规划设计中考虑建筑体形对节能的影响时，主要应把握下述因素。

一、控制体形系数

建筑体形系数是指建筑物与室外大气接触的外表面积 A(不包括地面和不采暖楼梯间隔墙与户门的面积)与其所包围的建筑空间体积 V 的比值。体形系数越大，说明单位建筑空间所分担的热散失面积越大，能耗就越多。在其他条件相同情况下，建筑物耗热量指标随体形系数的增长而增长。有研究资料表明，体形系数每增大 0.01，耗热量指标约增加 2.5%。从有利节能出发，体形系数应尽可能得小。

一般建筑物的体形系数宜控制在0.30以下，若体形系数大于0.30，则屋顶和外墙应加强保温。以便将建筑物耗热量指标控制在规定水平，总体上实现节能50%的目标。

一般来说，控制或降低体形系数的方法，主要有下述几点：

(1)减少建筑面宽，加大建筑幢深。对体量1 000～8 000m^2的建筑，当幢深从8m增至12m时，各类型建筑的耗热指标都有大幅度的降低，但幢深在14m以上再继续增加则耗热指标降低很少，在建筑面积较小(2 000m^2以下)和层数较多(6层以上)时指标还可能回升。加大幢深由8m增大到14m，可使建筑耗热指标降低11%～33%(总建筑面积越大，层数越多耗热指标降低越大)，其中尤以幢深从8m增至12m时指标降低的比例最大。因此，对于体量1 000～8 000m^2的南向住宅建筑幢深设计为12～14m，对建筑节能是比较适宜的。

(2)增加建筑物的层数。层数一般可加大体量，降低耗热指标。当建筑面积在2 000m^2以下时，层数以3～5层为宜，层数过多则底面积太小，对减少热耗不利；当建筑面积为3 000～5 000m^2时，层数以5～6层为宜，当建筑面积为5 000～8 000m^2时，层数以6～8层为宜。6层以上建筑耗热指标还会继续降低，但降低幅度不大。

(3)建筑体型不宜变化过多。严寒地区节能型住宅的平面形式应追求平整、简洁，如直线型、折线型和曲线型。在节能规划中，对住宅形式的选择不宜大规模采用单元式住宅错位拼接，不宜采用点式住宅或点式住宅拼接。因为错位拼接和点式住宅都将形成较长的外墙临空长度，不利于节能。

二、考虑日辐射得热量

仅从冬季得热最多的角度考虑，应使南墙面吸收的辐射热量尽可能得大，且尽可能大于其向外散失的热量，以将这部分热量用于补偿建筑的净负荷。图3-12是将同体积的立方体建筑模型按不同的方式排列成为各种体型和朝向，从日辐射得热多少的角度，研究建筑体型对节能的影响。由图3-12可以看出，立方体A是冬季日辐射得热最少的建筑体型，D是夏季得热最多的体型，E、C两种体型的全年日辐射得热量较为均衡。长、宽、高比例较为适宜的体型，在冬季得热较多，在夏季得热为最少。

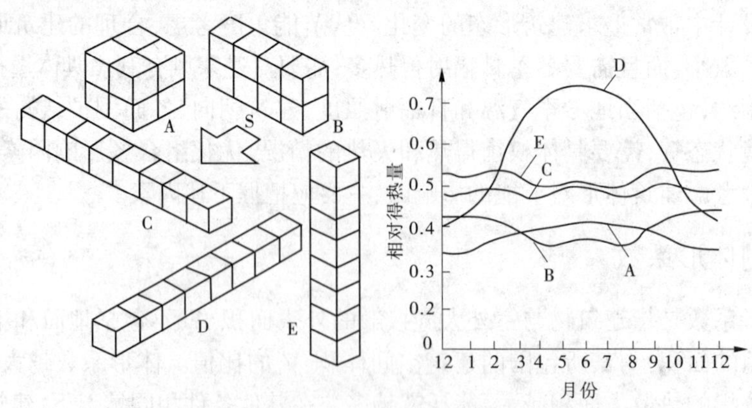

图3-12　同体积不同体型建筑日辐射得热量

三、设计有利避风的建筑形态

风吹向建筑物，使风的风向和风速均发生相应的改变，形成特有的风环境。单体建筑物和三维尺寸对其周围的风环境影响很大。从节能的角度考虑，应创造有利的建筑形态，减少风流、降低风压、减少耗能热损失。建筑物越长、越高、进深越小，其背风面产生的涡流区越大，流场越紊乱，对减少风速、风压越有利，如图 3-13～图 3-15 所示。

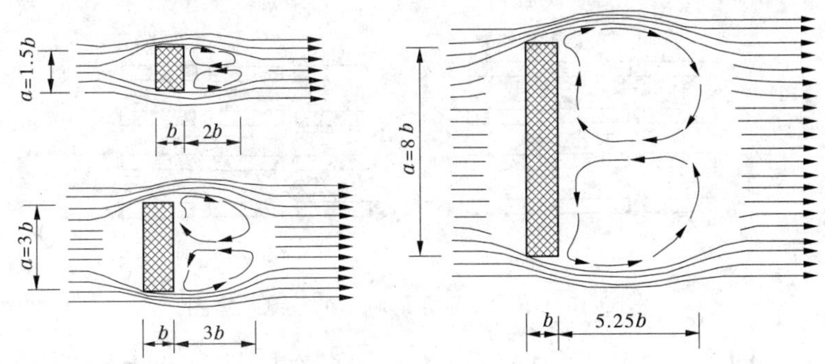

图 3-13　建筑物长度变化对气流的影响

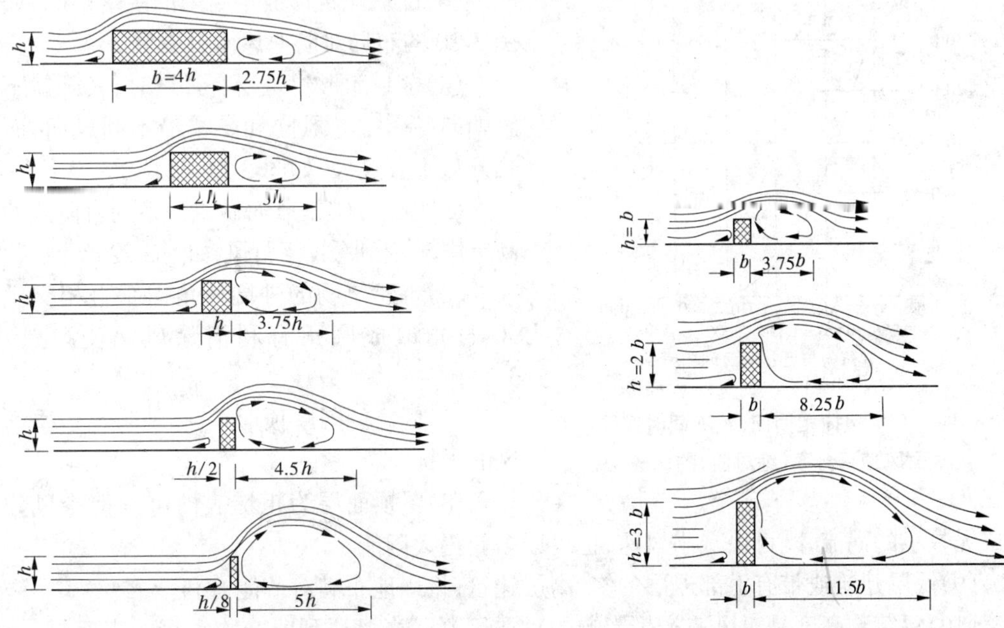

图 3-14　建筑物深度变化对气流的影响

图 3-15　建筑物高度变化对气流的影响

从避免冬季季风对建筑物侵入来考虑，应减小风向与建筑物长边的入射角度，如图 3-16 所示。风向相同、间距不同时，迎风面风速百分率的比较见图 3-17。

分析下列建筑物形成的风环境可以发现：

(1)风在条形建筑背面边缘形成涡流(见图 3-18)。建筑物高度越高、深度越小、长度越大时，背面涡流区越大。

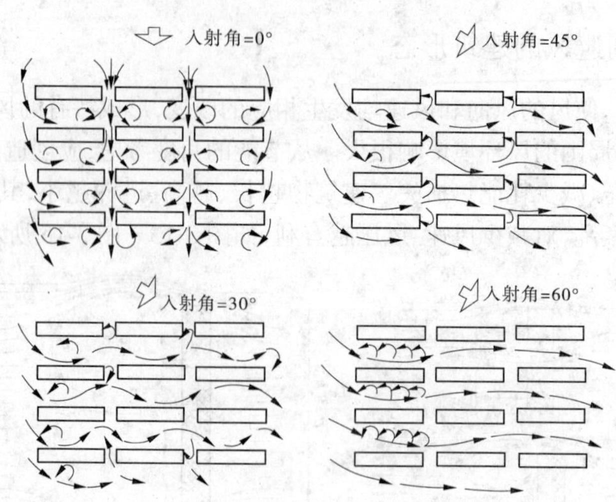

图 3-16　不同入射角影响下的气流示意图

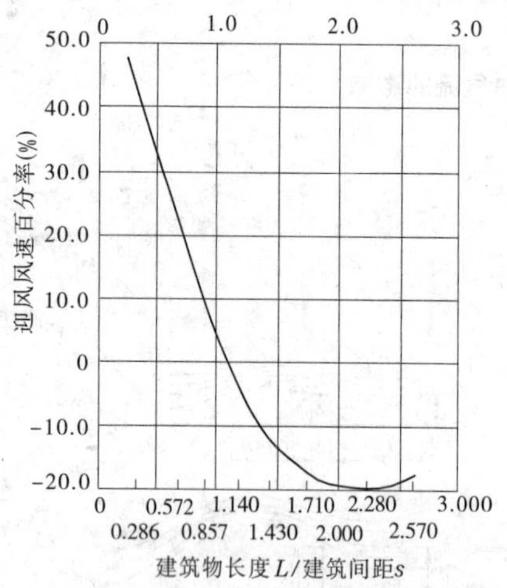

图 3-17　风向相同间、距不同时迎风面风速百分率(绝对值)的比较

(2)风在 L 形建筑中,如图 3-19 中的两个布局对防风有利。

(3)U 形建筑形成半封闭的院落空间,如图 3-20 的布局对防寒风十分有利。

(4)全封闭形建筑当有开口时,其开口不宜朝向冬季主导风向和冬季最不利风向,而且开口不宜过大,如图 3-21 所示。

(5)将迎冬季季风面做成一系列台阶式的高层建筑,有利缓冲下行风,如图 3-22 所示。

(6)将建筑物的外墙转角由垂直相交成 90°直角改成圆角有利消除风涡流,见图 3-23。

(7)低矮的圆屋顶形式,有利防止冬季季风的干扰。

(8)屋顶面层为粗糙表面可以使冷风分解成无数小的涡流,既可以减小风速,也可以多获得太阳能。

(9)低层建筑或带有上部退层的多、高层建筑,将用地布满对节能有利。

(10)建筑物高度是对风速产生影响的重要因素。当风遇到建筑物垂直的表面时,便产生下冲气流,形成下行风,其风速不变,和地面附近水平方向的风一道在建筑物附近产生高速风和涡流。英国的一项研究表明,在 5 层楼底部,风速增加 20%;在 16 层楼底部,风速增加 50%;在 35 层楼底部,风速增加 120%。所以,建筑物高度的选择应与风环境条件有机结合。

(11)不同的平面形体在不同的日期内建筑阴影位置和面积也不同,节能建筑应选择相互日照遮挡少的建筑形体,以利减少日照遮挡影响太阳辐射得热,如图 3-24 所示。

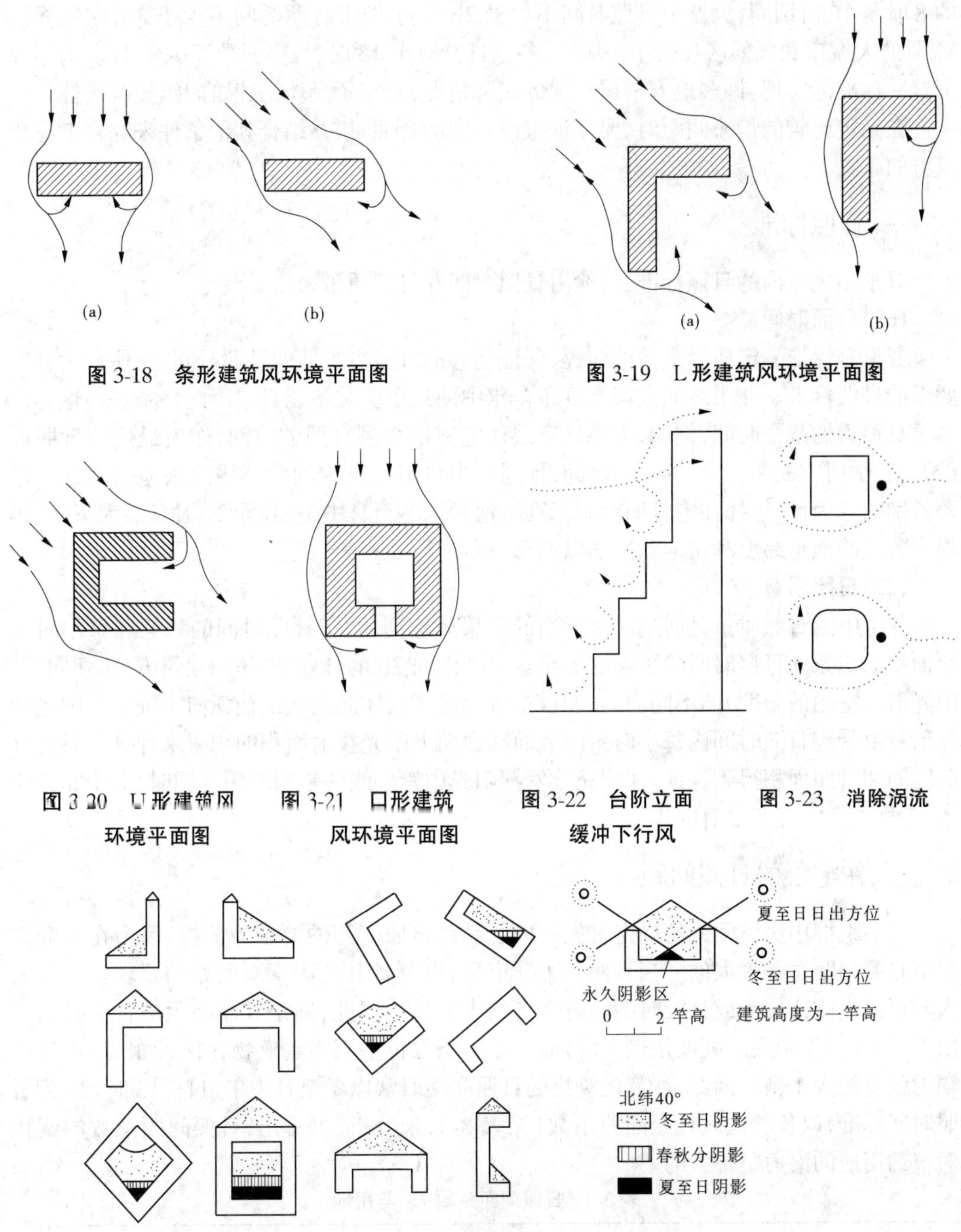

图 3-18 条形建筑风环境平面图

图 3-19 L 形建筑风环境平面图

图 3-20 U 形建筑风环境平面图

图 3-21 口形建筑风环境平面图

图 3-22 台阶立面缓冲下行风

图 3-23 消除涡流

图 3-24 不同平面形体在不同日期的房屋阴影

第三节 建筑间距

阳光不仅是个热源，还可以提高室内的光照水平。《城市居住区规划设计规范》(GB50180—1993)规定，在气候区Ⅰ、Ⅱ、Ⅲ、Ⅵ区和气候区Ⅳ区的大城市内，冬季大寒日的 8 时至 16 时期间，大城市日照时间不少于 2h，中小城市日照时间不少于 3h；在气候区Ⅴ、Ⅵ的大城市和气候区Ⅳ的中小城市，冬至日 9 时至 15 时，日照时数不少于 1h。为了保证这一标准的实现，许多地方根据本地的实际情况，制定了具体的建筑间距控制指标。

在确定建筑的最小间距时，要保证室内一定的日照量，并结合其他条件来综合考虑建筑群的布置。

一、日照标准

对于住宅室内的日照标准，一般由日照时间和日照质量来衡量。

（一）日照时间

数量是保证一定质量水平的前提，保证足够的或至少是低的日照时间，是住户对日照要求的最低标准。北半球的太阳高度角全年中的最小值是冬至日。因此，冬至日（也有将冬至日稍后的某个时间，例如，大寒日底层住宅室内得到日照的时间，作为最低的日照标准）。医学研究表明，不同的日照时间，即通过窗口射入室内的紫外线的杀菌能力是有显著差别的。因此，选择住宅日照时间标准时通常取冬至日中午前后两小时日照为下限，再根据各地的地理纬度和用地状况加以调整。

（二）日照质量

住宅中的日照质量是通过两个方面的积累而达到的，即日照时间的积累和每小时日照面积的积累。日照时间除了确定冬至日中午南向 2h 的日照外，还随建筑方位、朝向（即阳光射入室内的角度）的不同而异，即根据各地区经具体测定的最佳朝向来确定。阳光的照射量由受到日照时间内每小时室内墙面和地面上阳光投射面积的积累来计算。只有日照时间和日照面积得到保证，才能充分发挥阳光中紫外线的杀菌效用。同时，对于北方住宅，冬季提高室温有显著的作用。

二、住宅群的日照间距

住宅组群中房屋间距的确定首先应以能满足日照间距的要求为前提，因为在一般情况下日照间距总是最大的。当日照间距确定后，再复核其他因素对间距的要求。正午的太阳辐射强度比日出或日没时的辐射强度约大 6 倍。因此，确定日照间距的日照时间一般取正午（一天中太阳高度角最大时）前后。太阳方位垂直于建筑物比两者相交 30°时的辐射强度约大 1 倍。因此，计算建筑物的日照间距时常以冬至日中午（11～13 时）2h 为日照时间标准，以长春地区日照间距系数（见表 3-3）来分析，可看出，日照间距系数的变化对节约用地的潜力是很大的。

表 3-3　日照间距系数 L_0 与用地

	日照标准	L_0（南向）	节约用地
长春 $\varphi=43°52'$	大寒日正午前后有 2h 日照	2.12	0
	冬至日正午有满窗日照	2.39	12.8%
	冬至日正午前后有 2h 日照	2.48	17.2%

注：$L_0=\frac{D_0}{h_0}$，其中：L_0 为日照间距系数，D_0 为日照间距，h_0 为建筑物计算高度。φ 为北纬纬度。

日照间距是建筑物长轴之间的外墙距离，通常以冬至日正午正南方向，太阳照至后排房屋底层窗台高度 O 点为计算点(见图 3-25)。

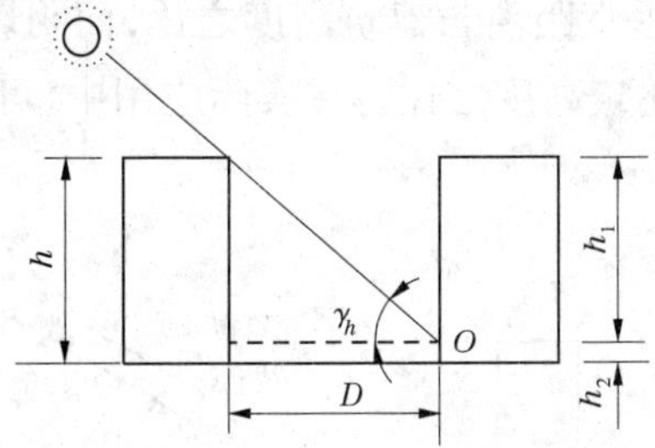

图 3-25　平地日照间距计算

(一)平地日照间距

由

$$\tan\gamma_h = \frac{h - h_2}{D}$$

可导出

$$D = \frac{h_1}{\tan\gamma_h} \tag{3-1}$$

式中　h——南前排建筑总高；

h_1——南前排房屋的檐口至北后排房屋底层窗台的距离；

h_2——北后排建筑底层窗台高；

γ_h——当地冬至日正午的太阳高度角。

在实际应用中，常将 D 值换算成与 h 的比值。间距值 D 可根据不同的房屋高度计算得出。这样，可根据不同纬度城市的冬至日下午太阳高度角计算出建筑物高度与间距的比值。

(二)坡地日照间距

在坡地上布置住宅时，其间距因坡度的朝向而异，向阳坡上的房屋间距可以缩小，背阳坡则需加大。同时，又因建筑物的方位与坡向变化，都会分别影响到建筑物之间的间距。一般来说，当建筑方向与等高线关系一定时，向阳坡的建筑以东南或西南向间距最小，南向次之，东西向最大，北坡则以建筑南北向布置时间距最大。

向阳坡间距计算见图 3-26(a)，计算公式为：

$$D = \frac{h - (d + d')\sin\alpha\tan\gamma_0 - W}{\tan\gamma_h + \sin\alpha\tan\gamma_0\cos\omega}\cos\omega \tag{3-2}$$

背阳坡间距计算见图 3-26(b)，计算公式为：

$$D = \frac{h + (d + d')\sin\alpha\tan\gamma_0 - W}{\tan\gamma_h - \sin\alpha\tan\gamma_0\cos\omega}\cos\omega \tag{3-3}$$

三、建筑瞬时阴影距离系数

建筑在阳光下总是要产生阴影的。但从节能角度考虑，总希望建筑南墙面的太阳辐射面积在整个采暖季中不要因被其他建筑遮挡(即处于其他建筑的阴影区内)而减少。为此,就需要研究建筑物各瞬时的阴影长度。图 3-27 和表 3-4 所示为北京地区南北向板式体型建筑在冬至日的各瞬时阴影长度、阴影区及阴影距离系数。其中,阴影距离系数 TD_1 表示影长在南北方向的垂直距离与建筑高度之比,而阴影距离系数 TD_2 则表示影长在东西方向的垂直距离与建筑高度之比。在实际应用中,可以很方便地根据表 3-4 计算出实际影长。

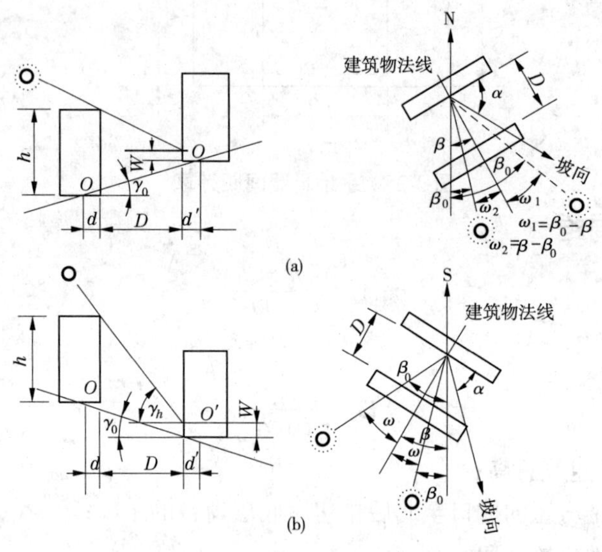

图 3-26 坡地日照间距计算

(a)向阳坡日照间距关系;(b)背阳坡日照间距关系

D—两建筑物的日照间距(m);h—前面建筑物的高度(m);W—后面建筑物底层窗台离设计基准点(或室外地面)高差;γ_0—地面坡度角;O、O'—前、后建筑物地面设计基准标高点;β—建筑方位角;γ_h—太阳高度角;d、d'—前、后建筑物地面设计基准标高点与外墙距离(m);β_0—太阳方位角(图中的两个 β_0 表示太阳的两个不同方向);ω—建筑方位与太阳方位差角,$\omega=\beta-\beta_0$(或 $\beta_0-\beta$);α—地形坡向与墙面的夹角

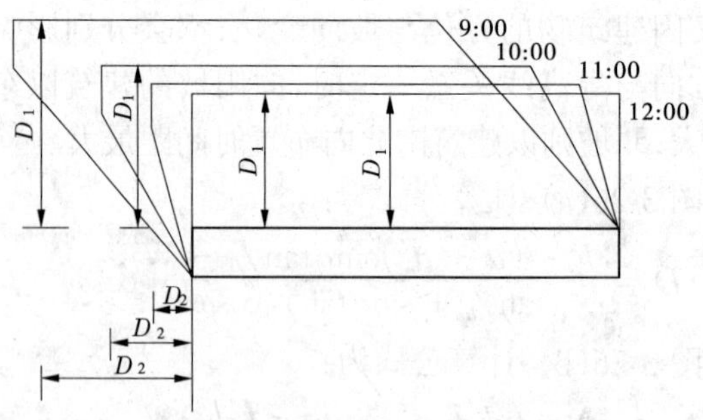

图 3-27 南北向板式住宅各瞬时阴影距离 D_1、D_2

表 3-4　北京地区冬至日建筑瞬时阴影距离系数

时间参数	9:00(15:00)	10:00(14:00)	11:00(13:00)	12:00
高度角(°)	13.9	20.7	25.0	26.0
方位角(°)	41.9	29.4	15.2	0.0
阴影距离系数 TD_1	3.0	2.3	2.1	2.0
阴影距离系数 TD_2	2.69	1.3	0.6	0

第四节　建筑朝向

选择合理的建筑朝向是节能建筑群体布置中首先考虑的问题。建筑物的朝向对太阳辐射得热量和空气渗透耗热量都有影响。在其他条件相同情况下，东西向板式多层住宅建筑的传热耗热量要比南北向的高 5%左右，建筑物主立面朝向冬季主导风向，会使空气渗透量增加。因此，建筑物朝向宜采用南北向或接近南北向，主要房间宜避开冬季主导风向。

影响建筑朝向的因素很多，如地理纬度、地段环境、局部气候特征及建筑用地条件等。"良好朝向"或"最佳朝向范围"的概念是对各地日照和通风两个主要影响朝向的因素进行观察、实测后，整理得出的成果，是一个具有地区条件限制的提法，它是在只考虑地理和气候条件下对朝向的研究结论。各地城市最佳建筑朝向范围不同，如哈尔滨市最佳建筑朝向范围是南偏东 15°、南偏西 15°，北京市最佳建筑朝向范围是南偏东至南偏西 30°。由于不同朝向上太阳辐射强度变化比较大，因此合理选择建筑朝向对争取更多的太阳辐射量是有利的，见图 3-28。

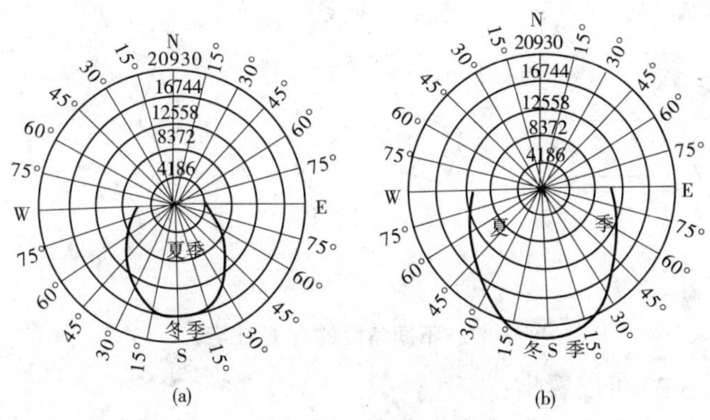

图 3-28　太阳辐射量

(a)北京地区太阳辐射热日总量的变化(kJ/(m^2·d))；

(b)上海地区太阳辐射热日总量的变化(kJ/(m^2·d))

在选择建筑朝向时，需要考虑的因素有以下诸点：

(1)冬季能有适量并具有一定质量的阳光射入室内；

(2)炎热季节尽量减少太阳直射室内和居室外墙面；

(3)夏季有良好的通风,冬季避免冷风吹袭;

(4)充分利用地形和节约用地;

(5)照顾居住建筑组合的需要。

一、建筑朝向与节能

建筑物的朝向对于建筑节能有很大的影响。从节能的角度出发,如总平面布置允许自由考虑建筑物的形状和朝向,则应首先选长方形体型,采用南北朝向。但是,实际设计中建筑可能采取的体型和适宜的朝向常常与此不合。“节能住宅的朝向”有关研究结果,见图 3-29～图 3-32。

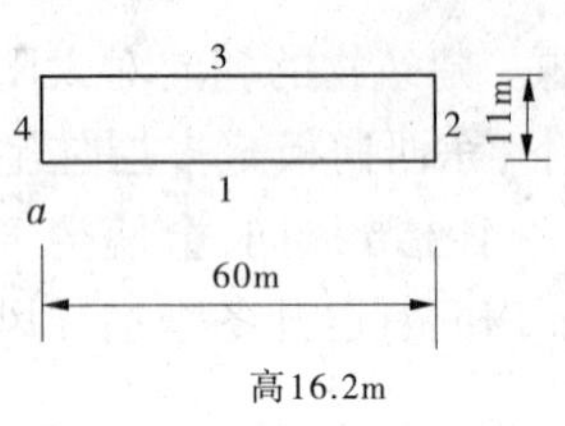

图 3-29 **板式体型住宅**

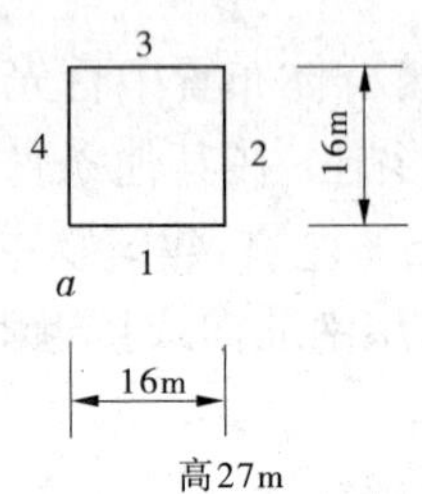

图 3-30 **点式体型住宅**

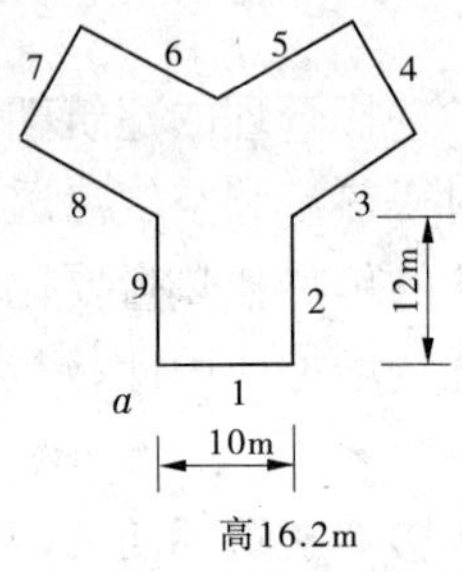

图 3-31 **Y 形住宅的基本体型**

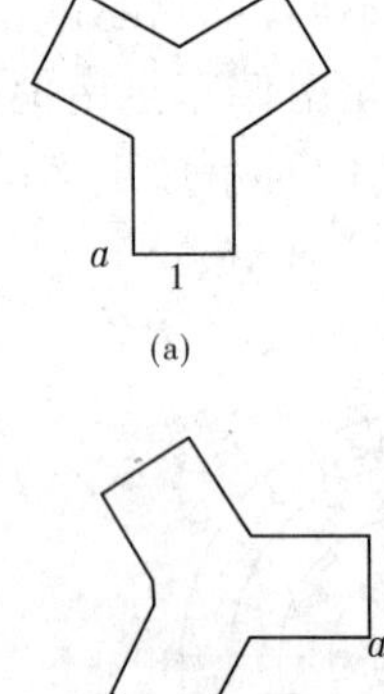

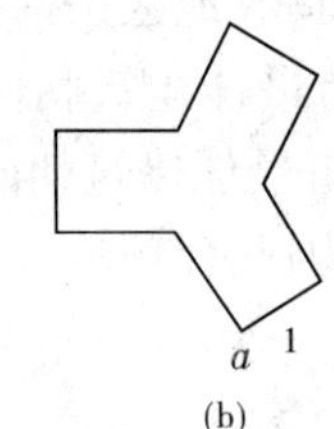

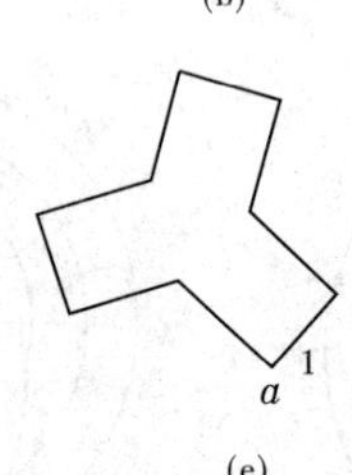

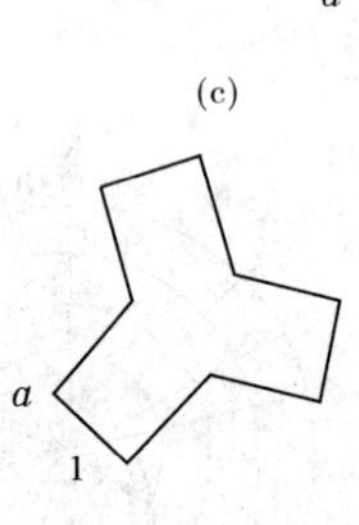

图 3-32 **不同角度的 Y 形住宅**

由图 3-29～图 3-32 可以看出:

(1)不同体型对朝向变化的敏感程度不同;

(2)无论何朝向均有辐射面积较大之面;

(3)板式体型以南北主朝向时获热最多;

(4)点式体型与板式体型相仿,但总获热较少;

(5)Y 形体型总辐射面积小于上述两种;

(6)Y 形体型中以(a)、(c)形获热量最多。

二、各向墙面及居室的日照时间和日照面积

建筑物墙面上的日照时间，决定墙面接受太阳辐射热量的多少。由于冬季和夏季太阳方位角的变化幅度较大，各个朝向墙面所获得的日照时间相差很大，因此应对不同朝向墙面在不同季节的日照时数进行统计，求出日照时数日平均值，作为综合分析朝向时的依据。另外，还需对最冷月和最热月的日出、日落时间做出记录。在炎热地区，住宅的多数居室应避开最不利的日照方位。对不同朝向和不同季节(例如冬至日和夏至日)的室内日照面积及日照时数进行统计和比较，选择最冷月有较长的日照时间和较多的日照面积，而在最热月有较少的日照时间和最少的日照面积。

在严寒地区，夏季西晒过热现象时间短暂，而冬季全年日照时间长，冬季日照率可达65%。以冬至日为例，哈尔滨市各朝向房间接受日照时数和辐射强度见表3-5。

表3-5　哈尔滨市日照时数和辐射强度

朝向	日照时数	辐射强度(W/m^2)
南向	8小时32分	2 839
东向	2小时42分	1 023
西向	2小时42分	1 404
北向	0	568

由表3-5可见，哈尔滨市严寒地区东西向住宅从日照卫生标准来看可以满足居住要求。所以采用东西向的住宅可加大住宅栋深，减少体形系数。

三、各向墙面的太阳辐射热量

太阳辐射包括直射和散射，此处只考虑太阳直射影响，以单位时间在单位面积上的辐射值表示，单位为J/(cm^2·d)。一般包括两个方面：一是最冷月和最热月的太阳累计辐射强度；(二)是太阳直射强度日变化曲线与日气温曲线的关系。例如，由北京地区的太阳辐射量(见图3-28(a)粗曲线)可以知道，冬季各朝向墙面上接受的太阳直射辐射热量以南向为最高(16 526kJ/28(m^2·d))，东南和西南次之，东、西则更少，分别为4 232kJ/(m^2·d)和5 479kJ/(m^2·d)。而在北偏东或西30°朝向的范围内，冬季接受不到太阳的直射辐射热。夏季以东、西为最多，分别为7 183kJ/(m^2·d)和8 828kJ/(m^2·d)，南向次之为4 990 kJ/(m^2·d)，北向最少为3 031kJ/(m^2·d)。由于太阳直辐射强度一般是上午低、下午高，所以无论是冬季或夏季，墙面上接受的太阳辐射量，都是偏西比偏东的朝向稍高一些。

各朝向所获得的太阳辐射热随着季节而变化，它不仅取决于所获得的日照时数，且与阳光照射时的太阳高度角、阳光对墙面的入射角有关。表3-6为北纬40°地区冬至日各方位垂直墙面所受到的太阳辐射量。

从表3-6可知，冬至日南向受到的太阳辐射强度及总量都是最大的，由南偏向东、西的角度越大，接收的太阳辐射强度越小，正东、正西向所收到的最大辐射强度只有南向最大辐射强度的1/2左右，自北偏东60°到北偏西60°的范围内基本上接收不到太阳辐射。

表 3-6 北纬 40°地区各方位垂直墙面所受日辐射量(冬至日)

时刻＼方位	S−0°−E	S−10°−E	S−20°−E	S−30°−E	S−40°−E	S−50°−E	S−60°−E	S−70°−E	S−80°−E	S−90°−E	
8	0.300	0.364	0.418	0.458	0.485	0.497	0.494	0.476	0.443	0.397	16
9	3.190	3.639	3.978	4.196	4.287	4.247	4.077	3.785	3.378	2.867	15
10	5.758	6.233	6.518	6.656	6.492	6.182	5.683	5.012	4.189	3.328	14
11	7.293	7.526	7.530	7.306	6.859	4.315	5.361	4.354	3.216	1.979	13
12	7.809	7.690	7.338	6.763	5.982	5.020	3.905	2.761	1.356	—	12
13	7.293	6.839	6.176	5.326	4.315	3.172	1.933	0.635	—	—	11
14	5.758	5.108	4.303	3.368	2.130	1.221	0.075	—	—	—	10
15	3.190	2.644	2.017	1.329	0.601	—	—	—	—	—	9
16	0.300	0.226	0.146	0.061	—	—	—	—	—	—	8
	S−0°−W	S−10°−W	S−20°−W	S−30°−W	S−40°−W	S−50°−W	S−60°−W	S−70°−W	S−80°−W	S−90°−W	方位＼时刻

时刻＼方位	N−0°−W	N−10°−W	N−20°−W	N−30°−W	N−40°−W	N−50°−W	N−60°−W	N−70°−W	N−80°−W	N−90°−W	
8	—	—	—	—	—	—	—	—	—	—	16
9	—	—	—	—	—	—	—	—	—	—	15
10	—	—	—	—	—	—	—	—	—	—	14
11	—	—	—	—	—	—	—	—	—	—	13
12	—	—	—	—	—	—	—	—	—	—	12
13	—	—	—	—	—	—	—	—	0.683	1.979	11
14	—	—	—	—	—	—	—	1.073	2.189	3.328	10
15	—	—	—	—	—	0.146	0.888	1.603	2.270	2.867	9
16	—	—	—	—	0.094	0.112	0.194	0.271	0.339	0.397	8
	N−0°−E	N−10°−E	N−20°−E	N−30°−E	N−40°−E	N−50°−E	N−60°−E	N−70°−E	N−80°−E	N−90°−E	方位＼时刻

四、各向居室内的紫外线量

在一天的时间里，太阳光线中的成分是随着太阳高度角的变化而变化的。其中紫外线量与太阳高度角成正比(见表3-7)。正午前后紫外线最多，日出后及日没前最少(见图3-33)。实际证明，冬季以南向、东南和西南居室内接收紫外线较多，而东、西向较少，大约为南向的一半，东北、西北和北向居室最少，约为南向的1/3。因此，选择朝向对居室所获得的紫外线量是应予以重视的，它是评价一个居室卫生条件的必要因素。

表3-7　不同高度角时太阳光线的成分

太阳高度角(°)	紫外线(%)	可视线(%)	红外线(%)
90	4	46	50
30	3	44	63
0.5	0	28	72

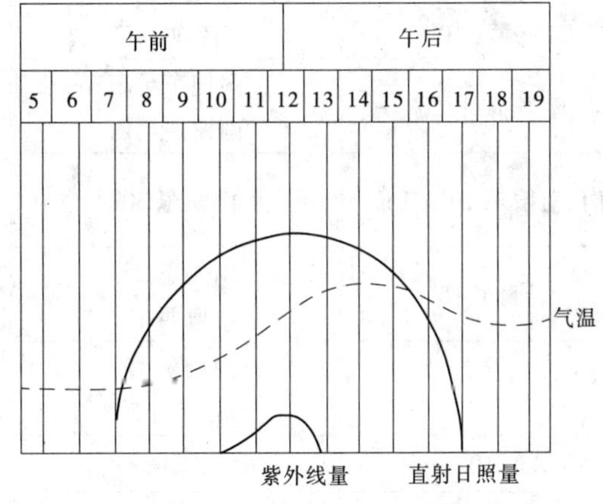

图3-33　日照量与紫外线的时间变化

五、主导风向与建筑朝向

主导风向直接影响冬季住宅室内的热损耗及夏季居室内的自然通风。从住宅群的气流流场可知，住宅长轴垂直主导风向时，由于各幢住宅之间产生涡流，从而影响了自然通风效果。因此，应避免住宅长轴垂直于夏季主导风向(即风向入射角为0°)，从而减小前排房屋对后排房屋通风的不利影响。

在实际运用中，当根据日照和太阳辐射已将住宅的基本朝向范围确定后，再进一步核对季节主导风向，会出现主导风向与建筑朝向形成夹角的情况。从单幢住宅的通风条件来看，房屋与主导风向垂直效果最好。但是，从整个住宅群来看，这种情况并不完全有利，而往往希望形成一个角度，以便各排房屋都能获得比较满意的通风条件。

各地区对当地的日照和风向条件进行实测和分析，并总结出了当地住宅的最佳朝向和适宜朝向的建议(见表3-8)，可供城市规划和居住建筑群体布置时作为朝向选择的参考。

表 3-8　全国部分地区建议建筑朝向

地区	最佳朝向	适宜朝向	不宜朝向
北京地区	南偏东 30°以内 南偏西 30°以内	南偏东 45°范围内 南偏西 45°范围内	北偏西 30°～60°
上海地区	南至南偏东 15°	南偏东 30° 偏西 15°	北、西北
石家庄地区	南偏东 15°	南至南偏东 30°	西
太原地区	南偏东 15°	南偏东至东	西北
呼和浩特地区	南至南偏东 南至南偏西	东南、西南	北、西北
哈尔滨地区	南偏东 15°～20°	南至南偏东 20° 南至南偏西 15°	西北、北
长春地区	南偏东 30° 南偏西 10°	南偏东 45° 南偏西 45°	北、东北、西北
沈阳地区	南、南偏东 20°	南偏东至东 南偏西至西	东北东至西北西
济南地区	南、南偏东 10°～15°	南偏东 30°	西偏北 5°～10°
南京地区	南偏东 15°	南偏东 25° 南偏西 10°	西、北
合肥地区	南偏东 5°～15°	南偏东 15° 南偏西 5°	西
杭州地区	南偏东 10°～15°	南、南偏东 30°	北、西
福州地区	南、南偏东 5°～10°	南偏东 20°以内	西
郑州地区	南偏东 15°	南偏东 25°	西北
武汉地区	南偏西 15°	南偏东 15°	西、西北
长沙地区	南偏东 9°左右	南	西、西北
广州地区	南偏东 15° 南偏西 5°	南偏东 22°30′ 南偏西 5°至西	东、西
南宁地区	南、南偏东 15°	南偏东 15°～25° 南偏西 5°	东、西
西安地区	南偏东 10°	南、南偏西	西、西北
银川地区	南至南偏东 23°	南偏东 34° 南偏西 20°	西、北
西宁地区	南至南偏西 30°	南偏东 30°至南 偏西 30°	北、西北

第五节　建筑密度

在城市用地十分紧张的情况下，建造低密度的城市建筑群体是不现实的，因而研究建筑节能必须关注建筑密度问题。

按照“在保证节能效益的前提下提高建筑密度”的要求，提高建筑密度最直接、最有效的方法，莫过于适当缩短南墙面的日照时间。在9时至15时的太阳辐射量中，上午10时至下午14时的太阳辐射量占80%以上。因此，如果把南墙日照时间缩短为10时～14时，则可大大缩小建筑间距，提高建筑密度。

除缩短南墙日照时间外，在建筑的单体设计中，采用退层处理、降低层高等方法，也可有效缩小建筑间距，对于提高建筑密度具有重要意义。

此外，尚需考虑建筑组群中公建设施占地问题。据有关资料显示，一般居住小区中的公建面积只占总建筑面积的10%～15%，而其占地却占总用地面积的25%～30%，与住宅用地相比，公建用地竟达住宅用地的50%～60%。这显然是不合理的。造成这种状况的原因，与公建往往以低层铺开、分散稀疏的方式布置有关。如改以集中、多层、多功能、利用临街底层等方式布置，则可节约许多土地。此时，如保持原建筑间距不变，则可增加总建筑面积，取得更好的开发效益；如保持原建筑密度不变，则可适当加大建筑间距，从而取得更好的节能效果。

第六节　采暖住宅建筑节能设计

合理的建筑设计应以供暖或空调设备系统得以有效运行、降低能耗为前提。对于节能建筑，在进行建筑设计时，应该从与建筑节能关系密切的建筑平面设计与组合、窗墙比、建筑体型、建筑体量诸多方面进行考虑，设计出符合新节能标准要求的节能建筑。

一、节能建筑平面设计

（一）建筑平面形状与节能的关系

建筑设计时，原则上应使围护结构的总面积越小越好。设计时应注意使围护结构面积 A 与建筑体积 V 之比为最小。常见建筑平面形状与能耗关系见表3-9。

表3-9　建筑平面形状与能耗关系

平面形状	正方形	长方形	长条形	L形	回字形	门字形
A/V	0.16	0.17	0.18	0.195	0.21	0.25
热耗(%)	100	106	114	124	136	163

（二）建筑长度与节能的关系

有关资料显示，住宅建筑的长度与建筑热耗间的关系见表3-10。

表 3-10　住宅建筑的长度与建筑热耗间的关系　　（单位:W/m²）

室外计算温度（℃）	住宅建筑的长度(m)				
	25	50	100	150	200
-20	121	110	100	97.9	96.1
-30	119	109	100	98.3	96.5
-40	117	108	100	98.3	96.7

从表 3-10 可以看出,增加住宅建筑的长度可以节能。长度小于 100m,热耗增加较大。例如,从 100m 减至 50m,热耗增加 8%～10%。从 100m 减至 25m,对于 5 层住宅,热耗增加 25%,对于 9 层住宅,热耗增加 17%～21%。

(三)建筑宽度与节能的关系

住宅建筑的宽度与热耗间的关系见表 3-11。从表 3-11 中可以看出,对于 9 层住宅建筑,如宽度由 11m 增加到 14m,热耗可减少 6%～7%;如增大到 15～16m,则热耗可减少 12%～14%。

表 3-11　住宅建筑的宽度与建筑热耗间的关系　　（单位:W/m²）

室外计算温度（℃）	住宅建筑的宽度(m)							
	11	12	13	14	15	16	17	18
-20	100	95.7	92	88.7	86.2	83.6	81.6	80
-30	100	95.2	93.1	90.3	88.3	86.4	84.6	83.1
-40	100	96.7	93.7	91.9	89.0	87.1	84.3	84.2

(四)建筑幢深与节能的关系

建筑幢深即建筑物沿纵向轴线方向的总尺寸。对于单幢建筑物来说,当其层数相同而幢深不同时,随幢深的加大,建筑的传热耗热指标明显降低,具有显著的节能效果。表 3-12 是不同体量的建筑在几种幢深下的耗热指标测定值。从表 3-12 中可以看出,幢深越大,耗热指标降低幅度越大。若较大体量的建筑配以较大的幢深,效果更好。

表 3-12　几种幢深的建筑传热耗热指标　　（单位:W/m²）

幢深(m)	建筑面积 1 000m²	建筑面积 8 000m²	耗热指标差值
9	41.20	39.98	1.22
10	39.43	38.07	1.36
11	38.01	36.48	1.53
12	36.85	35.23	1.62

(五)建筑平面组合与节能的关系

建筑的平面布局不仅对建筑的合理使用及提高室内热舒适度有着决定性的影响,对于建筑节能尤其是冬季热耗量，也有很大的作用。

1. 热环境的合理分区

由于人们对不同房间的使用要求及在其中的活动状况各异，因而人们对不同房间室内热环境的需求也各不相同。在设计中，应根据这种对热环境的需求而合理分区，即将热环境质量要求相近的房间相对集中布置。这样做，既有利于对不同区域分别控制，又可将对热环境质量要求较低的房间集中设于平面中温度相对较低的区域，要求高的设于温度较高的区域，从而最大限度地利用日辐射，保持室内具有较高温度，同时减少供热能耗。

住宅的起居厅向南，可以充分利用自然能源，改善住宅室内的热环境，更能适应小康生活形势下人们对舒适的建筑热环境的日益迫切的需要。这对我国正在蓬勃发展的、量大面广的住宅建筑来讲，是一个直接有效的节能空间设计。

2. 温度阻尼区的设置

为了保证主要使用房间(或质量要求较高的热环境分区)的室内热环境，可在该热环境区与温度很低的室外空间之间，结合使用情况，设置各式各样的温度阻尼区(Buffer Zone)。这些阻尼区就像是一道"热闸"，不但可使房间外墙的传热损失减少 40%～50%，而且大大减少了房间的冷风渗透，从而减少了建筑的渗透热损失。设于南向的温度阻尼区常可当作附加日光间来使用，是冬季减少耗热的一个有效措施。

例如，封闭阳台使阳台空间成为一个阳光室。该空间介于室内与室外之间，具有中介效应。中介效应是指其成为室外和室内两者之间的缓冲区和过渡带，充当着中间协调者的角色，使自然界的冷热变化不会直接作用于居室内部，这样经过阳光室间接传递后的环境作用力大大降低了，从而改善了居室的热舒适环境。

阳台空间是住宅中的一个比较特殊的部位，也是最富有自然情趣的场所。利用它来改善居室的生活品质，创造人与自然的和谐环境，达到节约能源的目的。放低窗台的高度，形成大面积的玻璃窗，这样可以更多地利用太阳能和自然通风。甚至可以取消窗台，做成落地大玻璃，使空气流经居住者的高度，产生良好的通风致凉效果。阳光室和室内宜用玻璃移动门隔开，既起到分隔作用，又具有通透、开敞的效果。如果是跃层住宅，还可以将此空间扩大到两层的高度，使其具有更积极的环境控制作用。

(1)加强阳台空间的保温性能。为了加强阳台空间的保温性能，除了采用保温性能较好的双层或多层玻璃外，还可以设置保温窗帘。在夏天，白天用来遮挡直射阳光，减少热辐射，晚上拉开以利于凉气的引入；冬天则相反，白天拉开让太阳照射到室内，晚上则拉上形成厚厚的"棉被"，防止热量向外流失。某些特殊窗帘如热反射窗帘更能加强其冬季保温、夏季隔热的作用。

(2)增加阳台空间的储热容量。阳台空间的地板是最具有储热作用的部位，因此宜采用石材、地砖等铺装材料，这些材料较之于木地板具有更大的蓄热系数。在这一区域铺设鹅卵石也是一种非常好的蓄热体。

阳台空间的墙体是储存热量的好部位，这些墙体冬季可以充分接受太阳辐射，并将其热量的一部分传给房间，其余的热量加热阳光室。

在进行建筑物的外轮廓设计方案比较时，对不同体型的外轮廓的节能程度应有一大致的概念。如半球形的建筑外轮廓，其外围护结构面积值是最小的。因此，从节能的意义来说,也是最理想的。

对一般的建筑物来说,一个节能程度高的建筑物,应使其外形尽量规整一些,避免过高的层高。举例说,一个正方形的建筑平面,平屋顶,建筑物的总高度为建筑平面的边长的一半左右是比较合适的。

在考察围护结构对节能的影响时,除考虑围护结构总面积外,尚需考虑外墙(含窗)与屋顶保温性能之比。通常的办法,是计算屋顶传热系数与外墙和窗的加权平均传热系数之比。

(3)挖掘阳光室的造型和功能。多层住宅的底层或顶层单元可以充分挖掘阳光室的造型和功能。顶层的阳光室可以形成开敞的居室空间,具有良好的景观效果;底层的阳光室可部分延伸到院子里,既扩大了底层的生活空间,也不影响采光效果。阳光室的屋顶如果做成倾斜玻璃,集热效能将大大增加,但应保证其有足够的强度,以确保安全。

(4)增强节能意识,使阳台空间具有更加主动的调控性。人们如果能更主动地参与周围环境的调控,以适应外界的变化,对环境舒适性的主观满意度也会大大增加,使用者的主动参与,也是可持续建筑设计的重要方面。

二、节能建筑的立面与体型设计

(一)围护结构面积

(1)建筑物围护结构总面积与建筑面积之比 A_t/A_b。这一指标表征建筑物的长度和宽度以及立面的造型。从表 3-13 中可以看出,围护结构总面积与建筑面积之比每变化 0.01,对于 5 层住宅,能耗增减 1.25%～1.75%,对于 9 层住宅增减 1.5%～2.0%。

表 3-13 A_t/A_b 与节能的关系 (单位:W/m^2)

A_t/A_b	5层住宅			9层住宅		
	室外计算气温(℃)					
	−20	−30	−40	−20	−30	−40
0.24	100	100	100	100	100	100
0.26	102.5	103	103.5	103	103.5	104
0.28	105	106	107	106	107	108
0.30	107.5	109	110.5	109	110.5	112
0.31	110	112	114	112	114	116
0.33	112.5	115	117.5	115	117.5	120
0.35	115	118	120	118	121	124

(2)建筑物的外围护结构的面积与其体积之比,这一指标是衡量不同体型建筑物的经济性的一个重要指标。在同样体积的条件下,建筑物的使用面积越大,则其每单位体积所消耗的热量越少。图 3-34 为同样体积的条件下,不同体型和不同层数的建筑物的几个经济指标的比较。其中:S/V 为外围护结构的面积与其体积之比;S/A_i 为外围护结构的

面积与楼层面积之比。

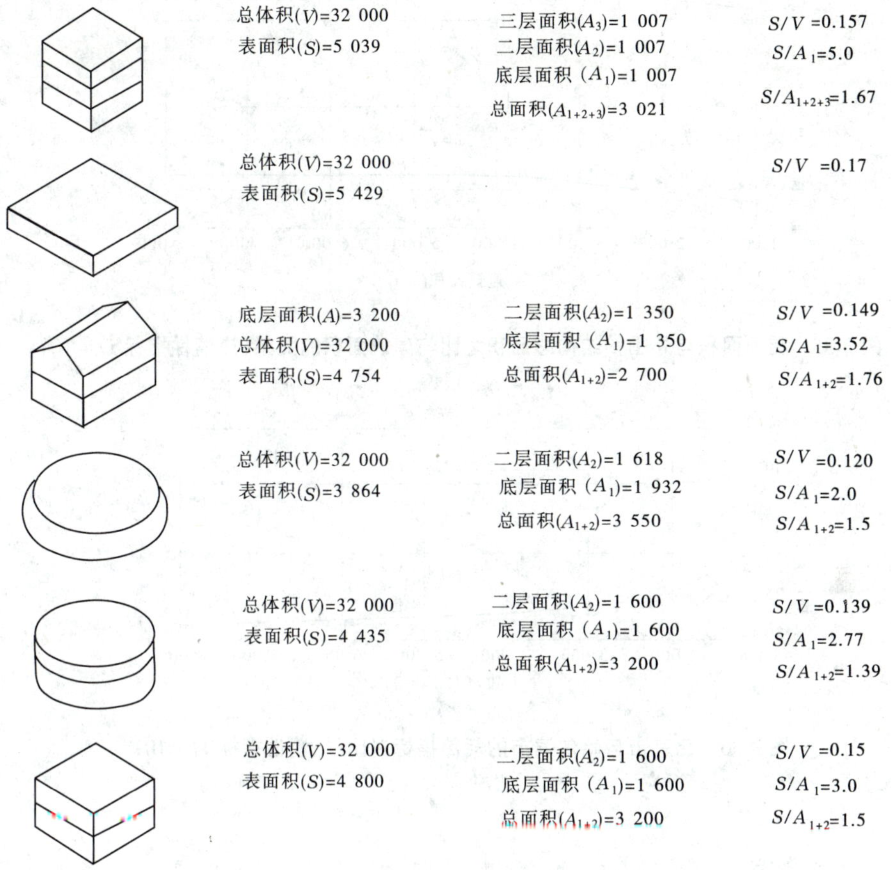

总体积(V)=32 000
表面积(S)=5 039
三层面积(A_3)=1 007
二层面积(A_2)=1 007
底层面积 (A_1)=1 007
总面积(A_{1+2+3})=3 021
S/V =0.157
S/A_1=5.0
S/A_{1+2+3}=1.67

总体积(V)=32 000
表面积(S)=5 429
S/V =0.17

底层面积(A)=3 200
总体积(V)=32 000
表面积(S)=4 754
二层面积(A_2)=1 350
底层面积 (A_1)=1 350
总面积(A_{1+2})=2 700
S/V =0.149
S/A_1=3.52
S/A_{1+2}=1.76

总体积(V)=32 000
表面积(S)=3 864
二层面积(A_2)=1 618
底层面积 (A_1)=1 932
总面积(A_{1+2})=3 550
S/V =0.120
S/A_1=2.0
S/A_{1+2}=1.5

总体积(V)=32 000
表面积(S)=4 435
二层面积(A_2)=1 600
底层面积 (A_1)=1 600
总面积(A_{1+2})=3 200
S/V =0.139
S/A_1=2.77
S/A_{1+2}=1.39

总体积(V)=32 000
表面积(S)=4 800
二层面积(A_2)=1 600
底层面积 (A_1)=1 600
总面积(A_{1+2})=3 200
S/V =0.15
S/A_1=3.0
S/A_{1+2}=1.5

图 3-34　同样体积条件下,不同体型和不同层数的建筑物的几个经济指标的比较

注:图中体积单位为 m^3,面积单位为 m^2。

对于面积相同的建筑而言,随着层数 N 的增加,屋顶面积占全部外围护结构面积之比逐渐减小(见图 3-35);同时,屋顶耗热占整个建筑外围护结构耗热的比例也越来越小,见图 3-36。

(二)表面面积系数及变化规律

扣除得热面南墙面之外其他墙面的热损失称为建筑物的热净负荷。建筑物的热净负荷是与其面积大小成正比的。为此,我们引入“表面面积系数”的概念,即建筑物其他外表面面积之和 A_1(单位 m^2)与南墙面面积 A_2(单位 m^2)之比,这一比值,较之前述围护结构总面积与建筑总面积之比(A_t/A_b)这一指标,更能反映建筑体型对太阳能利用的影响。其中,地面面积按 30%计入外表面面积。表面面积系数随建筑长度、进深、层数变化的规律,见图 3-37～图 3-39。

可以用表面面积系数来比较建筑物的体型。表面面积系数越小,日照辐射和降低热耗越好。因此,我们也可以用表面面积系数来研究建筑体型对节能的影响。

图 3-40 所示是几个体积相同的简单方形体型建筑的 A_1/A_2 值。由图可以看出,从

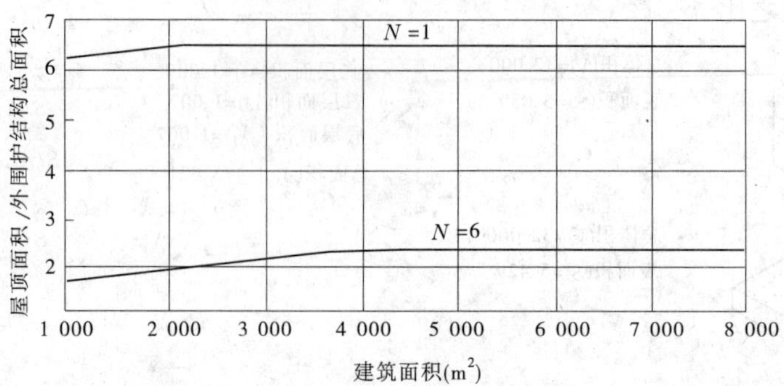

图 3-35 屋顶面积与外围护结构总面积之比与建筑面积的关系(热惰性指标 $D=10$)

N—层数

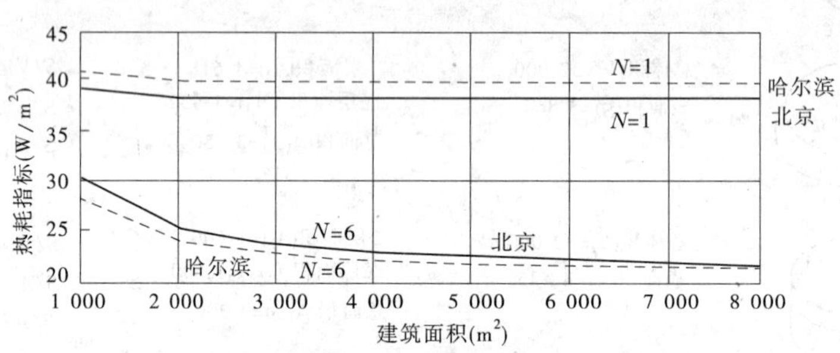

图 3-36 北京市与哈尔滨市的耗热指标对比(热惰性指标 $D=10$)

N—层数

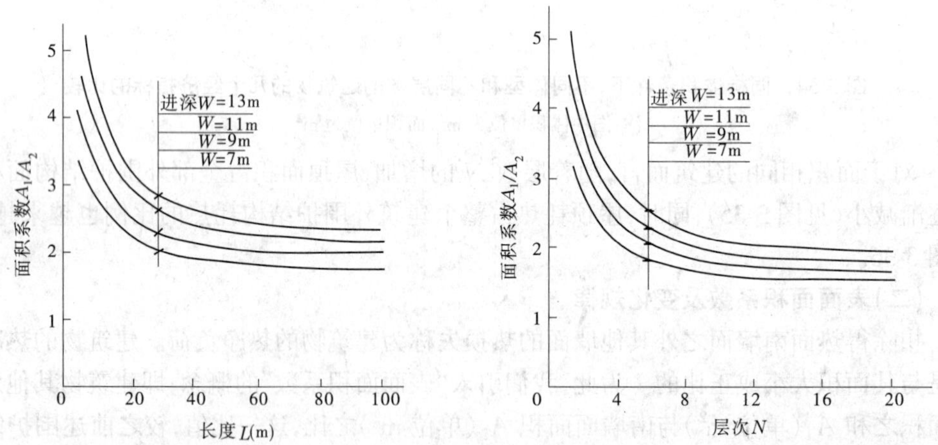

图 3-37 层数为 6 层时,长度 L、进深 W 与 A_1/A_2 的关系曲线

图 3-38 长度为 50m 时,层数 N、进深 W 与 A_1/A_2

节能意义上来说,长轴朝向东西的长方形体型最好,正方形次之,而长轴朝向南北方向的长方形体型的建筑的节能效果最差。

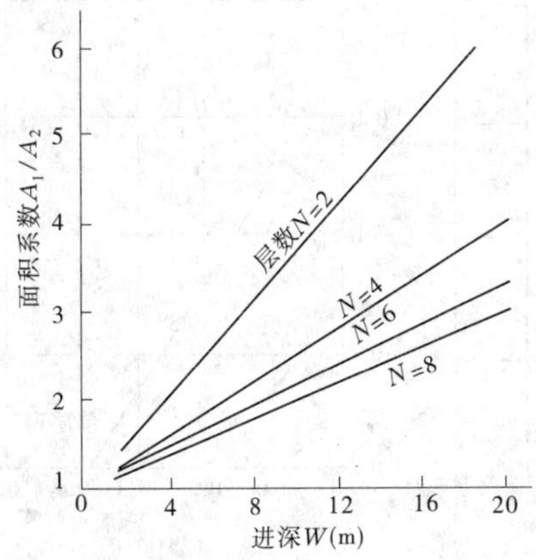

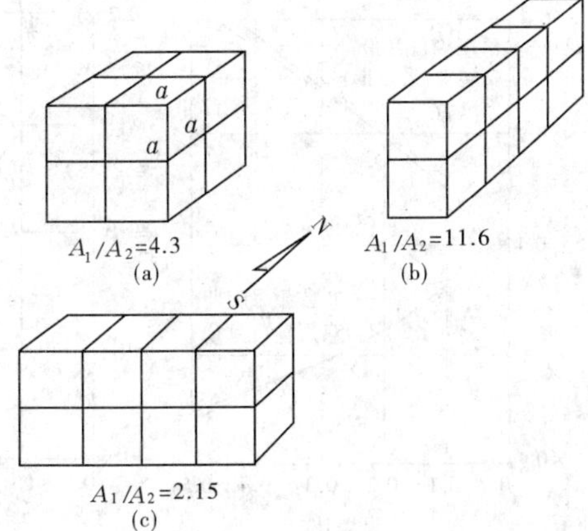

图 3-39　长度为 50m 时,进深 W、层次 N 与 A_1/A_2 的关系曲线

图 3-40　体积相同的三种简单方体型(A_1/A_2 值比较)

(a)正方形;(b)长轴朝向南北的长方形;(c)长轴朝向东西的长方形

(三)窗的设计与节能

窗在建筑设计中是一个独特的构件。一方面,窗要阻挡外界环境变化对室内的侵袭;另一方面,窗是使人在室内能够与室外及大自然沟通的渠道,人们可以通过窗户得到光和热、新鲜空气,观赏室外景物,满足人们心理上的需求。由于窗户同时承担着隔绝与沟通室内外这两个互相矛盾的任务,因此对窗户进行处理的难度就比较大。

窗的热耗在建筑物的总耗热量中所占比例很大。因此,设法减少门窗的耗热是建筑节能的重要内容。

然而,窗并不仅仅是耗热构件,在有阳光照射时,太阳辐射热及天然光将进入室内。可见,将窗户设计成为得热构件也是可能的。

影响窗的热损失的主要因素是窗的传热系数、面积尺寸,其次是窗的朝向、遮挡状况、夜间保温和气密性等。下面分析这些因素与节能的关系。

1. 窗墙比、玻璃层数及朝向对节能的影响

图 3-41～图 3-43 是以北京地区气象数据为准,室内温度按采暖计算温度 18℃计算,以 360mm 砖墙、单玻璃钢窗为基本条件,在改变窗面积、层数时计算出的节能率的变化。

设南向窗户为 2.7m^2、窗墙比为 0.26 时的节能率为 0,以此为基础,窗墙比增加时,单层窗节能率下降,而双层钢窗却上升,这说明南向双层窗的辐射得热量大于窗的耗热量而使南窗成为得热构件。采暖期的规律与 1 月份大致相同。东向和北向的单层窗节能率也随窗墙比增加而下降,此向用双层窗,窗墙比增加时节能率也略有增加。但三个不同朝向窗墙比增加时节能率变化的灵敏度不同,单层窗时,北向窗的节能率灵敏度大,东向次之,南向最小。双层窗时,南向窗的节能率灵敏度比北向要高,这是由于北窗只接收散热辐射,采用双层窗时降低耗热与南向相同,但其日辐射得热却少得多的缘故。

还需要注意的是,窗户的日辐射得热还与住宅所在地的气象条件有关。同一时刻各地的太阳辐射强度不同,投射到窗口的日辐射热也不相同,以北京和长春两个城市中不同类型南向窗在冬季各月份净得热或失热量的曲线(见图 3-44 和图 3-45)为例,在北京,冬

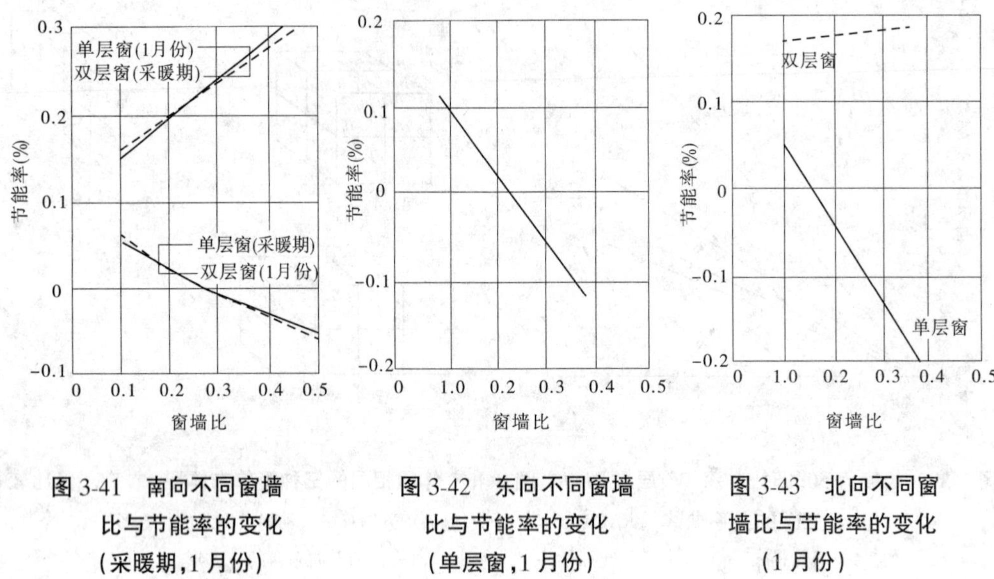

图 3-41 南向不同窗墙比与节能率的变化(采暖期,1 月份)　　图 3-42 东向不同窗墙比与节能率的变化(单层窗,1 月份)　　图 3-43 北向不同窗墙比与节能率的变化(1 月份)

季使用双层钢窗就可使室内的日辐射得热量大于窗的热耗失量,而在长春,即使采用双层窗也依然是耗热构件。

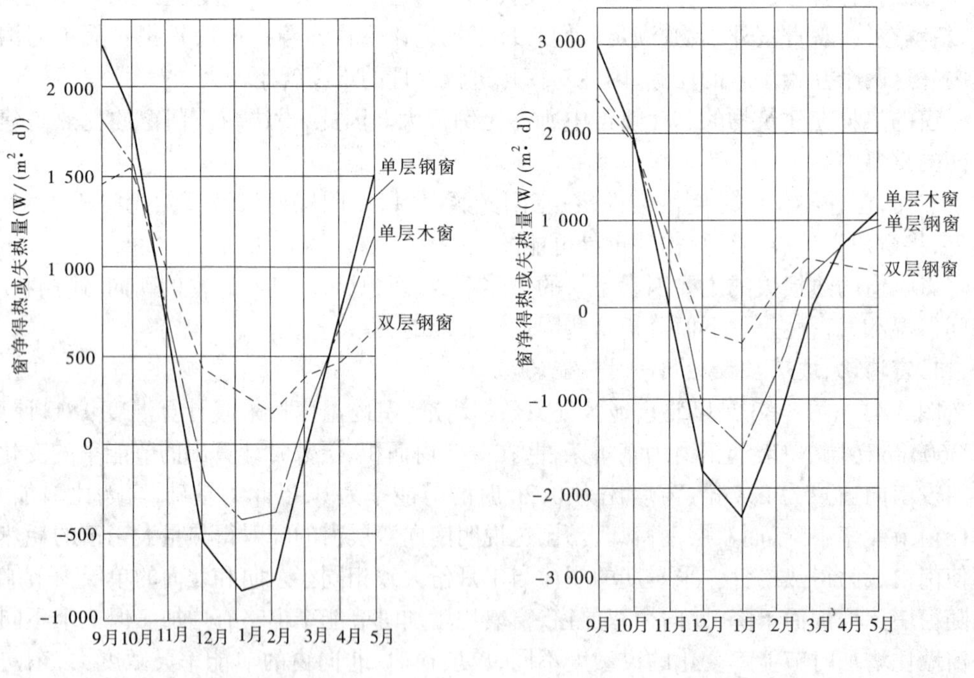

图 3-44 北京冬季各月单双层南向窗的净得热量与失热量　　图 3-45 长春冬季各月单双层南向窗的净得热量与失热量

由上述分析可知,在进行窗的设计时,应根据地区的不同,选择层数不同的窗户构件,使其在本地区尽可能成为得热构件。在窗墙比的选择上,应区别不同朝向。对南向窗户,在选择合适层数及采取有效措施减少热耗的前提下可适当增加窗户面积,充分利用太阳辐射热；而对其他朝向的窗户，应在满足居室光环境质量要求的条件下适当减小开窗面积以降低热耗。

节能标准对窗墙面积比的规定见表3-14。

表3-14 节能标准对窗墙面积比的规定

朝向	原标准	新标准
北	0.20	0.25
东、西	0.30	0.30
南	0.35	0.35

新标准将北向窗户的窗墙面积比由原来的0.20改变为0.25，其主要原因是，原来的窗墙面积比0.20，窗户面积约为1.2m×1.4m。这样大小的窗户对于北向面积稍大一些的房间来说常嫌太小，实践中常被突破；此外，由于新标准中围护结构的保温水平已有较大幅度的提高，寒冷地区一般也将采用双玻窗，因此北向窗户稍稍开大些也是合理的。

2.附加物对窗节能效果的影响

(1)窗的夜间保温对节能的影响。居室的窗帘通常是阻挡视线，保证室内私密性和丰富室内色彩的装饰品，实际上，保温窗帘和保温板对减少晚上和夜间窗的热耗起着重要的作用。

图3-46～图3-48分别表示南、东、北向的窗户增加夜间保温热绝缘系数对节能率的影响，从三个图中可以看到，不论何种朝向，当夜间窗户的保温热绝缘系数由0.156 $m^2 \cdot K/W$增加到3$m^2 \cdot K/W$时，窗户的节能率都随之增加；但是节能率的灵敏度在不同的热绝缘系数阶段也不相同，保温热绝缘系数从0.156$m^2 \cdot K/W$增至1$m^2 \cdot K/W$的灵敏度最高，大于1$m^2 \cdot K/W$以后，再增加夜间保温热绝缘系数则节能率增加有限；同时，三个朝向窗的临界热绝缘系数值有些差别。因此，窗在夜间应加设保温窗帘或保温板，窗的夜间保温热绝缘系数应选择在临界值附近，以取得较好的节能效果。

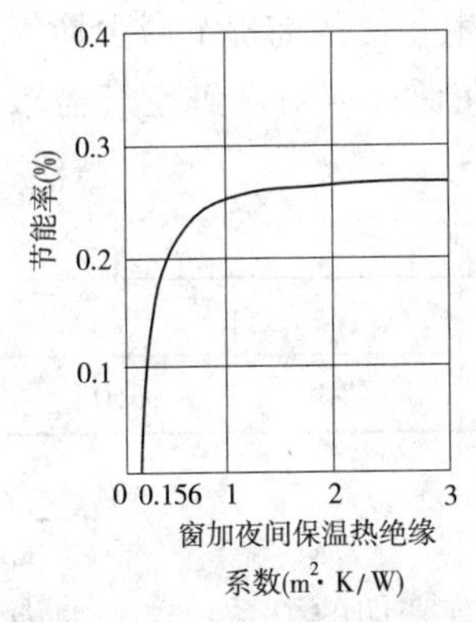

图3-46 南向单层窗加夜间保温对节能率的影响(1月份)

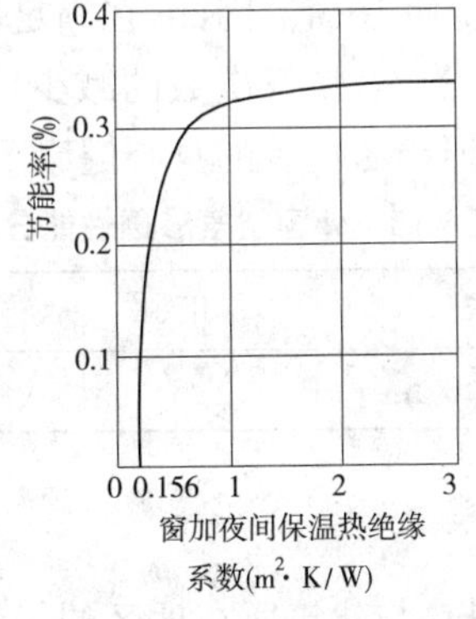

图3-47 东向单层窗加夜间保温对节能率的影响(1月份)

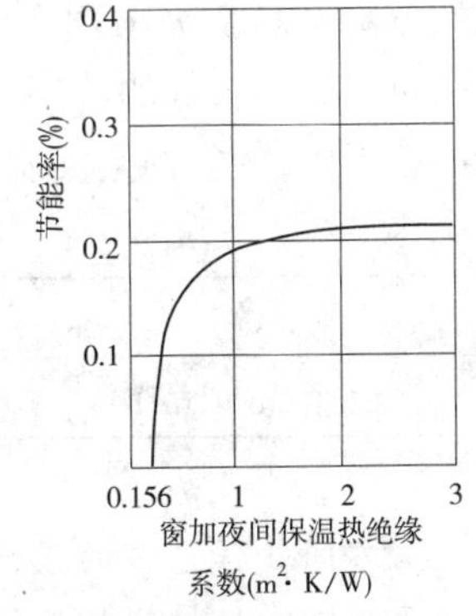

图3-48 北向单层窗加夜间保温对节能率的影响(1月份)

(2)窗外遮挡对节能的影响。住宅的阳台在冬季对窗接收太阳辐射有一定的遮挡，遮挡的程度取决于阳台的挑出长度，且遮挡的情况还与朝向有关。在图3-49所示的南向阳台挑出长度与节能率的关系中看到，阳台挑出长度大于0.5m之后，节能率是下降的；而在图3-50中，东西向阳台的挑出长度则对节能率影响不大。因此，在满足使用功能的前提下，适当减小南向阳台的挑出长度对节能有利，对其他方向的阳台则不必如此。

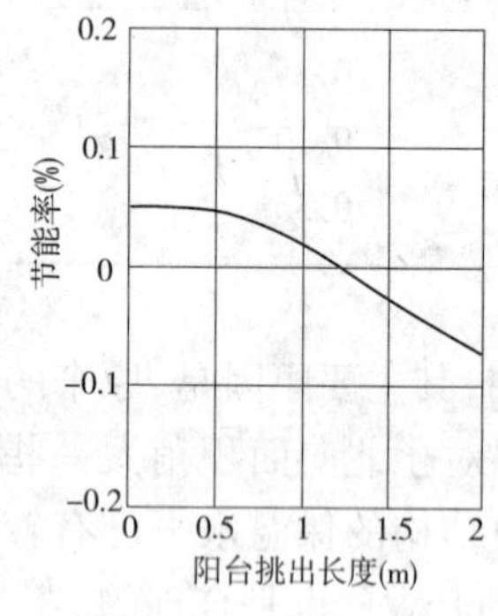

图3-49 南向阳台挑出长度与节能的关系(1月份)

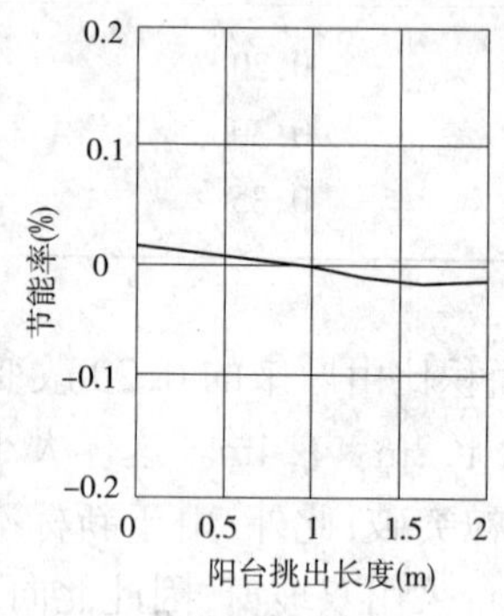

图3-50 东西向阳台挑出长度与节能率的关系(1月份)

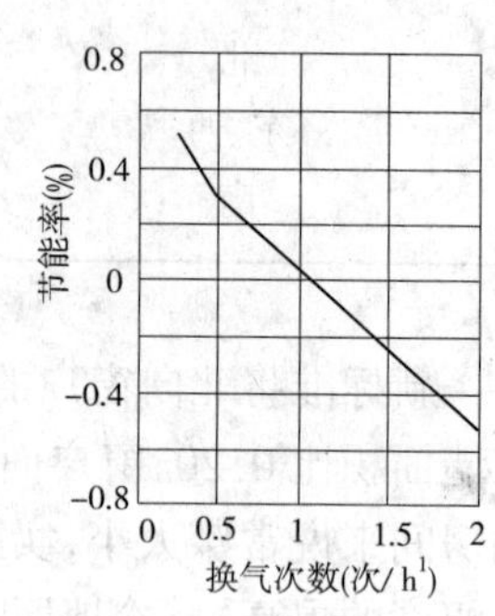

图3-51 房间换气次数对节能率的影响(1月份)

(3)窗的气密性与节能。窗的气密性的好坏对节能有很大的影响。窗的气密性差时，通过窗的缝隙渗透入室内的冷空气量加大，采暖热耗也随之增加。一般多层砖房因冷风渗透消耗的热量可达到采暖耗热总量的25%～30%。因此，改善窗的气密性是十分必要的。

窗的气密性可用单位时间单位长度窗缝隙所渗透的空气体积表示，表3-15提出了作为我国外窗空气渗透性能国家标准的分级依据。房间的气密程度采用换气次数表示。窗的气密性好，空气渗透量小，则房间的换气次数就比较少。图3-51为北京地区一住宅南向房间的换气次数与节能率的关系。以每小时换气次数一次为基准，可以看到，节能率随换气次数的改变变化很大，换气次数从1.5次/h降至1次/h时可节约能耗20%以上，从1次/h降至0.7次/h时可节约能耗16%。因此，在满足房间卫生条件的前提下减少换气次数可以达到较好的节能效果。当然，换气次数的减少应控制在保证人对新鲜空气需求量的范围内，使室内空气质量无损于居住者的身心健康。

表3-15 外窗空气渗透性能分级

级别	Ⅰ	Ⅱ	Ⅲ	Ⅳ	Ⅴ
分级值(m^3/(m·h))	0.5	1.5	2.5	4.0	6.0

3.不同气候区窗的设计

采暖期内的热耗与日辐射得热与建筑所在地区的气候条件有密切的关系。这是因为不同地区的太阳辐射强度不同，室外的采暖温度也不相同。在某些地区成为得热构件的窗户到另一地区就可能成为失热构件。例如，在北京地区和哈尔滨地区使用同样的南向窗户，计算出它们的节能率与窗墙比的变化关系(见图3-52和图3-53)。比较两图，可以看到，使用单层钢窗时，哈尔滨地区的节能率随窗墙比的增加急剧下降，北京地区节能率虽也呈下降趋势，但比较平缓。若使用双层钢窗，哈尔滨地区的节能率仍随窗墙比增加而略有减小，而北京地区的节能率则与之相反呈上升趋势。这说明气候对窗的节能有很大的影响，在严寒地区不宜做单层窗，做双层窗能明显地减少热耗，但还需要采取增加夜间保温或改进窗的透过材料等措施才有可能使之成为得热构件。

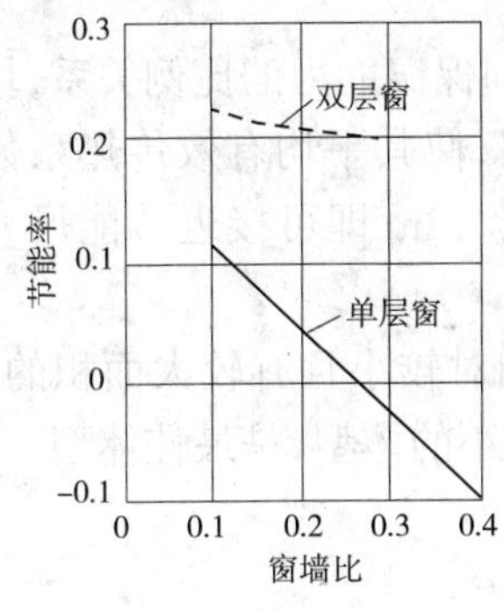

图 3-52　北京南向不同窗墙比与与节能率的变化

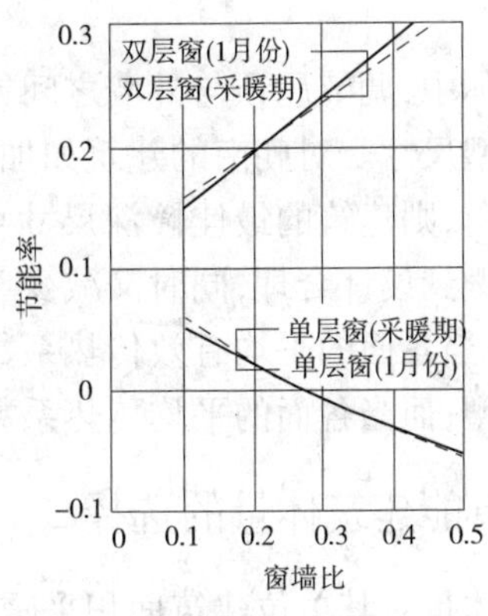

图 3-53　哈尔滨南向不同窗墙比节能率的变化(采暖期，1 月份)

此外，在窗户采取夜间保温措施时，不同地区节能率随窗户保温热绝缘系数增加而上升的幅度也不相同。严寒地区保温热绝缘系数的临界点比寒冷地区要大。设计窗户夜间保温时也应该注意到它们的区别。

(四)最低耗能体型的选择

所谓最低耗能体型，是指建筑的各面尺寸与其有效传热系数相对应的最佳节能体型。对于长、宽、高不同的各种立方体型建筑的最佳节能尺寸，英国 L. March 等人研究了应用各面外围护结构的平均有效传热系数来确定其与各面尺寸的关系，并得出：单位建筑面积耗热最小的体型条件应是建筑各向尺寸与各该向的平均有效传热系数之比相等，用公式表达为：

$$\frac{K_1}{H}=\frac{K_2}{L}=\frac{K_3}{W} \tag{3-4}$$

或写成：

$$WLK_1=WHK_2=HLK_3 \tag{3-5}$$

即

$$Q_1=Q_2=Q_3 \tag{3-6}$$

式中　K_1——屋顶和地面的平均有效传热系数；

K_2——建筑幢长方向两平行墙面及窗的平均有效传热系数；

K_3——建筑幢深方向两平行墙面及窗的平均有效传热系数；

H——建筑高度；

W——幢深；

L——幢长；

Q_1、Q_2、Q_3——三个方向的实际热流量。

在式中有效传热系数可以概括各地区和朝向的日辐射强度及构造本身传热系数的因素，使表达式比较简单明确，适合应用。

上述公式表明，最佳节能体型是以各面外围护结构传热特性的比例关系为准的，只有当建筑各面的有效传热系数相等，即 $K_1 = K_2 = K_3$ 时，则 $W = H = L$，即立方体建筑耗热最少，这时将只由体形系数判定耗热的多少，体形系数小的耗热少，也就是立方体为最佳体型。

在实际中，调节屋顶与外墙之间或东西墙与南北墙之间保温能力的比例关系，均可改变最佳体型尺寸。对朝南的建筑如加强北向墙及窗的保温，使其平均有效传热系数明显低于东西向，则建筑的最佳幢深尺寸可相对减小，幢深小于 12m 即可接近节能尺寸。这样较容易做到设计合理，同时又减少单位面积热耗。

总之，当各面的平均有效传热系数不同时，传热系数相对较小且有较大面积的体型，是最佳体型；而当各面的平均传热系数相同时，体形系数最小的体型，是最佳体型。

三、节能建筑体量的选择

建筑体量对其单位建筑面积采暖耗热影响很大。体量加大与耗热指标减少之间呈一定的曲线关系，即随着体量增加，开始时耗热指标下降较快，到一定阶段后趋于平缓，在面积增加到一定阶段后再继续加大，则进一步节能的效果就不明显。“耗热指标”在这里是指建筑各外围护结构（墙、窗、屋顶、地面）的总传热耗热损失除以建筑面积所得出的单位面积耗热量，其单位以 W/m^2 表示。

（一）适当增加总建筑面积

单幢建筑的总建筑面积越大，则单位建筑面积的传热耗热量越小。但这种因面积增加而产生的耗热量的下降是不均匀的，开始时较快，而当面积增加到一定限度后，再继续增加面积，节能效果就不明显了，如图 3-54 所示。

以体量（建筑总面积）从 1 000m^2 增至 8 000m^2 的耗热指标下降量为 100%，则其中 85%～86% 是体量由 1 000m^2 增至 4 000m^2 所产生的，从 4 000m^2 再增加至 8 000m^2，耗热指标只降低其余的 14%～15%。在总下降量中又以建筑总面积从 1 000m^2 增至 2 000m^2的节能效益最为明显，占总下降量的 57%～58%。如以北京市按节能标准建造的 6 层住宅建筑为例，4 000m^2 的建筑可比 1 000m^2 建筑耗热指标减少 6.98W/m^2（幢深 10m 时）至 7.68W/m^2（幢深 11m 时），相当于节省了建筑总耗热量指标的 23.2%～26%。而 8 000m^2 的建筑只比 4 000m^2 的建筑耗热指标减少 1.16W/m^2（幢深 10m）至 1.28W/m^2（幢深 11m），相当于节省总耗热量指标的 3.9%～4%，显然前者效益显著而后者不明显。当然以 4 000m^2 作为分界不是绝对的。耗热曲线的变化随层数等的不同其过渡阶段大致在 3 000～5 000m^2。从大量数据的分析中得出，在选择体量时，应避免采用建筑面积在 2 000m^2 以下的小体量建筑，一般以建筑面积等于或大于 3 000～4 000m^2 为宜。

（二）适当增加建筑层数

对于单幢建筑物来说，幢深越大、层数越多，体量加大所导致的节能效果越显著；尤其当幢深相同而层数不同时，随着层数的增加，由于体量加大而产生的节能效果是十分显著的（见表 3-16）。以幢深 12m 建筑为例，1 层时体量从 1 000m^2 增至 8 000m^2，耗热指标只减少 1.62W/m²，相当于减少 3.4%，而 6 层时这一耗热指标与 1 层相比就减少了 8.16W/m²，相当于减少 27%。

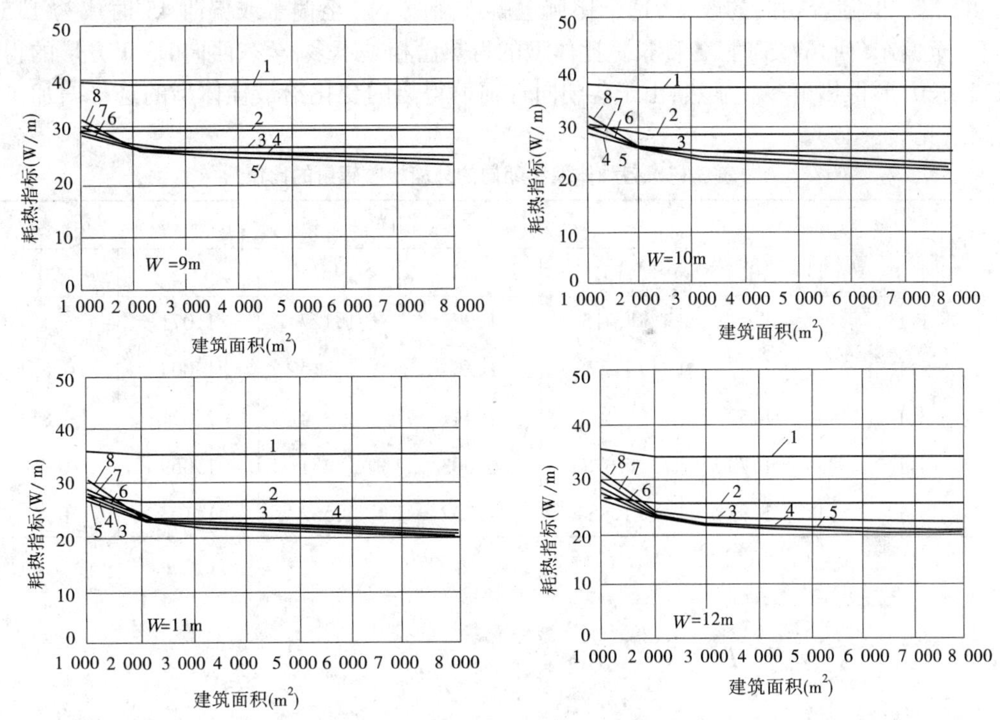

图 3-54 总建筑面积与耗热指标的关系(图中数字为层数 N，W 为幢深)

表 3-16 不同层数时体量加大与耗热指标降低的总系(幢深 12m)

总层数	从 1 000m² 增至 8 000m² 的耗热指标降低量(W/m²)	与 1 层耗热指标的差值(W/m²)
1	1.62	0
2	3.26	1.64
3	4.89	3.27
4	6.51	4.89
5	8.14	6.52
6	9.78	8.16
10	16.28	14.66

因此，一般来说层数多、幢深大的建筑更应采用较大的体量。

(三)选择适当的长宽比

节能建筑应尽量增大南向得热面积。建筑的长宽比对于节能也有很大的影响。对正南朝向来说，往往要求幢深小，一般是长宽比越大得热也越多。但需注意的是，如建筑朝向偏离正南方向,随着朝向的变化,长宽比对日辐射得热的影响就逐渐减小。计算得出对正南朝向(0°)建筑长宽比为5∶1时,其各向墙面的辐射总得热量为方形(长宽比为1∶1)的1.87倍。但随着朝向的改变,这个比例也就逐渐减小。至偏东或偏西45°时成为1.562倍。至偏东(西)67.5°时,各种长宽比体型的得热已相差不多,至东西向时,正方形的得热还比长方形得热稍多。显然,由于各朝向日辐射得热的变化给最佳体型的选择增加了复杂性(见表3-17)。

表3-17　各种体型和朝向的外墙接收辐射的比值

长宽比	朝向					
	0°	15°	30°	45°	67.5°	90°
1∶1	1	1.015	1.077	1.127	1.071	1
2∶1	1.27	1.27	1.264	1.215	1.004	0.851
3∶1	1.50	1.487	1.441	1.334	1.021	0.851
4∶1	1.70	1.678	1.603	1.451	1.059	0.81
5∶1	1.87	1.85	1.752	1.562	1.103	0.81

第四章 建筑节能标准

第一节 采暖居住建筑节能标准

一、采暖居住建筑节能设计标准发展各个阶段

居住建筑占全国严寒和寒冷地区建筑面积的80%左右，是严寒和寒冷地区建筑能耗的主要部分。我国开展建筑节能首先从采暖居住建筑开始。自20世纪80年代开始，我国就开始研究采暖居住建筑节能技术，并于1986年制定了我国第一个建筑节能方面的设计标准《民用建筑节能设计标准(采暖居住建筑部分)》(JGJ26—86)，该标准的发布执行，对我国建筑节能的起步起到了重要的作用。该标准规定了严寒和寒冷地区建筑物耗煤量指标应低于当地1980～1981年通用住宅建筑物耗煤量指标的30%，即节能30%。这30%的节能任务通过提高建筑的保温性能(即降低建筑耗热量)和提高燃煤供热锅炉热效率及供热管网输送热效率共同承担。《民用建筑节能设计标准(采暖居住建筑部分)》(JGJ26—86)1986～1995年10年期间全国共建节能建筑4 000万 m^2，主要在北京。随着能源的紧张及建筑节能技术的发展，1995年，我国对JGJ26—86节能30%的标准进行了修改，即在原节能30%的基础上又节能30%，即 $(1-0.3)\times(1-0.3)=0.49\approx0.5=50\%$，节能50%，这一任务仍然由建筑物和供热系统共同承担。

自1995年国家发布实施《民用建筑节能设计标准(采暖居住建筑部分)》(JGJ26—95)以来，全国已建节能建筑几亿平方米，各地也制定相应的实施细则，其中有许多地区还制定了65%的节能标准。

河南省建筑科学研究院主持编写了河南省第一个建筑节能方面的地方标准，即《河南省民用建筑节能设计标准实施细则(采暖居住建筑)》(YJG30—97)，即该实施细则节能率为30%由建筑物和供热单位共同承担。1997～2000年在郑州、洛阳、新乡地区建成了几十万平方米节能30%的节能建筑。为了与国家节能标准要求一致，2005年河南省建设厅又委托河南省建筑科学研究院对节能30%的实施细则进行了修订，节能指标达到50%，与国家标准JGJ26—95相一致。2004年以来，随着全国建筑节能要求的不断提高，建筑节能技术的快速发展和成熟，省建设厅制定了更新的节能目标，即从2005年7月1日起，在郑州、洛阳、开封、鹤壁四地市开始节能65%，到2008年1月1日，全省全部执行节能65%的标准。因此，省建设厅于2004年下发了豫建科外字[2004]28号文件，委托河南省建筑科学研究院主持编写《河南省节能65%居住建筑节能设计标准(寒冷地区)》。按豫建科外字[2004]28号文件要求节能65%居住建筑节能设计标准《居住建筑节能设计标准(寒冷地区)》(DBJ41/062—2005)于2005年4月25日通过建设厅豫建设标[2005]36号文件批准。2005年6月23日通过新闻媒体发布，2005年7月1日在郑州、洛阳、开封、鹤

壁四地市实施。2006年7月1日在全省其他地市执行。2008年1月1日,在全省所有县(市)开始实施。

《居住建筑节能设计标准(寒冷地区)》(DBJ41/062—2005)节能65%,这是在DBJ41/041—2000节能50%的基础上再节能30%,即[1-50%×(1-30%)]×100%=65%,在这次再节能30%的任务中,供热系统没有再承担节能任务,即燃煤锅炉和供热管网的热效率仍维持在节能50%的水平上。这次30%的任务全部由建筑物的维护结构来承担,对建筑物的围护结构提出更高的要求。

二、《居住建筑节能设计标准(寒冷地区)》(DBJ41/062—2005)内容简介

本标准共有五章。

第一章 总则

明确了编写的目的,提出了适用范围和其他标准相适应的要求。

第二章 名词术语

对于建筑节能相关的名词术语进行了定义和说明。

第三章 建筑物耗热量指标及采暖耗煤量指标

对于建筑的节能指标作了明确的规定和要求,给出计算建筑物耗热量指标和耗煤量指标的计算方法。

第四章 建筑热工设计

为了实现第三章规定的建筑物耗热量指标,从建筑围护结构设计角度提出节能设计要求。

第五章 采暖设计

为了实现第三章规定的建筑耗煤量指标,对供热系统的设计提出具体的要求和规定。

整个标准是一个强制性标准,有4条强制性条文。

三、适用范围的规定

DBJ41/062—2005总则中规定:为了贯彻落实国家节约能源、保护环境政策,实施可持续发展的战略目标,在实施建筑节能第二步目标的基础上,进一步降低建筑能耗,提高居住建筑的热环境质量,根据河南省的现实条件,特制定《河南省居住建筑节能设计标准(寒冷地区)》。

DBJ41/062—2005标准适用于河南省寒冷地区新建和扩建居住建筑的节能设计。居住建筑包括住宅、集体宿舍、公寓、招待所、医院病房楼、托幼建筑等。

节约能源是我国的一项基本国策,建筑节能是我国节能工作的一个重要领域,采暖居住建筑节能是建筑节能的重要组成部分。河南省地跨寒冷和夏热冬冷地区,商丘、周口、许昌、洛阳、三门峡以北地区,累年日平均温度低于或等于5℃的日数都在90d以上,均属于采暖地区,居住建筑都应采取节能措施。

在河南省采暖居住建筑中,小城镇和小城市低层建筑较多;大城市多层建筑多,近年来还新建一些中高层和高层建筑。在围护结构保温水平大体相同条件下,低层建筑耗热量指标要比多层建筑高10%~30%。河南省长期以来,因片面强调降低建筑造价,导致

建筑围护结构过于单薄，门窗缝隙过大，采暖能耗过高。在供热方式方面，城市集中供热量不大，大部分还是分散锅炉房供热。锅炉容量小于 2.8MW 的占多数，而且多数还沿用间歇式供暖方式，普遍在低负荷低效率状态下运行。耗能指标高，而室内热环境质量却很差。由于围护结构热工性能差，热量蓄不住，室温低而不稳定。这种状态亟待改变。

国家对节约能源，改善居住条件非常重视，结合河南省省情，提出了采暖居住建筑节能到 20 世纪末要实现的两步目标，河南省根据省政府 1996 年 10 月下发的《关于发展新型墙体材料和推广节能建筑的通知》的要求，结合河南省实际情况，即从 1996 年起新建采暖建筑能耗在当地 1981 年通用设计能耗水平基础上普遍降低 30%，2001 年起再降低 30%。两个目标实现后，河南省新建采暖居住建筑将在 1980 年的基础上节能 50%，并于 2000 年发布了《河南省民用建筑节能设计标准实施细则(采暖居住建筑)》(DBJ41/041—2000)节能 50%标准，经过 5 年的执行应用，为我河南省建筑节能的发展起到了积极的作用，但随着节能的发展，已落后于欧洲和北京等地区，为赶上全国建筑节能步伐，落实中央节能省地型建筑的精神，河南省建设厅决定编制节能 65%的新标准。目前这个标准是在前两个节能 30%的基础上再节能 30%，即在 1980 年的基础上节能 65%(现在的能耗是过去的 35%)。

四、建筑物耗热量指标及采暖耗煤量指标

(1)建筑物耗热量指标应按下式计算：

$$q_H = q_{H.T} + q_{INF} - q_{I.H} \tag{4-1}$$

式中 q_H——建筑物耗热量指标，W/m^2；

$q_{H.T}$——单位建筑面积通过围护结构的传热耗热量，W/m^2；

q_{INF}——单位建筑面积的空气渗透耗热量，W/m^2；

$q_{I.H}$——单位建筑面积的建筑物内部得热(包括炊事、照明、家电和人体散热)，W/m^2，住宅取 $3.8W/m^2$。

(2)单位建筑面积通过围护结构的传热耗热量应按下式计算：

$$q_{H.T} = (t_i - t_e)\sum_{i=1}^{m}(\varepsilon_i K_i F_i)/A_0 \tag{4-2}$$

式中 t_i——全部房间平均室内计算温度，℃，一般住宅建筑取 16℃；

t_e——采暖期室外平均温度，℃，应按表 4-1 采用；

ε_i——某一围护结构传热系数的修正系数，应按表 4-2 采用；

K_i——某一围护结构的传热系数，$W/(m^2 \cdot K)$，对于外墙应取其平均传热系数，计算方法见《民用建筑热工设计规范》(GB50176—93)；

F_i——某一围护结构的传热面积，m^2；

A_0——建筑面积，m^2。

(3)单位建筑面积的空气渗透耗热量应按下式计算：

$$q_{INF} = (t_i - t_e)C_\rho \rho NV/A_0 \tag{4-3}$$

式中 C_ρ——空气比热容，取 $0.28W \cdot h/(kg \cdot K)$；

ρ——空气密度,kg/m³,取 t_e 条件下的值,见表 4-1;

N——换气次数,住宅建筑取 0.5 次/h;

V——换气体积,m³。

(4)对于燃煤集中供热,其采暖耗煤量指标应按下式计算:

$$q_c = 24Zq_H/H_c \cdot \eta_1 \cdot \eta_2 \tag{4-4}$$

式中 q_c——采暖耗煤量指标,kg/m² 标准煤;

Z——采暖期天数,d,应按表 4-1 采用;

H_c——标准煤热值,取 8.14×10^3W·h/kg;

η_1——室外管网输送效率,取 0.90;

η_2——锅炉运行效率,取 0.68。

(5)采暖设计热负荷指标宜按 30~37W/m² 选取。对于连续式供暖,采暖设计热负荷指标取下限值;对于间歇式供暖方式,采暖设计热负荷指标取上限值。

(6)河南省寒冷地区主要城市居住建筑耗热量和采暖耗煤量指标不应超过表 4-4 规定的数值。

表 4-1 河南省主要城市采暖期天数及室外平均温度

城市名称	计算用采暖期		t_e 温度下的空气密度(kg/m³)
	天数 Z(d)	室外平均温度 t_e(℃)	
郑 州	98	1.4	1.29
安 阳	105	0.3	1.30
濮 阳	107	0.2	1.30
新 乡	100	1.2	1.29
洛 阳	91	1.8	1.29
商 丘	101	1.1	1.29
开 封	102	1.3	1.29
三门峡	97	1.2	1.29
许 昌	90	2.0	1.29
周 口	92	1.7	1.29
漯 河	90	1.7	1.29
济 源	98	1.2	1.29
鹤 壁	100	1.2	1.29
焦 作	99	1.2	1.29

表 4-2　围护结构传热系数的修正系数 ε_i 值

<table>
<tr><th colspan="5">窗户(包括阳台门上部)</th><th colspan="3">外墙
(包括阳台门下部)</th><th>屋顶</th></tr>
<tr><th>类　型</th><th>有无阳台</th><th>南</th><th>东、西</th><th>北</th><th>南</th><th>东、西</th><th>北</th><th>水平</th></tr>
<tr><td rowspan="2">单层窗</td><td>有</td><td>0.69</td><td>0.80</td><td>0.86</td><td rowspan="4">0.79</td><td rowspan="4">0.88</td><td rowspan="4">0.91</td><td rowspan="4">0.94</td></tr>
<tr><td>无</td><td>0.52</td><td>0.69</td><td>0.78</td></tr>
<tr><td rowspan="2">中空玻璃窗
及双层窗</td><td>有</td><td>0.60</td><td>0.76</td><td>0.84</td></tr>
<tr><td>无</td><td>0.28</td><td>0.60</td><td>0.73</td></tr>
</table>

注: 1. 阳台门上部透明部分按同朝向窗户的 ε_i 值采用;阳台门下部不透明部分的 ε_i 值按同朝向外墙采用。

2. 接触土壤的地面,$\varepsilon_i=1$。

3. 与不采暖楼梯间及其他不采暖房间相邻的隔墙、门、窗和楼板的 ε_i 值,应以表 4-3 中的温差修正系数 n 代替。

表 4-3　温差修正系数 n 值

<table>
<tr><th>序号</th><th colspan="2">围护结构及其所处情况</th><th>温差修正系数 n 值</th></tr>
<tr><td>1</td><td colspan="2">带通风间层的平屋顶、坡屋顶顶棚及与室外空气相通的不采暖地下室上面的楼板等</td><td>0.90</td></tr>
<tr><td rowspan="2">2</td><td rowspan="2">与有外门窗的不采暖楼梯间相邻的隔墙、户门</td><td>1～6 层建筑</td><td>0.60</td></tr>
<tr><td>7～30 层建筑</td><td>0.50</td></tr>
<tr><td rowspan="3">3</td><td rowspan="3">不采暖地下室上面的楼板</td><td>外墙上有窗户时</td><td>0.75</td></tr>
<tr><td>外墙上无窗户且位于室外地坪以上时</td><td>0.60</td></tr>
<tr><td>外墙上无窗户且位于室外地坪以下时</td><td>0.40</td></tr>
</table>

注: 对于封闭阳台内的外墙和阳台门下部应将原修正系数再乘以 0.75。

建筑物耗热量指标和采暖耗煤量指标是评价建筑物能耗水平的两个重要指标。这两个指标可按单位建筑面积,也可按单位建筑体积来规定。考虑到居住建筑,特别是住宅建筑的层高差别不大,故居住建筑节能标准这两个指标仍按单位建筑面积来规定。考虑到以前标准中建筑物耗热量指标的计算式经简化后,耗热量指标与采暖期室外平均温度有关,而与采暖期天数无关,而且也不必采用采暖期度日数进行计算。为了简化起见,DBJ41/062—2005 标准将建筑物耗热量指标与采暖期室外平均温度直接挂钩。由于建筑物耗热量指标可以通过控制建筑物传热耗热量和空气渗透耗热量,亦即通过规定建筑物各部分围护结构传热系数限值和门窗气密性来达到,而不必通过规定建筑物围护结构平均传热系数限值来达到,为了简化起见,新标准取消了围护结构平均传热系数限值的规定。

在采暖居住建筑中,住宅建筑约占 92%,集体宿舍、招待所、旅馆、托幼建筑等共计占 8%左右。这些居住建筑,人居密度较大,其换气次数和换气耗热量一般都高于住宅,但目前对此还缺乏调研和测试数据，难以作出定量分析，故 DBJ41/062—2005 标准只对采暖住宅建筑的耗热量指标作出规定，而对集体宿舍等居住建筑的耗热量指标不作规定，但它们的围护结构保温应达到当地采暖住宅建筑相同的水平。

在河南省，节约采暖能耗主要是指节约采暖用煤。为了将采暖能耗控制在规定水平并便于各地招待，对不同地区采暖住宅建筑采暖耗煤量指标作出了规定见表 4-4。节能住宅建筑采暖耗煤量指标的数值应按表 4-4 计算。计算所得的耗煤量指标不得超过规定的数值。

表 4-4　河南省主要城市建筑物耗热量、采暖耗煤量指标

代表性城市	耗热量指标 q_H(W/m^2)	耗煤量指标 q_c(kg/m^2)
郑　州	14.0	6.6
安　阳	14.2	7.2
濮　阳	14.2	7.3
新　乡	14.1	6.8
洛　阳	14.0	6.1
商　丘	14.1	6.9
开　封	14.1	6.9
三门峡	14.0	6.5
许　昌	14.0	6.1
周　口	14.2	6.3
漯　河	14.0	6.1
济　源	14.0	6.6
鹤　壁	14.1	6.8
焦　作	14.1	6.7

注：表中未列的城市按照邻近城市选取。

虽然居住建筑节能标准规定了建筑物耗热量指标、采暖耗煤量指标以及各部分围护结构传热系数限值，但在实际执行时，鼓励采取更好的节能措施，取得更大的节能效果。

五、关于面积和体积的计算

(1)建筑面积(A_0)。应按各层外墙外包线围成面积的总和计算。

(2)建筑体积(V_0)。应按建筑物外表面和底层地面围成的体积计算。

(3)换气体积(V)。楼梯间不采暖时，应按 $V=0.60V_0$计算；楼梯间采暖时，应按 $V=0.65V_0$计算。

(4)屋顶面积或顶棚面积(F_R)，应按支承屋顶的外墙外包线围成的面积计算，如果楼梯间不采暖，则应减去楼梯间的屋顶面积。

(5)外墙面积(F_W)。应按不同朝向分别计算。某一朝向的外墙面积,由该朝向外表面积减去窗户和外门洞口面积构成。当楼梯间不采暖时应减去楼梯间的外墙面积。

(6)窗户(包括阳台门上部透明部分)面积(F_G)。应按朝向和有、无阳台分别计算,取窗户洞口面积。

(7)外门面积(F_D)。应按不同朝向分别计算,取外门洞口面积。

(8)阳台门下部不透。应按不同朝向分别计算,取洞口面积。

(9)地面面积(F_F)。应按周边和非周边以及有、无地下室分别计算。周边地面系指由外墙内侧算起向内 2.0m 范围内的地面,其余为非周边地面。如果楼梯间不采暖,还应减去楼梯间所占地面面积。与不采暖楼梯间相临 2.0m 范围内的室内地面也应按周边地面计算。

(10)楼梯间隔墙面积($F_{S\cdot W}$)。楼梯间不采暖时应计算这一面积,由楼梯间内墙总面积减去户门洞口总面积构成。

(11)户门面积($F_{S\cdot D}$)。楼梯间不采暖时应计算这一面积,由各层户门面积的总和构成。

(12)地板面积(F_B)。接触室外空气的地板和不采暖地下室上面的地板应分别计算。

六、建筑热工设计

(一)一般规定

(1)建筑物朝向宜采用南北向或接近南北向,主要房间宜避开冬季主导风向。

(2)建筑物体形系数宜控制在 0.30 及 0.30 以下。

(3)居住建筑的楼梯间和北向外廊应设置外窗,其他方向外廊宜设置外窗。楼梯间可不设采暖设施,但楼梯间隔墙和户门应采取保温措施,并应计算其传热耗热量。单元入口门宜采用密闭门。

(4)围护结构的外墙体宜采用外保温做法,主要城市的建筑物外墙应采用外保温做法。

对建筑物朝向的规定:对建筑朝向和主入口方面的规定。建筑朝向对太阳辐射得热量和空气渗透量有影响。根据有关测定资料,在其他条件相同的情况下,东西向板式多层住宅建筑的传热耗热量要比南北向的高 5%左右。建筑物的主立面朝向主导风向,会使空气渗透量增加。有利于建筑节能。但是,建筑物的朝向是由多种因素决定的,并不仅仅取决于采暖能耗。因此,在实际工程中应尽量考虑建筑物的朝向。

对建筑物体形系数的规定:研究结果表明,在围护结构保温水平(主要指围护结构传热系数和窗墙面积比等)不变的条件下,建筑物耗热量指标是以体形系数为 0.30 左右的多层住宅建筑为基准而制定的,某一地区,只有一个耗热量指标,对于新设计的节能住宅,不论其体形系数大小,均应达到这一指标。这一规定,对于占绝大多数体形系数小于或等于 0.30 的多层和中高层住宅来说是完全可行的;对于占少数的体形系数在 0.31~0.35 的多层住宅是基本可行的,因为外墙和屋顶要求的保温厚度不大;对于占极少数的体形系数大于 0.35 的低层和点式住宅来说,由于外墙和屋顶要求的保温厚度过大,在实施中就发生了困难。考虑到这种情况,以及近年来有些地区新建住宅建筑体形系数有增大的趋势(如北京地区近年来新建多层住宅建筑体形系数已增到 0.35 左右),但有些地区(如沈阳、哈尔滨等地区）新建多层住宅建筑平、立面仍比较规正，绝大多数体形系数仍保持0.30左右，因此，DBJ41/062—2005标准的耗热量指标仍以体形系数为0.30左右的多层住宅建筑为基准来制定。为了从总体上实现节能65%这一目标，不仅要求体形系数小于或等于0.30的和中高层住宅建筑的耗热量指标达到规定要求，而且要求体形系数大于0.30、小于或等于0.35的多层住宅建筑的耗热量指标也达规定要求。鉴于节能和节地的需要，我国今后城市新建住宅，绝大多数将是多层多单元建筑，中高层和高层建筑也将日益增多，预计体形系数小于或等于0.35的住宅建筑将占绝大多数，保证这些住宅建筑的耗热量指标达到规定要求，就能从总体上实现节能65%这一目标。至于占极少数体形系数小于或等于0.35的低层和点式住宅，允许其耗热量指标稍有增加，但其围护结构的保温水平应符合DBJ41062—2005标准规定。

建筑物体形系数是衡量建筑的形体设计是否节能的一项指标。对一定体积的建筑物来说，体形系数越大，意味着其外表面积就越大，越容易散热。因此，在其他条件相同的情况下，建筑物耗热量随体形系数的增大而增大。从节能角度讲，体形系数应尽可能地小。对绝大多数的多层条式住宅来说，当层数达到6层，单元数在4个以上，体形系数控制在0.30以下是不难做到的，中高层和高层住宅更容易做到。但因近几年城市对住宅多样化的要求比较高，建筑物体形凹凸变化多样，小城市低层住宅也有一定比例，所以本标准对建筑物体形系数未做严格限制，宜控制在0.30以下。

对居住建筑的楼梯间和北向外廊应设置外窗的规定：根据《民用建筑节能设计标准》（JGJ26—95）的规定，楼梯间可不采暖，但外墙应加窗，隔墙应采取保温措施，并计算其耗热量。

（二）外墙保温

对围护结构的外墙外保温做法的规定：为了推进建筑节能的发展，落实建设部218号公告对外保温做法进行的规定，对主要城市限制使用内墙保温。主要城市指采暖区域内的省辖城市，对于县级市城市暂不作强制限制。围护结构的外墙类型：①外墙按其保温层所在位置分，目前主要有单一保温外墙、外保温外墙等类型；②外墙按其主体结构所用材料分，目前主要有加气混凝土外墙、黏土空心砖外墙、黏土（实心）砖外墙、混凝土空心砌块外墙、钢筋混凝土外墙、其他非黏土砖外墙等。外墙按主体结构所用材料来命名和分类。节能墙体构造参考做法及热工性能参数见表4-5。

外墙的热工性能指标包括外墙主体部位（即窗户、阳台门、抗震柱、圈梁、窗过梁等除外的部位）的热惰性D值、热阻R、传热系数K_p，以及外墙的平均传热系数K_m。在计算外墙平均传热系数时，只需选择有代表性的外墙（例如带1.5m×1.5m窗户、开间为3.3m、层高为2.7m的檐墙）进行计算即可。

（三）门窗保温

根据标准规定，窗户（包括阳台门上部透明部分）面积不宜过大，不同朝向的窗墙面积比应符合下列规定：

（1）北向窗墙面积比不应大于0.25；

（2）东西向窗墙面积比不宜大于0.30；

（3）南向有阳台的窗墙面积比不应大于0.35；

（4）南向无阳台，且为中空玻璃窗或双层窗时，窗墙面积比不应大于0.45。

表 4-5　节能墙体构造参考做法及热工性能参数

编号	外墙构造	构造做法		墙体总厚度 (mm)	导热系数 λ (W/(m·K))	蓄热系数 S (W/(m·K))	修正系数	各层热阻 (m^2·K/W)	各层热惰性指标 D_i	总热阻 (m^2·K/W)	传热系数 K_P (W/(m^2·K))	总热惰性指标 D
		各层用材	厚度 δ (mm)									
1.1	内 外 6 1 2 3 4 5	1.水泥砂浆	20		0.93	11.37	1.00	0.02	0.23			
		2.KPI多孔砖	240		0.58	7.92	1.00	0.41	3.25			
	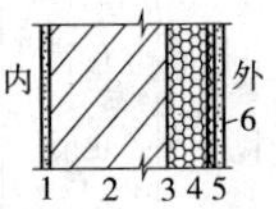	3.粘贴胶浆	30	290	0.042	0.36	1.20	0.60	0.26	1.03	0.85	3.74
		4.聚苯乙烯泡沫板	40	300	0.042	0.36	1.20	0.80	0.35	1.23	0.72	3.83
		5.增强纤维层	50	310	0.042	0.36	1.20	1.00	0.43	1.43	0.63	3.91
		6.饰面层	60	320	0.042	0.36	1.20	1.20	0.52	1.63	0.56	3.97
1.2	内 外 6 1 2 3 4 5	1.水泥砂浆	20		0.93	11.37	1.00	0.02	0.23			
		2.KPI多孔砖	240		0.58	7.92	1.00	0.41	3.25			
	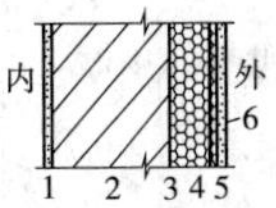	3.粘贴胶浆	20	280	0.030	0.32	1.10	0.61	0.21	1.04	0.84	3.69
		4.挤塑板	30	290	0.030	0.32	1.10	0.91	0.32	1.34	0.67	3.80
		5.增强纤维层	40	300	0.030	0.32	1.10	1.21	0.43	1.64	0.56	3.91
		6.饰面层										
1.3	内 外 6 1 2 3 4 5	1.水泥砂浆	20		0.93	11.37	1.00	0.02	0.23			
		2.KPI多孔砖	240		0.58	7.92	1.00	0.41	3.25			
	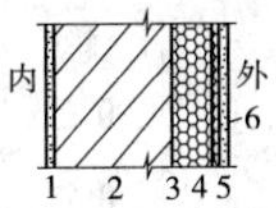	3.粘贴胶浆	20	280	0.027	0.43	1.10	0.67	0.32	1.10	0.80	3.80
		4~5.聚氨酯保温板	30	290	0.027	0.43	1.10	1.00	0.47	1.43	0.63	3.95
		6.饰面层	40	300	0.027	0.43	1.10	1.33	0.63	1.76	0.52	4.11
1.4	内 外 6 1 2 3 4 5	1.水泥砂浆	20		0.93	11.37	1.00	0.02	0.23			
		2.KPI多孔砖	240		0.58	7.92	1.00	0.41	3.25			
	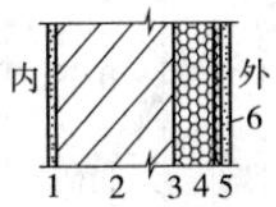	3.粘贴胶浆	40	300	0.042	0.36	1.50	0.63	0.34	1.06	0.83	3.82
		4.钢丝网聚苯板	50	310	0.042	0.36	1.50	0.79	0.43	1.22	0.73	3.91
		5.增强纤维层	60	320	0.042	0.36	1.50	0.95	0.51	1.38	0.65	3.99
		6.饰面层										
1.5	内 外 6 1 2 3 4 5	1.水泥砂浆	20		0.93	11.37	1.00	0.02	0.23			
		2.KPI多孔砖	240		0.58	7.92	1.00	0.41	3.25			
		3.界面胶浆	50	310	0.060	1.02	1.15	0.72	0.84	1.15	0.77	4.32
	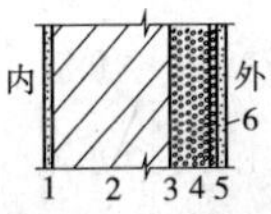	4.胶粉聚苯颗粒保温浆料	60	320	0.060	1.02	1.15	0.87	1.02	1.30	0.69	4.50
		5.防护层	70	330	0.060	1.02	1.15	1.01	1.18	1.44	0.63	4.66
		6.饰面层	80	340	0.060	1.02	1.15	1.16	1.36	1.59	0.57	4.84

续表 4-5

编号	外墙构造	构造做法		墙体总厚度(mm)	导热系数 λ (W/(m·K))	蓄热系数 S (W/(m·K))	修正系数	各层热阻 (m²·K/W)	各层热惰性指标 D_i	总热阻 (m²·K/W)	传热系数 K_p (W/(m²·K))	总热惰性指标 D
		各层用材	厚度 δ (mm)									
2.1	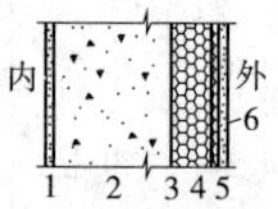	1. 水泥砂浆	20		0.93	11.37	1.00	0.02	0.23			
		2. 混凝土多孔砖	240		0.73	7.33	1.00	0.33	2.42			
		3. 粘贴胶浆	40	300	0.042	0.36	1.20	0.80	0.35	1.15	0.77	3.00
		4. 聚苯乙烯泡沫板	50	310	0.042	0.36	1.20	1.00	0.43	1.35	0.67	3.08
		5. 增强纤维层	60	320	0.042	0.36	1.20	1.20	0.52	1.55	0.59	3.17
		6. 饰面层	70	330	0.042	0.36	1.20	1.40	0.60	1.75	0.53	3.25
2.2	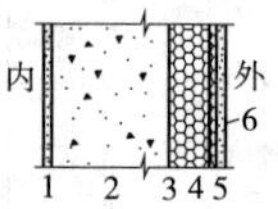	1. 水泥砂浆	20		0.93	11.37	1.00	0.02	0.23			
		2. 混凝土多孔砖	240		0.73	7.33	1.00	0.33	2.42			
		3. 粘贴胶浆	20	280	0.030	0.32	1.10	0.61	0.21	0.96	0.90	2.86
		4. 挤塑板	30	290	0.030	0.32	1.10	0.91	0.32	1.26	0.71	2.97
		5. 增强纤维层	40	300	0.030	0.32	1.10	1.21	0.43	1.56	0.58	3.08
		6. 饰面层	50	310	0.030	0.32	1.10	1.52	0.54	1.87	0.50	3.19
2.3	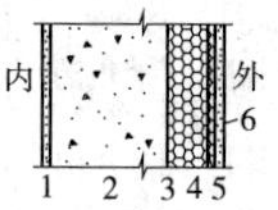	1. 水泥砂浆	20		0.93	11.37	1.00	0.02	0.23			
		2. 混凝土多孔砖	240		0.73	7.33	1.00	0.33	2.42			
		3. 粘贴胶浆	20	280	0.027	0.43	1.10	0.67	0.32	1.02	0.85	2.97
		4~5. 聚氨酯保温板	30	290	0.027	0.43	1.10	1.00	0.47	1.35	0.67	3.12
		6. 饰面层	40	300	0.027	0.43	1.10	1.33	0.63	1.68	0.55	3.28
2.4	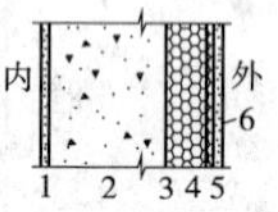	1. 水泥砂浆	20		0.93	11.37	1.00	0.02	0.23			
		2. 混凝土多孔砖	240		0.73	7.33	1.00	0.33	2.42			
		3. 粘贴胶浆	50	310	0.042	0.36	1.50	0.79	0.43	1.14	0.78	3.08
		4. 钢丝网聚苯板	60	320	0.042	0.36	1.50	0.95	0.51	1.30	0.69	3.16
		5. 增强纤维层	70	330	0.042	0.36	1.50	1.11	0.60	1.46	0.62	3.25
		6. 饰面层										
2.5	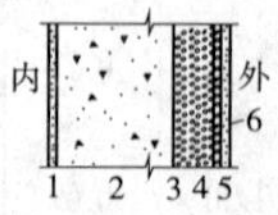	1. 水泥砂浆	20		0.93	11.37	1.00	0.02	0.23			
		2. 混凝土多孔砖	240		0.73	7.33	1.00	0.33	2.42			
		3. 界面砂浆	50	310	0.060	1.02	1.15	0.72	0.84	1.07	0.82	3.49
		4. 胶粉聚苯颗粒保	60	320	0.060	1.02	1.15	0.87	1.02	1.22	0.73	3.67
		温浆料	70	330	0.060	1.02	1.15	1.01	1.18	1.36	0.66	3.83
		5. 防护层	80	340	0.060	1.02	1.15	1.16	1.36	1.51	0.60	4.01
		6. 饰面层	90	350	0.060	1.02	1.15	1.30	1.52	1.65	0.56	4.17

续表 4-5

编号	外墙构造	构造做法		墙体总厚度 (mm)	导热系数 λ (W/(m·K))	蓄热系数 S (W/(m·K))	修正系数	各层热阻 (m^2·K/W)	各层热惰性指标 D_i	总热阻 (m^2·K/W)	传热系数 K_p (W/(m^2·K))	总热惰性指标 D
		各层用材	厚度 δ (mm)									
3.1		1. 水泥砂浆	20		0.93	11.37	1.00	0.02	0.23			
		2. 混凝土空心砌块（单排孔）	190		0.90	7.48	1.00	0.21	1.57			
	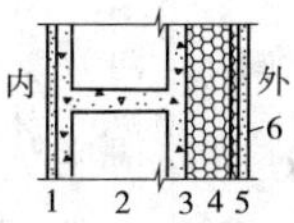	3. 粘贴胶浆	40	250	0.042	0.36	1.20	0.80	0.35	1.03	0.85	2.15
		4. 聚苯乙烯泡沫板	50	260	0.042	0.36	1.20	1.00	0.43	1.23	0.72	2.23
		5. 增强纤维层	60	270	0.042	0.36	1.20	1.20	0.52	1.43	0.63	2.32
		6. 饰面层	70	280	0.042	0.36	1.20	1.40	0.60	1.63	0.56	2.40
3.2		1. 水泥砂浆	20		0.93	11.37	1.00	0.02	0.23			
		2. 混凝土空心砌块（单排孔）	190		0.90	7.48	1.00	0.21	1.57			
	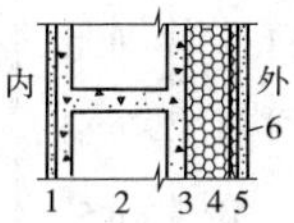	3. 粘贴胶浆	30	240	0.030	0.32	1.10	0.91	0.32	1.14	0.78	2.12
		4. 挤塑板	40	250	0.030	0.32	1.10	1.21	0.43	1.44	0.63	2.23
		5. 增强纤维层	50	260	0.030	0.32	1.10	1.52	0.54	1.75	0.53	2.34
		6. 饰面层										
3.3		1. 水泥砂浆	20		0.93	11.37	1.00	0.02	0.23			
		2. 混凝土空心砌块（单排孔）	190		0.90	7.48	1.00	0.21	1.57			
	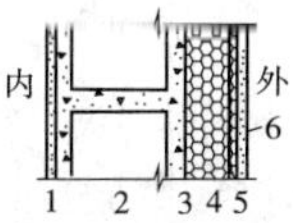	3. 粘贴胶浆	20	230	0.027	0.43	1.10	0.67	0.32	0.90	0.95	2.12
		4~5. 聚氨酯保温板	30	240	0.027	0.43	1.10	1.00	0.47	1.23	0.72	2.27
		6. 饰面层	40	250	0.027	0.43	1.10	1.33	0.63	1.56	0.58	2.43
3.4		1. 水泥砂浆	20		0.93	11.37	1.00	0.02	0.23			
		2. 混凝土空心砌块（单排孔）	190		0.90	7.48	1.00	0.21	1.57			
	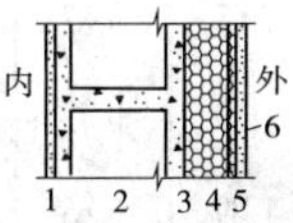	3. 粘贴胶浆	60	270	0.042	0.36	1.50	0.95	0.51	1.18	0.75	2.31
		4. 钢丝网聚苯板	60	270	0.042	0.36	1.50	1.11	0.60	1.34	0.67	2.40
		5. 增强纤维层	80	290	0.042	0.36	1.50	1.27	0.69	1.50	0.61	2.49
		6. 饰面层										
3.5		1. 水泥砂浆	20		0.93	11.37	1.00	0.02	0.23			
		2. 混凝土空心砌块（单排孔）	190		0.90	7.48	1.00	0.21	1.57			
	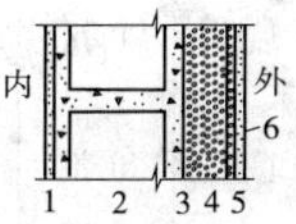	3. 界面胶浆	60	270	0.060	1.02	1.15	0.87	1.02	1.10	0.80	2.82
		4. 胶粉聚苯颗粒保温浆料	70	280	0.060	1.02	1.15	1.01	1.18	1.24	0.72	2.98
		5. 防护层	80	290	0.060	1.02	1.15	1.16	1.36	1.39	0.65	3.16
		6. 饰面层	90	300	0.060	1.02	1.15	1.30	1.52	1.53	0.60	3.32

续表 4-5

编号	外墙构造	构造做法		墙体总厚度(mm)	导热系数 λ (W/(m·K))	蓄热系数 S (W/(m²·K))	修正系数	各层热阻 (m²·K/W)	各层热惰性指标 D_i	总热阻 (m²·K/W)	传热系数 K_p (W/(m²·K))	总热惰性指标 D
		各层用材	厚度 δ (mm)									
4.1	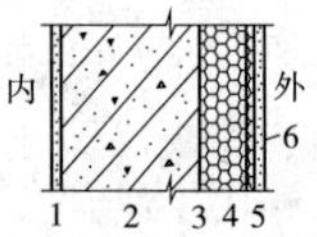	1. 水泥砂浆	20		0.93	11.37	1.00	0.02	0.23			
		2. 钢筋混凝土	180		1.74	17.20	1.00	0.10	1.72			
		3. 粘贴胶浆	50	250	0.042	0.36	1.20	1.00	0.43	1.12	0.79	2.38
		4. 聚苯乙烯泡沫板	60	260	0.042	0.36	1.20	1.20	0.52	1.32	0.68	2.47
		5. 增强纤维层	70	270	0.042	0.36	1.20	1.40	0.60	1.52	0.60	2.55
		6. 饰面层										
4.2	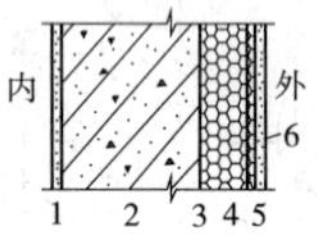	1. 水泥砂浆	20		0.93	11.37	1.00	0.02	0.23			
		2. 钢筋混凝土	180		1.74	17.20	1.00	0.10	1.72			
		3. 粘贴胶浆	30	230	0.030	0.32	1.10	0.91	0.32	1.03	0.85	2.27
		4. 挤塑板	40	240	0.030	0.32	1.10	1.21	0.43	1.33	0.68	2.38
		5. 增强纤维层	50	250	0.030	0.32	1.10	1.52	0.54	1.64	0.56	2.49
		6. 饰面层										
4.3	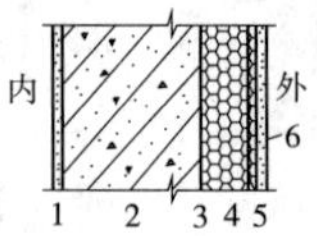	1. 水泥砂浆	20		0.93	11.37	1.00	0.02	0.23			
		2. 钢筋混凝土	180		1.74	17.20	1.00	0.10	1.72			
		3. 粘贴胶浆	30	230	0.027	0.43	1.10	1.00	0.47	1.12	0.79	2.42
		4~5. 聚氨酯保温板	40	240	0.027	0.43	1.10	1.33	0.63	1.45	0.63	2.58
		6. 饰面层	50	250	0.027	0.43	1.10	1.67	0.79	1.79	0.52	2.74
4.4	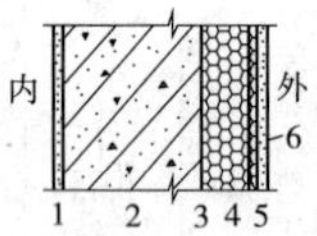	1. 水泥砂浆	20		0.93	11.37	1.00	0.02	0.23			
		2. 钢筋混凝土	180		1.74	17.20	1.00	0.10	1.72			
		3. 粘贴胶浆	60	260	0.042	0.36	1.50	0.95	0.51	1.07	0.82	2.46
		4. 钢丝网聚苯板	70	270	0.042	0.36	1.50	1.11	0.60	1.23	0.72	2.55
		5. 增强纤维层	80	280	0.042	0.36	1.50	1.27	0.69	1.39	0.65	2.64
		6. 饰面层	90	290	0.042	0.36	1.50	1.43	0.77	1.55	0.59	2.72
4.5	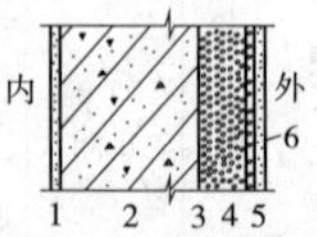	1. 水泥砂浆	20		0.93	11.37	1.00	0.02	0.23			
		2. 钢筋混凝土	180		1.74	17.20	1.00	0.10	1.72			
		3. 界面胶浆	70	270	0.060	1.02	1.15	1.01	1.18	1.13	0.78	3.13
		4. 胶粉聚苯颗粒保温浆料	80	280	0.060	1.02	1.15	1.16	1.36	1.28	0.70	3.31
		5. 防护层	90	290	0.060	1.02	1.15	1.30	1.52	1.42	0.64	3.47
		6. 饰面层	100	300	0.060	1.02	1.15	1.45	1.70	1.57	0.58	3.65

续表 4-5

编号	外墙构造	构造做法：各层用材	构造做法：厚度 δ (mm)	墙体总厚度 (mm)	导热系数 λ (W/(m·K))	蓄热系数 S (W/(m·K))	修正系数	各层热阻 (m²·K/W)	各层热惰性指标 D_i	总热阻 (m²·K/W)	传热系数 K_P (W/(m²·K))	总热惰性指标 D
5.1	内 外 6 1 2 3 4 5	1.水泥砂浆	20		0.93	11.37	1.00	0.02	0.23			
		2.加气混凝土砌块	2000		0.20	3.00	1.25	0.80	3.00			
		3.粘贴胶浆	20	240	0.042	0.36	1.20	0.40	0.17	1.22	0.73	3.40
		4.聚苯乙烯泡沫板	30	250	0.042	0.36	1.20	0.60	0.26	1.42	0.64	3.49
		5.增强纤维层	40	260	0.042	0.36	1.20	0.80	0.35	1.62	0.56	3.58
		6.饰面层	50	270	0.042	0.36	1.20	1.00	0.43	1.82	0.51	3.66
5.2	内 外 6 1 2 3 4 5	1.水泥砂浆	20		0.93	11.37	1.00	0.02	0.23			
		2.加气混凝土砌块	2000		0.20	3.00	1.25	0.80	3.00			
		3.粘贴胶浆	20	240	0.030	0.32	1.10	0.61	0.21	1.43	0.63	3.44
		4.挤塑板	30	250	0.030	0.32	1.10	0.91	0.32	1.73	0.53	3.55
		5.增强纤维层	40	260	0.030	0.32	1.10	1.21	0.43	2.03	0.46	3.66
		6.饰面层										
5.3	内 外 6 1 2 3 4 5	1.水泥砂浆	20		0.93	11.37	1.00	0.02	0.23			
		2.加气混凝土砌块	200		0.20	3.00	1.25	0.80	3.00			
		3.粘贴胶浆	20	240	0.027	0.43	1.10	0.67	0.32	1.49	0.61	3.55
		4~5.聚氨酯保温板	30	250	0.027	0.43	1.10	1.00	0.47	1.82	0.51	3.70
		6.饰面层	40	260	0.027	0.43	1.10	1.33	0.63	2.15	0.43	3.86
5.4	内 外 6 1 2 3 4 5	1.水泥砂浆	20		0.93	11.37	1.00	0.02	0.23			
		2.加气混凝土砌块	200		0.20	3.00	1.25	0.80	3.00			
		3.粘贴胶浆	20	240	0.042	0.36	1.50	0.32	0.17	1.14	0.78	3.40
		4.钢丝网聚苯板	30	250	0.042	0.36	1.50	0.48	0.26	1.30	0.69	3.49
		5.增强纤维层	40	260	0.042	0.36	1.50	0.63	0.34	1.45	0.63	3.57
		6.饰面层										
5.5	内 外 6 1 2 3 4 5	1.水泥砂浆	20		0.93	11.37	1.00	0.02	0.23			
		2.加气混凝土砌块	200		0.20	3.00	1.25	0.80	3.00			
		3.界面胶浆	30	250	0.060	1.02	1.15	0.43	0.50	1.25	0.71	3.73
		4.胶粉聚苯颗粒保温浆料	40	260	0.060	1.02	1.15	0.58	0.68	1.40	0.65	3.91
		5.防护层	50	270	0.060	1.02	1.15	0.72	0.84	1.54	0.59	4.07
		6.饰面层	60	280	0.060	1.02	1.15	0.87	1.02	1.69	0.54	4.25

窗户的位置宜设置在墙体中间，对于北向，不应采用飘窗(凸窗)，其他方向不宜采用飘窗(凸窗)。飘窗(凸窗)与室外空气接触的围护结构应按墙体要求采取保温措施，其传热系数应符合标准规定。

设计中应采用气密性良好的窗户(包括阳台门)，其气密性等级，在1～6层建筑中，不应低于现行国家标准《建筑外窗空气渗透性能分级及其检测方法》(GB/T7107—2002)规定的3级水平(窗户每米缝长的空气渗透量 $q_l \leqslant 2.5m^3/(m \cdot h)$)；在7～30层建筑中，不应低于上述标准规定的4级水平(窗户每米缝长的空气渗透量 $q_l \leqslant 1.5m^3/(m \cdot h)$)。

外门和外窗框靠墙体部位的缝隙，应采用高效保温材料填堵，不得采用普通水泥砂浆补缝。窗框四周与抹灰层之间的缝隙，宜采用保温材料和嵌缝密封膏密封，避免不同材料界面开裂影响窗户的热工性能。

窗户传热系数应取经国家计量认证的质检机构所检的实测值，如无实测值，应按表4-6选取。

表4-6　窗户的传热系数

窗框材料	窗户类型	空气层厚度(mm)	窗框与窗洞口面积比(%)	传热系数 W/(m²·K)
钢、铝	双层窗	100～140	20～30	3.0
	单框(断桥)中空玻璃窗	9～16	20～30	3.5
塑料	单框中空玻璃窗	9～16	30～40	2.8～2.6
	双层窗	100～140	30～40	2.3
	单层+单框中空玻璃窗	100～140	30～40	2.0

(四)屋面保温

标准提高了对屋面的保温要求，绝大多数屋面为外保温构造。这种构造受周边热桥的影响较小。为了提高屋面的保温性能，以满足标准的要求，主要应从采用轻质高效、吸水率低或不吸水的可长期使用、性能稳定的保温材料作为保温隔热层，以及改进屋面构造，使之有利排除湿气等措施入手。国外一些发达国家，采用轻质高强、吸水率极低的挤塑型聚苯板作为保温隔热层的倒铺屋面(见图4-1及图4-2)，取得了较好的保温隔热和保护防水层的效果。这一经验可供我国借鉴。近年来，国内一些单位研制开发的憎水型水泥膨胀珍珠岩保温板、憎水型橡胶防水胶粘贴膨胀珍珠岩保温板、水泥聚苯板保温隔热空心砌块等屋面保温隔热材料，以及屋面架空、微通风等构造做法，均有利于提高屋面的保温隔热性能，从而取得较好的节能和改善顶层房间热环境的效果。

屋面的类型按其保温层所在位置分，目前主要有单一保温屋面、外保温屋面、夹心保温屋面3种类型，但目前绝大多数为外保温屋面。

按保温层所用材料分，目前主要有加气混凝土保温屋面、憎水型珍珠岩保温屋面、聚苯板保温屋面、水泥聚苯板保温屋面、彩色钢板聚氨酯硬泡沫夹心保温屋面等。节能屋面构造参考做法及热工性能参数见表4-7。

(五)地面保温

地面地板和地面的保温是往往容易被人们忽视的问题。实践已经证明，在寒冷地区

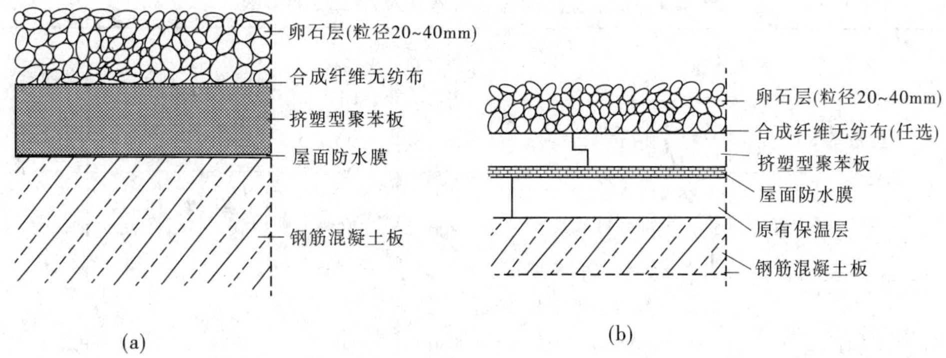

图 4-1 倒铺屋面构造

(a)新建屋面保温 (b)原有屋面提高保温

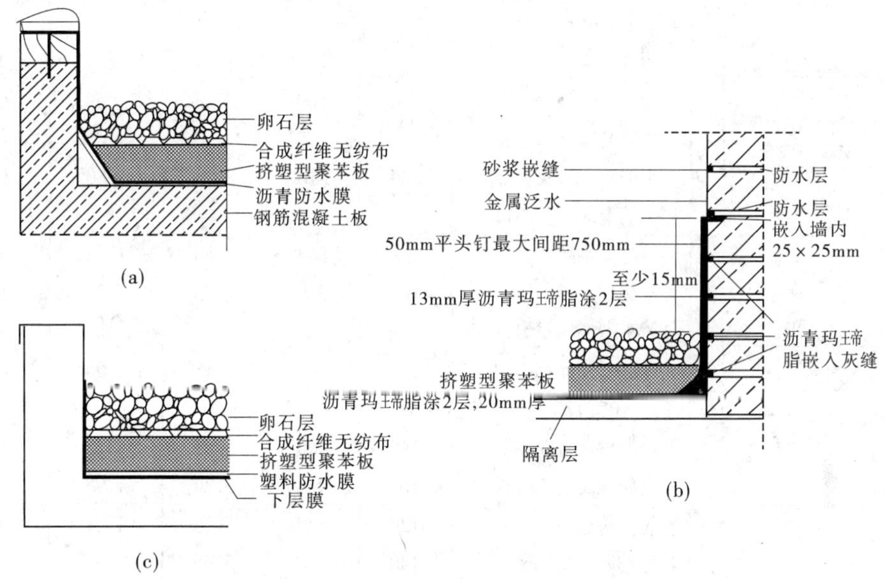

图 4-2 倒铺屋面与女儿墙连接构件

(a)沥青防水处理;(b)沥青玛琋脂防水处理;(c)塑料防水膜防水处理

的采暖建筑中,接触室外空气的地板,以及不采暖地下室上面的地板如不加保温,则不仅增加采暖能耗,而且因地面温度过低,严重影响居民健康;在严寒地区,直接接触土壤的周边地面如不加保温,则接近墙脚的周边地面因温度过低,不仅可能出现结露,而且可能出现结霜,严重影响居民使用。标准从改善室内热环境和控制采暖能耗出发,对地板和地面的保温作出了规定。

地面按其是否直接接触土壤分为两类:①不直接接触土壤的地面,又称地板,其中又分为接触室外地板和不采暖地下室上部的地板,以及底部架空的地板等;②直接接触土壤的地面。

地面的卫生要求按《民用建筑热工设计规范》(GB50176—93)从卫生要求(即避免人脚着凉)出发,对地面的热工性能分类及适用的建筑类型作出了规定,见表 4-8。

表 4-7　节能屋面构造参考做法及热工性能参数

编号	屋面构造		保温材料厚度 δ(mm)	屋面总厚度(mm)	热惰性指标 D 值	热阻 R ($m^2 \cdot K/W$)	传热系数 K ($W/(m^2 \cdot K)$)
	构造简图	构造做法					
1		5.卷材防水层 4.水泥砂浆找平层 3.水泥加气混凝土找坡层 2.加气混凝土保温层板（ρ_0 = 600kg/m³, λ_c = 0.25W/(m·K)） 1.钢筋混凝土空心板	250 300 350	460 510 560	4.99 5.74 6.49	1.19 1.39 1.59	0.75 0.65 0.57
2		5.卷材防水层 4.水泥砂浆找平层 3.加气混凝土层（ρ_0=500kg/m³, λ_c=0.24W/(m·K)） 2.水泥珍珠岩找坡层 1.钢筋混凝土空心板	250 300 360	510 560 610	6.75 7.45 8.15	1.39 1.59 1.80	0.65 0.57 0.51
3		5.卷材防水层 4.水泥砂浆找平层 3.憎水型珍珠岩板（ρ_0=250kg/m³, λ_c=0.10W/(m·K)） 2.水泥珍珠岩找坡层 1.钢筋混凝土空心板	80 100 120 140 160	340 360 380 400 420	4.50 4.85 5.18 5.52 5.86	1.15 1.35 1.55 1.75 1.95	0.77 0.67 0.59 0.53 0.48
4		5.卷材防水层 4.水泥砂浆找平层 3.水泥聚苯乙烯泡沫塑料板（ρ_0=300kg/m³, λ_c=0.14W/(m·K)） 2.水泥珍珠岩找坡层 1.钢筋混凝土空心板	120 140 160 180 200 220	380 400 420 440 460 480	5.13 5.45 5.77 6.12 6.44 6.76	1.21 1.35 1.49 1.64 1.78 1.92	0.74 0.67 0.61 0.56 0.52 0.48
5		5.卷材防水层 4.水泥砂浆找平层 3.水泥珍珠岩找坡层 2.聚苯乙烯泡沫塑料板（ρ_0=300kg/m³, λ_c=0.063W/(m·K)） 1.钢筋混凝土空心板	50 60 70 80 90 100	310 320 330 340 350 360	3.57 3.65 3.74 3.83 3.91 4.00	1.14 1.30 1.46 1.62 1.78 1.94	0.78 0.69 0.62 0.56 0.52 0.48

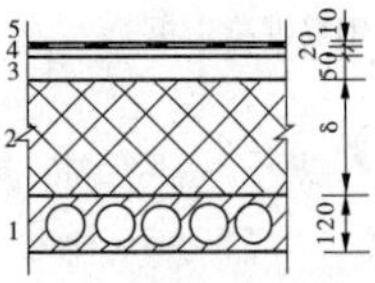

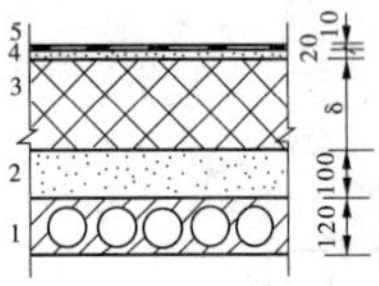

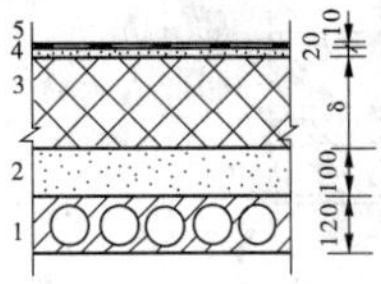

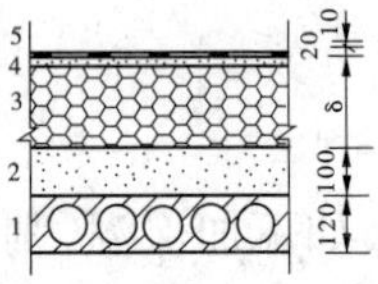

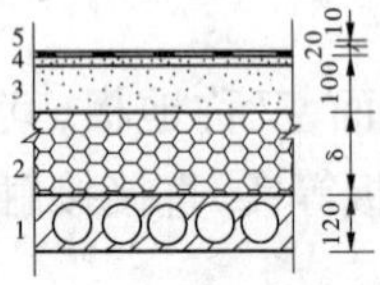

表 4-8 地面热工性能分类

类 别	吸热指数值 B $(W\sqrt{h}/(m^2 \cdot k)$	适用的建筑类型
Ⅰ	<17	高级居住建筑，托幼、医疗建筑等
Ⅱ	17~23	一般居住建筑，办公、学校建筑等
Ⅲ	>23	临时逗留及室温高于23℃的采暖房间

注：表中 B 值是反映地面从人体脚部吸收热量多少和速度的一个指数。厚度为3~4mm的面层材料的热渗透系数对 B 值的影响最大。热渗透系数 $b=\sqrt{\lambda c\rho}$，故面层宜选择密度、比热容和导热系数小的材料较为有利。

节能标准对于接触室外空气的地板（如骑楼、过街楼的地板），以及不采暖地下室上部的地板等，应采取保温措施，使地板的传热系数小于或等于采暖居住建筑各部分围护结构传热系数限值。几种保温地板的热工性能指标见表4-9。

表 4-9 几种地面吸热指数 B 值及热工性能指标

名称	地面构造	B 值	热工性能类别
硬木地面	1.硬木地板 2.粘贴层 3.水泥砂浆 4.素混凝土 （20，3，20，100）	9.1	Ⅰ
厚层塑料地面	1.聚氯乙烯地板 2.粘贴层 3.水泥砂浆 4.素混凝土 （20，3，20，100）	8.6	Ⅰ
薄层塑料地面	1.聚氯乙烯地面 2.粘贴层 3.水泥砂浆 4.素混凝土 （20，3，20，100）	18.2	Ⅱ
轻骨料混凝土垫层水泥砂浆地面	1.水泥砂浆地面 2.轻骨料混凝土 （$\rho_0<1500$） （20，120）	20.5	Ⅱ
水泥砂浆地面	1.水泥砂浆地面 2.素混凝土 （20，100）	23.3	Ⅲ
水磨面地面	1.水磨石地面 2.水泥砂浆 3.素混凝土 （30，20，100）	24.3	Ⅲ

对于直接接触土壤的非周边地面，一般不需作保温处理，其传热系数即可满足采暖居住建筑各部分围护结构传热系数限值的要求；对于直接接触土壤的周边地面(即从外墙内侧算起 2.0m 范围内的地面)，应采取保温措施，使地面的传热系数小于或等于 0.30W/(m^2·K)。满足这一要求的地面保温构造见图 4-3。

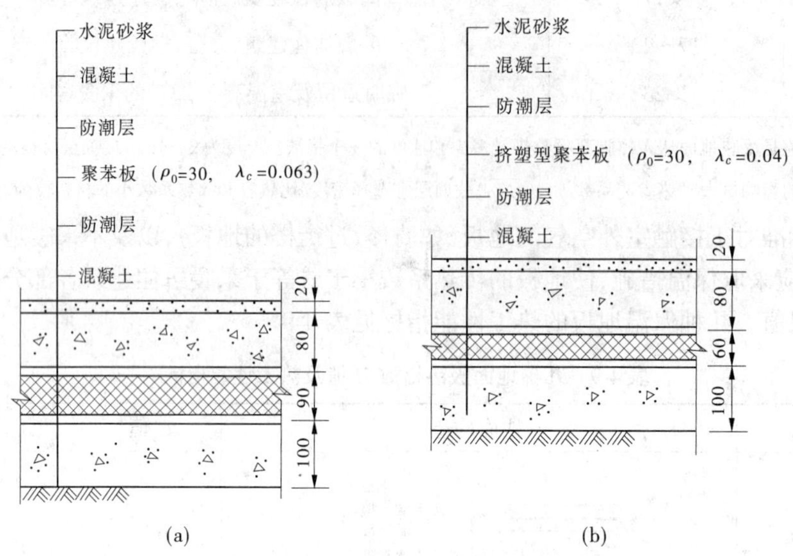

图 4-3 地面保温构造

(a)普通聚苯板保温地面；(b)挤塑型聚苯板保温地面

图 4-4 为国外几种典型的地面保温构造。

河南省不同地区采暖居住建筑各部分围护结构传热系数限值见表 4-10。

表 4-10 不同地区采暖居住建筑各部分围护结构传热系数限值

采暖期室外平均温度(℃)		1.0～2.0	0～0.9
代表城市		郑州、新乡、许昌、开封、漯河、济源、鹤壁、商丘、洛阳、周口、三门峡、焦作	安阳、濮阳
屋面或顶棚		0.60	0.60
外墙(体形系数≤0.3)		0.75	0.70
楼梯间隔墙		1.65	1.65
户　门		2.7	2.7
窗户(含阳台门上部)		2.8	2.8
阳台上部芯板		1.72	1.72
地面	周边地面	0.52	0.52
	非周边地面	0.30	0.30
接触室外或不采暖空间上部的地板		0.5	0.5

注：1. 表中外墙的传热系数是指考虑周边热桥影响后的外墙平均传热系数。

2. 表中周边地面一栏中 0.52 为位于建筑物周边的不带保温层的混凝土地面的传热系数；非周边地面一栏中 0.30 为位于建筑物非周边的不带保温层的混凝土地面的传热系数。

3. 传热系数单位为 W/(m^2·K)。

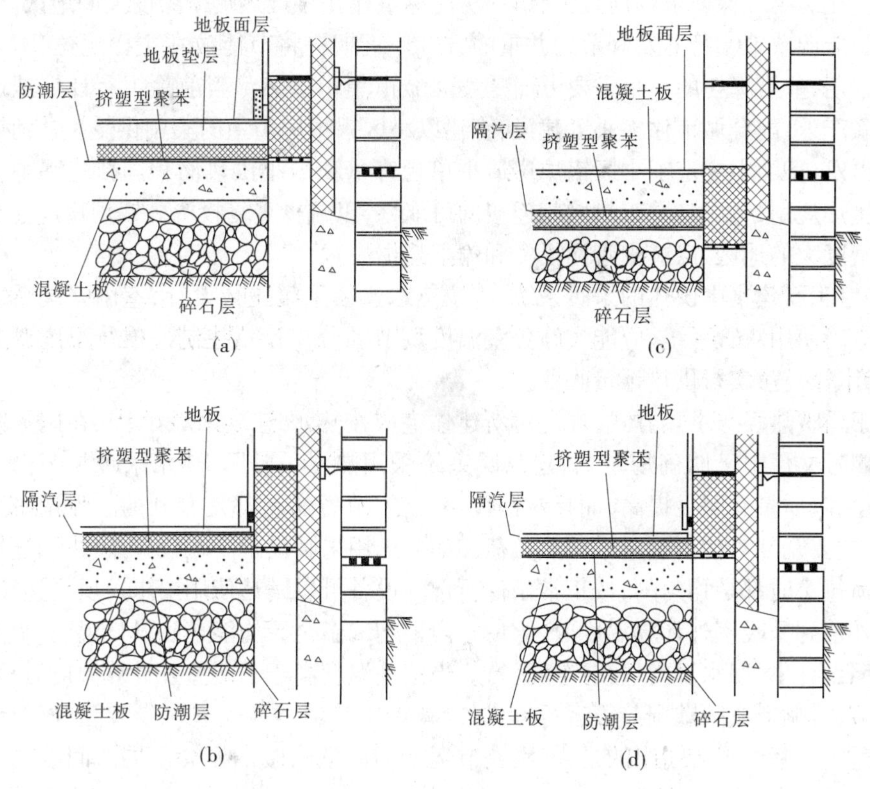

图 4-4　几种典型的地面保温构造(英国)

七、采暖设计

(一)一般规定

(1)采暖供热应充分利用再生能源。城市集中供热应以热电厂余热、区域锅炉房等为主要热源。在工厂区附近,应充分利用工业余热和废热采暖。在资源和技术条件具备的地区,应尽可能开发利用地热和太阳能采暖。

根据《中华人民共和国节约能源法》和国家计委、国家经贸委、电力工业部和建设部《关于发展热电联产的若干规定》,大力发展集中供热是我国城市供热的基本方针。因此,条文中明确规定,河南省居住建筑的采暖供热应以热电厂和区域锅炉房为主要热源。近年来,整体式燃油锅炉、燃气锅炉、单元式燃气壁挂炉以及电空调等发展较快,其能源利用率高,污染小,管理方便,宜于分户计量,深受广大房地产业主欢迎,也是今后的一个发展方向,是对集中供热的补充和完善。关于利用工业余热和废气,河南省工矿企业余热资源潜力很大。钢铁、化工、建材等工业部门在生产过程中都要产生大量余热。这些余热都有可能转化为采暖热源,从而节约一次能源。河南省太阳能资源、地热资源的开发利用,有着巨大的潜力,在技术条件可行、经济政策许可的条件下,应鼓励开发利用。

(2)对于燃煤采暖供热应以区域锅炉房为主。区域锅炉房的单台容量不宜小于 7.0MW,供热面积宜大于 15 万 m^2,并遵照当地政府关于区域锅炉房单台锅炉最小容量的规定。在满足环保要求的前提下,锅炉房应尽量建在靠近热负荷密度大的地区。

我国能源政策实行开发和节约并重的方针。近期应将节能放在主要地位,不论是近期还是中期,节能降耗的一个重要方面是发展城市集中供热。当前除了有计划地逐步发展热电联产外,配合城市住宅小区建设,宜建以小区锅炉房为主的集中供热。从河南省实际情况出发,条文中规定了小区锅炉房最小单台容量和最小供热面积。新建锅炉房应按照城市供热规划,考虑与城市热网相连接的可能性,以减少重复投资。锅炉房应建在靠近热负荷密度大的地区,以减少管网投资和输配热损失。

(3)对于新建集中供热的采暖系统,应按热水连续采暖进行设计,室内采暖系统的公用部分应当使用双管系统,应能实施分室温度调节和分户计量控制。推行温度调节和用户热量计量装置,实行供热计量收费。

关于采暖热媒与供热方式,规定对新建住宅应按热水连续采暖设计。在国务院节能指令第四号文件中已明确规定"新建采暖系统采用热水采暖"。热水采暖与蒸汽采暖相比,不仅采暖质量有明显提高,而且对锅炉房设备、节省燃料都是有利的。强调按连续采暖设计,主要是针对如何确定采暖热负荷和如何选用采暖设备。在设计条件下,连续采暖的热负荷每小时都是均匀的,按正常条件所选的设备可以满足使用要求。所谓连续采暖,即当室外达到采暖室外计算温度时,为使室内平均气温全天均能达到设计温度,需要热源设备按照设计供、回水温度昼夜连续运行。当室外温度高于采暖室外计算温度时,可以采用质调节、量调节或间歇调节等运行方式,以减少供热量。为了进一步节能,夜间允许室内温度适当下降。需要指出的是,间歇调节运行与间歇采暖的概念不同。间歇调节运行是在供暖过程中减少系统供热量的一种方式;而间歇采暖是指在室外温度达到采暖设计温度时,采用缩短供热时间的方法。有些建筑物,如办公楼、教学楼、影剧院等,要求在使用时间内保持室内设计温度,而在非使用时间内,允许室内温度自然下降,对于这类建筑物,采用间歇供暖不仅是经济的,而且也是适当的。在新建住宅区的非住宅建筑采用蒸汽为热媒可能不合实际。为了便于管理,统一采用热水锅炉比较简单,这时只有通过调节供热量的方法才是可行的。对于工厂生活区的采暖可根据上述原则进行技术经济比较后确定。

(二)采暖供热系统

(1)在设计区域锅炉房采暖供热系统时,应详细进行热负荷的调查和计算,确定系统的合理规模和供热半径。当系统的规模较大时,宜采用间接连接的一、二次水系统,从而提高热源的运行效率,减少输配电耗。一次水设计供水温度应取 115~130℃,回水温度应取 70~80℃。

在设计采暖供热系统时,应详细进行负荷的调查和计算,合理确定系统规模和供热半径,主要目的是避免出现"大马拉小车"的现象。有些设计人员从安全考虑,片面加大设备容量,使得每吨(0.7MW)锅炉的供热面积不足6 000m^2,最低者甚至仅2 000m^2,造成投资浪费,运行效率很低。考虑到集中供热的要求和我国锅炉的生产状况,以及河南省的实际情况,提出将锅炉的单台容量控制在 2.8~28.0MW 范围内。系统规模较大时(投资 700 万元以上的工程)建议采用间接连接,并将一次水供水温度取为 115~130℃,主要是为了提高热源的运行效率,减少输配能耗,便于运行管理和控制。

(2)设计采暖供热系统时,应选用优质节能产品。房间的散热器面积应按设计热负荷合理选取,并应考虑明装不保温采暖干管及支管的散热量。

在进行室内采暖系统设计时,房间散热器面积的选取是否与热负荷匹配,直接关系到系统是否会出现垂直和水平失调。系统垂直失调和水平失调都会导致各房间冷热不均,不能保证采暖房间和热环境质量,并造成能量浪费。室内采暖系统按南北朝向分开环路设置,有利于系统的调节与平衡,也便于朝向附加的修正。

(3)在集中供热采暖设计中应对采暖供热系统进行水力平衡计算。在各环路及各建筑物入口处应安装平衡阀或其他水力平衡元件,对施工安装明确提出进行系统冲洗试压和全面调整的要求,待系统正常运行后方可验收。

设计人员在设计采暖供热的水系统时,尽管进行了必要的水力计算,但如果缺乏定量调节流量的手段,供热系统仍有可能出现水力失调,导致各建筑冷热不均,往往是近端过热,末端过冷。这种现象在现有小区热网中相当普遍。有些设计人员常选用大容量锅炉和水泵来缓解这一矛盾,但收效甚微。反而导致系统在“大流量、小温差”下运行,造成能量浪费。目前国内已有若干技术手段可以实现热力外网的水力平衡,例如安装平衡阀或其他水力平衡元件,只要水力平衡有保障,就应选配容量合适的锅炉及水泵,使锅炉运行效率及热水输送效率达标,消除室温冷热不均的现象。

(4)在设计热力站时,应选用结构紧凑、传热系数高、自动脱垢或易于除污以及使用寿命长的换热器,换热器的传热系数宜大于或等于3 000W/(m^2·K)。直接连接或间接连接的热力站均应设置必要的自动或手动调节装置,为量化管理创造必要条件。

当供热规模较大采用间接换热时,热交换站是一、二次热网的连接纽带。其设计是否合理直接关系到系统能否正常运行。从现有换热站的使用情况来看,螺旋板换热器在制造过程中多为手工操作,容易形成点腐蚀,质量难以保证。因此,在水质硬度低的地区,推荐选用结构紧凑、传热系数高的板式换热器。条文中提出热交换器传换系数的最低要求,其目的在于鼓励采用节能新产品。热交换站设置必要的自动或手动调节装置,主要是便于量化管理和运行调节。

(5)锅炉的选型应与当地长期供应的煤种相匹配。锅炉的额定效率不应低于表4-11的规定。

表4-11　锅炉最低额定效率　(%)

燃料品种		发热值 (kJ/kg)	锅炉容量 MW(t/h)				
			2.8 (4)	4.2 (6)	7.0 (10)	14.0 (20)	28.0 (40)
烟煤	Ⅱ	15 500～19 700	72	73	74	76	78
	Ⅲ	>19 700	74	76	78	80	82

一般每种炉型都有适用煤种,因此在选型前一定要掌握当地供应的煤种,选择与煤种相适应的炉型,在此基础上选用高效锅炉。目前我国各种炉型对煤种要求如下。

手烧炉:适应性广;

抛煤机炉:适应性广,但不适应水分大的煤;

链条炉:不宜单纯烧无烟煤及结焦性强的高灰分的低质煤;

振动炉:燃用无烟煤及劣质煤效率下降;

往复炉:不宜燃烧挥发分低的贫煤及无烟煤,不宜烧灰熔点低的优质煤;

沸腾炉:适应各种煤种,多用于烧煤矸石等劣质煤。

国务院于 1982 年发布节约工业锅炉用煤的四号指令,规定了运行效率的最低要求(在燃烧Ⅱ、Ⅲ类烟煤的条件下)如下:

锅炉容量 MW(t/h)	运行效率(%)
0.7(1)	55
1.4(2)	60
2.8~4.2(4~6)	65
≥7.0(10)	72

为了保证达到上述要求,所选锅炉额定效率应高于运行效率。

(6)锅炉房总装机容量应按下式确定。

$$Q_B = Q_0/\eta_1 \tag{4-5}$$

式中 Q_B——锅炉房总装机容量,W;

Q_0——锅炉负担的采暖设计热负荷,W;

η_1——室外管网输送效率,一般取 0.9。

锅炉房的总装机容量如果过大,不仅造成设备利用率低,且运行效率低;相反,如果容量小,将造成锅炉超负荷运行而降低效率,而且还会导致环境污染过重。一般锅炉总容量是根据其担负的建筑物的计算热负荷,并考虑管网输送效率、漏损损失等因素而确定的。一般管网输送效率为 90%。由于锅炉实际运行有别于设计条件,锅炉实际出力往往低于设计出力。因此,在设计中应考虑锅炉出力率的安全系数。但考虑到我国目前采用的采暖热负荷计算方法计算的结果与实际供热量相比稍有偏高,且锅炉有一定的超负荷能力,因此锅炉出力率的安全系数不予考虑。

(7)新建锅炉房采用锅炉台数一般宜不少于 2 台,不多于 4 台,在低于设计运行负荷条件下,单台锅炉运行负荷不应低于额定负荷的 50%。

本条旨在提出锅炉房设备锅炉台数的建议。由于采暖锅炉运行是季节性的,在非采暖期间要进行维修,因此可不备用。但考虑到便于运行时随室外温度的变化调节供热量,使单台锅炉运行的负荷率能保持在 50%以上以及便于管理,建议选用锅炉台数一般不少于 2 台,尽量避免采用 1 台。

(8)锅炉用鼓风机、引风机与除尘器,宜单炉配置,其容量应与锅炉容量相匹配,且便于系统调节。选取设备的功率消耗不宜高于表 4-12 规定的数值。设计中应充分利用锅炉产生的各种余热,并注意烟气流速和阻力的计算。

锅炉的辅助设施与锅炉相匹配,不仅有利于节电,也便于调节。为使锅炉燃料充分燃烧,必须保证适量的空气,并要及时排走燃烧后产生的烟气。因此,要保证鼓风机、引风机所需的动力。配用的鼓风机和引风机的风量和风压不能太大,否则,不仅耗电量大,而且还将恶化炉内燃烧条件而浪费燃料和增加对环境的污染。在锅炉的各种热损失中,排烟和固体不完全燃烧热损失所占比重较大。尤其是排烟热损失约占10%。在锅炉设计中应考虑如何利用这些热量,提高热利用率。

表4-12　燃用Ⅱ、Ⅲ类烟煤层燃炉的鼓风机与引风机匹配指标

<table>
<tr><th rowspan="3">锅炉容量
MW(t/h)</th><th colspan="2">鼓风机</th><th colspan="2">引风机</th></tr>
<tr><th>风量(m^3/h)</th><th rowspan="2">配用电动机功率
(kW)</th><th>风量(m^3/h)</th><th rowspan="2">配用电动机功率
(kW)</th></tr>
<tr><th>风压
Pa(mmH_2O)</th><th>风压
Pa(mmH_2O)</th></tr>
<tr><td rowspan="2">2.8(4)</td><td>6 000</td><td rowspan="2">2.2</td><td>10 590</td><td rowspan="2">10.0</td></tr>
<tr><td>508(52)</td><td>2 225(227)</td></tr>
<tr><td rowspan="2">4.2(6)</td><td>9 100</td><td rowspan="2">5.5</td><td>16 050</td><td rowspan="2">13.0</td></tr>
<tr><td>1 326(135)</td><td>2 097(214)</td></tr>
<tr><td rowspan="2">7.0(10)</td><td>14 760</td><td rowspan="2">7.5</td><td>25 200</td><td rowspan="2">22.0</td></tr>
<tr><td>1 352(138)</td><td>2 097(214)</td></tr>
<tr><td rowspan="2">14.0(20)</td><td>29 520</td><td rowspan="2">17.0</td><td>50 400</td><td rowspan="2">40.0</td></tr>
<tr><td>1 352(138)</td><td>2 097(214)</td></tr>
<tr><td rowspan="2">28.0(40)</td><td>59 040</td><td rowspan="2">30.0</td><td>100 800</td><td rowspan="2">75.0</td></tr>
<tr><td>1 352(138)</td><td>2 097(214)</td></tr>
</table>

(9)一、二次循环水泵应选用高效、节能、低噪声水泵。各级水泵台数一般不宜少于2台,系统容量较大时,可合理增加台数,但必须避免“大流量、小温差”的运行方式。对于二次循环泵散热器采暖,系统温差应按25℃设计控制,对于集中空调采暖系统进出口温差按小于等于10℃设计控制。一次水泵选取时应考虑分阶段改变流量及质调节的可能性。补给水泵的容量要与系统相匹配。

建议采用双泵,并避免采用“大流量、小温度”,以减少运行能耗。循环水路和补给水泵的选择要与锅炉房的容量相匹配。为了便于调节和节省动力,设置循环水路时要考虑调节的可能性。锅炉房应设置符合国家标准《热水锅炉水质标准》(GB1576)规定的水处理设备。

(10)采暖供热系统的水质应符合国家标准《热水锅炉水质标准》(GB1576)对热水锅炉水质的要求。单台锅炉容量大于或等于4.2MW时,宜设置除氧装置。系统应尽量避免丢水、漏水,每小时泄漏量不宜超过系统总水量的0.5%。

对于采用钢制散热器的采暖系统,其循环水和补给水中的含氧量应不大于0.05 mg/L。

锅炉房总管、换热站和每个独立建筑物入口设置热表或热水流量计,供、回水温度计,这是供热系统量化管理和运行调节的需要,有人估算,对现有锅炉房只要配置必要的仪表并加强量化管理,就会使运行效率和能量利用明显提高。必要的计量仪表是量化管理的前提。对于大型锅炉房,在条件允许时采用计算机监控管理,可以提高我们的供热管理水

平,改善供热品质,降低能耗,促进技术进步。

(11)设计中应提出对锅炉房、热力站和建筑物入口进行参数监测与计量的要求,锅炉房供热总管、热力站和每个独立建筑物入口应设置供、回水温度计,压力表和热表(或热水流量计)。补水系统应设置水表。锅炉房动力用电、水泵用电和照明用电应分别计量。单台锅炉容量大于或等于 7.0MW 的大型锅炉房,应设置计算机监控系统。

热水采暖供热系统的一、二次水泵的动力消耗十分可观。据调查,北京地区每年每平方米供热面积的热水输配电耗达 2.75kW·h,河南省各地区可能更大。造成这样高能耗的主要原因是水泵选取型号偏大以及"大流量、小温差"的不合理运行方式。本条针对热水采暖系统合理设计选用水泵,控制动力消耗,在原来使用的水输送系统概念的基础上,提出了设计条件下输送单位热量的电耗指标。

(12)热水采暖供热系统的一、二次水泵的动力消耗应予以控制。一般情况下,设计选用水泵的电耗应符合以下要求:

$$EHR = \frac{\varepsilon}{\sum Q} = \frac{\tau N}{24 q_a A} \leqslant \frac{0.005\ 6(14 + a\sum L)}{\Delta t} \tag{4-6}$$

式中 EHR——设计条件下输送单位热量的耗电量,无因次;

$\sum Q$——全日系统供电量,kW·h;

ε——全日理论水泵输送耗电量,kW·h;

τ——全日水泵运行时数,连续运行时,$\tau = 24$h;

N——水泵铭牌输出功率,kW;

q_a——供热设计指标,kW/m^2;

A——系统的供热面积,m^2;

Δt——设计供、回水温差,一次网 $\Delta t = 45 \sim 50$℃,二次网 $\Delta t = 25$℃;

$\sum L$——室外管网主干线(包括供、回水管)的总长度,m。

α——当$\sum L \leqslant 500$m 时,$a = 0.011\ 5$;当 500m$< \sum L <$1 000m 时,$a = 0.009\ 2$;$\sum L \geqslant$1 000m 时,$a = 0.006\ 9$。

一次网和二次网的 EHR 值见表 4-13。

(三)管道敷设与保温

(1)设计一、二次热水管网时,应选取经济合理的敷设方式。对于庭院管网和二次管网,宜采用直埋管敷设(设计施工参照《城镇直埋供热管道工程技术规程》(CJJ/T81—98)。工厂生活区管网也可架空敷设。

一、二次热水管网的敷设方式,直接影响供热系统的总投资及运行费用,应合理选取。对于庭院管网和二次网,管径一般较小,采用直埋敷设,投资较小,管网热损小,运行管理也较方便。对于一次管网,可根据管径大小经过比较确定直埋或地沟敷设。工厂生活区供热管网,在不影响环境美观的前提下,采用架空敷设比较经济。

(2)采暖供热管道保温厚度应按国家标准《设备和管道保温设计导则》(GB8175—87)中经济厚度的计算公式确定。

表 4-13　*EHR* 计算值

管网主干线总长度 $\sum L$(m)	设计供、回水温差 Δt		
	50℃	45℃	25℃
200	0.001 8	0.002 0	0.003 7
400	0.002 1	0.002 3	0.004 2
600	0.002 2	0.002 4	0.004 4
800	0.002 4	0.002 6	0.004 8
1 000	0.002 5	0.002 8	0.005 0
1 500	0.002 7	0.003 0	0.005 5
2 000	0.003 1	0.003 5	0.006 2
2 500	0.003 5	0.003 9	0.007 0
3 000	0.003 9	0.004 3	0.007 8
3 500	0.004 3	0.004 7	0.008 5
4 000	0.004 7	0.005 2	0.009 3

在全国能源基础与管理标准技术委员会主持下制定的《设备及管道技术通则》(GB 4272)(简称《通则》),适用于动力、采暖、供热及一般工业部门的设备和管道,并明确规定“为减少保温结构散热损失的保温材料层厚度应按‘经济厚度’的方法”计算。根据《通则》的原则精神编制了《设备及管道保温设计导则》(GB8175—87)(简称《设计导则》),在《设计导则》中给出了计算保温层经济厚度的公式。民用建筑采暖供热管道的保温应贯彻《通则》的原则精神,采用《设计导则》中所给的经济厚度计算公式确定保温层厚度。

(3)当供热热媒与采暖供热管道周围空气温差小于等于 60℃时,安装在室外或室内地沟中的采暖供热管道保温厚度不得小于表 4-14 中规定的数值。

采暖供热管道所用保温材料,推荐采用岩棉或矿棉管壳、超细玻璃棉管壳及聚氨脂硬质泡沫保温管(直埋管)等 3 种方式,它们都有较好的保温性能。河南省岩棉和矿棉保温材料生产已有一定规模。聚氨酯硬质泡沫保温管(直埋管)近年来发展也很快,其保温性能优良,虽然价格较高,但随着技术进步和产量增加,必将在工程实际中得到广泛应用。

(4)当室外供热管网的供热面积大于等于 5 万 m^2 时,应将 200～300mm 管径的保温厚度在表 4-13 的最小厚度的基础上再增加 10mm。

管道经济保温厚度是从单位长度管道上控制了热损失,但在供热量一定的前提下,随着管道长度增加,管网总损失也将增加。但从合理利用能源和保证最远点的供暖质量来说,除了应控制单位管长热损失之外,还应控制管网输送的总热损失量。因此,提出采用建筑面积大于或等于 5 万 m^2 时,应将 200～300mm 管径的保温厚度在表 4-14 最小保温厚度的基础上再增加 10mm,使输送效率提高到规定的水平。

表 4-14　采暖供热管道最小保温厚度 δ_{min}

保温材料	直　　径(mm)		最小保温厚度 δ_{min} (mm)
	公称直径 DN	外径 D	
岩棉和矿棉管壳			
$\lambda_m = 0.0314 + 0.0002t_m$　(W/(m·K))	25～32	32～38	30
$t_m = 70$℃	400～200	45～219	35
$\lambda_m = 0.0452$　(W/(m·K))	250～300	273～325	45
玻璃棉管壳			
$\lambda_m = 0.0240 + 0.00018t_m$　(W/(m·K))	25～32	32～38	25
$t_m = 70$℃	400～200	45～219	30
$\lambda_m = 0.037$　(W/(m·K))	250～300	273～325	40
聚氨酯硬质泡沫保温管(直埋管)			
$\lambda_m = 0.02 + 0.00014t_m$　(W/(m·K))	25～32	32～38	20
$t_m = 70$℃	400～200	45～219	25
$\lambda_m = 0.03$　(W/(m·K))	250～300	273～325	35

注:1. 表中 t_m 为保温层的平均温度(℃),取管道内热煤与管道周围空气的平均温度。

2. 当选用其他材料或其导热系数与表中值差异较大时,最小保温厚度应按下式修正:

$$\delta'_{min} = \lambda'_m \cdot \delta_{min}/\lambda_m$$

式中　δ'_{min}——修正后的最小保温厚度,mm;

δ_{min}——表中最小保温厚度,mm;

λ'_m——实际选用的保温材料平均导热系数,W/(m·K);

λ_m——表中保温材料的平均导热系数,W/(m·K)。

3. 当实际热媒温度与管道周围空气温度之差大于60℃时,最小保温厚度应按下式修正:

$$\delta'_{min} = (t_w - t_a)\delta_{min}/60$$

式中　t_w——实际供热热媒温度,℃;

t_a——管道周围空气温度,℃。

第二节　夏热冬冷地区居住建筑节能标准

一、夏热冬冷地区节能设计标准编制的必要性和紧迫性

(一)夏热冬冷地区的范围

夏热冬冷地区是根据我国建筑气候区划划定的一个区域。由于这个地区处于我国寒冷地区与炎热地区之间,属于过渡地带,因此有人将此地区简称为“过渡地区”。

在建筑气候区划中,划定分区的原则是建筑气候特征。夏热冬冷地区的建筑气候特

征，表现为夏季闷热，冬季湿冷，气温的日差较小，年降水量大，日照偏少。春末夏初多阴雨天气，常有大雨和暴雨出现。夏热冬冷地区主要气候要素的代表性数据为：1月平均气温为0～10℃，7月平均气温为25～30℃，日平均气温稳定等于或大于25℃的日数为40～110d，年平均相对湿度为70%～80%，年降水量为1 000～1 800mm，年日照数为1 000～2 400h。

夏热冬冷地区的范围大致为陇海线以南、南岭以北、四川盆地以东，也可以大体上说是长江中下游地区。该地区包括上海、重庆两直辖市，湖北、湖南、江西、安徽、浙江五省全部，四川、贵州两省东半部，江苏、河南两省南部，福建省北半部，陕西、甘肃两省南端，广东、广西两省区北端，亦即涉及16个省(市、自治区)。在此地区居住的城乡人口约有5.5亿，国内生产总值约占全国的48%。由此可见，这个地区是我国人口最密集、经济文化较为发达的地区，其政治、经济地位极为重要。

(二)夏热冬冷地区的气候

夏热冬冷地区气候的显著特点，是夏天热、冬天冷，而且长年湿度很高。这个地区气候不佳，是世界上相同纬度下气候条件较差的地区。

该地区九城市热天气象参数见表4-15。最热月的平均温度为25～30℃，而且以28～30℃居多。这个地区7月份平均气温，比世界上同纬度其他地区一般高出2℃左右，是地球上这个纬度范围内除沙漠干旱地区以外最炎热的地区。由于纬度较低，又多连续晴天，夏天太阳辐射相当强烈，太平洋副热带高压溯长江西进，笼罩时间可长达1个多月。从太平洋上吹来的凉风，又受到东南丘陵的阻挡，使夏天这个地区主要处于背风面，因而往往是静风天气。多数地方高于35℃的酷热天气，有半个月至1个月之多，最热月14时的平均气温达32～33℃，最低气温也超过28℃，全天无凉爽时刻。白天热浪滚滚，热风(所谓"火风")横行，夜间静风率高，白天积蓄的热量难以散发，气温仍然居高不下。

表4-15　九城市热天气象参数

城市		上海	杭州	南京	合肥	南昌	武汉	长沙	重庆	成都
项目	最热月月平均气温(℃)	27.8	28.6	28.0	28.3	29.6	29.8	29.3	28.1	25.6
	极端最高气温(℃)	38.9	39.9	40.7	41.0	40.6	39.4	40.6	40.2	37.3
	最热月14时平均气温(℃)	32	33	32	32	33	33	33	33	29
	全年日最高气温≥35℃的天数(d)	8.7	22	15.8	16.3	27.7	21	30	—	1
	最热月月平均相对湿度	83	80	81	81	75	79	75	71	85

这个地区的大城市还普遍存在一个"热岛"问题。根据风速、风向、地形以及建筑密度和高度等情况的不同，城市中心地带气温一般比周边地区高出1～3℃不等。长沙、武汉、南京、南昌等城市往往被人们称为"火炉"。

夏热冬冷地区又是一个水网地带，十分潮湿，相对湿度经常高达80%左右，非常闷热。在长江中下游，夏初黄梅季节持续阴雨也是常见的，在此期间，天空云层很厚，日照较弱，尽管气温不算很高(在32℃左右)，但昼夜温差小，仅为3～5℃。由于气压低、湿度大，人感到闷热难受。

该地区九城市冷天气象参数见表4-16。最冷月平均气温为2～7℃，大多在2～5℃之间。这个地区1月份平均气温比世界上同纬度其他地区一般要低8～10℃，是世界上同纬度冬季最寒冷的地区。在冬季，北极和西伯利亚寒潮频繁南侵，经华北平原长驱直入。强大的寒潮到此地区后，又受到南岭和东南丘陵的阻挡，使冷空气滞留，因而寒冷时间较长。长江中下游沿岸及其以北一带，日最低气温低于5℃的天数长达两个月，甚至到近3个月的时间。至于四川、重庆冬天较为暖和，则是由于处在四川盆地，北部有秦岭阻隔冷风南下。

表4-16　九城市冷天气象参数

城市		上海	杭州	南京	合肥	南昌	武汉	长沙	重庆	成都
项目	最冷月月平均气温(℃)	3.5	3.8	2.0	2.1	5.0	3.0	4.7	7.2	5.5
	极端最低气温(℃)	-10.1	-9.6	-14.0	-20.6	-9.3	-18.1	-11.3	-1.8	-5.9
	日平均气温≤5℃的天数(d)	56	51	77	72	18	59	32	—	—
	日最低气温≤5℃期间的度日数	801	714	1 155	1 080	239	856	432	—	—
	日最低气温≤0℃的天数(d)	—	33.8	56.2	49	19	43.8	20	—	12.9
	最冷月月平均相对湿度(%)	75	77	73	75	74	76	81	83	80
日照(时数)	12月	146.1	138.7	157.0	151.8	128.9	137.1	102.7	26.9	64.7
	1月	138.4	127.0	147.8	143.3	110.3	124.6	88.4	29.7	72.5
	2月	121.2	109.4	132.5	135.4	89.7	111.7	68.5	41.6	64.3

夏热冬冷地区冬季的太阳辐射量远不如我国北方地区，特别是西北地区丰富。冬季的日照时间较短，日照百分率较低。东部日照率最高的地区也不超过50%，西部的四川和重庆更低，重庆1月份日照率只有9%。由于日照少，也增加了冬季阴冷的程度。

这个地区冬季的相对湿度仍然很高，达73%～80%。整个冬季往往是雨雪连绵，天气阴沉，因而阴冷寒凉。

(三)建筑热环境

在如此不良的气候条件下，长期以来，夏热冬冷地区建筑的隔热保温状况基本上没有得到改善，有些情况下，甚至反而有所降低。这个地区多层建筑的外墙多年都主要沿用24cm实心黏土砖墙，即使采用其他墙体材料，也以24cm砖墙作为参照对象。有些地方采用黏土空心砖，空心砖比实心砖的保温隔热作用稍好。有的地方非黏土砖(页岩砖、灰砂砖)用得较多，此种砖砌体的强度比黏土砖高，但保温性能较差。近来，不少地方改用19cm后混凝土空心砌块，但砌块的保温隔热性能更差，该地区的窗户普遍采用单层玻璃窗，以金属窗为多；窗墙面积比还有增大的趋势。单层窗的温差传热量很大。建筑外遮阳较少，大量热辐射经由窗户进入室内。门窗的气密性不好，冷空气渗透严重。当地居民还普遍有冷天开窗透气的习惯。屋顶以平屋顶为主，其向室内传热量较外墙为甚。架空屋顶对夏季隔热有一定效果，采用较多。

有些居民通风方法不当，夏季降温依赖自然通风，也使居住环境更为恶劣。在晴天高温天气条件下，采取此种通风方式，会造成白天大量热风侵入室内，室内气温紧随着室外气温猛升，使室内物体吸热升温发烫。夜间，室外气温下降，但风力微弱，室内蓄热散逸缓慢，室温仍居高不下。而到寒冬天气，不少居民不愿关窗，使冷风大量灌入室内，又造成室内气温很低。这都是忽视阻挡室外冷热空气进入室内造成的后果。

在气候十分严酷，建筑保温隔热又很差的条件下，多年以来，这个地区大多数建筑普遍没有采暖和降温设施。冬季，建筑内部相当寒冷，室内一般比室外高2℃左右，自来水管冻裂、洗脸盆水结冰现象并不少见。建筑内部如此寒冷，势必严重影响人民健康，特别对老人、儿童、病人、产妇更是如此。不少体弱的老人冬天不敢下床，一直窝在床上熬过寒冬。每年总有一批老人、病人过不了寒冬这一关。每年冬天，许多人生冻疮，手足、耳朵冻烂，感冒、气管炎、关节炎、风湿性心脏病发病率明显增高。一些学生在家学习因受冻而咳嗽、流鼻涕。由于太冷，居民室内衣着与室外相同，臃肿不堪。为了防寒取暖，无数个小煤炉低空密集排放SO_2、NOx和烟尘，使城市空气污染相当严重。

到了盛夏季节，气温高、湿度大，天气闷热，尤其是处在顶层和西向房间的人们最为难熬。人在室内如入蒸笼，白天坐立不安，大汗淋漓；晚上辗转反侧，无法入睡，人称之为“熬命”。在这个地区，酷暑对人们的折磨更甚于寒冬，工作效率十分低下。每年盛夏，总要延长午休时间，或者下午停工停产，带来巨大的经济损失。

像这样难熬的时光，在夏热冬冷地区一年中就大约占了半年。由于经济条件的限制，世世代代、年复一年人们这样艰难度日。在我国社会主义经济快速发展、人民生活水平迅速提高的情况下，广大群众再也不堪忍受这样的折磨，纷纷各想各的办法，五花八门。冬天从用煤炉、煤气炉、电热器、油炉到安热泵型空调器取暖，至今电暖器应用已相当普遍；夏天从用电风扇到各种空调器，其中电风扇早已普及，平均每户已达2台以上，近期则以家用空调器的增加更为迅速，并由一户一台向一室一台发展。见表4-17、表4-18。尽管居民购置了大量采暖降温设备，采暖空调能耗大幅度增加，但由于缺乏科学的指导，这些家庭冬夏的建筑热环境改善程度仍然有限。

表4-17　1998年及1999年底城镇居民家庭每百户电风扇拥有量　（单位：台）

年份	上海	江苏	浙江	安徽	福建	江西	河南	湖北	湖南	重庆	四川
1998	229.00	259.88	271.29	235.63	235.12	247.12	219.03	229.46	260.12	209.33	192.44
1999	230.80	271.02	271.86	242.02	240.49	263.41	221.09	238.09	252.21	220.67	192.22

表4-18　1998年及1999年底城镇居民家庭每百户空调器拥有量　（单位：台）

年份	上海	江苏	浙江	安徽	福建	江西	河南	湖北	湖南	重庆	四川
1998	68.20	25.80	44.07	16.80	24.25	13.47	22.94	25.96	20.66	68.33	10.03
1999	85.20	33.57	51.42	21.60	25.86	15.52	25.96	31.27	28.03	74.33	13.85

二、编制工作情况

按照建设部《建筑节能"九五"计划和 2010 年规划》的要求，建设部建标[1999]309 号，文件《关于印发'一九九九年工程建设城建、建工行业标准制定、修订计划'的通知》中，将《夏热冬冷地区居住建筑节能设计标准》列为强制性行业标准编制，主编单位为中国建筑科学研究院、重庆大学(原重庆建筑大学)。

经建设部标准定额研究所同意，于 2000 年 3 月 10 日在北京召开《夏热冬冷地区居住建筑节能设计标准》编制组成立会暨第一次工作会议。会上，建设部标准定额研究所主管领导宣布了编制组成员，会议研讨了本标准中的关键技术问题及解决的途径；讨论制定了编制工作大纲；落实了编制组成员的分工及编制工作进度。标准的参编单位为中国建筑业协会建筑节能专业委员会、同济大学、上海市建筑科学研究院、东南大学、江苏省建筑科学研究院、武汉市建筑节能办公室、武汉市建筑工程科研设计院、重庆市建设科技发展中心、成都市建筑节能墙体材料革新办公室、中国建筑西南设计研究院、北京中建建筑科学技术研究院、欧文斯科宁亚太地区上海科技中心、北京振利高新技术公司及上海爱迪生室内空气技术有限公司。

由于夏热冬冷地区气候的特殊性，冬夏季采暖空调居住建筑的传热为不稳定过程。通过认真讨论，编制组全体成员一致认为，要采用动态计算软件作为标准主要参数的计算工具。编制组还确定各地的基础住宅围护结构以目前较为普遍采用的一砖墙和单层窗为依据，并依此计算基础住宅的能耗值；又确定节能率控制在 50%，节能指标增加的造价控制在 10%左右。

经过进一步审查，2001 年 7 月 5 日建设部以建标[2001]139 号文批准《夏热冬冷地区居住建筑节能设计标准》为行业标准，其中第 3.0.3、4.0.4、4.0.7、4.0.8、5.0.5、6.0.2 条为强制性条文，必须严格执行。该标准号为 JGJ134—2001，即夏热冬冷地区节能 50%标准自 2001 年 10 月 1 日起施行。

三、《夏热冬冷地区居住建筑节能设计标准》(GJ134—2001)的主要内容及特点

(1)本标准的主要内容包括居住建筑节能设计原则、术语，室内热环境和建筑节能设计指标，建筑和建筑热工节能设计要求，建筑物节能综合指标，采暖空调和通风节能设计要求等。

(2)整体结构严谨，条理清晰，节能体系完整合理，便于执行。其规定性指标和性能指标相结合，体现了国际同类标准由规定性指标向性能性指标发展的先进水平。在确保建筑节能目标实现的同时，为建筑师的艺术创造开拓了广阔的空间，体现严格性和灵活性相结合，便于标准的实施。

(3)提出的室内热环境主要设计指标兼顾社会、经济、技术发展水平，兼顾舒适与节能、环保，体现了适度超前。考虑到夏热冬冷地区内各地发展不平衡，本标准给出的居室冬季采暖设计温度范围为 16～18℃，夏季空调设计温度范围为 26～28℃。夏热冬冷地区温度高、湿度大，室内细菌繁殖快。另外，该地区人民长期形成了加强房间通风，保持室内

空气新鲜的良好卫生习惯。因此,夏热冬冷地区换气量应适当高于北方,规定有采暖、空调时,换气量为1次/h。实现了建筑热舒适水平的跨越式提高,为切实解决长期以来夏热冬冷地区建筑热环境质量恶劣、人民反映强烈的社会发展问题创造了必要条件。这些指标经过努力能够实现,是切实可行的。

(4)标准中有关建筑设计的规定,总结了该地区建筑设计人员为改善建筑热环境而长期积累的成功经验,对于改善热环境质量和节约采暖空调能耗有明显作用。

(5)按照不同朝向、风速,不同窗墙面积比规定窗的传热系数较为科学。窗户是围护结构的薄弱环节,尤其是夏热冬冷地区更为突出,其节能投资效益十分显著。对窗的传热系数要求比较严格,体现了跨越式发展思想,将会促进窗户产品的更新换代,推动技术进步。

(6)综合确定屋面、外墙的传热系数和热惰性指标,切合该地区的气候特点,也适合该地区社会、经济、技术发展水平和屋面、外墙结构体系及材料的多样性,并有利于新型节能结构体系的发展。

(7)对采暖空调和通风设计的规定,适合该地区居住建筑采暖空调特点,符合相关标准,切实可行,并有利于新能源和新技术的开发应用。

(8)编制组采用动态模拟分析方法,符合该地区建筑围护结构传热特点和采暖空调设计运行特性,并保持与国家标准《采暖通风与空气调节设计规范》数学模型的一致性。采用动态模拟分析工具,深入具体分析能耗,建立了采暖空调年能耗指标与度日数的简明关系,便于开发节能设计实用软件。

四、河南省夏热冬冷地区居住建筑节能65%标准

根据河南省建设厅豫建科外[2004]28号文件《关于成立河南省建筑节能标准编写委员会暨印发2004年河南省建筑节能标准规程编写计划的通知》的要求,河南省建筑科学研究院主持编写了《河南省居住建筑节能设计标准(夏热冬冷地区)》。

河南省在《夏热冬冷地区居住建筑节能设计标准》(JGJ134—2001)(节能50%标准)基础上,结合《民用建筑热工设计规范》(GB50176—93)相关规定,针对地处夏热冬冷地区的南阳、平顶山、驻马店、信阳四个地区,制定适合河南省的节能65%标准。

标准编制组在河南省建筑节能标准编制委员会的指导下,进行了广泛深入的调查研究,吸收了行业标准《夏热冬冷居住建筑节能设计标准》(JGJ134—2001)(节能50%标准)和其他省份夏热冬冷地区居住建筑节能设计标准的先进经验、国内外建筑节能的新技术,并在广泛征求意见的基础上,通过反复讨论、修改和完善,进一步降低能耗,实现夏热冬冷地区居住建筑节能65%的目标。

经河南省建设厅组织有关专家评审通过后,报建设部备案,由河南省建设厅批准并发布实施。标准为《河南省居住建筑节能设计标准(夏热冬冷地区)》(DBJ41/071—2006),备案号为J10769—2006。

本标准共6章9个附录。

主要内容包括:总则,术语,室内热环境和建筑节能设计指标,建筑和建筑热工设计,建筑物的节能综合指标,采暖、空调和通风节能设计。

本标准第 3.0.3、4.0.3、4.0.4、4.0.7、4.0.8、5.0.5、6.0.2 条为强制性条文，用黑体字标志，必须严格执行。

该标准于 2006 年 7 月 1 日在河南省全省范围内开始实施。

第三节 公共建筑节能设计标准

一、公共建筑节能设计的目的和意义

我国建筑用能已超过全国能源消费总量的 1/4，并将随着人民生活水平的提高逐步增加到 1/3 以上。公共建筑用能数量巨大，浪费严重。公共建筑节能设计标准的制定实施，有利于改善公共建筑的热环境，提高暖通空调系统的能源利用效率，从根本上扭转公共建筑用能严重浪费的状况，为实现国家节约能源和保护环境的战略，贯彻有关政策和法规作出贡献。

在公共建筑（特别是大型商场、高档旅馆酒店、高档办公楼等）的全年能耗中，有 50%～60%消耗于空调制冷与采暖系统，20%～30%用于照明。而在空调采暖这部分能耗中，20%～50%由外围护结构传热所消耗（夏热冬暖地区大约 20%，夏热冬冷地区大约 35%，寒冷地区大约 40%，严寒地区大约 50%）。从目前情况分析，这些建筑在围护结构、采暖空调系统，以及照明方面，共有节约能源 50%的潜力。

二、公共建筑节能设计适用范围

建筑划分为民用建筑和工业建筑。民用建筑又分为居住建筑和公共建筑。公共建筑则包括办公建筑（包括写字楼、政府部门办公楼等）、商业建筑（如商场、金融建筑等）、旅游建筑（如旅馆饭店、娱乐场所等）、科教文卫建筑（包括文化、教育、科研、医疗、卫生、体育建筑等）、通信建筑（如邮电、通讯、广播用房）以及交通运输用房（如机场、车站建筑等）。目前中国每年竣工建筑面积约为 20 亿 m^2，其中公共建筑约有 4 亿 m^2。在公共建筑中，尤以办公建筑、大中型商场，以及高档旅馆饭店等几类建筑，在建筑的标准、功能及设置全年空调采暖系统等方面有许多共性，而且其采暖空调能耗特别高，采暖空调节能潜力也最大。

对全国新建、扩建和改建的公共建筑，《公共建筑节能设计标准》(GB50189—2005)提出了节能要求，并从建筑、热工以及暖通空调设计方面提出了控制指标和节能措施。

三、公共建筑节能设计途径和方法

各类公共建筑的节能设计，必须根据当地的具体气候条件，首先保证室内热环境质量，提高人民的生活水平；与此同时，还要提高采暖、通风、空调和照明系统的能源利用效率，实现国家的可持续发展战略和能源发展战略，完成本阶段节能 50%的任务。

公共建筑能耗应该包括建筑围护结构以及采暖、通风、空调和照明用能源消耗。GB50189—2005 所要求的 50%的节能率也同样包含上述范围的节能成效。由于已发布《建筑照明设计标准》(GB50034—2004)，建筑照明节能的具体指标及技术措施执行该标

准的规定。

GB50189—2005提出的50%节能目标，是有其比较基准的。即以20世纪80年代改革开放初期建造的公共建筑作为比较能耗的基础，称为“基准建筑(Baseline)”。“基准建筑”围护结构、暖通空调设备及系统、照明设备的参数，都按当时情况选取。在保持目前标准约定的室内环境参数的条件下，计算“基准建筑”全年的暖通空调和照明能耗，将它作为100%。我们再将这“基准建筑”按本标准的规定进行参数调整，即围护结构、暖通空调、照明设备的参数均按本标准规定设定，计算其全年的暖通空调和照明能耗，应该相当于50%。这就是节能50%的内涵。

“基准建筑”围护结构的构成、传热系数、遮阳系数，按照以往20世纪80年代传统做法，即外墙K值取1.28W/(m^2·K)(哈尔滨)、1.70W/(m^2·K)(北京)；2.00W/(m^2·K)(上海)、2.35W/(m^2·K)(广州)。屋顶K值取0.77W/(m^2·K)(哈尔滨)、1.26W/(m^2·K)(北京)、1.50W/(m^2·K)(上海)、1.55W/(m^2·K)(广州)。外窗K值取3.26W/(m^2·K)(哈尔滨)、6.40W/(m^2·K)(北京)、6.40W/(m^2·K)(上海)、6.40W/(m^2·K)(广州)。遮阳系数SC均取0.80。采暖热源设定燃煤锅炉，其效率为0.55；空调冷源设定为水冷机组，离心机能效比4.2，螺杆机能效比3.8；照明参数取25W/m^2。

GB50189—2005节能目标50%由改善围护结构热工性能、提高空调采暖设备和照明设备效率来分担。照明设备效率节能目标参数按《建筑照明设计标准》(GB50034—2004)确定。本标准中对围护结构、暖通空调方面的规定值，就是在设定“基准建筑”全年采暖空调和照明的能耗为100%情况下，调整围护结构热工参数，以及采暖空调设备能效比等设计要素，直至按这些参数设计建筑的全年采暖空调和照明的能耗下降到50%，即定为标准规定值。

按照GB50189—2005进行公共建筑节能设计的途径(方法)有两种。

(1)规定性方法，如果建筑设计符合窗墙面积比、体形系数、天窗面积比在标准规定的范围内，可以应用规定性方法。标准条文中主要列出了“围护结构传热系数和遮阳系数限值”和“地面和地下室外墙热阻限值”6张表，其中严寒地区2张表，寒冷地区、夏热冬冷地区、夏热冬暖地区以及地面和地下室外墙热阻限值各1张表。设计者可方便地按所设计建筑的城市(或靠近城市)查取标准中规定的围护结构各部分的传热系数和玻璃遮阳系数限值，所设计建筑即能达标。

规定性方法操作容易、简便；性能化方法则给设计者更多的、更灵活的余地。

(2)性能化方法，如果建筑设计窗墙面积比、体形系数、天窗面积比不在标准规定的范围内，那么必须使用权衡判断法来判断围护结构的总体热工性能是否符合节能要求。

具体做法：首先计算参照建筑在规定条件下的全年采暖和空调能耗，然后计算所设计建筑在相同条件下的全年采暖和空调能耗，如果所设计建筑的采暖和空气调节能耗小于或等于参照建筑的采暖和空气调节能耗，则可判定围护结构的总体热工性能符合节能要求。参照建筑的形状、大小、朝向以及内部空间的划分和使用功能与所设计建筑完全一致。当所设计建筑的体系数、窗墙面积比大于标准规定时，参照建筑的每面外墙都按某一比例缩小，使体形系数符合标准规定；参照建筑的每个窗户(或每个玻璃幕墙单元)都按某一比例缩小，使窗墙面积比符合标准规定。在计算参照建筑和所设计建筑的全年采暖和空气调节能耗时，参照建筑的围护结构传热系数和玻璃遮阳系数限值由“围护结构传热系数和遮阳系数限值表”查取，参照建筑和所设计建筑的建筑内部运行时间表，采暖、空气调节系统类别、室内设计温度、照明功率密度、人员密度、电气设备功率等计算参数按照标准中约定的数据取用。设计者改变所设计建筑的围护结构热工参数（比“围护结构传热系数和遮阳系数限值表”中规定的更严格）和采用能效比高于标准中规定值的采暖、空气调节设备，直至计算到所设计建筑的全年采暖能耗和空气调节能耗小于或等于参照建筑的全年采暖和空气调节能耗值为止。

四、公共建筑节能设计的难点释义

（一）关于围护结构热工性能权衡判断

围护结构热工性能权衡判断是一种性能化的设计方法，具体做法是先构想出一栋虚拟的建筑，称之为参照建筑，然后分别计算参照建筑和实际设计的建筑的全年采暖和空调能耗，并依照这两个能耗的比较结果作出判断。每一栋所设计的建筑都应对应一栋参照建筑。与所设计的建筑相比，参照建筑除了对所设计建筑不满足 GB50189—2005 的一些重要规定做了调整外，其他方面都一样。参照建筑在围护结构的各个方面均完全能满足 GB50189—2005 的规定。当实际设计的建筑的能耗大于参照建筑的能耗时，调整部分设计参数（例如提高窗户的保温隔热性能，缩小窗户面积等），重新计算所设计建筑的能耗，直至设计建筑的能耗不大于参照建筑的能耗为止。

计算得到的参照建筑在规定的条件下的全年采暖和空气调节能耗是设计的控制目标，最简单的确定建筑能耗控制目标的方法是直接规定单位建筑面积的能耗值，但由于公共建筑的复杂性，确定一个统一的单位建筑面积的能耗值是不合理的。由于建筑类型和功能的不同，某些建筑就是要比另外的建筑多一些能耗，必须尊重这一事实。

引入“参照建筑”的概念，就是充分考虑了建筑的个性，建筑师每设计一栋建筑，设计中都提供一个能耗控制目标值，只是这个目标值要经过复杂的计算才能得到的。

既然一栋参照建筑为与它对应的那一栋实际设计的建筑设定了能耗目标控制值，为了照顾到每一栋建筑的个性，参照建筑就应该尽可能地与实际设计的建筑相一致。

参照建筑的形状、大小、朝向以及内部空间的划分和使用功能与所设计建筑完全一致，仅在满足 GB50189—2005 的一些重要规定之处做适当调整。

建筑的体形系数和外立面的窗墙比对采暖和空调能耗影响很大，如果参照在这两个方面没有限制，则谈不上降低采暖和空调能耗，因此参照建筑的体形系数和窗墙比必须满足 GB50189—2005 规定。

在严寒地区和寒冷地区，当所设计建筑的体形系数大于 0.40 时，必须调整参照建筑的体形系数。实际上，如果真正地调整体形系数，就难免要改变设计建筑的尺寸或形状，而这样做势必改变建筑师设计理念，因此是不可行的。所谓的调整设计建筑的体形系数并不是真正地调整所设计建筑的体形系数，而是缩小参照建筑的每面外墙尺寸，使得参照建筑的形状与所设计建筑仍然保持一致，但是外墙面积缩小了。这只是一种计算措施，如果画在图上，就是参照建筑每个房间的外墙都是漏空的。采取这种措施计算的意义是，所设计建筑外墙面的面积比参照建筑大，但是通过两者的热损失是一样的，也就是说，对外墙的保温性能提高了。

由于窗(包括透明幕墙)的保温性能比外墙的保温性能差,窗墙面积比的大小对建筑采暖和空调的能耗影响很大,必须严格控制。当所设计建筑的窗墙比不满足《公共建筑节能设计标准》4.2.4条的规定时,采取处理过大的体形系数类似的措施,按比例缩小参照建筑每个外窗的尺寸,使参照建筑的窗墙比符合GB50189—2005规定要求。

总之,围护结构热工权衡判定不拘泥于围护结构各个局部的热工性能,而是着眼于总体热工性能是否满足节能标准的要求。通俗地讲,如果某部分围护结构的热工性能不够好,就需要提高另一部分围护结构的热工性能来弥补,使得围护结构的总体性能能保持良好。

(二)透明幕墙的规定

1.窗墙面积比的上限定为0.7

近年来,公共建筑的窗墙比有越来越大的趋势,公共建筑节能设计把窗墙比的上限定为0.7已经充分考虑了这种趋势,某个立面即使全部采用玻璃幕,扣掉各层楼板以及楼板下卷梁的面积(楼板和梁与幕墙之间的间隙必须放置保温隔热材料),窗墙比一般不会大于0.7。

但是,与非透明的幕墙相比,当前所应用的大部分透明幕墙的热工性能是比较差的,因此不提倡在建筑立面上大规模采用全玻璃幕墙。如果希望在建筑的立面有玻璃的质感,可使用非透明的玻璃幕墙,即玻璃的后面采用保温隔热材料和普通墙体。

2.节能要求不降低

当所设计的建筑大面积采用透明幕墙时,应根据建筑所处的气候区和窗墙比选择玻璃(或其他透明材料),使幕墙的传热系数和玻璃(或其他透明材料)的遮阳系数符合标准的规定。比如应用镀膜玻璃(包括Low-E玻璃)、热反射玻璃、中空玻璃、双层皮(Doubleskin)通风幕墙等产品;同时,用这些高性能玻璃组成幕墙的技术也比较成熟,如采用"断热桥"型材龙骨、中空玻璃间层中设百叶和隔栅等遮阳措施,减少太阳辐射得热可以把幕墙的传热系数由普通单层玻璃的6.0W/(m^2·K)以上降到1.5W/(m^2·K)以下。

(三)公共建筑主要空间设计新风量的规定

空调系统需要的新风主要有两个用途:一是稀释室内有害物质的浓度,满足人员的卫生要求;二是补充室内排风和保持室内正压。前者的指示性物质是CO_2,使其日平均值保持在0.1%以内;后者通常根据风平衡计算确定。

参考美国采暖制冷空调工程师学会标准《Ventilation for acceptable indoor air quality》(ASHRAE62—2001)第6.1.3.4条,对于出现最多人数的持续时间少于3h的房间,所需新风量可按室内的平均人数确定,该平均人数不应少于最多人数的1/2。例如,一个设计最多容纳人数为100人的会议室,开会时间不超过3h,假设平均人数为60人,则该会议室的新风量可取30m^3/(h·p)×60p=1 800m^3/h,而不是按30m^3/(h·p)×100p=3 000m^3/h计算。另外,假设平均人数为40人,则该会议室的新风量可取:30m^3/(h·p)×50p=1 500 m^3/h。

由于新风量的大小不仅与能耗、初投资和运行费用密切相关,而且关系到保证人体的健康。本标准给出的新风量,汇总了国内现行有关规范和标准的数据,并综合考虑了众多因素,一般不应随意增加或减少。

(四)空气调节采暖冷热源能效比

我国已颁布冷源(电驱动)的最低性能系数的产品国家标准,它们的性能系数必须达到规定的限值。2004 年 9 月 16 日,由国家标准化委员会、国家发展和改革委员会主办,中国标准化研究院承办,全国能源基础与管理标准化技术委员会、中国家用电器协会、中国制冷空调工业协会和全国冷冻设备标准化技术委员会协办的"空调能效国家标准新闻发布会"在北京召开。会议发布了国家标准《冷水机组能效限定值及能源效率等级》(GB19577—2004)、《单元式空气调节机能效限定值及能源效率等级》(GB19576—2004)和《房间空气调节器能效限定值及能源效率等级》(GB12021.3—2004)三个产品的强制性国家能效标准。该三项标准将机组的能效比(性能系数)规定了 5 个等级。第 5 等级产品是未来淘汰的产品,第 3、4 等级代表我国的平均水平,第 2 等级代表节能型产品(按最小寿命周期成本确定),第 1 等级是企业努力的目标。为了确保节能建筑有较高性能系数的设备,该三项标准规定冷水机组、单元式空气调节机的性能系数均确保第 4 级,对水冷离心式机组规定达到第 3 级,螺杆机、单元式空气调节机规定达到第 4 级,但对于活塞式、涡旋式则仍然规定最低的第 5 级。热驱动的冷热水机组由于当前还没有能源效率标准,仍然依据已颁布的产品标准执行。

因此,GB50189—2005 规定的能效比总体要求高于市场最低值。

(五)综合部分负荷性能系数(*IPLV*)

综合部分负荷性能系数(*IPLV*)的概念起源于美国,1986 年开始应用,1988 年被美国空气调节制冷协会 ARI 采用,1992 年和 1998 年进行了两次修订,全美各主要冷水机组制造商通过 1998 版的 *IPLV*。

在考核冷水机组的满负荷性能系数的同时,也须考虑机组的部分负荷指标,只有这样才能更准确地评价机组的能效和建筑的耗能情况。一般情况下,满负荷运行情况在整台机组的运行寿命中只占 1%~5%。*IPLV* 是制冷机组在部分负荷下的性能表现,实质上就是衡量了机组性能与系统负荷动态特性的匹配,所以综合部分负荷性能系数更能反映单台冷水机组的真正使用效率。

GB50189—2005 首次将综合部分负荷性能系数写入了节能设计标准中,我们参照了美国标准中的思路,但根据我国气候条件(对全国不同气候区 19 个城市的气象资料进行计算)、我国主要类型公共建筑的运行情况(获得不同负荷全年运行小时数),以及我国主要空调设备企业产品的部分负荷性能系数值进行计算分析,提出不同类型冷水机组的推荐综合部分负荷性能系数规定值。

五、我国现行公共建筑节能设计标准与国外标准的比较

以最新版本的美国 ASHRAE/IESNA Standard 90.1《建筑节能标准》进行比较,该标准适用于商业建筑和 4 层以上的居住建筑节能设计。

(一)节能设计途径

节能设计均采用规定性方法和性能化方法。当采用性能化方法时,应用逐时动态模拟软件进行计算。

(二)围护结构热工参数限值

以规定性方法中我国哈尔滨、北京、上海、深圳的围护结构热工参数限值,与美国 ASHRAE 90.1—2001 中相应的围护结构热工参数限值进行比较(见表 4-19～表 4-22),可以看出,美国节能标准中屋面的传热系数和遮阳系数要求较高,其余规定值基本类同。

表 4-19 哈尔滨围护结构热工参数限值与美国相应值比较

哈尔滨		GB50189—2005 表 4.2.2-1(严寒地区)		美国 ASHRAE 90.1—2001 表 B-21	
		传热系数 K (W/(m²·℃))	遮阳系数 SC	传热系数 K (W/m²·℃))	遮阳系数 SC
			其他方向/北向	固定/开启	其他方向/北向
外墙(重质墙)		0.40～0.45		0.51	
屋顶(无阁楼)		0.30～0.35		0.36	
窗墙比	≤20%	2.7～3.0	—	2.61/2.67	0.41/0.53
	20%～30%	2.5～2.8	—	2.61/2.67	0.41/0.53
	30%～40%	2.2～2.5	—	2.61/2.67	0.41/0.53
	40%～50%	1.7～2.0	—	1.99/2.21	0.41/0.53
	50%～70%	1.5～1.7	—		

表 4-20 北京围护结构热工参数限值与美国相应值比较

北京		GB50189—2005 表 4.2.2-3(寒冷地区)		美国 ASHRAE 90.1—2001 表 B-13	
		传热系数 K (W/(m²·℃))	遮阳系数 SC	传热系数 K (W/m²·℃))	遮阳系数 SC
			其他方向/北向	固定/开启	其他方向/北向
外墙(重质墙)		0.50～0.60		0.86	
屋顶(无阁楼)		0.45～0.55		0.36	
窗墙比	≤20%	3.0～3.5	—	3.2/3.80	0.45/0.56
	20%～30%	2.5～3.0	—	3.24/3.80	0.45/0.56
	30%～40%	2.3～2.7	0.70/—	3.24/3.80	0.45/0.56
	40%～50%	2.0～2.3	0.60/—	2.61/2.67	0.29/0.41
	50%～70%	1.8～2.0	0.50/—		

(三)制冷机最低能效比

以美国 ASHRAE 90.1—2001 中相应的制冷机组最低能效比参数限值进行比较(见表 4-23),可以看出,我国规定的限值比美国标准中规定的低。

表 4-21　上海围护结构热工参数限值与美国相应值比较

上海		GB50189—2005 表 4.2.2-4(夏热冬冷地区)		美国 ASHRAE 90.1—2001 表 B-11	
		传热系数 K (W/(m^2·℃))	遮阳系数 SC	传热系数 K (W/(m^2·℃))	遮阳系数 SC
			其他方向/北向	固定/开启	其他方向/北向
外墙(重质墙)		1.00		0.86	
屋顶(无阁楼)		0.70		0.36	
窗墙比	≤20%	4.7	—	3.24/3.80	0.45/0.56
	20%~30%	3.5	0.55/—	3.24/3.80	0.45/0.56
	30%~40%	3.0	0.50/0.60	3.24/3.80	0.45/0.45
	40%~50%	2.8	0.45/0.55	2.61/2.67	0.31/0.37
	50%~70%	2.5	0.40/0.50		

表 4-22　深圳围护结构热工参数限值与美国相应值比较

深圳		GB50189—2005 表 4.2.2-5(夏热冬暖地区)		美国 ASHRAE 90.1—2001 表 B-3	
		传热系数 K (W/(m^2·℃))	遮阳系数 SC	传热系数 K (W/(m^2·℃))	遮阳系数 SC
			其他方向/北向	固定/开启	其他方向/北向
外墙(重质墙)		1.00		3.29	
屋顶(无阁楼)		0.90		0.36	
窗墙比	≤20%	6.5	—	6.93/7.21	0.29~0.70
	20%~30%	4.7	0.50/0.60	6.93/7.21	0.29/0.70
	30%~40%	3.5	0.45/0.55	6.93/7.21	0.29/0.70
	40%~50%	3.0	0.45/0.50	6.93/7.21	0.22/0.54
	50%~70%	3.0	0.35/0.45		

表 4-23 制冷机组最低能效比参数限值比较

GB 50189—2005				ASHRAE 90.1—2001		
类型		额定制冷量（kW）	性能系数	最低 *COP*	负偏差、污垢系数修正后的 *COP*	相差(%)
水冷	活塞式	<528	3.8	4.2	3.88	-0.8
		528～1 163	4.0	4.2	3.88	4.4
		>1 163	4.2	4.2	3.88	9.6
	涡旋式	<528	3.8	4.45	4.06	-6.4
		528～1 163	4.0	4.90	4.77	-10.5
		>1 163	4.2	5.50	5.02	-16.3
	螺杆式	<528	4.1	4.45	4.06	1.0
		528～1 163	4.3	4.90	4.77	-3.8
		>1 163	4.6	5.50	5.02	-8.3
	离心式	<528	4.4	5.00	4.56	-3.5
		528～1 163	4.7	5.55	5.06	-7.2
		>1 163	5.1	6.10	5.56	-8.4
风冷或蒸发冷却	活塞式（涡旋式）	≤50	2.4	2.8	2.55	-6.0
		>50	2.6	2.8	2.55	1.8
	螺杆式	≤50	2.6	2.8	2.55	1.8
		>50	2.8	2.8	2.55	9.6

第四节 民用建筑节能检测及验收技术

民用建筑节能工程已在河南全面开展，节能 65％的河南省民用建筑节能设计标准已于 2005 年 4 月 25 日通过省建设厅批准发布实施。但建筑节能工程施工质量的检测和验收尚无相应的国家或地方标准。因此，民用建筑节能检测及验收技术的出台是非常必要的。2005 年 7 月 1 日河南省发布实施了《河南省民用建筑节能检测及验收技术规程》(DBJ41/066—2005)（下简称本规程），对民用建筑工程质量验收规范和采暖民用建筑节能检验标准给予补充，统一河南省民用建筑节能工程的检测和验收，保证建筑节能工程的施工质量。

一、本规程主要内容

本规程共 9 个章 4 个附录。

第 1 章　总则

第2章　术语

第3章　基本规定

第4章　外墙保温

第5章　外窗/阳台门

第6章　屋顶、地板/楼板

第7章　建筑保温材料和构件性能检测

第8章　建筑物现场节能检测

第9章　节能施工质量验收

附录A　节能工程质量验收记录

附录B　常用节能材料主要性能指标

附录C　外墙保温构造参考做法

二、本规程适用范围

本规程适用于河南省区域内新建、扩建的居住建筑及其附属设施，新建、扩建的公共建筑等节能效果的检测及节能工程施工质量的验收。

既有建筑节能改造工程可参照本规程执行。

三、基本规定

(1)民用建筑节能工程(以下简称节能工程)应按照《河南省居住建筑节能设计标准(寒冷地区)》(DBJ41/062—2005)、《公共建筑节能设计标准》(GB50189—2005)、《夏热冬冷地区居住建筑节能设计标准》(JGJ134—2001)或相应标准进行节能设计，设计文件(包括节能设计更改文件)应由建设行政主管部门认定的施工图审查机构审查合格。

(2)建设单位和施工单位不得擅自修改建筑节能设计文件。施工单位应认真审核建筑节能设计文件，若发现问题，应与建设单位和设计单位协商，办理设计变更手续。在节能工程施工前，施工单位应编制施工技术方案，进行技术交底和必要的培训。

(3)节能工程的施工单位应具备相应的资质，施工现场质量管理应有相应的施工技术标准规程、健全的质量管理体系、施工质量控制和检验制度。

施工单位在施工中应对建筑节能工程施工质量加强过程控制，使之达到节能设计文件和《河南省居住建筑节能设计标准(寒冷地区)》(DBJ41/062—2005)、《公共建筑节能设计标准》(GB50189—2005)、《夏热冬冷地区居住建筑节能设计标准》(JGJ134—2001)等相关标准的要求。

(4)节能工程应选用经国家或河南省建设行政主管部门组织、主持鉴定并推广应用或认证的建筑节能技术和产品，以及其他性能可靠的建筑材料和产品。严禁采用国家或河南省建设行政主管部门明令禁止和限制使用的建筑材料和产品。

(5)节能工程所采用的主要材料、半成品、成品应进行现场验收，凡涉及安全和使用功能的应按本规程规定进行复验，并应经监理工程师或建设单位技术负责人检查认可。

(6)节能工程各工序应按施工技术标准进行质量控制，每道工序完成后，应进行检查，工序之间应进行交接检查。隐蔽工程在隐蔽前应由施工单位通知有关单位进行验收。

(7)节能工程的施工质量检测、验收项目划分为外墙、不采暖楼梯间隔墙、外窗/(阳台门玻璃窗)、阳台门下部芯板、屋顶、接触室外空气地板(不采暖空间上部楼板)等6个节能分项工程。各分项工程可划分为若干检验批。检验批按主控项目和一般项目进行检验。

(8)节能分项工程施工质量验收应在所含检验批质量验收合格的基础上进行。单位工程建筑节能施工质量验收应在分项工程质量验收合格的基础上进行。①检验批质量验收记录,由施工项目专业质量检查员填写,监理工程师(建设单位项目专业技术负责人)组织施工项目专业质量检查员等进行验收;②节能分项工程施工质量验收记录,应由监理工程师(建设单位项目专业技术负责人)组织施工项目专业技术负责人员等进行验收。③节能单位工程施工质量验收记录应由总监理工程师(建设单位项目专业负责人)组织施工单位项目经理和设计单位项目负责人员等进行验收。

(9)节能工程的节能效果检测分为:保温层厚度现场检测;保温材料(构件)现场抽样实验室检测;外窗传热系数和气密性现场抽样实验室检测;围护结构传热系数现场检测;建筑物耗热量指标现场检测。供热系统的节能检测应按《采暖民用建筑节能检验标准》(JGJ132—2001)执行。

(10)承担建筑节能检测的单位必须通过计量认证,并取得河南省建设行政主管部门颁发的资质证书。

四、外墙保温

(一)一般规定

(1)适用于外墙、不采暖楼梯间隔墙节能分项工程施工质量检测及验收。

(2)分项工程的检验批应按下列规定划分:相同材料、工艺和施工条件的外墙保温工程每500～1 000m^{2}墙面面积为一个检验批,不足500m^{2}也应划分为一个检验批。检查数量应符合下列规定:每100m^{2}应至少检查一处,每处不得少于10m^2。

(3)节能工程的墙体基层应符合《建筑装饰装修工程质量验收规范》(GB50210—2001)的一般抹灰工程质量标准。

(4)除采用聚苯板现浇混凝土外墙外保温系统外,外墙外保温工程的施工应在基层施工质量验收合格后进行。

(5)外墙挑出构件及附墙部位,如阳台、雨罩、靠外墙阳台栏板、空调室外机搁板、附墙柱、凸窗、装饰线和靠外墙阳台分户隔墙等,均应按设计要求采取隔断热桥和保温措施。

(6)窗口外侧四周墙面应按设计要求进行保温处理。

(7)外墙外保温系统的饰面层采用粘贴面砖做法时,应按《建筑工程饰面砖黏结强度检验标准》(JGJ110—97)规定的方法,对面砖的粘贴效果做拉拔试验。

(8)机械固定系统的金属锚固件、网片和承托架等,应满足防锈要求。

(9)饰面层施工质量应符合国家标准《建筑装饰装修工程施工质量验收规范》(GB 50210—2001)的规定。

(二)材料、成品复验及型式试验

1.主控项目

(1)所用材料和半成品、成品进场后,应做质量检查、验收和抽样复检,其品种、规格、性能必须符合设计和有关标准的要求。需检验内容:①检查产品合格证和出厂检测报告;②现场抽样复检,验收及复检项目见表4-24。

表4-24　保温系统材料进场验收和抽检复验项目表

材料名称	现场抽样数量	外观质量检验	物理性能指标
EPS (XPS)板	每5 000m^2为一批,不足5 000m^2按一批抽样,抽取1%做外观质量检查。在外观质量合格的板材中,按单位工程任取一块做物理性能检验	色泽均匀、厚度偏差合格、表面平整,无明显收缩变形和膨胀变形,无明显油渍和杂质	表观密度、导热系数、抗压强度、尺寸稳定性
胶粉聚苯颗粒保温浆料	每10t为一批,不足10t按一批抽样	包装完好无损,标明产品名称、生产日期、生产厂名、产品有效期	表观密度、导热系数、抗压强度、线性收缩率
硬质聚氨酯泡沫塑料	每5 000m^2为一批,不足5 000m^2按一批抽样,每个检验批每100m^2应至少抽查一处,每处不得小于10m^2,在外观质量合格品中按单位工程抽取1组做物理性能检验	表面平整、无起鼓、无断裂	表观密度、导热系数、抗拉强度、抗压强度、吸水率
耐碱玻纤网格布	每7 000m为一批,不足7 000m按一批抽样,从中抽取5卷做外观质量检查,按单位工程随机抽取1卷做物理性能检验	断纬、脱纬、稀路、密路、破洞、杂物、污渍、边不良、拖纱	断裂强力、断裂应变、耐碱断裂强力、耐碱断裂强力保留率
胶粘剂	同一厂家生产的同一品种、同一批的产品至少抽样一次	包装完好无损,标明产品名称、生产日期、生产厂名、产品有效期	自然干燥状态和浸水拉伸粘贴强度
抹面砂(胶)浆、抗裂砂浆、增强抗裂腻子	同一厂家生产的同一品种、同一批的产品至少抽样一次	包装完好无损,标明产品名称、生产日期、生产厂名、产品有效期	自然干燥状态和浸水拉伸粘贴强度、压折比
界面剂	同一厂家生产的同一品种、同一批的产品至少抽样一次	包装完好无损,标明产品名称、生产日期、生产厂名、产品有效期	自然干燥状态和浸水压剪粘贴强度
锚固件	每1 000只为一组,每组为3只	防锈性能	拉拔强度
热镀锌电焊网	每1 000m^2为一组	镀锌层质量均匀、光泽	

(2)外墙外保温系统应进行耐候性试验,现场粘贴强度、抗风载荷性能、抗冲击性能、吸水量、耐冻融性能、抹面层不透水性、保护层水蒸气渗透阻等性能指标检验,检验方法参照《外墙外保温工程技术规程》(JGJ144—2004)。

(三)板类保温材料外墙外保温

1.主控项目

(1)保温板与墙面必须粘贴牢固,无松动和虚粘现象。粘贴面积不小于40%。加强部位的粘贴面积应符合设计要求。其检验方法:扒开粘贴的聚苯板观察检查和用手推拉检查。对于锚固件宜用拉拔仪检测拔出力,其拔出力应符合设计要求,且不小于0.5kN。

(2)对于有锚固要求的,锚固件排布和数量应按设计要求设置,每块板每1m^{2}不得少于4个。其检验方法:观察检查,卸下锚固件,实测锚固深度。

(3)对于聚苯板现浇混凝土外墙外保温系统,还应符合下列要求:①现场检验粘贴强度,不得小于0.1MPa,并且破坏层应位于保温板内,检验方法参照《外墙外保温工程技术规程》(JGJ144—2004)附录B第B.2节相关规定执行;②聚苯板内外表面及钢丝网架表面应预喷涂界面剂;③聚苯板安装前应在外墙钢筋外侧绑扎砂浆垫块,每1m^{2}墙面不少于3个;④聚苯板安装后,外侧模板安装前,应检查L型钢拉筋或尼龙锚栓的数量和锚入深度。其数量每1m^{2}不少于4个,且均匀布置,与钢筋连接牢固,锚固深度应符合设计要求。

(4)对于聚氨酯饰面板外墙外保温系统,安装保温装饰板时,固定每块板的锚固件数量和锚入墙体的深度应符合设计要求。必须保证每个锚固件紧固装饰板,不得有松动现象。其检验方法有:①现场拉拔试验,每500m^{2}墙面做3组试验,每个锚固件的拉拔力应符合设计要求,且≥1.2kN;②观察检查。

(5)保温板的厚度必须符合设计要求,其最大负偏差不得大于2mm。其检验方法:用钢针插入和钢尺检测,钢针直径2mm,检测结果取测点的平均值,精确到1mm。

(6)抹面抗裂砂浆与保温板必须粘贴牢固,无脱层、空鼓。面层无爆灰和裂缝等缺陷。其检验方法:用小锤轻击和观察检查。

2.一般项目

(1)保温板安装应上下错缝,各板间应挤紧拼严,拼缝平整,碰头缝不得抹胶粘剂。

(2)保温板安装允许偏差应符合表4-25的规定。

表4-25　保温板安装允许偏差和检验方法

项次	项　目	允许偏差(mm)	检查方法
1	表面平整	3	用2m靠尺和楔形塞尺检查
2	立面垂直	3	用2m垂直检查尺检查
3	阴、阳角垂直	3	用2m托线板检查
4	阳角方正	3	用200mm方尺检查
5	接茬高差	1.5	用钢直尺和楔形塞尺检查

(3)玻璃纤维网格布应铺压严实,不得有空鼓、褶皱、翘曲、外露等现象。搭接长度必

须符合规定要求。加强部位的玻纤网格布做法应符合设计要求。

(4)外保温墙面层的允许偏差和检验方法应符合表4-26的规定。

表4-26 外保温墙面层的允许偏差和检验方法

项次	项目	允许偏差(mm)	检查方法
1	表面平整	4	用2m靠尺和楔形塞尺检查
2	立面垂直	4	用2m垂直检测尺检查
3	阴、阳角垂直	4	用直角检测尺检查
4	分格缝(装饰线)直线度	3	拉5m线,不足5m拉通线,用钢直尺检查

(四)涂抹类保温材料外墙外保温

1.主控项目

(1)保温层平均厚度必须符合设计要求,不允许有负偏差。其检验方法:用钢针插入和钢尺检测,钢针直径2mm,检测结果取测点的平均值,精确到1mm。

(2)保温层与墙体以及各构造层之间必须粘贴牢固,无脱层、空鼓及裂缝,面层无粉化、起皮、爆灰。

2.一般项目

(1)表面平整洁净,接茬平整,线角顺直、清晰。

(2)玻纤网格布铺压严实,不得有空鼓、褶皱、翘曲、外露等现象,搭接长度必须符合规定要求。加强部位的玻纤网格布做法应符合设计要求。

(3)外保温墙面层的允许偏差和检验方法应符合表4-26的规定。

(五)外墙内保温

(1)所用材料和半成品不得对人体和环境造成污染,应符合《民用建筑工程室内环境污染控制规范》(GB 50325—2001)的规定。其检查方法:①检查产品合格证和出厂检验报告;②按《民用建筑工程室内环境污染控制标准规范》(GB50325—2001)的规定现场抽样复检。

(2)保温材料的燃烧性能应达到A级或B级。其检测方法:查1年之内的防火性能检测报告。

(3)敷设墙内的各种管线应按其相关标准要求固定牢固、可靠,不得超出墙体基层。墙体基层应符合《建筑装饰装修工程质量验收规程》(GB50210—2001)的一般抹灰工程质量要求。

(4)内保温墙体面层的允许偏差和检验方法应符合表4-26的规定。

(六)不采暖楼梯间隔墙

(1)楼梯间不采暖时,楼梯间隔墙应作保温施工,其传热系数限值为1.65W/(m^2·K)。

(2)不采暖楼梯间隔墙的保温施工,宜采用胶粉聚苯颗粒保温浆料或聚苯板保温做法,也可采用其他适宜的保温做法,其施工质量检测及验收按相应的规定执行。

五、建筑保温材料和构件性能检测

(一)保温材料导热系数

(1)保温材料导热系数检测是针对单一匀质材料,用于导热系数检测样品的规格尺寸及其平整度应满足检测要求。

(2)导热系数检测应采用具有自动记录功能的设备。

(3)检测前,应将样品在检测室存放不少于4h。

(4)保温材料导热系数检测宜采用热流计法,低温侧温度低于-10℃,高温侧温度大于18℃。

(5)保温材料导热系数的检测结果应小于或等于设计要求。

(二)外窗传热系数

(1)对建筑工程安装的外窗每种类型抽1组进行传热系数检测。

(2)外窗传热系数检测应采用具有自动记录功能的设备。

(3)外窗传热系数检测按现行国家标准《建筑外窗保温性能分级及检测方法》(GB/T8484—87)执行,外窗传热系数检测结果应小于或等于设计要求。建筑外窗保温性能分级见表4-27。

表4-27 建筑外窗保温性能分级 K (单位:W/(m^2·K))

分级	1	2	3	4	5
分级指标值	$K\geqslant5.5$	$5.5>K\geqslant5.0$	$5.0>K\geqslant4.5$	$4.5>K\geqslant4.0$	$4.0>K\geqslant3.5$
分级	6	7	8	9	10
分级指标值	$3.5>K\geqslant3.0$	$3.0>K\geqslant2.5$	$2.5>K\geqslant2.0$	$2.0>K\geqslant1.5$	$K<1.5$

(三)外窗气密性

(1)对建筑工程安装的外窗每种类型抽1组进行气密性检测。

(2)外窗气密性能检测按现行国家标准《建筑外窗气密性能分级及检测方法》(GB/T7107—2002)执行。

(3外窗气密性能检测应采用具有自动记录功能的设备。

(4)采用压力差为10Pa时的单位缝长空气渗透量 q_1 和单位面积空气渗透量 q_2 作为分级指标。

(5)外窗的气密性等级,在1~6层建筑中,不应低于3级水平;在7~30层建筑中,不应低于4级水平。外窗的气密性分级见表4-28。

表 4-28 建筑外窗气密性能分级

分级	1	2	3	4	5
单位缝长分级指标值 q_1(m^3/(m·h))	$6 \geqslant q_1 > 4$	$4 \geqslant q_1 > 2.5$	$2.5 \geqslant q_1 > 1.5$	$1.5 \geqslant q_1 > 0.5$	$q_1 \leqslant 0.5$
单位面积分级指标值 q_2 (m^3/(m^2·h))	$18 \geqslant q_2 > 12$	$12 \geqslant q_2 > 7.5$	$7.5 \geqslant q_2 > 4.5$	$4.5 \geqslant q_2 > 1.5$	$q_2 \leqslant 1.5$

六、建筑物现场节能检测

(一)一般规定

(1)对公共建筑、重要性住宅工程的保温性能应进行现场检测。节能保温工程现场检测应由建设单位委托具有相应资质的检测机构具体实施,施工单位应积极配合。

(2)节能保温工程现场检测的主要项目包括外围护结构传热系数和建筑物耗热量。工程合同有约定时,可检测其他项目。

(3)建筑物现场节能检测应在被测建筑物主体完工 3 个月以后,并应避开寒潮期,雨、雪天气以及气温剧烈变化的天气,围护结构被测区域的外表面宜避免雨雪侵袭和阳光直射。

(4)同类建筑物每 2 万 m^2 建筑面积作为一个受检批,不足 2 万 m^2 按一个受检批考虑。

建筑物围护结构受检部位如外墙、屋顶、楼梯间隔墙、楼板等每个部位至少应选择一个主体部位进行传热系数检测。

测点位置不应靠近热桥、裂缝和有空气渗漏的部位,不应受加热、制冷装置和风扇的直接影响。

(5)建筑物围护结构传热系数的现场检测宜采用热流计法或热箱法。

(二)热流计法检测外围护结构传热系数

(1)热流计及其标定应符合行业标准《建筑用热流计》(JG/T3016—94)的规定。

(2)温度传感器用于测量温度时,测量误差应小于 0.5℃;用一对温度传感器直接测量温差时,测量误差应小于 2%;用两个温度值相减求取温差时,测量误差应小于 0.2℃。

(3)热流和温度测量应采用自动化采集数据记录仪表,数据存储方式应适用于计算机分析。测量仪表的附加误差应小于 2μV 或 0.05℃。

(4)热流计应直接安装在被测围护结构的内表面,且应与表面完全接触。

(5)温度传感器应在被测围护结构两侧表面安装。内表面温度传感器应靠近热流计安装,外表面温度传感器宜在与热流计相对应的位置安装。温度传感器连同 0.1m 长引线应与被测表面紧密接触,传感器表面的辐射系数应与被测表面基本相同。

(6)检测期间室内空气温度应保持基本稳定,热流计不得受阳光直射,围护结构被测区域的外表面宜避免雨雪侵袭和阳光直射。

(7)检测期间,应逐时记录热流密度和内、外表面温度。可记录多次采样数据的平均值。采样间隔短于传感器最小时间常数的1/2。

(8)数据分析可采用算术平均法或动态分析法。

(9)采用算术平均法进行数据分析时,应按下式计算围护结构的热阻,并符合下列规定:

$$R = \frac{\sum_{j=1}^{n}(\theta_{Ij} - \theta_{Ej})}{\sum_{j=1}^{n} q_j} \tag{4-7}$$

式中 R——围护结构热阻,$m^3 \cdot K/W$;

θ_{Ij}——围护结构内表面温度的第 j 次测量值,℃;

θ_{Ej}——围护结构外表面温度的第 j 次测量值,℃;

q_j——热流密度的第 j 次测量值,W/m^2。

围护结构的传热系数按下式计算:

$$K = 1/(R_i + R - R_e) \tag{4-8}$$

式中 K——围护结构传热系数,$W/(m^2 \cdot K)$;

R_i——内表面换热阻,应按国家标准《民用建筑热工设计规范》(GB50176—93)附录二附表2.2的规定采用;

R_e——外表面换热阻,应按国家标准《民用建筑热工设计规范》(GB50176—93)附录二附表2.3的规定采用。

(三)热箱法检测外围护结构传热系数

(1)测试仪器采用热箱仪、加热器等。热箱的总不确定度≤5%。

(2)测试条件应在自然条件下,实测2～3d;(宜在无风或微风的阴天)室外平均空气温度在25℃以下,相对湿度在60%以下,室内外平均温差控制在10℃以上,热箱内温度应大于室外最高温度8℃以上。

(3)应测试室内空气温度、相对湿度、围护结构内外表面温度、热箱温度、传热量、热箱开口面积等。

(4)采用红外线温度计测试被测围护结构内表面温度场分布情况,并做记录。

(5)安置热箱使之与被测表面充分接触。

(6)设定热箱空气温度与室内空气温度,控制两者温度,使之保持相同。

(7)采集数据,用传热稳定后的数据进行计算。

(8)热箱法应按下列公式计算:

围护结构传热系数 $K(W/(m^2 \cdot K))$

$$K_n = Q_n/[A_1 \cdot (T_i - T_e)] \tag{4-9}$$

式中 K_n——第 n 次测试时的传热系数,$W/(m^2 \cdot K)$;

Q_n——单位测试时间的传热量,W;

A_1——热箱开口面积,m^2;

T_i——室内(热箱)空气温度,℃;

T_e——室外空气温度,℃。

$$K = \sum K_n / n$$

(四)建筑物耗热量指标

(1)检测建筑物耗热量指标时,其受检面积应视建筑物具体情况而定,一般不应小于1个热力入口所对应的供暖建筑面积。

(2)与建筑物耗热量指标有关的物理量的检测应在供暖系统正常运行且室温稳定后进行,检测持续时间不应少于168h。

(3)对建筑物的供热量应采用流量计量装置在建筑物热力入口处测量。计量装置中温度计和流量计的安装应符合相关产品的使用规定。温度计和流量计的总不确定度应≤5%。

(4)检测建筑物室内平均温度的温度计应设于室内距外窗2m,距离地面1.5m位置,且不应受太阳辐射或室内热源的直接影响。

建筑物室内平均温度应以代表性房间室内温度的逐时检测值为依据,且应按下式计算:

$$t_{ia} = \frac{\sum_{j=1}^{n} t_{rm.j} \cdot A_{rm.j}}{\sum_{j=1}^{n} A_{rm.j}} \tag{4-10}$$

式中　t_{ia}——检测持续时间内建筑物室内平均温度,℃;

$t_{rm.j}$——检测持续时间内第 j 个温度计逐时检测值的算术平均值,℃;

$A_{rm.j}$——第 j 个温度计所代表的采暖建筑面积,m^2;

j——室内温度计的序号;

n——建筑物室内温度计的个数。

(5)室外空气温度计应设置在百叶箱内;当无百叶箱时,应采取遮阳等防护措施;感温测头宜距地面1.5~2.0m,且宜在建筑物不同方向同时设置室外温度测点。检测时间内室外平均温度应按下列公式计算:

$$t_{ea} = \frac{\sum_{i=1}^{m} \sum_{j=1}^{n} t_{e_{i.j}}}{m \cdot n} \tag{4-11}$$

式中:t_{ea}——检测持续时间内室外平均温度,℃;

$t_{e_{i.j}}$——第 i 个温度测点的第j个逐时测量值,℃;

m——室外温度测点的数量;

n——单个温度测点逐时测量值的总个数;

i——室外温度测点的编号;

j——室外温度第 i 个测点测量值的顺序号。

(6)建筑物供热量 Q_{hm}(MJ)应按下列公式进行计算:

$$Q_{hm} = 4.187\sum G_i(t_{gi} - t_{hi})H_i \times 10^{-3} \tag{4-12}$$

式中 G_i——某一时间间隔的供水流量,kg/h;

t_{gi}——某一时间间隔的供水温度,℃;

t_{hi}——某一时间间隔的回水温度,℃;

Q_{hm}——检测持续时间内在建筑物热力入口处测得的总供热量,MJ;

H_i——记录时间间隔,h。

(7)在有人居住的条件下进行检测时,建筑物耗热量指标应按公式(4-13)计算,在无人居住的条件下进行检测时,建筑物耗热量指标应按公式(4-14)计算:

$$q_{hm} = \frac{Q_{hm}}{A_0} \cdot \frac{t_i - t_e}{t_{ia} - t_{ea}} \cdot \frac{278}{H_r} + (\frac{t_i - t_e}{t_{ia} - t_{ea}} - 1) \cdot q_{IH} \tag{4-13}$$

$$q_{hm} = \frac{Q_{hm}}{A_0} \cdot \frac{t_i - t_e}{t_{ia} - t_{ea}} \cdot \frac{278}{H_r} - q_{IH} \tag{4-14}$$

式中 q_{hm}——建筑检测时耗热量指标,W/m²;

q_{IH}——单位建筑面积的建筑物内部得热,W/m²,应按行业标准《民用建筑节能设计标准(采暖民用建筑部分)》(JGJ26—95)的规定采用;

t_i——全部房间的平均室内计算温度,℃,一般住宅建筑取16℃;

t_e——计算用采暖期室外平均温度,℃;

t_{ia}——检测持续时间内建筑物室内平均温度,℃;

t_{ea}——检测持续时间内室外平均温度,℃;

A_0——建筑物的总采暖建筑面积,m²,应按行业标准《民用建筑节能设计标准(采暖民用建筑部分)》(JGJ26—95)附录D的规定计算。

H_r——检测持续时间,h。

(五)检测结果评定

(1)对于一般性建筑节能工程,通过核对进场复验时保温材料导热系数、施工验收时检测的保温层厚度和1年之内外窗传热系数及气密性检测报告,直接评定其是否符合设计要求。

(2)对于公共建筑、重要性民用节能工程,除满足上条规定外,还应现场检测围护结构的传热系数或建筑物耗热量,提供《建筑节能热工性能现场检测报告》,报告中应提供外围护结构的传热系数或建筑物的耗热量,应对建筑物是否达到《河南省居住建筑节能设计标准(寒冷地区)》(DBJ41/062—2005)、《公共建筑节能设计标准》(GB50189—2005)、《夏热冬冷地区居住建筑节能设计标准》(JGJ134—2001)或相应标准作出评定。

七、节能施工质量验收

(1)节能工程的检验批及分项工程完工后,应由监理工程师(建设单位项目技术负责人)组织施工单位项目专业质量(技术)负责人等检查验收。属于隐蔽工程的作业内容应纳入隐蔽工程验收。参加施工质量验收的各方人员应具备规定的资格。

(2)检验批质量合格应符合下列规定:①主控项目的质量经抽样检验合格;②一般项目的质量经抽样检验合格,当采用计数检验时,一般项目的合格率应达到80%以上;③具有完整的施工技术方案和质量检验记录。

(3)分项工程质量验收合格应符合下列规定:①分项工程所含的检验批均符合质量合格的规定;②分项工程所含的检验批的质量验收记录应完整。

(4)单位工程节能施工质量验收时,应提供下列文件和记录:①建筑节能设计文件和设计变更文件;②节能工程所用的材料、半成品和成品的产品合格证和出厂检测报告,部分材料和产品的进场复验报告;③检验批质量验收记录,分项工程质量验收记录;④公共建筑及重要性节能工程外围护结构现场检测报告或建筑物耗热量指标检测报告;⑤工程质量问题的处理方案和验收记录;⑥监理资料;⑦其他必要的文件和记录。

(5)单位工程节能施工质量验收合格应符合下列规定:①各分项工程的质量均应验收合格;②质量控制资料应完整;③一般性民用节能工程,保温材料的厚度、导热系数复测结果和外窗传热系数、气密性复测结果应符合设计文件规定的要求;④公共建筑及重要性节能工程,除满足上述规定外,外围护结构的传热系数现场检测结果或现场检测的建筑物耗热量指标,还应符合设计文件和《河南省居住建筑节能设计标准(寒冷地区)》(DBJ41/062)、《公共建筑节能设计标准》(GB50189—2005)及《夏热冬冷地区居住建筑节能设计标准》(JGJ134—2001)或相应标准的要求。

(6)当节能保温工程施工质量不符合要求时,应按下列规定进行处理:①经返工、返修或更换材料、部件的检验批,应重新进行验收;②经检测单位检测鉴定能够达到设计要求的检验批,应予以验收;③经检测单位检测鉴定部分性能达不到设计要求、但经原设计单位核算建筑物耗热量综合指标达到《河南省居住建筑节能设计标准(寒冷地区)》(DBJ41/062)、《公共建筑节能设计标准》(GB50189—2005)、《夏热冬冷地区居住建筑节能设计标准》(JGJ134—2001)等相关标准时,可予以验收;④经返修或技术处理能满足节能要求的分项工程,可按技术处理方案和协商文件进行验收;⑤通过返修或技术处理,仍不能满足节能要求的单位工程,严禁验收。

(7)节能工程施工质量验收合格后,应将所有的验收文件归入单位工程技术档案。

(8)对节能施工质量竣工验收不合格的建筑工程,不得交付使用。

(9)当参加验收各方对工程施工质量验收意见不一致时,可报当地建设行政主管部门协调处理。

第五章　建筑节能设计案例

为了加强民用建筑在设计阶段和图纸审查阶段的管理,《民用建筑节能管理规定》第十九条明确规定"设计单位应当依据建筑节能标准的要求进行设计,保证建筑节能设计质量",并且施工图设计文件审查机构审查节能设计的内容,在审查报告中单列节能审查章节,"不符合建筑节能强制性标准的,施工图设计文件审查结论应当定为不合格",而且河南省新颁布实施的节能65%设计标准中,部分条文上升为强制性条文,必须严格执行。可见,建筑节能设计作为建筑设计的一部分,日益得到重视。前几年出现的建筑节能设计仅流于形式,节能设计审查更是走过程的现象得到彻底的改变。建筑师在进行建筑设计中,必须按照相关节能标准、规范的要求,进行建筑节能设计。下面选取典型居住建筑工程进行案例分析。

一、工程概况

(1)工程地点:河南郑州;
(2)工程名称:××小区1号住宅楼;
(3)建设单位:××房地产开发公司;
(4)结构形式:多层砖混结构(采用KPI多孔砖);
(5)朝向:南北朝向;
(6)建筑面积:2 910.42m^2;
(7)窗户采用单框中空玻璃窗;
(8)阳台不封闭,阳台门为落地单框中空玻璃门,$K=2.7W/(m^2 \cdot K)$;
(9)户门采用夹层保温门,$K=2.0W/(m^2 \cdot K)$;
(10)楼梯间不采暖;

二、设计依据

(1)《民用建筑热工设计规范》(GB50176—93);
(2)《河南省居住建筑节能设计标准(寒冷地区)》(DBJ41/062—2005);
(3)《外墙外保温工程技术规程》(JGJ144—2004);
(4)《膨胀聚苯板薄抹灰外墙外保温系统》(JGJ149—2003);
(5)《外墙外保温构造(一)》;
(6)该工程建筑图(见附录图1、图2、图3、图4、图5、图6);

三、建筑节能设计主要参数

(1)平均室内计算温度 $t_i=16℃$;
(2)采暖期室外平均计算温度 $t_e=1.4℃$;

(3)采暖期天数 $Z=98$d;

(4)换气次数0.5次/h;

(5)标准煤取值 $H_c=8.14\times10^3$W;

(6)室外管网输送效率 η_1 取0.90;

(7)锅炉运行效率 η_2 取0.68;

(8)单位建筑面积的建筑物内部得热 $q_{IH}=3.8\text{W/m}^2$;

(9)体形系数 $S=0.31$;

(10)建筑体积 $V=8\ 518.35\text{m}^3$;

(11)换气体积 $V_0=5\ 249.54\text{m}^3$;

(12)窗户 $K=2.7\text{W/(m}^2\cdot\text{K)}$;

(13)阳台门 $K=2.7\text{W/(m}^2\cdot\text{K)}$;

(14)户门 $K=2.0\text{W/(m}^2\cdot\text{K)}$。

四、计算步骤及过程

(1)计算体形系数 S:

外围面积=建筑周长×高度+屋顶面积

$=(45.64+11.04+45.64+11.04)\times18.07+(1.5\times4\times18.07)$
$+(0.9\times2\times18.07)+(45.64\times11.04)-(1.5\times2.6\times2)-(0.9\times4.2)$
$-(1.2\times4.8\times2)-(1.2\times3.9\times2)$

$=2\ 558.74$

建筑体积 $=45.64\times11.04\times18.07-1.5\times2.6\times2\times18.07-0.9\times4.2\times18.07-$
$1.2\times3.9\times2\times18.07-1.2\times4.8\times2\times18.07=8\ 518.35\text{m}^3$

体形系数S=外围面积/建筑体积=2 558.74/8 518.35=0.31

(2)计算各朝向围护结构面积

北向:

总外表面面积:$45.64\times18.07=824.71(\text{m}^2)$

一般外窗面积:$\text{SGC3}\times4\times6=1.2\times1.6\times4\times6=46.08(\text{m}^2)$

$\text{SGC4}\times8\times6=0.9\times1.6\times8\times6=69.12\text{m}^2$

合计外窗面积 $115.2(\text{m}^2)$

推拉门面积:$\text{SGM2}\times4\times6=1.5\times2.6\times4\times6=93.6\text{m}^2$

封闭阳台内外窗面积:0

封闭阳台内主体墙面积:0

封闭阳台内热桥面积:0

热桥面积计算:

构造柱:$0.2\times18.07\times19=68.67(\text{m}^2)$

梁:$45.64\times0.14\times6=38.34(\text{m}^2)$(梁高按0.14m考虑)

板:$45.64\times0.15\times5=34.23(\text{m}^2)$(板高按0.15m考虑,顶层楼板已经考虑在屋面内,故此处不计算)

热桥面积合计:137.62m²

主体外墙面积=总外表面面积-一般外窗面积-推拉门面积-封闭阳台内外窗面积-封闭阳台内主体墙面积-封闭阳台内热桥面积-热桥面积

=824.71-115.2-93.6-137.62

=478.29(m²)

南向:

总外表面面积:45.64×18.07=824.71(m²)

一般外窗面积:SGC1×4×6=1.8×2.4×4×6=103.68(m²)

SGC2×2×6=1.5×1.6×2×6=28.8(m²)

外窗面积132.48(m²)

推拉门面积:SGM1×4×6=1.8×2.6×4×6=112.32(m²)

封闭阳台内外窗面积:0

封闭阳台内主体墙面积:0

封闭阳台内热桥面积:0

热桥面积计算:

构造柱:0.2×18.07×33=115.94(m²)

梁:45.64×0.14×6=38.34(m²)(梁高按0.14m考虑)

板:45.64×0.15×5=34.23(m²)(板高按0.15m考虑,顶层楼板已经考虑在屋面内,故此处不计算)

热桥面积合计:184.60(m²)

主体外墙面积=总外表面面积-一般外窗面积-推拉门面积-封闭阳台内外窗面积-封闭阳台内主体墙面积-封闭阳台内热桥面积-热桥面积

=824.71-132.48-112.32-184.60

=395.31(m²)

东西向:

总外表面面积:11.04×2×18.07+0.9×2×18.07+1.5×2×18.07×2=539.93(m²)

一般外窗面积:SGC4×2×6=0.9×1.6×2×6=17.28(m²)

推拉门面积:0

封闭阳台内外窗面积:0

封闭阳台内主体墙面积:0

封闭阳台内热桥面积:0

热桥面积计算:

构造柱:0(在统计南北向构造柱面积时已经计算)

梁:(11.04+0.9+1.5×2)×0.14×6×2=25.10m²(梁高按0.14m考虑)

板:(11.04+0.9+1.5×2)×0.15×5×2=22.41m²(板高按0.15m考虑,顶层楼板已经考虑在屋面内,故此处不计算)

热桥面积合计:47.51m²

主体外墙面积＝总外表面面积－一般外窗面积－推拉门面积－封闭阳台内外窗面积

－封闭阳台内主体墙面积－封闭阳台内热桥面积－热桥面积

＝539.93－17.28－47.51

＝475.14(m^2)

不采暖楼梯间户门面积＝FDM1×4×6＝1.3×2.6×4×6＝81.12(m^2)

不采暖楼梯间隔墙面积＝(5.4×2＋2.6)×2×18.07－81.12＝403.16(m^2)

屋顶面积＝45.64×11.04－2.6×6.9×2－4.2×0.9－1.2×3.9×2－1.2×4.8×2

＝443.33(m^2)

地面面积:

周边＝45.64×2×2＋(11.04－4)×2×2＝210.72(m^2)

非周边面积＝443.33－210.72＝232.61(m^2)

(3)计算各朝向窗墙比

北向窗墙比＝北向透明部分面积/北向总外表面面积

＝(115.2＋93.6)/824.71

＝0.25

南向窗墙比＝南向透明部分面积/南向总外表面面积

＝(132.48＋112.32)/824.71

＝0.30

东西向窗墙比＝东西向透明部分面积/东西向总外表面面积

＝17.28/539.93

＝0.03

(4)与标准限值比较:

体形系数 $S＝0.31>0.30$,不满足标准要求

北向窗墙比 0.25,满足标准要求

南向窗墙比 0.30<0.35,满足标准要求

东西向窗墙比 0.03<0.30,满足标准要求

由于以上条件不完全满足标准要求,不能按照规定性指标判定,故应按照 DBJ41/062—2005 第 4.2.1 条标准规定进行耗热量指标和耗煤量指标计算(备注:若此处体形系数在 0.30 以下,则无须进行耗热量指标和耗煤量指标计算,只需保证各部分传热系数满足 DBJ41/062—2005 表 4.2.1 要求即可)。

(5)围护结构各部分耗热量指标计算见表 5-1:

(6)单位建筑面积通过围护结构的传热耗热量 q_{HT}:

$$
\begin{aligned}
q_{HT} &= (t_i - t_e)\left(\sum_{i=1}^{m} \varepsilon_i \cdot K_i \cdot F_i\right)/A_0 \\
&= 37\,996.53/2\,910.42 \\
&= 13.06(\mathrm{W/m^2})
\end{aligned}
$$

表 5-1　各部分耗热量指标计算及保温做法(不封闭阳台)

朝向	围护结构名称			面积(m^2)	传热系数($W/(m^2·K)$)	修正系数	耗热量(W)	备注
南向	外墙			391.40	0.60	0.79	2 735.70	5.5cmEPS板外保温，$\lambda=0.042$,修正系数取1.20
	热桥	构造柱		84.61	0.71	0.79	1 511.83	
		梁		38.34	0.71	0.79	33.97	
		板		34.23	0.72	0.79	284.26	
	外窗			132.48	2.7	0.28	1 462.26	单框双玻窗 6+12+6
	推拉门			112.32	2.7	0.60	2 656.59	单框双玻推拉门 6+12+6
	封闭阳台内	外墙		0	0.60	0.79×0.75	0	5.5cmEPS板外保温，$\lambda=0.042$,修正系数取1.20
		热桥	构造柱	0	0.71	0.79×0.75	0	
			梁	0	0.71	0.79×0.75	0	
			板	0	0.72	0.79×0.75	0	
		外窗		0	2.7	0.60×0.75	0	单框双玻窗 6+12+6
北向	外墙			476.02	0.60	0.91	3 812.74	5.5cmEPS板外保温，$\lambda=0.042$,修正系数取1.20
	热桥	构造柱		67.32	0.71	0.91	613.62	
		梁		38.34	0.71	0.91	361.66	
		板		34.23	0.72	0.91	327.44	
	外窗			115.2	2.7	0.73	3 315.06	单框双玻窗 6+12+6
	推拉门			93.6	2.7	0.84	3 099.36	单框双玻推拉门 6+12+6
	封闭阳台内	外墙		0	0.60	0.91×0.75	0	5.5cmEPS板外保温，$\lambda=0.042$,修正系数取1.20
		热桥	构造柱	0	0.71	0.91×0.75	0	
			梁	0	0.71	0.91×0.75	0	
			板	0	0.72	0.91×0.75	0	
		外窗		0	2.7	0.84×0.75	0	单框双玻窗 6+12+6

续表 5-1

朝向	围护结构名称		面积(m^2)	传热系数 ($W/(m^2·K)$)	修正系数	耗热量 (W)	备注
东西向	外墙		475.14	0.60	0.88	3 662.76	5.5cmEPS 板外保温，$\lambda=0.042$,修正系数取 1.20
	外窗		17.28	2.7	0.60	408.71	单框双玻窗 6+12+6
	热桥	构造柱	0	0.71	0.88	0	5.5cmEPS 板外保温，$\lambda=0.042$,修正系数取 1.20
		梁	25.1	0.71	0.88	228.96	
		板	22.41	0.72	0.88	207.31	
不采暖楼梯间	隔墙		403.16	1.65	0.60	5 827.27	
	户门		81.12	2.0	0.60	1 421.22	夹层保温门 $K=2.0W/(m^2·K)$
屋顶			443.33	0.56	0.94	3 407.19	5cmXPS 板保温
地面	周边		210.72	0.52	1	1 599.79	
	非周边		232.61	0.30	1	1 018.33	
围护结构耗热量合计						37 996.53	

(7)单位建筑面积的空气渗透耗热量 q_{INF}

$$q_{INF} = (t_i - t_e)(C_\rho \rho NV)/A_0$$
$$= (16 - 1.4) \times 0.28 \times 1.29 \times 0.5 \times 8\,749.23 \times 0.6/2\,910.42$$
$$= 4.76(W/m^2)$$

(8)单位建筑面积的建筑物内部得热 q_{IH}取 $3.8W/m^2$

(9)建筑物耗热量指标 q_H

$$q_H = q_{H.T} + q_{INF} - q_{I.H}$$
$$= 13.06 + 4.76 - 3.8$$
$$= 14.00(W/m^2)$$

(10)采暖耗煤量指标 q_c 计算:

$$q_c = 24Zq_H/H_c \cdot \eta_1 \cdot \eta_2$$
$$= 24 \times 98 \times 14(W/m^2) \div (8.14 \times 10^3 \times 0.90 \times 0.68)$$
$$= 6.60(kg/m^2)$$

(11)平均传热系数的计算:

$$K_m = \frac{K_{外墙} \cdot F_{外墙} + K_{柱} \cdot F_{柱} + K_{梁} \cdot F_{梁} + K_{板} \cdot F_{板}}{F_{外墙} + F_{柱} + F_{梁} + F_{板}}$$

$$= \frac{0.60 \times (391.4 + 476.02 + 475.14) + 0.71 \times (115.94 + 67.32) + 0.71 \times (38.34 + 38.34 + 25.1) + 0.72 \times (34.23 + 32.23 + 22.41)}{(391.4 + 476.02 + 475.14) + (115.94 + 67.32) + (38.34 + 38.34 + 25.1) + (34.23 + 34.23 + 22.41)}$$

$$= 0.63(W/(m^2 \cdot K))$$

五、结果判定

建筑物耗热量指标 $q_H=14.00\text{W/m}^2\leqslant 14\text{W/m}^2$ 满足耗热量指标要求；

采暖耗煤量指标 $q_c=6.60\text{kg/m}^2\leqslant 6.6\text{kg/m}^2$，满足耗煤量指标要求。

故该工程的设计满足节能65%标准要求。

六、分析

如果该工程的阳台改为封闭阳台，其他条件不变，其计算结果如下：

(1)计算各朝向围护结构面积

北向：

总外表面面积：$45.64\times 18.07=824.71(\text{m}^2)$

一般外窗面积：SGC3 $\times 4\times 6=1.2\times 1.6\times 4\times 6=46.08(\text{m}^2)$

SGC4 $\times 8\times 6=0.9\times 1.6\times 8\times 6=69.12(\text{m}^2)$

合计外窗面积 $115.2(\text{m}^2)$

封闭阳台内推拉门面积：SGM2 $\times 4\times 6=1.5\times 2.6\times 4\times 6=93.6(\text{m}^2)$

封闭阳台内主体墙面积：$11.4\times 18.07-93.6-47.04=65.36(\text{m}^2)$

封闭阳台内热桥面积：

构造柱：$0.2\times 18.07\times 8=28.91(\text{m}^2)$

梁：$11.4\times 0.14\times 6=9.58(\text{m}^2)$（梁高按0.14m考虑）

板：$11.4\times 0.15\times 5=8.55(\text{m}^2)$（板高按0.15m考虑，顶层楼板已经考虑在屋面内，故此处不计算）

热桥面积合计：$47.04(\text{m}^2)$

热桥面积计算：

构造柱：$65.05-28.91=36.14(\text{m}^2)$

梁：$38.34-9.58=28.76(\text{m}^2)$（梁高按0.14m考虑）

板：$34.23-8.55=25.68(\text{m}^2)$（板高按0.15m考虑，顶层楼板已经考虑在屋面内，故此处不计算）

热桥面积合计：$90.58(\text{m}^2)$。

主体外墙面积＝总外表面面积－一般外窗面积－推拉门面积－封闭阳台内推拉门面积－封闭阳台内主体墙面积－封闭阳台内热桥面积－热桥面积

$=824.71-115.2-93.6-65.36-47.04-90.58$

$=412.93(\text{m}^2)$

南向：

总外表面面积：$45.64\times 18.07=824.71(\text{m}^2)$

一般外窗面积：SGC1 $\times 4\times 6=1.8\times 2.4\times 4\times 6=103.68(\text{m}^2)$

SGC2 $\times 2\times 6=1.5\times 1.6\times 2\times 6=28.8(\text{m}^2)$

外窗面积合计：$132.48(\text{m}^2)$

封闭阳台内推拉门面积：SGM1 $\times 4\times 6=1.8\times 2.6\times 4\times 6=112.32(\text{m}^2)$

封闭阳台内热桥面积：

构造柱:0.2×18.07×16=57.82(m^2)

梁:16.8×0.14×6=14.11(m^2)(梁高按0.14m考虑)

板:16.8×0.15×5=12.60(m^2)(板高按0.15m考虑,顶层楼板已经考虑在屋面内,故此处不计算)

热桥面积合计:84.53(m^2)

封闭阳台内主体墙面积:16.8×18.07－112.32－84.53=106.73(m^2)

热桥面积计算：

构造柱:112.03－57.82=54.21(m^2)

板:34.23－12.60=21.63(m^2)

梁:38.34－14.11=24.33(m^2)

热桥面积合计:100.07(m^2)

主体外墙面积=总外表面面积－一般外窗面积－封闭阳台内推拉门面积－封闭阳台内主体墙面积－封闭阳台内热桥面积－热桥面积

=824.71－132.48－112.32－84.53－106.73－100.07

=288.58(m^2)

东西向由于无阳台,各部分面积均不变。

(2)围护结构各部分耗热量指标计算(见表5-2)。

表5-2　各部分耗热量指标计算及保温做法(封闭阳台)

<table>
<tr><th>朝向</th><th colspan="3">围护结构名称</th><th>面积(m^2)</th><th>传热系数(W/(m^2·K))</th><th>修正系数</th><th>耗热量(W)</th><th>备注</th></tr>
<tr><td rowspan="11">南向</td><td colspan="3">外墙</td><td>288.58</td><td>0.60</td><td>0.79</td><td>1 997.09</td><td rowspan="4">5.5cmEPS板外保温,λ=0.042,修正系数取1.20</td></tr>
<tr><td rowspan="3">热桥</td><td colspan="2">构造柱</td><td>54.21</td><td>0.71</td><td>0.79</td><td>443.93</td></tr>
<tr><td colspan="2">梁</td><td>24.23</td><td>0.71</td><td>0.79</td><td>198.42</td></tr>
<tr><td colspan="2">板</td><td>21.63</td><td>0.72</td><td>0.79</td><td>179.63</td></tr>
<tr><td colspan="3">外窗</td><td>132.48</td><td>2.7</td><td>0.28</td><td>1 462.26</td><td>单框双玻窗
6+12+6</td></tr>
<tr><td colspan="3">推拉门</td><td>0</td><td>2.7</td><td>0.60</td><td>0</td><td>单框双玻推拉门
6+12+6</td></tr>
<tr><td rowspan="5">封闭阳台内</td><td colspan="2">外墙</td><td>106.73</td><td>0.60</td><td>0.79×0.75</td><td>553.96</td><td rowspan="4">5.5cmEPS板外保温,λ=0.042,修正系数取1.20</td></tr>
<tr><td rowspan="3">热桥</td><td>构造柱</td><td>57.82</td><td>0.71</td><td>0.79×0.75</td><td>355.12</td></tr>
<tr><td>梁</td><td>14.11</td><td>0.71</td><td>0.79×0.75</td><td>86.66</td></tr>
<tr><td>板</td><td>12.60</td><td>0.72</td><td>0.79×0.75</td><td>78.48</td></tr>
<tr><td colspan="2">推拉门</td><td>112.32</td><td>2.7</td><td>0.60×0.75</td><td>1 992.44</td><td>单框双玻窗
6+12+6</td></tr>
</table>

续表 5-2

<table>
<tr><th>朝向</th><th colspan="3">围护结构名称</th><th>面积(m^2)</th><th>传热系数
(W/(m^2·K))</th><th>修正系数</th><th>耗热量
(W)</th><th>备注</th></tr>
<tr><td rowspan="11">北向</td><td colspan="3">外墙</td><td>412.93</td><td>0.60</td><td>0.91</td><td>3 291.71</td><td rowspan="4">5.5cmEPS 板外保温，
$\lambda=0.042$,修正系数取 1.20</td></tr>
<tr><td rowspan="3">热桥</td><td colspan="2">构造柱</td><td>36.14</td><td>0.71</td><td>0.91</td><td>340.91</td></tr>
<tr><td colspan="2">梁</td><td>28.76</td><td>0.71</td><td>0.91</td><td>271.29</td></tr>
<tr><td colspan="2">板</td><td>25.68</td><td>0.72</td><td>0.91</td><td>245.65</td></tr>
<tr><td colspan="3">外窗</td><td>115.2</td><td>2.7</td><td>0.73</td><td>3 315.06</td><td>单框双玻窗
6+12+6</td></tr>
<tr><td colspan="3">推拉门</td><td>0</td><td>2.7</td><td>0.84</td><td>0</td><td>单框双玻推拉门
6+12+6</td></tr>
<tr><td rowspan="5">封闭
阳台内</td><td colspan="2">外墙</td><td>65.36</td><td>0.60</td><td>0.91×0.75</td><td>390.77</td><td rowspan="4">5.5cmEPS 板外保温，
$\lambda=0.042$,修正系数取 1.20</td></tr>
<tr><td rowspan="3">热桥</td><td>构造柱</td><td>28.91</td><td>0.71</td><td>0.91×0.75</td><td>204.53</td></tr>
<tr><td>梁</td><td>9.58</td><td>0.71</td><td>0.91×0.75</td><td>67.78</td></tr>
<tr><td>板</td><td>8.55</td><td>0.72</td><td>0.91×0.75</td><td>61.34</td></tr>
<tr><td colspan="2">推拉门</td><td>93.6</td><td>2.7</td><td>0.84×0.75</td><td>2 324.52</td><td>单框双玻窗
6+12+6</td></tr>
<tr><td rowspan="5">东西向</td><td colspan="3">外墙</td><td>475.14</td><td>0.60</td><td>0.88</td><td>3 662.76</td><td>5.5cmEPS 板外保温，
$\lambda=0.042$,修正系数取 1.20</td></tr>
<tr><td colspan="3">外窗</td><td>17.28</td><td>2.7</td><td>0.60</td><td>408.71</td><td>单框双玻窗
6+12+6</td></tr>
<tr><td rowspan="3">热桥</td><td colspan="2">构造柱</td><td>0</td><td>0.71</td><td>0.88</td><td>0</td><td rowspan="3">5.5cmEPS 板外保温，
$\lambda=0.042$,修正系数取 1.20</td></tr>
<tr><td colspan="2">梁</td><td>25.1</td><td>0.71</td><td>0.88</td><td>228.96</td></tr>
<tr><td colspan="2">板</td><td>22.41</td><td>0.72</td><td>0.88</td><td>207.31</td></tr>
<tr><td rowspan="2">不采暖
楼梯间</td><td colspan="3">隔墙</td><td>403.16</td><td>1.65</td><td>0.60</td><td>5 827.27</td><td></td></tr>
<tr><td colspan="3">户门</td><td>81.12</td><td>2.0</td><td>0.60</td><td>1 421.22</td><td>夹层保温门
$K=2.0$W/(m^2·K)</td></tr>
<tr><td colspan="4">屋顶</td><td>443.33</td><td>0.56</td><td>0.94</td><td>3 407.19</td><td>5cmXPS 板保温</td></tr>
<tr><td rowspan="2">地面</td><td colspan="3">周边</td><td>210.72</td><td>0.52</td><td>1</td><td>1 599.79</td><td></td></tr>
<tr><td colspan="3">非周边</td><td>232.61</td><td>0.30</td><td>1</td><td>1 018.33</td><td></td></tr>
<tr><td colspan="7">围护结构耗热量合计</td><td>35 643.59</td><td></td></tr>
</table>

(3)单位建筑面积通过围护结构的传热耗热量 q_{HT}：

$$q_{HT}=(t_i-t_e)(\sum_{i=1}^{m}\varepsilon_i K_i F_i)/A_0$$
$$=35\ 643.61/2\ 910.42$$
$$=12.25(\mathrm{W/m^2})$$

(4)单位建筑面积的空气渗透耗热量 q_{INF}：

$$q_{INF}=(t_i-t_e)(C_\rho \rho NV)/A_0$$
$$=(16-1.4)\times 0.28\times 1.29\times 0.5\times 8\ 749.23\times 0.6/2\ 910.42$$
$$=4.76(\mathrm{W/m^2})$$

(5)单位建筑面积的建筑物内部得热 q_{IH}取 3.8W/m²

(6)建筑物耗热量指标 q_H：

$$q_H=q_{H.T}+q_{INF}-q_{I.H}$$
$$=12.25+4.76-3.8$$
$$=13.21(\mathrm{W/m^2})<14.00\mathrm{W/m^2}$$

(7)采暖耗煤量指标 q_c 计算：

$$q_c=24(Zq_H/H_c\eta_1\eta_2)$$
$$=24\times 98\times 13.21\div(8.14\times 10^3\times 0.90\times 0.68)$$
$$=6.24(\mathrm{kg/m^2})<6.60\mathrm{kg/m^2}$$

(8)平均传热系数的计算：

$$K_m=\frac{K_{外墙}F_{外墙}+K_{柱}F_{柱}+K_{梁}F_{梁}+K_{板}F_{板}}{F_{外墙}+F_{柱}+F_{梁}+F_{板}}$$

$$=\frac{0.60\times(391.4+476.02+475.14)+0.71\times(115.94+67.32)+0.71\times(38.34+38.34+25.1)+0.72\times(34.23+32.23+22.41)}{(391.4+476.02+475.14)+(115.94+67.32)+(38.34+38.34+25.1)+(34.23+34.23+22.41)}$$

$$=0.63(\mathrm{W/(m^2\cdot K)})$$

由上述分析可知，阳台封闭后该建筑的耗热量指标 13.21W/m² 和耗煤量指标 6.24kg/m² 均比封闭阳台前耗热量指标 14.00W/m² 和耗煤量指标 6.60kg/m² 要小，可见，阳台封闭是非常有利于节能的。

第六章　建筑节能材料及制品

第一节　建筑绝热材料

绝热材料(保温、隔热材料)是指对热流具有明显阻抗性的材料或材料复合体。绝热制品(保温、隔热制品)是指将绝热材料加工成至少有一个面与被覆盖表面形状一致的各种绝热制品。

绝热材料具有表观密度小、多孔、疏松、导热系数小的特点。一般材料的表观密度和导热系数越小,保温、隔热性越好。

绝热材料有很多类型。按材质可分为无机绝热材料、有机绝热材料和金属绝热材料三大类;按形态可分为纤维状、微孔状、气泡状和层状等四种,见表 6-1。

表 6-1　绝热材料的分类

形　态	材　质		材　料
纤维类	有机质	天然	石棉纤维
		人造	矿物纤维(矿渣棉、岩棉、玻璃棉、硅酸铝棉)
	无机质	人造	软质纤维板(木纤维板、草纤维板)
微孔状	无机质	天然	硅藻土
		人造	硅酸钙、碳酸镁
气泡状	有机质	天然	软木
		人造	泡沫聚苯乙烯塑料、泡沫聚氨酯塑料、泡沫酚醛树脂、泡沫尿素树脂、泡沫橡胶、钙塑绝热板
	无机质	人造	膨胀珍珠岩、膨胀蛭石、加气混凝土、泡沫玻璃、泡沫硅玻璃、火山灰微珠、泡沫黏土等
层状	金属	人造	铝箔

一、岩棉及其制品

岩棉是以精选的玄武岩或辉绿岩为主要材料,经高温熔制成的人造无机纤维。它具有表观密度小,导热系数小,吸声,不燃及绝缘性能、化学稳定性好等特点。

岩棉制品是在岩棉纤维中加入一定量的胶粘剂、防尘油、憎水剂,经过固化、切割、贴面等工序加工而成的。主要有岩棉板、岩棉缝毡、岩棉保温带、岩棉管壳等。在这些制品表面还可以粘贴或缝上玻璃纤维薄毡、玻璃纤维网格布、玻璃布、牛皮纸、铝箔、铁丝网等贴面材料。

岩棉制品广泛用于有保温、隔热、隔声要求的房屋建筑、管道、贮罐、锅炉等有关部位。岩棉板适用于工业与民用建筑有保温、隔热、隔声要求的外墙、屋面和地面，也可用于平面、曲率半径较大的罐体、锅炉的保温与隔热，一般使用温度为350℃。岩棉玻璃缝毡适用于形状复杂、工作温度较高的热工设备的保温、隔热，一般使用温度为400℃。岩棉铁丝网缝毡适用于管体、管道、锅炉等高温设备的保温，一般使用温度为600℃。岩棉保温带适用于大口径的管道、贮罐的保温、隔热，使用温度为250℃。岩棉管壳适用于小口径管道的保温、隔热，一般使用温度为350℃。岩棉制品的产品规格见表6-2。

表6-2 岩棉和矿渣棉制品的产品规格

制品	规格(mm)			
	长	宽	厚	内径
板	900、1 000	500、630、700、800	30、40、50、60、70	
带	2 400	910	30、40、50、60	
毡	910	630、910	50、60、70	
管壳	600、910、1 000		30、40、50、60	22、38、45、57、89、108、133、159、194、219、245、278、325

注：摘自国家标准《绝热用岩棉矿渣棉及其制品》。

岩棉制品应有合适的包装，岩棉板用收缩薄膜包装，各种缝毡用塑料袋包装，管套用纸箱包装。各种岩棉制品在搬运时应防止重压，运输中应轻搬轻放，防止雨淋水浇，存放地点应通风、干燥。

二、矿渣棉及其制品

矿渣棉简称矿棉，是利用工业废料矿渣(高炉矿渣、铜矿渣、铝矿渣等)为主要原料，经熔化，采用高速离心法或喷吹法工艺制成的棉丝状无机纤维。它具有表观密度小、导热系数小、吸声、耐腐蚀、防蛀以及化学稳定性好等特点。

矿渣棉制品是在矿渣棉中加入一定量的胶粘剂、防尘剂、憎水剂等，经固化、切割、烘干等工序加工而成的。主要有粒状棉、矿棉板、矿棉缝毡、矿棉保温带、矿棉管壳等。在这些制品表面还可以粘贴或缝上玻璃纤维薄毡、玻璃纤维网格布、玻璃布、牛皮纸、铝箔、铁丝网等贴面材料。

矿渣棉制品可广泛用于有保温、隔热、隔声要求的房屋建筑、管道、贮罐、锅炉等有关部位。粒状棉适用于工业与民用建筑有保温、隔热、隔声要求的外墙、隔墙和屋盖，以及用于罐体、工业炉的保温和隔热，也可用作隔热、防火的喷涂材料；矿棉板适用于建筑有保温、隔热、隔声要求的有关部位，以及用于平面、曲率半径较大的罐体、锅炉的保温和隔热；矿棉缝毡适用于罐体、管道、锅炉的保温、隔热；矿棉保温带可用于各种管道、罐塔的保温、隔热和绝冷;矿棉管壳适用于小口径管道的保温和隔热。

三、玻璃棉及其制品

玻璃棉是以硅砂、石灰石、萤石等矿物为主要原料,经熔化,采用火焰法、离心法或高压载能汽体喷吹法将熔融玻璃液制成的无机纤维。它具有表观密度小、导热系数小、吸声性能好、过滤效率高、不燃、耐腐蚀等性能。玻璃棉以纤维平均直径分为3个种类,见表6-3。玻璃棉的技术性能见表6-4。

表6-3 玻璃棉的种类

种　　类	纤维平均直径(mm)
1号玻璃棉	≤5.0
2号玻璃棉(包括2a、2b)	≤8.0
3号玻璃棉	≤13.0

注:摘自国家标准《绝热用玻璃棉及其制品》。

表6-4 玻璃棉的技术性能

玻璃棉种类	渣球含量(%)	导热系数(平均温度(70±5)℃,W/(m·K))	最高使用温度(℃)
1号	≤1	0.041	400
2号	2a≤4.0 2b≤3.0	0.042	400
3号	≤10.0	0.049	400

注:摘自国家标准《绝热用玻璃棉及其制品》。

玻璃棉制品主要有玻璃棉板、玻璃棉缝毡、玻璃棉保温带、玻璃棉管壳等,玻璃棉制品的产品规格见表6-5。玻璃棉制品被广泛用于有保温、隔热、隔声要求的房屋建筑、管道、贮罐、锅炉等有关部位。玻璃棉缝毡适用于工业与民用建筑有保温、隔热、隔声要求的外墙、隔墙和屋盖,通风和空调设备的保温、隔热,播音室、消音及噪声车间的吸声,计算机房及冷库的保温、隔热,以及飞机、船舶、火车、汽车的保温、隔热;玻璃棉板可用于房屋建筑以及大型录音棚、冷库、仓库、隧道、船舶等有关部位的保温、隔热、隔声;玻璃棉管壳可用于通风、供热、供水、动力等需要保温的管道;玻璃棉制品还可用于宾馆、影院、剧场、音乐厅、体育馆和住宅建筑的有吸声及装饰要求的顶棚。

玻璃棉制品在包装、运输及存放过程中应轻搬轻放,严禁雨淋受潮。存放地点应干燥、通风、防潮,不宜露天存放。

表 6-5　玻璃棉制品的产品规格

制品	规　　格(mm)			
	长	宽	厚	内径
板	1 200	600	15、20、25	
带	1 820	605	25	
毡	1 000、1 200、2 800、5 500、11 000	600	25、40、50、75、100	
毯	1 000、1 200、5 500	600	25、40、50、75、100	
管壳	1 000		30、40、50、60	22、38、45、57、89、108、133、159、194、219、245、278、325

注:摘自国家标准《绝热用玻璃棉及其制品》。

四、膨胀珍珠岩及其制品

膨胀珍珠岩是珍珠岩(黑曜岩、松脂岩)矿石经破碎、筛分、预热、焙烧瞬时急剧加热膨胀而成的多孔颗粒状物质。它具有表观密度小、绝热性能好、使用温度广、化学稳定性强、无毒、无味、不腐、不燃、耐酸、耐碱等特点。膨胀珍珠岩的技术要求见表 6-6。

表 6-6　膨胀珍珠岩的技术要求

标号	表观密度(kg/m^3)	质量含水率(%)	粒　　度(%)				导热系数(W/(m·K))		
	最大值	最大值	5mm 筛孔筛余量	0.15mm 筛孔筛余量			平均温度(298±5)℃,温度梯度 5～10K/cm		
			最大值	最大值			最大值		
				优等品	一等品	合格品	优等品	一等品	合格品
70	70						0.047	0.049	0.051
100	100						0.052	0.054	0.056
150	150	2	2	2	4	6	0.058	0.060	0.062
200	200						0.064	0.066	0.068
250	250						0.070	0.072	0.074

膨胀珍珠岩和水泥、水玻璃、沥青、磷酸盐等各种胶结剂加工成各种膨胀珍珠岩制品。这些制品可用于各种建筑工程、管道、锅炉等有保温、隔热、隔声要求的部位,可用作墙体

内层的松散填充保温隔热材料，可配置珍珠岩砂浆，可用作墙体的保温抹灰和屋面的保温隔热层。膨胀珍珠岩制品的技术要求见表 6-7。

表 6-7　膨胀珍珠岩制品的技术要求

标　号		密度不大于 (kg/m³)	导热系数 ((25±5)℃, W/(m·K))	抗压强度 (MPa)	质量含水率 (%)
200	优等品	200	≤0.056	≥0.4	≤2
	合格品	200	≤0.060	≥0.3	≤5
250	优等品	250	≤0.064	≥0.5	≤2
	合格品	250	≤0.068	≥0.4	≤5
300	优等品	300	≤0.072	≥0.5	≤3
	合格品	300	≤0.076	≥0.4	≤5
350	优等品	350	≤0.080	≥0.5	≤4
	合格品	350	≤0.087	≥0.5	≤6

注：摘自国家标准《膨胀珍珠岩绝热制品》。此表为膨胀珍珠岩制品共同的技术要求。

（一）水泥膨胀珍珠岩制品

水泥膨胀珍珠岩是以水泥为胶结材料、膨胀珍珠岩为骨料，按一定配合比拌和，经搅拌、成型、养护而成的板、管瓦、砖等制品。它具有表观密度小、导热系数小、抗压能力强及施工方便等特点。被广泛用于工业及民用建筑的外墙、屋盖的保温和隔热，以及温度较低的热管道、热设备的保温。水泥膨胀珍珠岩制品的一般技术性能见表 6-8。

表 6-8　水泥膨胀珍珠岩制品的一般技术性能

项　目	指　标
表观密度(kg/m³)	300～400
导热系数(W/(m·K))	常温：0.058～0.087；低温：0.081～0.116
抗压强度(MPa)	0.1～0.5
抗折强度(MPa)	>0.3
使用温度(℃)	≤600
吸湿率，24h，%)	0.87～1.55
吸水率(24h，%)	110～130
15 次干冻循环强度损失(%)	10～24
软化系数	0.7～0.74
吸声系数(频率/吸声系数)	125/0.05～0.10 250/0.12～0.18 500/0.20～0.32 1 000/0.10～0.48

（二）水玻璃膨胀珍珠岩制品

水玻璃膨胀珍珠岩制品是以水玻璃为胶结材料、膨胀珍珠岩为骨料，按一定比例拌和，并加入赤泥，经搅拌、成型、干燥、焙烧而成的板、管瓦、砖等制品。它具有表观密度小、导热系数小、无毒、无味、不燃、耐腐、耐火、抗菌及施工方便等特点。主要用于热工炉窑、管道的保温及隔热。水玻璃膨胀珍珠岩制品的一般技术要求见表 6-9。

表 6-9　水玻璃膨胀珍珠岩制品的一般技术要求

项　目	指　标
表观密度（kg/m³）	200～300
常温导热系数（W/（m·K））	0.064～0.076
抗压强度（MPa）	0.8～1.0
最高使用温度（℃）	650
吸水率（％）	≤2
吸湿率（相对湿度 95％～100％，20d，％）	17～23

（三）沥青膨胀珍珠岩制品

沥青膨胀珍珠岩制品是以沥青为胶结材料，以表观密度≤120kg/m³ 的膨胀珍珠岩为骨料，经拌和、压制、养护而成的板、管瓦、砖等制品。它具有表观密度小、导热系数小、不老化、憎水、耐腐蚀等特性，并可锯可切，施工方便。沥青膨胀珍珠岩制品一般适用于低温、潮湿的环境，可用于冷库、管道和屋面的保温和隔热。

（四）乳化沥青膨胀珍珠岩制品

乳化沥青膨胀珍珠岩制品是将乳化沥青和膨胀珍珠岩拌和，经装模成型、压制加工而成的板、管瓦、砖等制品。它具有表观密度小、导热系数小、不老化、耐腐蚀等特性。适合于低温和潮湿环境中使用，可用于冷库、管道和屋面的保温和隔热。

（五）憎水膨胀珍珠岩制品

以水玻璃为胶结剂、膨胀珍珠岩为骨料，加适量憎水剂，经搅拌、压制成型、焙干（或自然干燥）而成的板、管壳等制品。憎水膨胀珍珠岩保温板是一种表观密度小、强度高、保温性能好、憎水不吸水的新型屋面保温材料。它除具有普通膨胀珍珠岩的特点外，还克服了其他保温材料受潮或淋水后其保温、隔热性能大为降低的缺点，具有憎水、防潮的性能。适用于住宅、工业、公共建筑的墙体、屋面及热力管道和热力设备的保温，还适于冷库、锅炉、地下防水工程及其他有特殊防水要求的工程。憎水膨胀珍珠岩主要性能指标见表 6-10。

（六）纸浆膨胀珍珠岩制品

纸浆膨胀珍珠岩制品是以废纸浆（板框浆或粗浆）为胶结剂、膨胀珍珠岩为骨料，加适量憎水剂等外加剂，经搅拌、压制成型、烘干而成的板、管壳等制品。它具有表观密度小、导热系数小、抗折强度高、难燃和憎水等特点。适用于 200℃ 以下的工业管道、炉体的保温，也可用于房屋建筑墙体保温，以及用于各种保冷工程。

（七）磷酸盐膨胀珍珠岩制品

磷酸盐膨胀珍珠岩制品是以磷酸铝和少量硫酸铝、纸浆废液为胶结剂，膨胀珍珠岩为骨料,经搅拌、压制成型、焙烧而成的板、管壳等制品。它具有耐火度高、强度高、表观密度小、绝缘性好等特点。适用于温度较高的保温部位。

表 6-10 憎水膨胀珍珠岩主要性能指标

序号	检验项目	指标(250 号合格品)
1	密度(kg/m^2)	250
2	抗压强度(MPa)	0.40
3	抗折强度(MPa)	…
4	导热系数((298±2)℃,W/(m·K))	0.072
5	含水率(%)	5
6	憎水率(%)	98.0

(八)膨胀珍珠岩保温芯板

膨胀珍珠岩保温芯板是以膨胀珍珠岩和塑料薄膜为主要原料,采用专门工艺复合而成的保温隔热芯材。它具有表观密度小,不吸水,导热系数小、无压缩率和保温稳定性、隔湿隔汽性、耐久性好,以及铺装方便、便于运输、便于施工等特点。可用于工业和民用建筑的外墙、屋盖的保温隔热芯板。

五、膨胀蛭石及其制品

膨胀蛭石是以蛭石为原料,经凉干、破碎、筛选、焙烧膨胀而成的一种金黄色或灰白色颗粒状物料。它具有表观密度小、导热系数小、防火、抗菌、无毒、无味等特点。它可以和水泥、水玻璃、沥青等各种胶结材料加工成各种膨胀蛭石制品,用于工业与民用建筑工程、管道、锅炉等有保温、隔热、隔声要求的部位;可用作墙体内层、屋面的松散填充保温隔热材料;可配置蛭石砂浆,做墙体保温抹灰和尾部的保温隔热层。

膨胀蛭石的一般性能见表 6-11。膨胀蛭石制品的产品规格见表 6-12。膨胀蛭石制品的技术要求见表 6-13。

表 6-11 膨胀蛭石的一般性能

序号	项 目	指 标
1	表观密度(kg/m^3)	80~200
2	导热系数(W/(m·K))	0.047~0.070
3	耐火性	熔点为 1 370℃,使用温度<1 000℃
4	耐冻性	25 次的冻融循环,表观密度、强度不变
5	抗菌性	不腐烂、不变质、不易虫蛀
6	耐腐蚀性	耐碱、不耐酸
7	吸湿性(相对湿度 95%~100%,24h,%)	1.1

表 6-12　膨胀蛭石制品的产品规格

制品	规格(mm)			
	长	宽	厚	内径
砖	230、240	113、115	53、65	
板	200、250、300、400	200、250、300、500	40、50、60、65、70、80、100、120、150、200	
管壳	150、300、350		50、60、70、80、100、120、200	25、28、32、38、42、45、48、57、73、76、83、89、103、108、114、121、133、140、146、159、168、194、219、245、273、325、356、377、419、426、480

注:摘自国家标准《膨胀蛭石制品》。

表 6-13　膨胀蛭石制品的技术要求

等级	表观密度 (kg/m^3)	导热系数 (平均温度(25±5)℃, W/(m·K))	压缩强度 (MPa)	含水率 (%)
优等品	≤100	≤0.062	≥0.4	≤3
一等品	≤200	≤0.078	≥0.4	≤3
合格品	≤300	≤0.095	≥0.4	≤3

注:摘自国家标准《膨胀蛭石绝热制品》。此表为膨胀蛭石制品共同的技术要求。

(一)水泥膨胀蛭石制品

水泥膨胀蛭石制品是以水泥为胶结材料、膨胀蛭石为骨料,按一定的比例拌和,经搅拌、成型、养护而成的板、管瓦等制品。它具有表观密度小、导热系数小、抗压能力强和施工方便等特点。可用于工业与民用建筑的外墙、屋面的保温和隔热,以及温度较低的热管道、热设备的保温。

(二)水玻璃膨胀蛭石制品

水玻璃膨胀蛭石制品是以水玻璃为胶结材料,以膨胀蛭石为骨料,以氟硅酸钠为促凝剂,按一定的配合比拌和、浇筑成型、焙烧而成的板、管瓦、砖等制品。它具有表观密度小、导热系数小、无毒、无味、不燃、抗菌和施工方便等特点。主要用于热工、冷藏设备和工业管道、高温炉窑的保温隔热。

(三)沥青膨胀蛭石制品

沥青膨胀蛭石制品是以沥青为胶结材料,以膨胀蛭石为骨料,经拌和、装模成型、压制、养护而成的板、管瓦、砖等制品。它具有表观密度小、导热系数小、憎水、耐腐蚀等特点。适合在低温、潮湿的环境中使用，可用于建筑屋面的保温隔热，可用于冷库、冷冻设备、管道的保温隔热。

六、泡沫塑料

以各种树脂为基料，加入一定的发泡剂、催化剂、稳定剂等辅助材料，经加热发泡而成的一类质轻、保温、隔热、吸声、防震材料。其种类很多，均以所用的树脂取名，如聚苯乙烯泡沫塑料、聚乙烯泡沫塑料、聚氯乙烯泡沫塑料、聚氨酯泡沫塑料、脲醛泡沫塑料、酚醛泡沫塑料、环氧树脂泡沫塑料等。

(一)聚苯乙烯泡沫塑料

以聚苯乙烯树脂为基料，加入发泡剂等辅助材料，经加热发泡而成。该产品在运输、储存中严禁接近烟火，不可猛摔、重压，不可用锋利物品冲击。

聚苯乙烯泡沫塑料有两种。

1.绝热用模塑聚苯乙烯泡沫塑料

绝热用模塑聚苯乙烯泡沫塑料是用可发性聚苯乙烯珠粒经加热预发泡后，再放入模具中加热成型而制成的具有微闭孔结构的泡沫塑料。它具有质轻、保温、隔热、吸声、防震、耐低温、耐酸碱等性能，并具有一定的弹性，易加工等特点。

1)分类

(1)绝热用模塑聚苯乙烯泡沫塑料分为普通型和阻燃型。阻燃型具有在火焰上燃着，移开火源后 1～2s 内自行熄灭的性能，在建筑保温中要求选用阻燃型。

2)绝热用模塑聚苯乙烯泡沫塑料按密度分为 6 类，见表 6-14。

表 6-14　绝热用模塑聚苯乙烯泡沫塑料按密度分类

类　别	密度范围(kg/m^3)
Ⅰ	$15\leqslant\rho<20$
Ⅱ	$20\leqslant\rho<30$
Ⅲ	$30\leqslant\rho<40$
Ⅳ	$40\leqslant\rho<50$
Ⅴ	$50\leqslant\rho<60$
Ⅵ	$\rho\geqslant60$

2)规格尺寸和允许偏差

绝热用模塑聚苯乙烯泡沫塑料规格尺寸和允许偏差，见表 6-15。

3)外观要求

(1)色泽：均匀，阻燃型应掺有颜色的颗粒，以示区别。

(2)外形：表面平整，无明显收缩变形和膨胀变形。

(3)熔结：熔结良好。

(4)杂质：无明显油渍和杂质。

表 6-15　规格尺寸和允许偏差

长度、宽度尺寸（mm）	允许偏差（mm）	厚度尺寸（mm）	允许偏差（mm）	对角线尺寸（mm）	对角线偏差（mm）
＜1 000	±5	＜50	±2	＜1 000	5
1 000～2 000	±8	50～70	±3	1 000～2 000	7
2 000～4 000	±10	75～100	±4	2 000～4 000	13
＞4 000	正偏差不限，-10	＞100	供需双方决定	＞4 000	15

注：摘自国家标准《绝热用模塑聚苯乙烯泡沫塑料》（GB/T10801.1—2002）

4）物理机械性能指标

绝热用模塑聚苯乙烯泡沫塑料的物理机械性能指标，见表 6-16。

表 6-16　物理机械性能指标

<table>
<tr><td colspan="2" rowspan="2">项　目</td><td rowspan="2">单　位</td><td colspan="6">性能指标</td></tr>
<tr><td>Ⅰ</td><td>Ⅱ</td><td>Ⅲ</td><td>Ⅳ</td><td>Ⅴ</td><td>Ⅵ</td></tr>
<tr><td colspan="2">表观密度≥</td><td>kg/m³</td><td>15.0</td><td>20.0</td><td>30.0</td><td>40.0</td><td>50.0</td><td>60.0</td></tr>
<tr><td colspan="2">压缩强度≥</td><td>kPa</td><td>60</td><td>100</td><td>150</td><td>200</td><td>300</td><td>400</td></tr>
<tr><td colspan="2">导热系数≤</td><td>W/(m·K)</td><td colspan="2">0.041</td><td colspan="4">0.039</td></tr>
<tr><td colspan="2">尺寸稳定性≤</td><td>%</td><td>4</td><td>3</td><td>2</td><td>2</td><td>2</td><td>1</td></tr>
<tr><td colspan="2">水蒸气透过系数≤</td><td>ng/(Pa·m·s)</td><td>6</td><td>4.5</td><td>4.5</td><td>4</td><td>3</td><td>2</td></tr>
<tr><td colspan="2">吸水率(体积分数)≤</td><td>%</td><td>6</td><td>4</td><td colspan="4">2</td></tr>
<tr><td rowspan="2">熔结性</td><td>断裂弯曲负荷≥</td><td>N</td><td>15</td><td>25</td><td>35</td><td>60</td><td>90</td><td>120</td></tr>
<tr><td>弯曲变形≥</td><td>mm</td><td colspan="3">20</td><td colspan="3">—</td></tr>
<tr><td rowspan="2">燃烧性能</td><td>氧指数≥</td><td>%</td><td colspan="6">30</td></tr>
<tr><td>燃烧分级</td><td colspan="7">达到 B₂ 级</td></tr>
</table>

注：1. 对于熔结性：断裂弯曲负荷和弯曲变形有一项能符合指标要求即为合格。

2. 对于燃烧性能：普通型聚苯乙烯泡沫塑料板材不要求。

3. 摘自国家标准《绝热用模塑聚苯乙烯泡沫塑料》GB/T10801.1—2002。

5）包装、运输、储存

产品可用塑料捆扎带或塑料袋包装，也可供需双方协商决定。在运输、储存中严禁烟火，不可重压或与锋利物品碰撞。产品放在干燥通风处储存，不宜露天长期暴晒、风刮雨淋，不能与化学物品接触，要远离火源。

2. 绝热用挤塑聚苯乙烯泡沫塑料

绝热用挤塑聚苯乙烯泡沫塑料是以聚苯乙烯树脂或其共聚物为主要成分，添加少量添加剂，通过加热挤塑成型而制得的具有闭孔结构的硬质泡沫塑料。它具有硬度大、耐热度高、机械强度高、泡沫体尺寸稳定性好等特性。适用于要求硬度大及耐热度高的保温、隔热、吸声、防震等部位。目前在地面、屋面及底层墙体的外保温中被广泛使用。

1)产品的分类

按制品压缩强度 ρ 和表皮分为以下 10 类:

(1)X150——$\rho \geqslant$150kPa,带表皮;

(2)X200——$\rho \geqslant$200kPa,带表皮;

(3)X250——$\rho \geqslant$250kPa,带表皮;

(4)X300——$\rho \geqslant$300kPa,带表皮;

(5)X350——$\rho \geqslant$350kPa,带表皮;

(6)X400——$\rho \geqslant$400kPa,带表皮;

(7)X450——$\rho \geqslant$450kPa,带表皮;

(8)X500——$\rho \geqslant$500kPa,带表皮;

(9)W200——$\rho \geqslant$200kPa,不带表皮;

(10)W300——$\rho \geqslant$300kPa,不带表皮。

按制品边缘结构分为 4 种:SS 平头型产品、SL 型产品(搭接)、TG 型产品(榫槽)、RC 型产品(雨槽),见图 6-1。

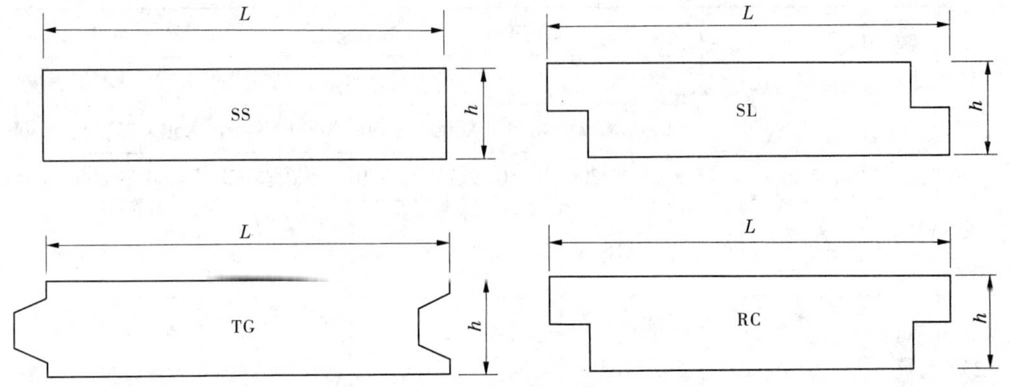

图 6-1 绝热用挤塑聚苯乙烯泡沫塑料

2)产品标记

(1)标记顺序:产品名称-类别-边缘结构-长度×宽度×厚度-标准号。

(2)标记示意:类别为 X250、边缘结构为两长边搭接、长度1 200mm、宽度 600mm、厚度 50mm 的挤塑板标记表示为 XPS-X250-SL-1 200×600×50-GB/T10801.2。

3)规格尺寸

绝热用挤塑聚苯乙烯泡沫塑料规格尺寸,见表 6-17。

表 6-17 绝热用挤塑聚苯乙烯泡沫塑料规格尺寸 (单位:mm)

长 度	宽 度	厚 度
1 200,1 250,2 450,2 500	600,900,1 200	20,25,30,40,50,75,100

注:摘自国家标准《绝热用挤塑聚苯乙烯泡沫塑料》(GB/T10801.2—2002)。

4)允许偏差

绝热用挤塑聚苯乙烯泡沫塑料允许偏差见表 6-18。

表 6-18 绝热用挤塑聚苯乙烯泡沫塑料允许偏差 （单位：mm）

长度和宽度 L		厚度		对角线差	
尺寸	允许偏差	尺寸	允许偏差	尺寸 T	允许偏差
L<1 000	±5	h<50 h≤50	±2 ±3	T<1 000	5
1 000≤L<2000	±7.5			1 000≤T<2 000	7
L≥2 000	±10			T≥2 000	13

注：摘自国家标准《绝热用挤塑聚苯乙烯泡沫塑料》(GB/T10801.2—2002)。

5）外观要求

绝热用挤塑聚苯乙烯泡沫塑料外观要求：产品表面平整，无夹杂物，颜色均匀；不应有明显影响使用的缺陷，如起泡、裂口、变形等。

6）物理机械性能指标

绝热用挤塑聚苯乙烯泡沫塑料物理机械性能应符合表 6-19 的要求。

表 6-19 绝热用挤塑聚苯乙烯泡沫塑料物理机械性能

项 目		单 位	性能指标									
			带表皮								不带表皮	
			X150	X200	X250	X300	X350	X400	X450	X500	W200	W300
压缩强度		kPa	≥150	≥200	≥250	≥300	≥350	≥400	≥450	≥500	≥200	≥300
吸水率，浸水 96h		体积百分数	≤1.5	≤1.0							≤2.0	≤1.5
透湿系数，(23±1)℃ RH50%±5%		ng/(m·s·Pa)	≤3.5	≤3.0				≤2.0			≤3.5	≤3.0
导热系数	热阻厚度 25mm 时平均温度 10℃	(m^2·K/W)	≥0.89					≥0.93			≥0.76	≥0.83
	25℃		≥0.83					≥0.86			≥0.71	≥0.78
	平均温度 10℃	W/(m·K)	≤0.028					≤0.027			≤0.033	≤0.030
	25℃		≤0.030					≤0.029			≤0.035	≤0.032
尺寸稳定 (70±2)℃下，48h		%	≤2.0	≤1.5				≤1.0			≤2.0	≤1.5

注：摘自国家标准《绝热用挤塑聚苯乙烯泡沫塑料》(GB/T10801.2—2002)。

7)包装、运输、储存

产品可用塑料捆扎带或塑料袋包装,也可供需双方协商决定。在运输、储存中严禁烟火,不可长期重压和其他机械性的损伤。产品放在干燥通风处储存,不宜露天长期暴晒、风刮雨淋,不能与化学物品接触,要远离火源。

(二)聚氨酯泡沫塑料

聚氨酯泡沫塑料全称聚氨酯甲酸酯泡沫塑料,是以聚醚树脂或聚酯树脂和甲苯二异氰酸酯在发泡剂、催化剂、稳定剂等的作用下,经发泡反应制成的。它具有质轻、多孔、无毒、不宜变形、柔软、弹性好、撕力强、导热系数小、隔热保温性好、通气性好、防尘、不虫蛀、不发霉、吸油、吸水、吸声等特性。可用做建筑工程的保温、隔热、吸声、防震材料。也可用于制冷设备、冷藏设备的隔热保冷材料。该产品在运输过程、保管、储存中要严禁烟火,避免受热,不得接触强酸、强碱、有机溶剂等化学物品,避免日光暴晒、长时间承受压力,不能用尖锐锋利工具勾划表面。

聚氨酯泡沫塑料以所用主要原料成分分为聚醚型和聚酯型两种,通常聚酯型在强度、耐温性能等方面较聚醚型好,但聚酯型成本高,所以在应用上受到限制;按产品软硬性能分为软质和硬质两种;根据产品的形状分为板材、管材和现场发泡等多种类型。

硬质聚氨酯泡沫塑料1 000℃火焰燃烧5s后离火,在1~2s内自息。耐浓度小于10%的无机酸,不耐高浓度的无机酸,耐中浓度的碱液,耐汽油、机油,耐酮,耐酯,不耐醇。

目前在建筑保温中最常用的三种泡沫塑料的性能见表6-20。

表6-20 三种泡沫塑料的性能

项目		模塑聚苯乙烯泡沫塑料板(EPS板)	挤塑聚苯乙烯泡沫塑料板(XPS板)	硬质聚氨酯泡沫塑料
表观密度(kg/m^3)		≥18	≤35	≥30
压缩强度(MPa)		≥0.1	0.15~0.25	≥0.1
抗拉强度(MPa)		≥0.1	≥0.1	≥0.1
水蒸气透湿系数(ng/(Pa·m·s)		≤4.5	≤3	≤6.5
尺寸稳定性(%)		≤3	≤2	≤5(70℃ 48h)
线性收缩率(%)		—	—	—
吸水率(%,$v_{后}/v_{前}$)		≤4.0	≤1.5	≤4.0
软化系数		—	—	—
燃烧性能		B_2	B_2	垂直燃烧法,平均燃烧时间不大于30s,燃烧高度不大于250mm
导热系数((W/m·K))		≤0.041	≤0.035	≤0.025
拉伸粘贴强度(MPa,与水泥砂浆)	常温常态	≥0.1	≥0.1	≥0.1
	耐水	≥0.1	≥0.1	≥0.1

(三)聚氯乙烯泡沫塑料

聚氯乙烯泡沫塑料是以聚氯乙烯树脂为基料,加入发泡剂、稳定剂,经捏合、球磨、模塑、发泡而成的一种闭孔泡沫塑料。它具有质轻、导热系数小、耐酸碱、不吸水、耐油、保温、隔热、隔声、防震等性能,可用做建筑工程的保温、隔热、吸声、防震材料。

聚氯乙烯泡沫塑料按产品软硬性能分为软质和硬质两种;按泡沫孔分为开口孔和闭口孔两种。硬质聚氯乙烯泡沫塑料一般为均匀闭孔结构。

(四)脲醛泡沫塑料

脲醛泡沫塑料又名氨基泡沫塑料,是以脲醛树脂为主要原料,经发泡制得的一种闭孔的硬质泡沫塑料。它具有质轻、导热系数小、价格低廉等优点,缺点是吸水性强、机械强度较低。它在建筑工程中常作为保温、隔热、吸声材料填充在夹层中。

(五)聚乙烯泡沫塑料

聚乙烯泡沫塑料是以聚乙烯树脂为主要材料,加入胶凝剂、发泡剂、稳定剂等,一次成型加工而成。它具有质轻、吸水性小、柔软、有一定的弹性、保温、隔热、隔声和耐化学腐蚀的特点。

七、微孔硅酸钙制品

微孔硅酸钙是以二氧化硅、石灰和纤维增强材料为主要材料,经搅拌、凝胶、成型、蒸压养护、烘干等工序制成的一种绝热材料。它具有质轻、导热系数小、强度高、使用温度高、质量稳定,以及耐水性好、防火性好、无腐蚀、经久耐用等特点。该产品具有锯、刨、钻、安装方便等特点。适用于内墙、外墙、屋顶的防火覆盖材料,以及热力管道、热工设备、窑炉的保温和隔热。硅酸钙绝热制品的产品规格见表 6-21。

表 6-21　硅酸钙绝热制品的产品规格

制　品	规　　格(mm)			
	长	宽	厚	内径
平板	400、500、600	200、250、300	40、50、60、70、80、90	
弧形板	400、500、600		40、50、60、70、80、90	508、530、560、630、720、820、920、1 020、1 220、1 420、1 620
管壳	400、500、600		40、50、60、70、80、90	57、73、76、83、89、103、108、114、121、133、140、146、159、168、194、219、245、273、325、356、377、419、426、480

注:摘自国家标准《硅酸钙绝热制品》。

八、泡沫石棉

泡沫石棉是以石棉纤维为主要材料,经细纤化、发泡精制而成的一种网状结构的孔毡状热绝缘材料。它具有表观密度小、导热系数小、保温、隔热、绝冷、吸声、防震、柔软、不腐蚀金属、不刺激皮肤的性能，并可任意裁减弯曲，施工方便。适用于房屋建筑的保温、隔热、绝冷、吸声、防震等有关部位，以及各种热力管道、热工设备、冷冻设备。

泡沫石棉按性能可分为软质泡沫石棉、半硬质泡沫石棉、耐水泡沫石棉和弹性泡沫石棉。软质泡沫石棉适用于管道和异形或曲面部位；半硬质泡沫石棉适用于平面、大型罐塔、窑炉等；耐水泡沫石棉适用于露天或湿度较大的部位；弹性泡沫石棉适用于防震和吸声的部位。泡沫石棉的外观质量见表6-22。

表6-22　泡沫石棉的外观质量

部　位	优等品	一等品	合格品
表面	平整，手感细腻、柔软	无明显隆起或凹陷，手感细腻	比较平整，允许有5mm以下的凹凸
断面	泡孔均匀细密	泡孔细密，个别泡孔≤5mm	比较细密，上下层泡孔允许略有差别，泡孔≤10mm

泡沫石棉应用硬纸箱运输和储存，搬运时不得碰撞、摔打，严禁雨淋、脚踩，堆放高度不得超过5层纸箱，避免其他重物积压。

九、铝箔波形纸保温隔热板

铝箔波形纸保温隔热板简称铝箔保温隔热板，它是以波形纸板为基层、铝箔为面层，经复合加工而成。它具有保温、隔热、防潮、吸声和表观密度小等特点。它可放在墙体的空气层间，提高墙体的保温、隔热性能，也可固定在钢筋混凝土屋面板下部或屋架下部，形成保温隔热顶棚。

第二节　建筑节能墙体材料

节能建筑要求建筑的维护结构有良好的保温隔热、轻质高强、经济合理的特性。常规的“秦砖汉瓦”不但建材工业本身耗材巨大，而且不能满足工业化建筑体系和建筑的可持续发展，已在各地禁止使用。节能建筑推动新型墙体材料的发展，新材料、新技术的应用又给建筑节能提供了有力的保证。

目前运用于节能建筑的新型墙体材料主要有以下几种。

一、蒸压加气混凝土砌块

加气混凝土砌块是以水泥、矿渣、砂、石灰等为主要原料加入铝粉加气剂，经配料、搅拌、浇筑成型、切割和蒸汽养护而成的一种多孔轻质材料。蒸压加气混凝土砌块既能作保温材料又能作墙体材料，其原材料大部分是工业废料，所以蒸压加气混凝土砌块在保护环境、节约能源、改革墙体、提高室内环境舒适度的建筑业持续发展战略中起着重要作用。加气混凝土砌块的外观质量、强度等级、体积密度、干燥收缩、抗冻性和导热系数应符合《蒸压加气混凝土砌块》(GB/T11968—1997)的要求。施工时所用的小砌块的产品龄期不应小于 28d,承重的加气混凝土砌块的强度等级应不低于 A7.5。

加气混凝土砌块尺寸规格(长×宽)为 600mm×200mm、600mm×250mm、600mm×300mm。加气混凝土砌块按其抗压强度分为 A1.0、A2.0、A2.5、A3.5、A5.0、A7.5、A10 等 7 个强度等级;按其密度分为 B03、B04、B05、B06、B07、B08 等 6 个密度级别(密度为300~800kg/m^3)。按其尺寸偏差与外观质量、密度和抗压强度分为优等品、一等品和合格品。

(一)蒸压加气混凝土砌块的使用范围

蒸压加气混凝土砌块具有表观密度小、保温好、强度高等特点,并容易加工,施工方便。它一般适合于下列部位:

(1)作为多层住宅的外墙;

(2)作为框架结构的填充墙;

(3)作为各种体系的非承重的内隔墙;

(4)作为外墙、屋面、地面及楼面的保温材料,可与易产生"热桥"部位的构件复合。

蒸压加气混凝土砌块如不采取措施不宜用于以下部位:

(1)长期浸水或经常干湿循环交替的部位;

(2)受化学环境的侵蚀,如强酸、强碱或高浓度二氧化碳的环境;

(3)制品表面经常处于 80℃以上的高温环境;

(4)局部易受冻融的部位。

(二)蒸压加气混凝土砌块的分类

按原材料分为水泥—矿渣—砂、水泥—石灰—砂和水泥—石灰—粉煤灰;按抗压强度分 A1.0、A2.0、A2.5、A3.5、A5.0、A7.5、A10 等 7 个强度等级,按表观密度分级有 B03、B04、B05、B06、B07、B08 级。

(三)蒸压加气混凝土砌块做保温材料时的要求

(1)用做首层地面、上人屋面和楼面时,其抗压强度不得低于 A2.5,导热系数应≤0.10W/(m·K)。

(2)用做屋面及与构件、墙体复合时,其导热系数应≤0.08W/(m·K)。

(3)用做现浇钢筋混凝土梁、柱的外保温材料时,施工时可将保温块放在外模板内侧,混凝土浇筑完毕,拆模后使混凝土与保温材料有机地结合在一起。

(四)蒸压加气混凝土产品及应用性能

(1)蒸压加气混凝土砌块产品规格见表 6-23。

表 6-23 蒸压加气混凝土砌块产品规格

项目	规格尺寸(mm)	
	系列一	系列二
长 度	600	600
高 度	200、250、300	240、300
宽 度	50、75、100、125、175、200、250、300(以 25mm 递增)	60、120、180、240、300(以 60mm 递增)

(2)蒸压加气混凝土砌块导热系数和蓄热系数计算取值见表 6-24。

表 6-24 蒸压加气混凝土砌块导热系数和蓄热系数计算取值

结构型式		表观密度（kg/m^3）	含水率（%）		灰缝影响系数	计算取值	
			导热系数（W/(m·K)）	蓄热系数（W/(m^2·K)）		导热系数（W/(m·K)）	蓄热系数（W/(m^2·K)）
单一结构		350	0.12	2.03	1.25	0.15	2.54
		400	0.13	2.42	1.25	0.16	3.03
		500	0.16	2.81	1.25	0.20	3.51
		600	0.19	3.20	1.25	0.24	4.00
		700	0.22	5.90	1.25	0.28	4.49
复合结构	正铺法屋面	350	0.12	2.03	—	0.18	3.05
		400	0.13	2.42	—	0.20	3.63
		500	0.16	2.81	—	0.24	4.22
		600	0.19	3.20	—	0.29	4.80
		700	0.22	5.90	—	0.33	5.39
	浇筑在混凝土中	350	0.12	2.03	—	0.19	3.23
		400	0.13	2.42	—	0.21	3.87
		500	0.16	2.81	—	0.26	4.50
		600	0.19	3.20	—	0.30	5.42
		700	0.22	5.90	—	0.35	5.74

(3)蒸压加气混凝土砌块的体积密度级别见表 6-25。

表 6-25 蒸压加气混凝土砌块的体积密度级别

表观密度级别	B035	B04	B05	B06	B07
表观密度（kg/m^3）	350	400	500	600	700

二、混凝土小型空心砌块

以水泥为胶结材料，以砂、碎石或卵石为骨料，加水搅拌、浇灌、振动、振动加压或冲压成型，经养护形成一定空心率的小型墙体材料。它具有节能、节地的特点，并可以利用工业废渣，因地制宜，工艺简便。一般适用于工业及民用建筑的墙体。

混凝土小型空心砌块按承重要求分，有承重砌块和非承重砌块两类；按强度等级分，有 MU3.5、MU5.0、MU7.5、MU10、MU15 等 5 级；按外观质量分，有一等品和二等品。承重砌块的规格见表 6-26。

表 6-26　承重砌块的规格

规　格	规格尺寸(mm)		
	长度	宽度	高度
主规格	390	190	190
辅助规格	290	190	190
	190	190	190
	90	190	190

混凝土小型空心砌块的主要性能指标,见表 6-27。

表 6-27　混凝土小型空心砌块的主要性能指标

吸水率(%)	含水率(%)	碳化系数	软化系数	抗冻性	
				非采暖地区	采暖地区
≤20	7~10	≥0.8	≥0.75	F15	F25~F351

为了提高混凝土小型空心砌块的保温性能,目前较多采用"插苯板"方法,即将苯板插入砌块的孔洞内,有良好的保温性能,不会影响墙内表面的硬度和蓄热特点,但会给施工带来麻烦,施工管理较难落实。

三、陶粒空心砌块

陶粒空心砌块与混凝土小型空心砌块同类,主要是其骨料用膨化的陶粒代替,提高了砌块本身的保温性能,目前在节能建筑中使用较多。目前美国等发达国家利用页岩陶粒,做成达到 C20、C40 的混凝土料,用于剪力墙等承重构件中,在满足强度的同时有很好的保温隔热性能,国内尚少,但对建筑节能而言,陶粒空心砌块有一定的开发余地。

四、多孔砖

多孔砖与普通黏土砖相似,在砖身设空孔(以减轻自重和减少用土量),经焙烧而成,是目前禁止使用的普通黏土砖的过渡材料。它具有较高的强度、抗腐蚀、耐久性能,并有表观密度小、保温性能好等特点。一般用于工业与民用建筑 6 层及 6 层以下的墙体,但防潮层以下不能使用。多孔砖有 5 个强度等级:MU30、MU25、MU20、MU15、MU10、MU7.5。

目前北京和东北、西北、华北地区多孔砖有 KP1(P 型)和模数(DM 型、M 型)两大类。KP1(P 型)多孔砖在使用上更接近普通砖,模数(DM 型、M 型)多孔砖在推进建筑产品规范化、提高效益方面有更多的优势,在工程设计中根据实际情况选用。

KP1(P 型)多孔砖砖型及主要性能指标见表 6-28。

DM P 型多孔砖砖型及主要性能指标见表 6-29。

表 6-28　KP1(P 型)多孔砖砖型及主要性能指标

砖型	规格 (mm)	孔洞率 (%)	强度等级	质量 (kg)	平均导热系数 (W/(m·K))
KP1－1	240×115×90	25.1	MU10 MU15	3.4	≤0.60
KP1－2		29.1	MU10 MU15	3.2	<0.60
KP－P1	180×115×90	25.7	MU10 MU15	2.6	<0.60
KP－P2		25.7	MU10 MU15	2.5	<0.60

表 6-29　DM P 型多孔砖砖型及主要性能指标

砖型	规格 (mm)	孔洞率 (%)	强度等级	质量 (kg)	平均导热系数 (W/(m·K))
DM1－1	190×240×90	29.5	MU10 MU15	6.3	<0.60
DM1－2		30.5	MU10 MU15	5.2	<0.60
DM2－1	190×190×90	27.4	MU10 MU15	4.3	<0.60
DM2－2		32.3	MU10 MU15	4.0	<0.60
DM3－1	190×140×90	28.1	MU10 MU15	3.2	<0.60
DM3－2		28.6	MU10 MU15	3.1	<0.60
DM4－1	190×90×90	24.5	MU10 MU15	2.1	≤0.60
DM4－2		28.5	MU10 MU15	2.0	<0.60
DM P	190×90×40	0	MU10 MU15	1.9	配砖

第七章 建筑围护结构的保温构造及施工

第一节 建筑保温墙体的构造与施工

提高围护结构的热工性能，是降低建筑能耗的重要手段。在围护结构中，外墙面积大（一般住宅建筑外墙面积为建筑面积的50%左右），比较而言屋面的面积要小得多，6层住宅的屋面面积只是建筑面积的1/6，20层住宅的屋面面积只是建筑面积的1/20。因此，外墙保温材料的选用、保温的构造措施对保温的效果及造价影响较大。

提高建筑外墙热工性能的技术措施，大致有两种：一种是单一材料外墙，即选用保温、隔热性能较好的能满足建筑节能设计标准的墙体材料作外墙。第二种是采用复合墙体，即在主体外墙上增加保温材料，形成复合墙体。复合外墙又可分为外保温、内保温、夹心保温三种。

本章将按照外墙外保温、外墙内保温、外墙夹心保温、单一材料保温的顺序介绍。

一、外墙外保温的构造与施工

（一）概述

1．外墙外保温墙体的主要优点

相对于外墙内保温，外墙外保温有如下优点。

1）适用范围广

外墙外保温适用于采暖和空调的工业与民用建筑，既可用于新建工程又可用于旧房改造，适用范围广。

2）保护主体结构，延长建筑物的寿命

采用外墙外保温方案，由于保温层位于外墙外侧，缓冲了因温度变化导致结构变形产生的应力，避免了雨、雪、冻、融、干、湿循环造成的结构破坏，减少了空气中有害气体和紫外线对围护结构的侵蚀。

3）基本消除了“热桥”的影响

采用外墙外保温在避免“热桥”方面比内保温更有利，如内外墙交界部位、外墙圈梁、构造柱、框架梁、柱、门窗洞口以及顶层女儿墙与屋面板交界周边所产生的“热桥”。据统计，底层房间“热桥”附加热负荷约占总热负荷的23.7%；中间层房间占21.7%；顶层房间占24.3%。上述“热桥”对内保温和夹心而言，几乎难以避免，而外保温既可防止“热桥”部位产生的结露，又可消除“热桥”产生的附加热损失。计算表明，240mm砖墙内保温条件下，周边“热桥”使墙体平均传热系数比主体部位传热系数增加51%～59%，而在厚度为240mm砖墙外保温条件下，周边“热桥”使墙体平均传热系数比主体部位传热系数增加2%～5%。

4)有利于改善室内热环境的质量

采用外墙外保温后,由于内部的实体墙热容量大,室内能蓄存更多的热量,使诸如太阳辐射或间歇采暖造成的室内温度变化减缓,室温较为稳定,生活较为舒适;也使太阳辐射的热、人体散热、家用电器及炊事散热等因素产生的“自由热”得到较好的利用,有利于节能。而在夏季,外保温层能减少太阳辐射热的进入和室外高气温的综合影响,使外墙内表面温度和室内空气温度得以降低。可见,外墙外保温有利于使建筑冬暖夏凉。

5)有利于提高墙体的防水性和气密性

多孔砖、加气混凝土等墙体,在砌筑灰缝和面砖粘贴不实的情况下,其防水性和气密性较差,采用外墙外保温构造可以使墙体的防水性和气密性得到大大提高。

6)便于旧建筑物进行节能改造

20 世纪 80 年代以前建造的工业与民用建筑一般都不能满足节能要求,因此旧房屋需要进行节能改造。与内保温相比,采用外保温方式对旧房屋进行节能改造,其最大优点之一是无需临时搬迁,基本不影响用户室内活动和正常生活。

7)可减少保温材料的用量

在达到同样节能效果的条件下,采用外保温墙体,由于基本消除了热桥的影响,故可以节约保温材料的用量。据统计,以北京、沈阳、哈尔滨、兰州四城市的塔式建筑为例,与内保温相比,保温材料分别可节省 44%、48%、58%、45%。

8)增加房屋的使用面积

由于保温材料贴在外墙的外侧,如果建筑面积相同,建筑采用外保温的使用面积比内保温使用面积要大。

综上所述,无论是从建筑节能的理论还是节能的实际效果来衡量,外保温做法是最佳选择,在国外采用外保温已有 40 年的历史,目前在我国寒冷地区和严寒地区推广外墙外保温节能方案势在必行,同时这种保温方式对夏热冬冷地区也能起到良好的节能效果。《河南省居住建筑节能设计标准(寒冷地区)》规定:围护结构的外墙宜采用外保温做法,主要城市的建筑外墙应采用外保温做法。

2. 采用外墙外保温方案的墙体需要解决的关键技术问题

采用外墙外保温方案,需要解决以下几个问题。

(1)安全:保温层与结构层以及保温层与保护层应有良好的结构和安全的构造措施;

(2)防裂:防止、消除保护层和饰面层出现的裂缝,采取减少保温层及其保护层应力集中和收缩变形的措施;

(3)耐久:解决好保护层和饰面层的抗老化和耐候性问题。

3. 对保温材料体系的要求

外墙外保温方案对保温材料的要求有以下几方面。

(1)耐冻融、耐爆晒、抗风化、抗降解、耐老化性能高,总之应具有良好的耐候性;

(2)基层变形的适应性强,各层材料逐层渐变,能够及时传送和释放变形应力,防护面层不脱落、不开裂;

(3)导热系数低,热稳定性能好;

(4)憎水性好,透气性好,能有效地避免水蒸气迁移过程中出现墙体内部结露现象;

(5)耐火等级高,在明火状态下不应产生大量有毒气体。

(6)柔性、强度相适应,耐冲击能力强。

4. 外墙外保温的系统划分

《外墙外保温工程技术规程》(JGJ144—2004)、(J408—2005)中规定外墙外保温系统是指由保温层、保护层和固定材料(胶粘剂、锚固件等)构成并且适用于安装在外墙外表面的非承重保温构造的总称。JGJ144 规程将外墙外保温划分为 5 大系统:

(1)EPS 板薄抹灰外墙外保温系统。

(2)胶粉 EPS 颗粒保温浆料外墙外保温系统。

(3)EPS 板现浇混凝土外墙外保温系统。

(4)EPS 钢丝网架板现浇混凝土外墙外保温系统。

(5)机械固定 EPS 钢丝网架板外墙外保温系统。

(二)EPS 板薄抹灰外墙外保温系统的构造与施工

EPS 板薄抹灰外墙外保温系统出现于 60 年代初的德国,它是从解决大面积混凝土外墙的膨胀聚苯板粘贴技术得到启示,逐步演变并推广到建筑领域。欧洲使用最久的 EPS 板薄抹灰外墙外保温系统实际工程将近 40 年。大量的工程实践证明,我国 EPS 板薄抹灰外墙外保温系统的使用年限可超过 25 年。

1. 适用范围

EPS 板薄抹灰外墙外保温系统适用于抗震设防烈度不大于 8 度的地区、建筑高度在 100m 以内的各类民用建筑的新建及既有建筑的改造工程。

2. 构造组成

EPS 板薄抹灰外墙外保温系统的构造组成包括以下几项。

(1)基层:指外保温系统所依附的外墙,如砖墙、混凝土墙。

(2)胶粘剂:用于 EPS 板与基层之间的黏结材料。

(3)保温层:EPS 保温板。

(4)抹面层:抹在保温层上,中间夹有增强网,保护保温层,并起防裂、防水和抗冲击作用的构造层。

(5)弹性光面腻子。

(6)饰面层:墙面涂料。

EPS 板薄抹灰外墙外保温系统的构造如图 7-1 所示。

3. 施工条件

(1)保温层的施工应在基层施工质量验收合格后进行,并且基层墙面及找平层应干燥。

(2)保温层施工前,外门窗洞口应通过验收,洞口的尺寸、位置应符合设计要求和质量要求,门窗框或附框应安装完毕,伸出墙面的消防梯、水落管、各种进户管线和空调器等预埋件、连接件应安装完毕,并按外保温系统厚度留出间隙。

(3)施工现场环境温度和基层(或找平层)表面温度,在施工中及施工后 24h 内不得低于 5℃,5 级以上大风和雨天不得施工。

5℃以下的温度可能由于减缓或停止丙烯酸聚合物成膜而妨碍胶粘剂的适当养护。

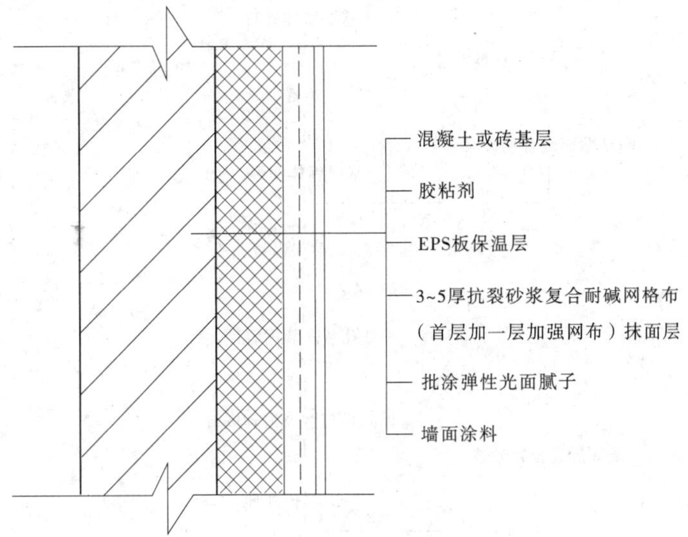

图 7-1　EPS 板薄抹灰外墙外保温系统的构造

由寒冷气候造成的伤害短期内往往不易被发现，但长久以后就会出现涂层开裂、破碎或分离。大风和雨天施工会降低胶粘剂的粘贴质量。

(4)施工面应避免阳光直射，必要时在脚手架上设临时遮阳设施。避免由于阳光直射造成 EPS 板老化。

(5)墙体系统在施工过程中所采取的保护措施，应待泛水、密封膏等永久性保护按设计要求施工完毕后拆除。

(6)调整脚手架，使架管或管头与墙面的最小距离为 200mm，以便施工。

(7)作业现场应通水通电，并保持作业环境清洁。

4．施工工具

主要施工工具包括电热丝切割器、磅秤、开槽器、壁纸刀、螺丝刀、剪刀、钢锯条、墨斗、棕刷、大于 20 粒度粗砂纸、700～1 000r/min 电动搅拌器、塑料搅拌桶、冲击钻、电锤、抹子、压子、阴阳角抿子、托线板、2m 靠尺等。

5．施工工序

施工工序如图 7-2 所示。

6．施工要点

1)基层墙体处理

(1)彻底清除墙体表面的油渍、灰尘、污垢、脱模剂、风化物等影响粘贴强度的材料，并剔除墙体表面的突出物。必要时用水清洗墙面，经清洗的墙面必须晾干后，方可进行下一道工序的施工。

(2)由于外保温工程(尤其对于薄抹面外保温系统)抹面层和饰面层的偏差很大程度上取决于基层，所以保温层要求铺在坚实、平整的表面上，如果基层墙体的平整度不符合要求时，应用 1:3 水泥砂浆找平，表面不压光，并保证无空鼓、脱层和裂缝等缺陷。

墙体基层应达到《建筑工程施工质量检测统一标准》(GB50300—2001)的规定，具体

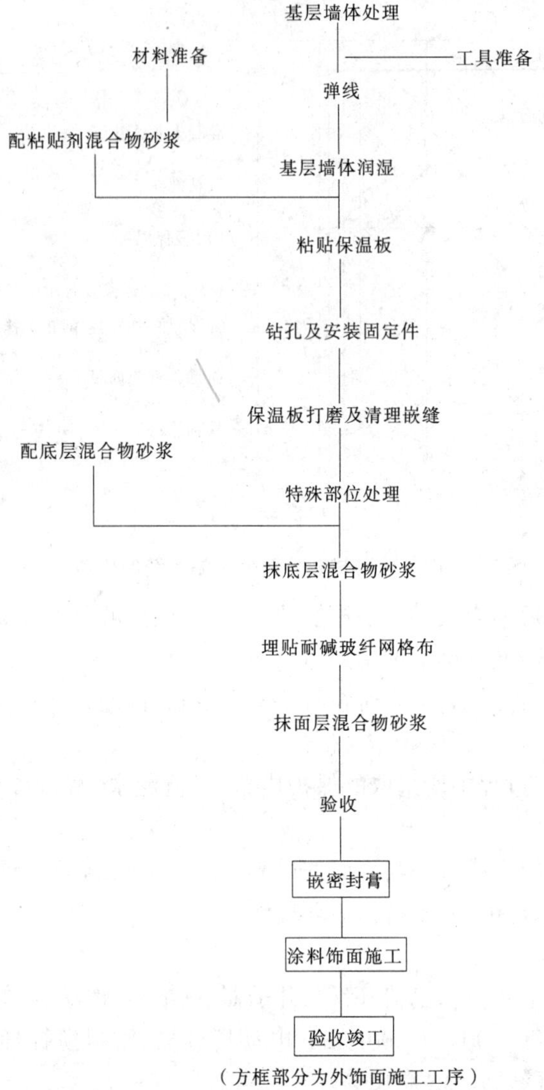

图 7-2　EPS 板薄抹灰外墙外保温系统的施工工序

要求见表 7-1。

(3)对既有建筑进行保温改造时,应将原有外墙饰面彻底清除,露出基层墙体表面,并按上述方法进行处理。

2)材料的准备

(1)配制聚合物砂浆黏结剂。根据生产厂使用说明书提供的配合比配置,专人负责,严格计量,机械搅拌,确保搅拌均匀,搅拌好的黏结剂静置 10min 后还需经过两次搅拌才能使用。配置好的黏结剂应注意防晒避风,以免水分蒸发过快。黏结胶浆一次拌料不宜太多,应边搅边用,并在 2h 内用完,超时不可再度加水(胶)使用。胶粘剂的性能指标见表 7-2。

胶粘剂的性能关键是与 EPS 保温板的附着力,因此规定破坏界面应位于膨胀聚苯板内。胶粘剂的强度并非越高越好,指标过高只会造成浪费。

表 7-1 墙体基层的允许偏差

<table>
<tr><th>工程类别</th><th colspan="3">项目</th><th colspan="2">允许偏差</th></tr>
<tr><td rowspan="4">砌体工程</td><td rowspan="3">墙面垂直度</td><td colspan="2">每层</td><td colspan="2">4(2m 托线板检查)</td></tr>
<tr><td rowspan="2">全高</td><td>≤10m</td><td>≤6mm</td><td rowspan="2">经纬仪或吊线检查</td></tr>
<tr><td>>10m</td><td>≤10mm</td></tr>
<tr><td colspan="3">表面平整度</td><td>≤4mm</td><td>2m 直尺和楔形塞尺检查</td></tr>
<tr><td rowspan="4">混凝土工程</td><td rowspan="3">墙面垂直度</td><td rowspan="2">全高</td><td>≤5m</td><td colspan="2">≤5mm</td></tr>
<tr><td>>5m</td><td colspan="2">≤6mm</td></tr>
<tr><td colspan="2">全高</td><td colspan="2">H/1 000,且≤30mm</td></tr>
<tr><td>表面平整度</td><td colspan="2">2m 长度</td><td colspan="2">≤4mm</td></tr>
</table>

表 7-2 聚合物砂浆胶粘剂的性能指标

试验项目		性能指标
与水泥砂浆拉伸粘贴强度	标准状态 28d(MPa)	≥0.70
	耐水 7d(MPa)	≥0.50
与膨胀聚苯板拉伸粘贴强度	标准状态 28d(MPa)	≥0.10,破坏界面在膨胀聚苯板内
	耐水 7d(MPa)	≥0.10,破坏界面在膨胀聚苯板内
可操作时间(h)		≥2

(2)抹面胶浆的配制。与黏结剂的配制方法基本相同。抹面胶浆的性能指标见表 7-3。

表 7-3 抹面胶浆的性能指标

试验项目		性能指标
与膨胀聚苯板的拉伸黏结强度	原强度(MPa)	≥0.10,破坏界面在膨胀聚苯板上
	耐水(MPa)	≥0.10,破坏界面在膨胀聚苯板上
	耐冻融(MPa)	≥0.10,破坏界面在膨胀聚苯板上
柔韧性	水泥基:28d 压折比	≤3.0
	非水泥基:开裂应变(%)	≥1.5
可操作时间(h)		≥2

(3)保温板的切割：应尽量使用标准尺寸的保温板（1 200mm×600mm 或 900mm×600mm）。若用非标准尺寸的板，用电热丝切割器、手锯或工具刀切割，必须注意长短边、切口与板面都要垂直。

(4)网格布的准备：应根据工作面的要求，剪裁网格布，标准网格布应预留搭接长度。

3)弹线和挂线

(1)弹控制线：根据建筑的立面设计及外墙外保温的技术要求，在墙面弹出外门窗的水平、垂直控制线及伸缩缝、装饰缝线等。

(2)挂基准线：在建筑的大角（阴角和阳角）及其他必要处挂垂直基准线，每个楼层适当位置挂水平控制线，以控制 EPS 保温板的垂直度和水平度。

4)粘贴 EPS 保温板

(1)EPS 板是由可发性聚苯乙烯珠粒经加热预发泡后在模具中加热成型而制得的具有闭孔结构的聚苯乙烯泡沫塑料板材。EPS 板分普通型和阻燃型，现场必须采用阻燃型膨胀聚苯板，EPS 板的性能指标应符合表 7-4 的规定。

表 7-4　EPS 聚苯板主要性能指标

试验项目		性能指标
导热系数（W/(m·K)）		≤0.041
表观密度（kg/m^3）		18.0～22.0
垂直于板面方向的抗拉强度（MPa）		≥0.10
水蒸气透湿系数（ng/(Pa·m·s)）		≤4.5
吸水率（%）		≤4
尺寸稳定性（%）		≤0.40
燃烧性能		B2
陈化时间	自然条件（d）	≥42
	蒸汽（60°，d）	≥5

(2)EPS 保温板的尺寸要求：EPS 保温板的宽度不宜大于 1 200mm，高度不宜大于 600mm。因为 EPS 保温板尺寸过大时，其在铺贴时所跨越的墙面也就越大，基层的平整度相对不容易保证。另外，尺寸过大的 EPS 保温板的平整度也不易保证。这样可能会由于基层或板材的不平整而导致虚贴或表面不平整度不易调整等施工问题。

EPS 保温板的尺寸还应满足稳定性要求，由于 EPS 保温板加热成形后会产生收缩，收缩率起初较快，以后逐渐变慢，收缩到某一极限值后不再收缩。EPS 保温板成形后需要进行养护或陈化，以保证 EPS 板的尺寸稳定，从而保证 EPS 板上墙后不会发生大的后收缩。

保温板的厚度必须符合设计要求，现场用 ϕ2mm 的钢针插入和钢尺检测，检测结果取测点的平均值，精确到 1mm。EPS 保温板尺寸允许偏差见表 7-5。

表 7-5 膨胀聚苯板尺寸允许偏差 (单位:mm)

试验项目		允许偏差	检查方法
厚度	≤50	±1.5	用刻度值为 1mm 的钢直尺测量板的两端和中部
	>50	±2.0	
长度		±2.0	用钢卷尺测量平行于板长方向的任意部位
宽度		±1.0	用钢卷尺测量垂直于板长方向的任意部位
对角线差		≤3.0	用钢卷尺测量板面两个对角线的长度之差
板面翘曲		≤4.0	用调平尺在板的两端测量
板面平整度		≤2.0	用靠尺和塞尺测量靠尺与板面之间最大间隙
板侧面平直度		≤1/750	拉线用塞尺测量侧面弯曲量大处

注:本表的允许偏差值以 1 200mm×600mm 的膨胀聚苯板为基准。

(3)EPS 保温板安装时,应逐排水平方向依次排放。为提高保温层的整体性,上下两层板应错缝搭接,且搭接长度不小于板长的 1/2。在墙角处,应先排好尺寸(转角部位保温板的宽度尺寸不宜小于 300mm),按所需尺寸裁剪保温板。保温板应垂直交错互锁,保证拐角处板垂直完整,见图 7-3。

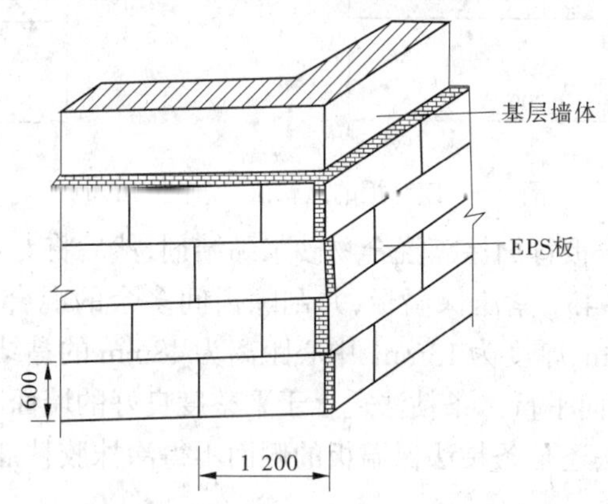

图 7-3 EPS 板的搭接图 (单位:mm)

(4)门窗四角是应力集中的部位,为避免因板缝而产生的裂缝,门窗洞口四角处的保温板不得用碎板拼接,应用整块 EPS 板切割而成。同时,EPS 板的接缝应距离角部至少 200mm,见图 7-4。

(5)保温板的粘贴方法有以下两种。

点粘法:用抹子沿保温板的四周边涂敷一条平均宽 50mm、厚 5~10mm 的梯形带状混合物砂浆黏结剂,平均厚度视其墙面平整度而定。并同时涂 6 或 8 块厚 5~10mm、直径为 100mm 的点状物,均匀分布在板中间。考虑到风荷载、安全系数和现场施工的不确定性,混合物砂浆黏结剂与保温板粘贴面积之比不小于 40%。点粘法适合于平整度较差的墙面。点粘法见图 7-5。

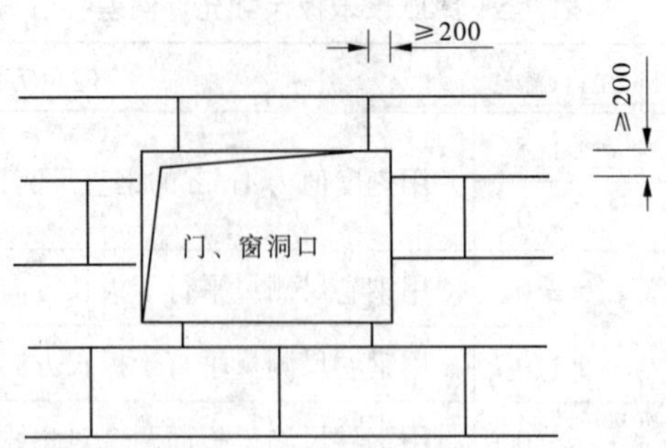

图 7-4　门窗洞口 EPS 板的排列　（单位:mm）

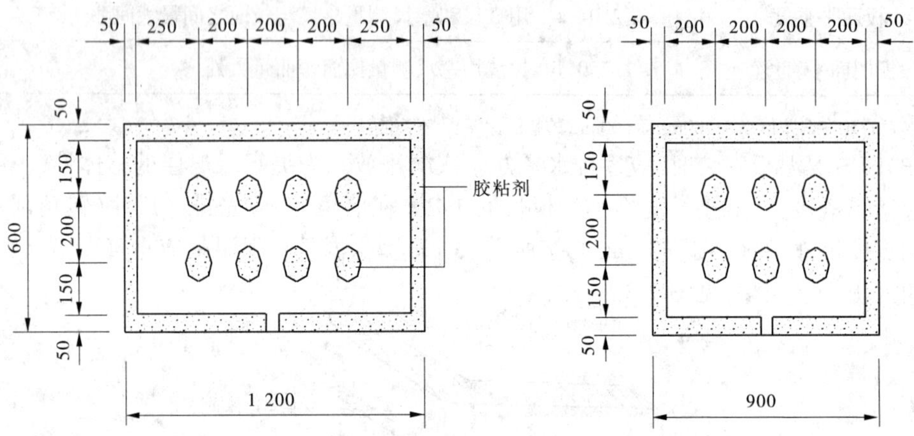

图 7-5　EPS 板的点粘法　（单位:mm）

条粘法:在整个保温板背面涂满混合物砂浆黏结剂,然后将专业抹子(也称齿口镘刀,见图 7-6)保持与板面呈 45°,紧压保温板,并刮除齿间多余的混合物砂浆黏结剂,使板面留下若干条宽度为 10mm、厚度为 13mm、中心距离为 48mm 的黏结剂带。保温板上墙后,黏结剂带与墙的高度方向平行。条粘法适合于平整度良好的墙面。条粘法见图 7-7。

注意,无论是点粘法还是条粘法保温板的侧面不得涂抹胶粘剂。

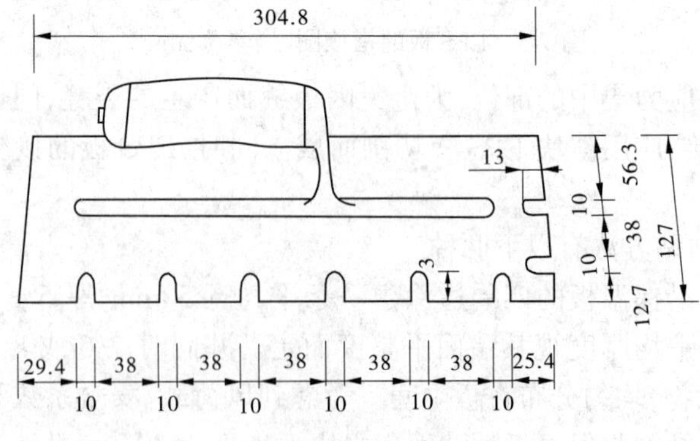

图 7-6　齿口镘刀　（单位:mm）

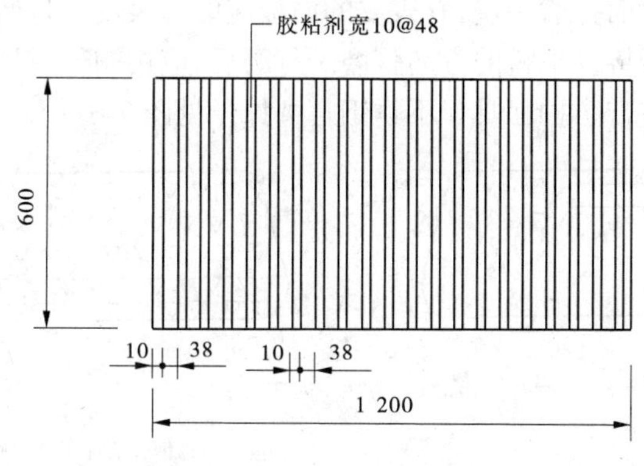

图 7-7　条粘法　(单位:mm)

(6)涂好混合物砂浆的保温板必须立即粘贴在墙面上并滑动就位,以防止混合物砂浆表面结皮失去黏结作用。粘贴时应轻揉,均匀挤压。为了保证表面的平整度,应随时用一根长度不小于 2m 的靠尺进行压平操作。每块保温板都要保证其平整度,粘贴牢固,板缝应紧密、平齐。

EPS 板薄抹灰外墙外保温系统热桥的影响主要来自于板缝,所以为了减少板缝热桥的影响,同时避免由于板缝开裂造成抹面层和饰面层拉裂,板与板之间要挤紧,板间不留空隙。不得在板缝碰头处抹混合物砂浆,每贴好一块,应及时清除挤出的砂浆。当板缝间隙大于 2mm 时,应用保温板条填实后磨平,不能用混合物砂浆填充板缝间隙。

EPS 保温板安装允许偏差及检测方法见表 7-6。

表 7-6　EPS 保温板安装允许偏差及检测方法

项次	项目	允许偏差(mm)	检查方法
1	表面平整	3	用 2m 靠尺和楔形塞尺检查
2	立面垂直	3	用 2m 垂直检查尺检查
3	阴、阳角垂直	3	用 2m 托线板检查
4	阳角方正	3	用 200mm 方尺检查
5	接茬高差	1.5	用钢直尺和楔形塞尺检查

(7)EPS 板施工完毕后应至少静置 24h 后才能在板面进行其他操作,以防止 EPS 板移动,减弱 EPS 板与基层墙体的黏结强度。在进行下一道工序之前,应检查 EPS 板是否粘贴牢固,松动的 EPS 板应取下重粘。

(8)保温板板间接缝高差大于 1.5mm 的部位,应用衬有 20 粒度砂纸的不锈钢打磨抹子磨平，然后将整个墙面打磨一遍，有表皮的面板应磨去表皮。打磨动作为柔和的圆周方向，不要沿着与保温板接缝平行的方向打磨。打磨后，应用刷子或压缩空气清除表面的碎屑及浮灰，操作工人应带防护面具。不锈钢打磨抹子见图 7-8。

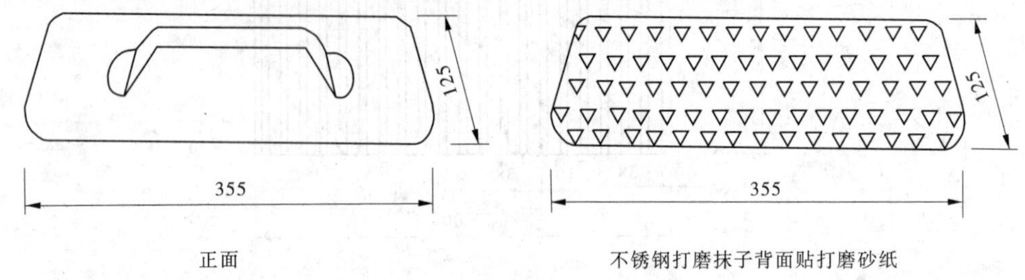

图 7-8　不锈钢打磨抹子　（单位:mm）

5）安装锚栓辅助固定件

（1）《外墙外保温工程技术规程》（JGJ144—2004）、（J408—2005）中规定“建筑高度在20m 以上时，在受负风压作用较大的部位宜使用锚栓辅助固定。”锚栓件主要用在不可遇见的情况下，对确保系统的安全性起到一定的辅助作用。因此，胶粘剂应承受系统全部荷载，不能因使用锚栓就放宽对黏结固定性能的要求。另外，如果材料供应商能够自行担保系统安全性的情况下，也可不使用锚栓辅助固定件。

（2）锚栓辅助固定件的位置：锚栓辅助固定件的位置见图 7-9。在阳角处、孔洞边缘的水平和垂直方向应加密，锚栓距基层边缘的距离，混凝土不小于 50mm，砌块墙不小于100mm。

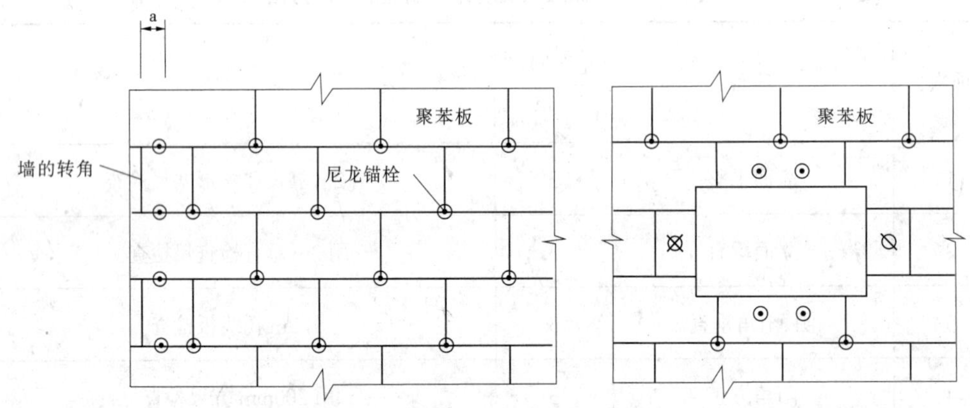

图 7-9　锚栓辅助固定件的位置

（3）锚栓技术性能：金属螺钉应采用不锈钢或经过表面防腐处理的金属制成，塑料钉和带圆盘的塑料膨胀套管应采用聚酰胺（Polyamide6、Polyamide6.6）、聚乙烯（Polyethylene）或聚丙烯（PolyProPylene）制成，制作塑料钉和塑料套管的材料不得使用回收的再生材料。

锚栓的有效锚固深度见表 7-7，塑料圆盘直径不小于 50mm。

表 7-7　锚栓的有效锚固深度

墙体材料	混凝土	实心砖	空心砌块	灰砂砖
锚固深度（mm）	50	50	90	90

锚栓的试验方法应符合《膨胀聚苯板薄抹灰外墙外保温系统》(JG149－2003)附录 F 规定。锚栓技术性能指标见表 7-8。

表 7-8　锚栓的技术性能指标

试验项目	技术指标
单个锚栓抗拉承载力标准值(kN)	≥0.60
单个锚栓对系统传热增加值(W/(m^2·K))	≤0.004

(4)锚栓辅助固定件安装步骤：保温板黏结牢固后，一般在 24h 以后安装固定件，步骤如下。

按设计要求的位置用电锤钻孔(孔径视锚栓直径而定，孔深不得小于设计要求)，然后塞入锚栓，用锤将锚栓敲入，最后用螺丝刀拧紧。要求锚栓固定件的构件圆盘与保温板表面取平或略拧入一些。

6)抹面层

抹面层是指抹在保温层上，中间夹有增强网保护保温层并起防裂、防水和抗冲击作用的构造层。抹面层可分为薄抹面层和厚抹面层。用于 EPS 板和胶粉 EPS 颗粒保温浆料时为薄抹面层，用于 EPS 钢丝网架板时为厚抹面层。

《外墙外保温工程技术规程》中将抹面层和饰面层合称为保护层，并规定：薄抹面层系统保护层的厚度应不小于 3mm 并且不大于 6mm；对于厚抹面层系统保护层的厚度应为 25～30mm。薄抹面层主要起防水和抗冲击的作用，同时又应具有较小的水蒸气渗透阻。厚度过薄则不能达到足够的防水和抗冲击的作用，过厚则会因横向拉力超过玻纤网格布的抗拉强度而导致抹面层的开裂，过厚还会使水蒸气渗透阻超过设计要求；厚抹面层过薄会导致金属网锈蚀，过厚会增加裂缝的可能性，还会使重量超过抗震荷载的限值。

抹面层中间夹的镀涂耐碱网格布被称为抗裂防护层(抹面层)的软钢筋，它能使抗裂防护层变形应力均匀地向四周分散，在限制沿耐碱网格布方向变形的同时，又取得了垂直耐碱网格布方向的最大变形量。

(1)镀涂耐碱网格布的性能要求：耐碱网格布的网眼应均匀一致，无跳丝、破损。《外墙外保温工程技术规程》(JGJ144—2004)、(J408—2005)中规定，玻纤网格布径向和纬向耐碱拉伸断裂强力均不得小于 750N/50mm，耐碱拉伸断裂强力保留率不得小于 50%。耐碱网格布性能指标见表 7-9。

表 7-9　耐碱网格布性能指标

项目		指标
长度(m)×宽度(m)		(50～100)×(0.9～1.2)
网孔中心距(mm)	普通型	4×4
	加强型	6×6
单位面积质量(g/m^2)	普通型	≥160
	加强型	≥450
断裂强力(经、纬向)(N/50mm)	普通型	≥750
	加强型	≥1 800
耐碱强力保留率(经、纬向)(%)		≥50
断裂伸长率(经、纬向)(%)		≤5
涂塑量	普通型	≥20
	加强型	

(2)抹面层的施工方法:抹面层施工前首先应检查保温板是否干燥,表面是否平整,并去除板面有害物质、杂质或表面变质部分。

抹面层一般采用两道抹面胶浆的施工方法。首先用不锈钢抹子在保温板表面涂抹一层面积略大于网格布的抗裂防水抹面胶浆,厚度约为 2mm。然后立即将网格布压入湿的抹面胶浆中,待砂浆凝固至表面不粘手时,再开始涂抹第二道抹面胶浆,该道抹面胶浆厚度以盖住网格布为准,一般在 1mm 左右,使总厚度在(3±0.5)mm。抗裂防水面层抹平即可,不得收浆压光。抹面层的平整度应控制在±4mm 之间。抹面层施工后,应至少养护 24h,方可进行下道工序,在寒冷和潮湿气候下,可适当延长养护时间。

抹面层不得在雨中施工,并应注意保护已完工的部分,避免雨水的浸透和冲刷。

(3)网格布的铺设:网格布应自下而上沿外墙一圈一圈铺设,施工时将大面积网格布沿高度宽度方向绷直绷平。注意将网格布弯曲的一面朝里。用抹子由中间向上、下、左、右边将网格布抹平,使其紧贴底层混合物砂浆。网格布间应相互搭接,并且搭接长度不小于 100mm,网格布不得皱褶、空鼓、翘边、外露。

转角部位的网格布应是连续的,在墙身阴阳角处须从两边墙身埋贴的网格布双向绕角且相互搭接,阳角处的搭接不小于 200mm;阴角处的搭接不小于 100mm。阴阳角四层网重叠处,须将重叠部分中间两层网格布剪掉,以保证阴阳角的平整度,剪网时注意不能剪多,见图 7-10。

门窗洞口内侧周边以及洞口四角均加一层网格布进行加强。洞口四角网格布尺寸为 300mm×200mm,沿 45°角方向粘贴在洞口周边的已翻包好的网格布上(见图 7-11)。

网格布应在下列系统终端部位进行翻包。门窗洞口、管道或其他设备需穿墙的洞口

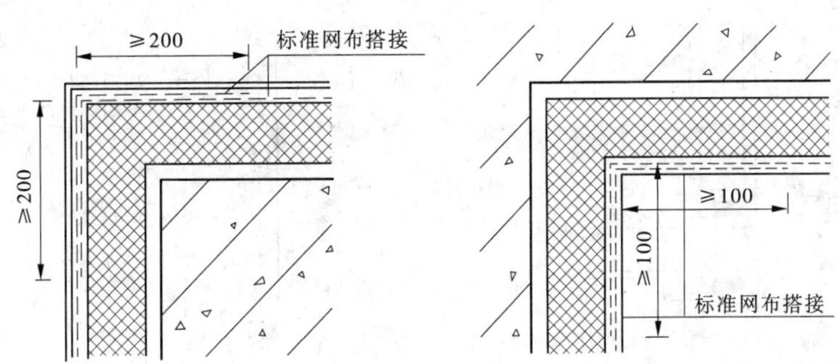

图 7-10　转角部位的网格布的搭接　(单位:mm)

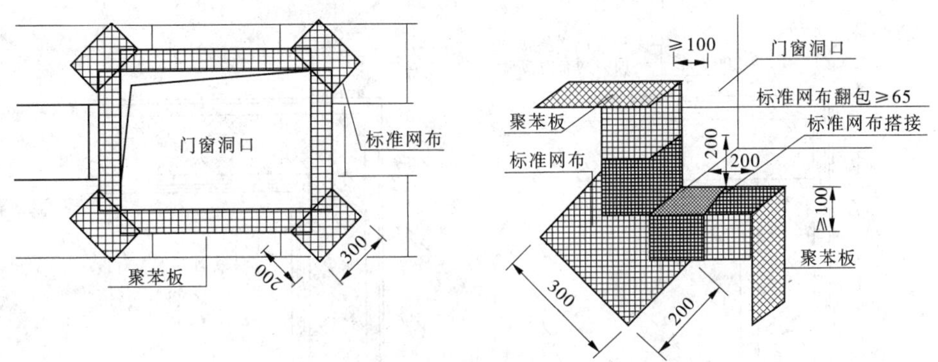

图 7-11　门窗洞口四角网格布的加强　(单位:mm)

处;勒脚、阳台、雨篷等的终端部位;变形缝等需要终止系统部位和其他处保温板的终端。见图 7-12。翻包网格布方法如下:裁剪窄幅网格布,长度应不小于 2×100mm + 保温板的厚度。然后在基层墙体上所有洞口及系统终端处,涂抹上黏结砂浆,宽度为 100mm,厚度为 2mm。将裁剪好的网格布一端 100mm 压入黏结砂浆内,余下的甩出备用,并应保持其清洁。将要翻包保温板背面涂抹好黏结砂浆,贴在粘贴好网格布的墙面上,然后用抹子轻轻敲击使之粘贴牢固。再将翻包部位的保温板的正面和侧面均涂抹上抹面胶浆,将预先甩出的网格布沿板翻转,并压入抹面砂浆内。翻包网格布压在大面积标准网格布之下。当一层有加强网时,则应先铺加强网,再将翻包网压在加强网之上。

首层和其他预期会受到外力冲击、碰撞的部分及装饰线处,应加一层加强型网格布。加强型网格布在任何部位只对接不搭接。加强型网格布铺设时,采用一道抹面法。即在保温板表面涂抹一层面积略大于准备铺设的加强网格布,厚度约为 2.5mm,立即将网格布压入刚抹的抹面胶浆中,直至网格布全部被覆盖。加强网埋在标准网里侧(见图 7-13)。

7)特殊部位的处理

(1)装饰线的施工:装饰线应根据建筑设计立面处理效果处理成凸型和凹型。凸型称为装饰线,凹型称为分格缝。

分格缝施工时,首先根据设计分格用墨斗弹出分格线的位置,并进行水平或竖向校正。然后按照弹好的分格线在保温板上安好定位靠尺,使用切槽机将保温板切成凹口,开

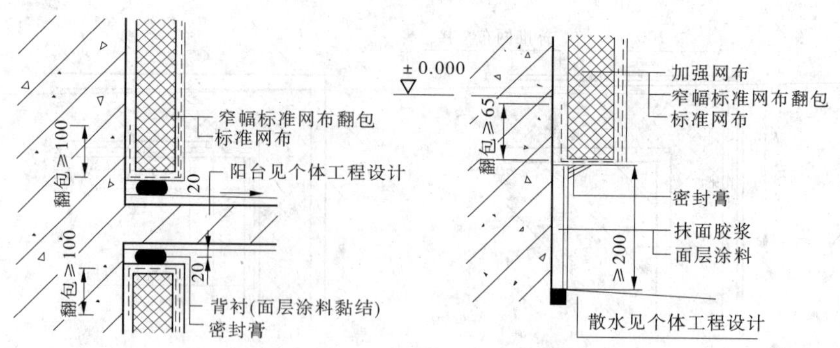

图 7-12　**阳台和勒脚处的翻包处理**　(单位:mm)

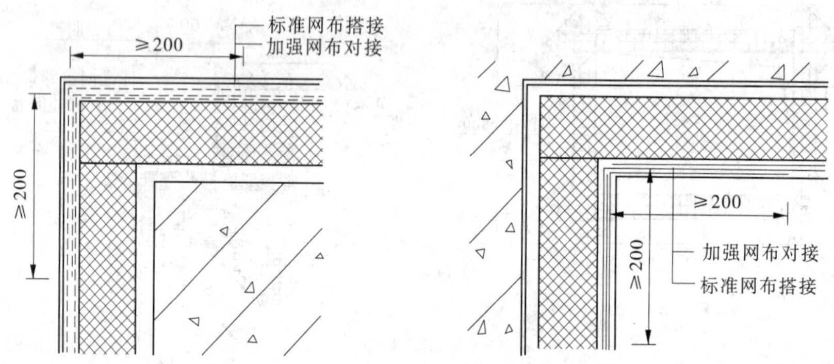

图 7-13　**加强型网格布的铺设**　(单位:mm)

槽后的保温板厚度不能小于 20mm。对不直的凹槽进行修改。抹面层施工时,先在凹槽内及凹槽周侧 100mm 宽的范围内,均刮上一层抹面胶浆,然后压入加铺一层的标准网格布,两层网格布的搭接不小于 100mm。大面网格布在该处不断开,见图 7-14。

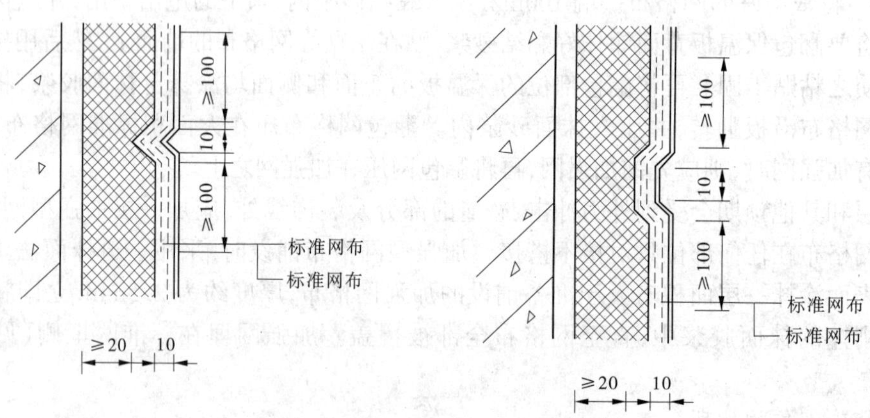

图 7-14　**分格缝的构造**　(单位:mm)

装饰线一般采用聚苯板制作。保温层安装完毕后,根据设计分格用墨斗弹出装饰线的位置并进行校正,在加工好的凸线脚上铺一层标准网格布,然后在保温板上装饰线的位置处涂抹一层抹面胶浆,粘贴装饰线(见图 7-15)。如果装饰线凸出墙面超过 100mm 时,需采取机械加固措施(见图 7-16)。

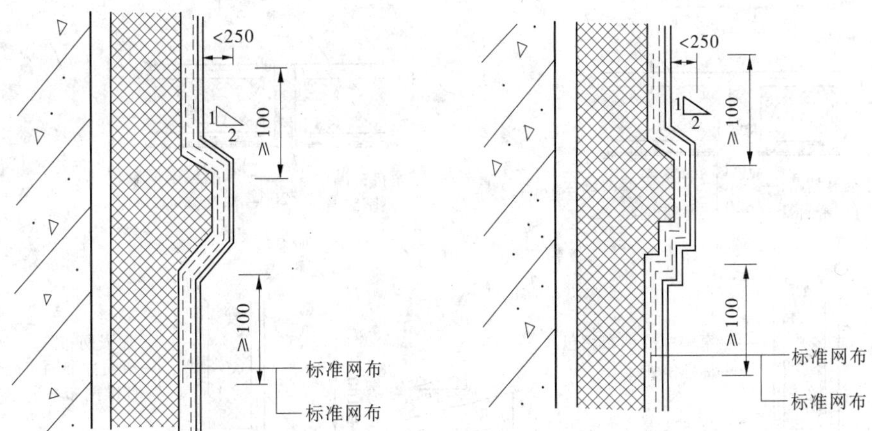

图 7-15　装饰线的构造　(单位:mm)

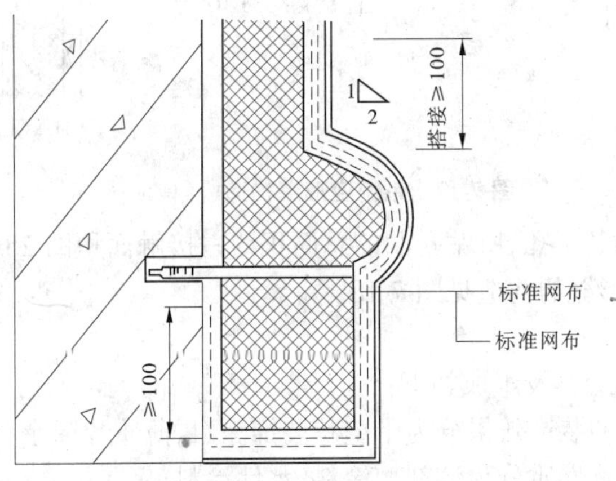

图 7-16　装饰线的机械加固措施　(单位:mm)

铺在装饰线上的网格布被切坏时,必须在标准网格布上加铺一层新网,新旧网格布之间的搭接长度至少为 100mm。

(2)变形缝的施工:变形缝分系统变形缝和结构变形缝。需设置系统变形缝的部位有:预制墙板相接处;外保温系统与不同材料相接处;基层材料改变处等。系统变形缝的构造见图 7-17。系统变形缝的宽度不小于 20mm,网格布应在系统终端部位进行翻包处理。缝内填发泡聚乙烯圆棒作背衬材料,直径为缝宽的 1.3 倍。缝口分两次勾填建筑密封膏,深度为缝宽的 50%～70%,密封膏可在涂料前或后施工,在涂料后施工时应粘贴胶纸带以保护面涂。施工密封膏时,应确保所有的节点都是清洁的,无霜、浮尘、稀释剂等。密封膏应完全塞满节点空腔,并与两侧抹面胶浆紧密结合。

结构变形缝内要求设低密度聚苯板做为保温材料,变形缝内的聚苯板应挤满,聚苯板与盖缝板接触处均喷满界面剂。

结构变形缝盖板采用 1mm 厚铝板或 0.7mm 厚镀锌薄钢板。盖板缝应根据缝宽、缝口构造,适应变形的要求现场制作。凡盖板缝外侧需粘贴保温板或抹灰时,均应在与抹灰

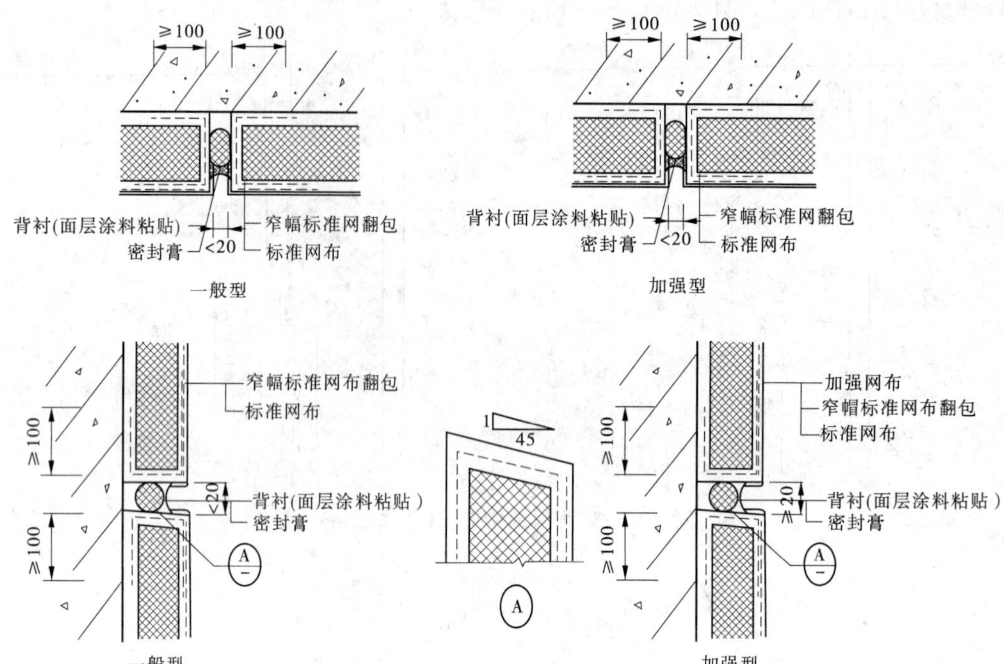

图 7-17　系统变形缝构造　(单位:mm)

层相接触的部位,钻若干孔,所钻孔洞的总面积约占接触面积的 25%,以增强抹灰层与基层的咬接。结构变形缝的构造见图 7-18。

8)涂料饰面

(1)涂料饰面的分类及组成如下:

- 以所用涂料的装饰效果分为平壁状装饰涂料、薄质装饰涂料、复层装饰涂料;
- 按主要成膜物性质分为溶剂型涂料、水性涂料;
- 按面涂光泽高低分为高光、半光、亚光。

涂料饰面的组成按所用涂料不同而不同,一般由腻子层、底涂层、主涂层、面涂层组成。

(2)用于外墙外保温涂料饰面应具备的性能有:

- 有一定的延伸性,可以有效地防止面层出现裂纹;
- 防水性及透气性;
- 装饰性、一定的色彩稳定性、耐污性;
- 具有较强的色彩耐老化性。

(3)涂料饰面的施工工艺。涂料饰面的施工依所用涂料不同而不同,这里以平壁状装饰涂料为例做一说明。

- 清理检查基层:检查基层干燥程度及碱性,一般基层的含水率应≤10%,pH<10;清除基层表面的污物及杂物。
- 补缺损部位、孔眼:要求用柔韧性好,具有抗裂性能的砂浆修补。
- 刮柔性耐水腻子:柔性耐水腻子具有柔韧性好、粘贴强度高、耐水、耐碱等特点。

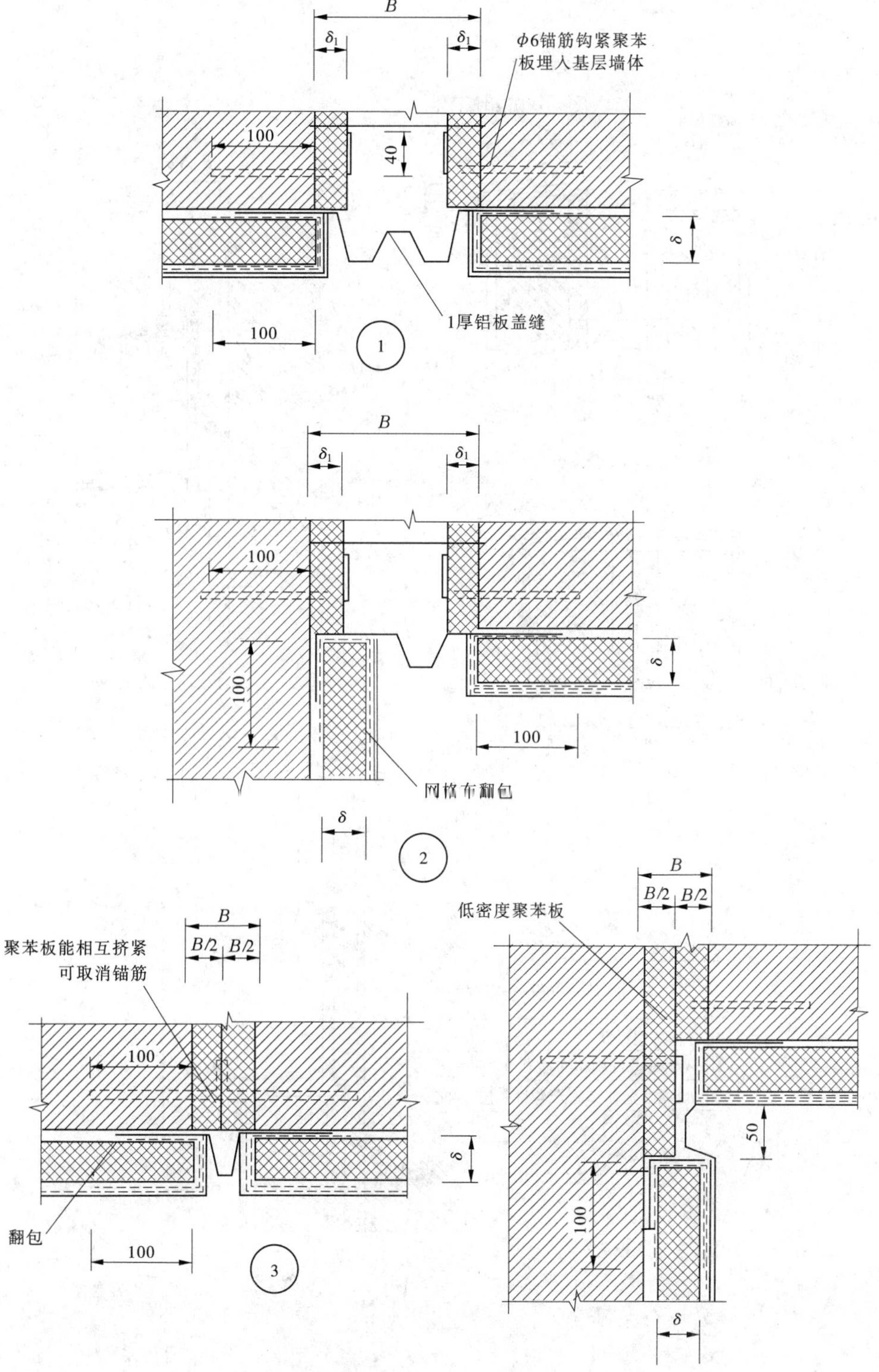

图 7-18(a) 结构变形缝的构造 (单位:mm)

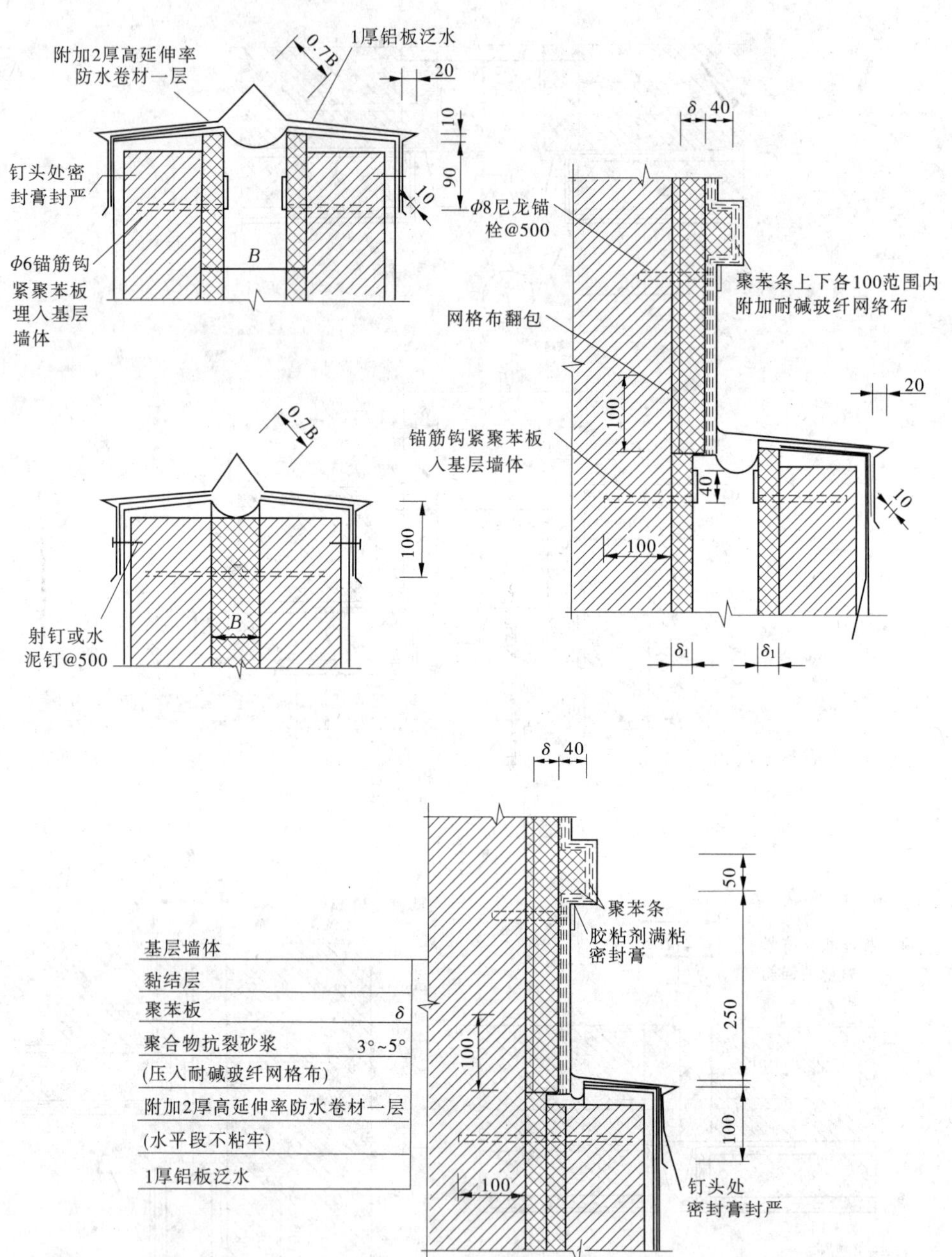

图 7-18(b) 结构变形缝的构造 (单位:mm)

它可以满足柔性变形、应力分散的要求，防止面层出现开裂脱落等不良现象。柔性耐水腻子性能指标见表 7-10。

表 7-10　柔性耐水腻子性能指标

项目	指标
拉伸黏结强度(MPa)	≥0.6
浸水拉伸黏结强度(MPa)	≥0.4
柔韧性(直径 50mm)	卷曲无裂纹

• 打磨：用专用细砂纸打磨一遍，打磨要求同聚苯板。

• 涂弹性底涂：涂弹性底涂分两遍施工，先薄涂弹性底涂一遍(10～20μm)，找平、打磨，再涂弹性底涂一遍(20～40μm)。高分子乳液防水弹性底层涂料性能指标见表 7-11。

表 7-11　高分子乳液防水弹性底层涂料性能指标

项目		指标
干燥时间(h)	表干时间	≤4
	实干时间	≤8
拉伸强度(MPa)		≥1.0
断裂伸长率(%)		≥300
低温柔性，绕 ϕ10mm 棒		-20℃无裂缝
不透水性 0.3MPa，0.5h		不透水
加热伸缩率(%)	伸长	≤1.0
	缩短	≤1.0

• 涂面涂层：一般面涂应从墙的顶端开始自上而下施工。施工时用 254mm 宽且绕有 32～38mm 宽绒布的滚轴，涂抹 40～80μm 厚的面涂。一般气候条件下(21℃和 50%的相对湿度)，干燥时间为 2h，否则应适当延长干燥时间。施工时，不得干滚或用力过度。

• 检查、修补：因工序穿插，操作失误或使用不当致使外保温系统出现破损的，按如下程序进行修补。

用锋利的刀具剜除破损处，剜除面积略大于破损面积，形状大致整齐。注意防止损坏周围的抹面砂浆、网格布和聚苯板。清除干净残余的胶粘剂和聚苯板碎粒。切割好一块规格、形状完全相同的聚苯板，在背面涂抹厚度适当的胶粘剂，塞入破损部位与基层墙体粘牢，表面与周围聚苯板齐平。仔细把破损部位四周约 100mm 宽度范围内的涂料和面层抹灰砂浆磨掉。注意不得伤及网格布,不得损坏底层抹面砂浆。如果不小心切断了网格布,打磨面积应继续向外扩展。如造成底层抹面砂浆破碎,应抠出碎块。在修补部位四周贴不干胶纸带,以防造成污染。用抹面砂浆补齐破损部位的底层抹面砂浆,用湿毛刷清理不整齐的边缘。对没有新抹砂浆的修补部位作界面处理。剪一块面积略小于修补部位的网格布(玻纤方向横平竖直),绷紧后紧密贴到修补部位上,确保与原网格布的搭接宽度不小于80mm。从修补部位中心向四周抹面层砂浆,做到与周围面层顺平,并防止网格布移位、皱褶,然后用湿毛刷修整周边不规则处。待抹面砂浆干燥后,在修补部位做外饰面,其纹路、色泽尽量与周围饰面一致。待外饰面干燥后,撕去不干胶纸带。

9)质量检查

(1)保温板的粘贴。

• 保温板必须与墙面粘贴牢固,无松动和虚贴现象。检验方法:观察和用手推拉检查。检验数量:按楼层每20m抽查一处,每处3延米,每层不少于3处。

• 抗裂面层与保温板必须黏结紧密,无脱层、爆灰和裂缝,耐碱玻纤布无皱褶、翘边、外露等现象,搭边宽度不小于100mm。

• 每块板与基层面的有效黏结面积≥40%。

• 保温板粘贴48h后,敲击检查是否有松动或不实处。必要时可揭下保温板观察是否有虚贴。

• 聚合物砂浆保护层厚度不宜大于6mm,首层铺设加强网处砂浆厚度为(6±0.5mm)。

• 表面平整度用2m靠尺,表面饰面层为涂料时,误差不大于4mm;饰面层为面砖时,误差不得大于8mm;阴阳角边处加工与连接也必须整齐平顺。

• 用最小刻度为0.5mm的金属直尺检查板缝间隙及高差,高差不得大于1mm。

(2)墙面装饰用凹凸线必须水平或垂直,应用2m长靠尺和楔形塞尺检查其平直度,误差不得大于3mm。

(3)网格布的铺设。

·用目测检查表观状况,不得有肉眼可分辨的网印。

·现场随机检查网格布是否按规定铺设。

·用针扎的方式检查抹面胶浆的厚度。

(4)涂料饰面的验收。

保证验收项目:涂料的品种、质量和颜色必须符合设计要求和有关规定。严禁掉粉、起皮、漏刷、透底。

基本验收项目:外墙涂料施工完毕后,验收一般以4m左右为一个检查层,每20m长抽查一处(每处3延米),且不少于3处。基本验收项目要求应符合《建筑工程质量检测评定标准》(GBJ301)的要求,并用插针方法检查面层涂料的厚度。

7. 构造节点详图

(1)首层墙体及墙角的构造,见图7-19。

(2)2层及2层以上墙体及墙角的构造,见图7-20。

(3)窗口的构造,见图7-21。

(4)檐口及女儿墙的构造,见图 7-22。

(5)空调搁板的构造,见图 7-23。

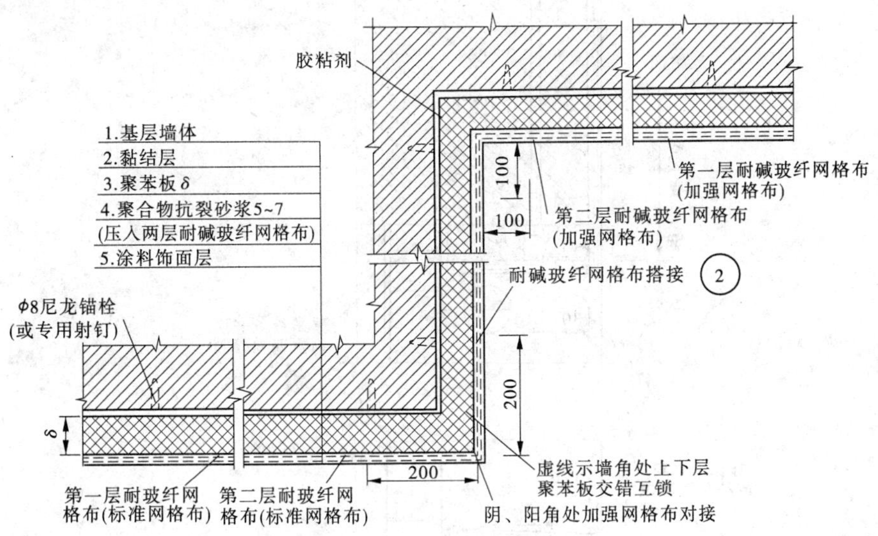

图 7-19　首层墙体及墙角的构造（单位:mm）

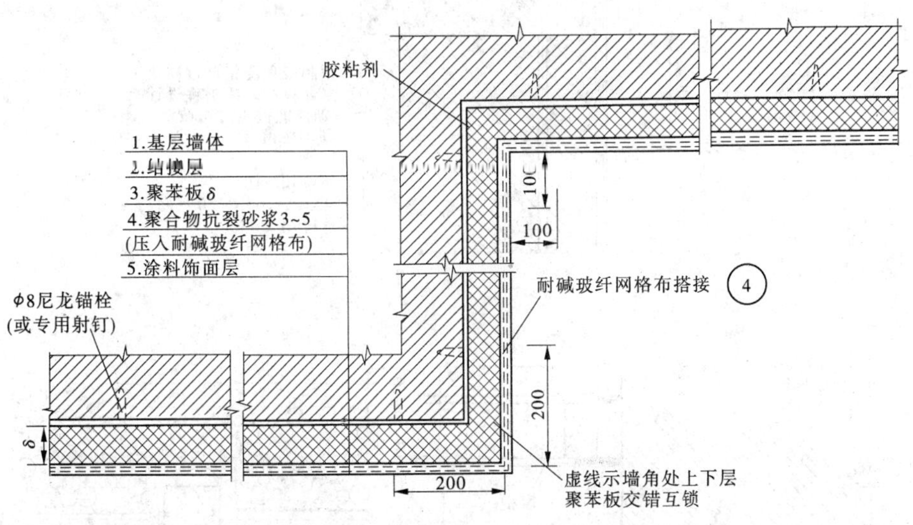

图 7-20　2 层及 2 层以上墙体及墙角的构造（单位:mm）

(三)胶粉 EPS 颗粒保温浆料外墙外保温系统

胶粉聚苯颗粒保温砂浆是一种墙体保温材料,由胶粉骨料和聚苯颗粒轻骨料组成,现场加水即可使用,施工简单,黏结力强,可用于外墙外保温和外墙内保温工程,但由于胶粉 EPS 颗粒保温浆料内含有水泥、粉煤灰砂等导热系数大的材料,其保温效果相对较差,为满足 65%的节能标准,保温层的厚度势必很大,导致保温层的施工质量难以保证,并增加了保温层的施工费用和难度。

胶粉 EPS 颗粒保温浆料外墙外保温系统是由界面层、胶粉 EPS 颗粒保温浆料保温

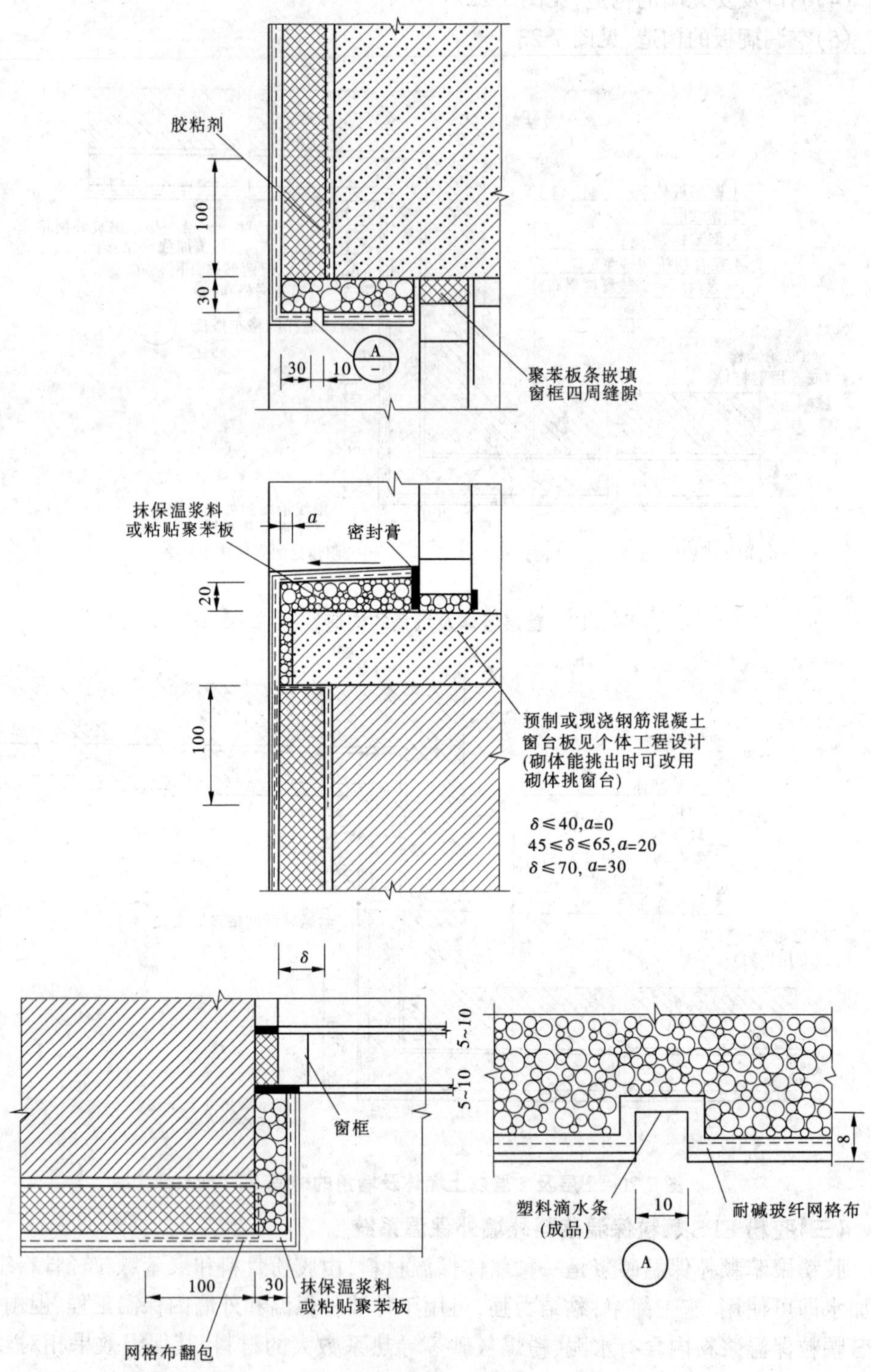

图 7-21　窗口的构造　(单位:mm)

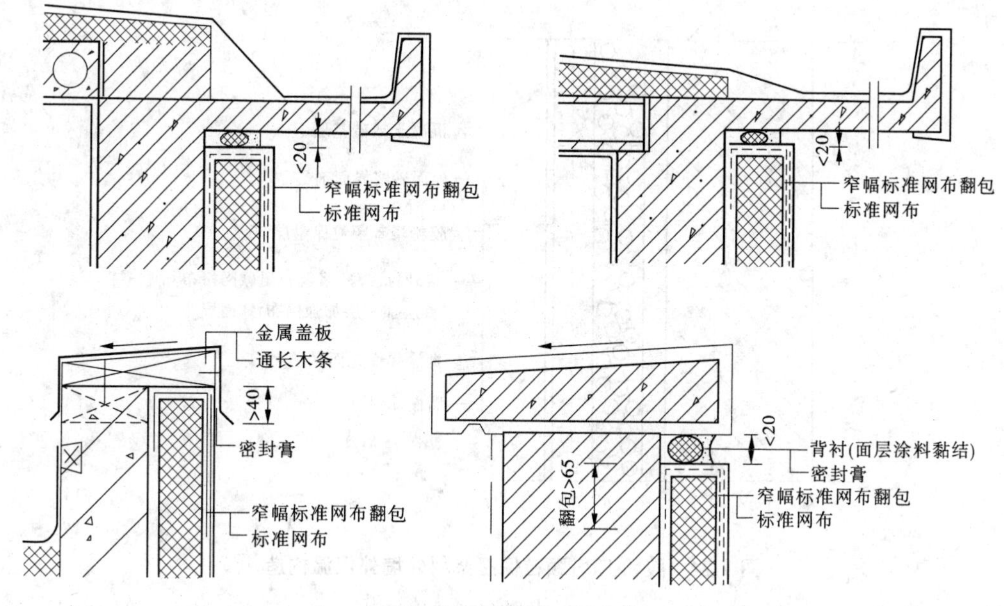

图 7-22 **檐口及女儿墙的构造** (单位:mm)

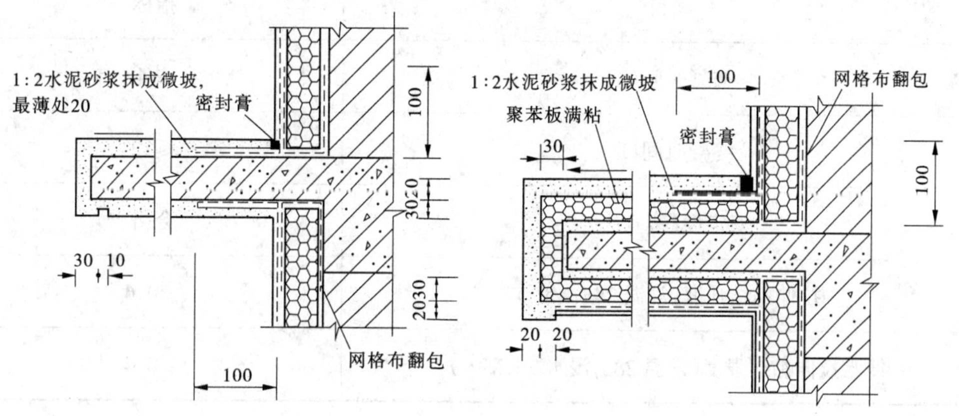

图 7-23 **空调搁板的构造** (单位:mm)

层、抗裂砂浆抹面层和饰面层等组成。

胶粉 EPS 颗粒保温浆料外墙外保温构造图见图 7-24。

1. 施工准备

1)材料

(1)水泥:硅酸盐水泥或普通硅酸盐水泥强度不低于 32.5MPa。应有出厂合格证及复试报告。

(2)砂:中砂,含泥量小于 2%,应符合国家现行标准《普通混凝土用砂质量标准及检验方法》。

(3)界面处理剂:采用水泥砂浆界面剂。

(4)胶粉料:其性能指标见表 7-12。

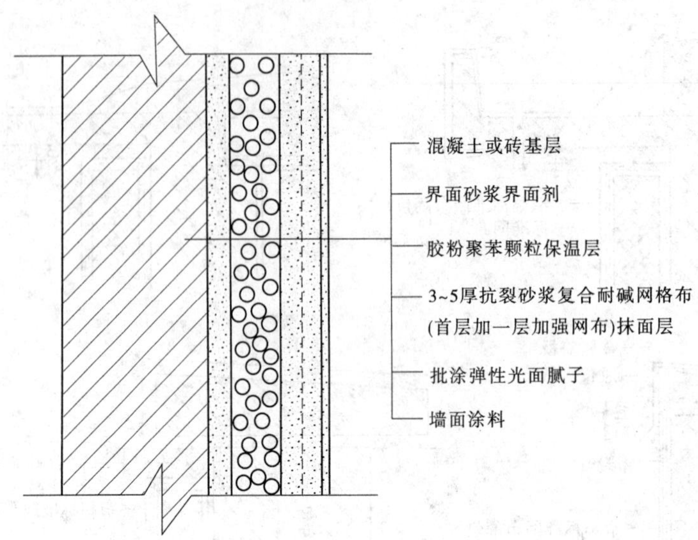

图 7-24　胶粉 EPS 颗粒保温浆料外墙外保温构造

表 7-12　胶粉料性能指标

项目	指标
初凝时间(h)	≥4
终凝时间(h)	≤12
安定性(蒸煮法)	合格
拉伸黏结强度(常温 28d,MPa)	≥0.6
浸水拉伸黏结强度(常温 28d,浸水 7d,MPa)	≥0.4

(5)胶粉聚苯颗粒:其性能指标见表 7-13。

表 7-13　胶粉聚苯颗粒性能指标

项目	指标
堆积密度(kg/m³)	12～21
粒度(5mm 筛孔筛余,%)	≤5

(6)抗裂剂:采用专用水泥砂浆作抗裂剂,抗拉黏结强度 28d 应达到 0.8MPa。

(7)玻璃纤围网格布:采用耐碱涂塑玻璃纤围网格布。

(8)高分子乳液防水弹性底层涂料。

(9)柔性耐水腻子。

(10)辅助材料:带尾孔射钉($\phi5$)、孔边长25mm的镀锌六角钢丝网、22号镀锌铅丝、专用金属护角(35mm×35mm×0.5mm),金属分层条(30mm×40mm×0.7mm的镀锌轻型角钢)、分格条。

2)机具及设备

(1)机械:强制式砂浆搅拌机、手提搅拌器、射钉枪。

(2)工具:水桶、剪子、筛子、扫帚、灰桶、靠尺、抹子等。

(3)计量检测用具:磅秤、钢尺、方尺、塞尺、水平尺、托线板、线坠、探针等。

(4)安全防护用品:手套、口罩、护目镜。

3)施工条件

(1)结构工程完毕并经验收合格。

(2)已测设标高控制线,并经预测合格。

(3)门窗安装完毕,缝隙填塞严密,门窗框表面已做好保护。

(4)脚手架搭设完毕。

(5)外墙面上的雨水管卡、预留铁件等固定件已安装完毕,预留出保温层的厚度并经验收合格。

(6)作业时环境温度不应低于5℃,风力不应大于5级,风速不大于10m/s。严禁雨天施工,雨期施工应做好防雨措施。

2. 施工工序

胶粉EPS颗粒保温浆料外墙外保温系统的施工工序为:基层墙面处理—配制砂浆—涂刷界面砂浆—吊垂直、套方、贴饼冲筋—保温浆料施工—做分格线—抹抗裂砂浆,铺贴玻纤网格布—特殊部位加强—高分子乳液防水弹性底层涂料—刮柔性耐水腻子。

3. 施工方法

1)基层墙面处理

将表面凸出大于10mm的混凝土剔平,用钢丝刷满刷一遍,并用扫帚将表面的浮尘清扫干净,清除表面粘有的油污及疏松层等,最后用软刷清扫干净。

2)配置砂浆

(1)配置界面砂浆:水泥:中砂:界面剂=1:1:1(重量比),搅拌成均匀浆状。

(2)配置胶粉EPS颗粒保温浆料:将35~40kg的水倒入砂浆搅拌机内,随即加入25kg一包的胶粉搅拌5min后,将200L聚苯颗粒加入搅拌机中,4min后可形成塑性良好的膏状体。该浆料可随拌随用,在4h内用完。胶粉EPS颗粒保温浆料的性能指标见表7-14。

(3)配置抗裂防护砂浆:水泥:中砂:抗裂剂=1:3:1(重量比),先加入抗裂剂,然后加入中砂搅拌均匀,再加入水泥继续搅拌2min。注意,抗裂砂浆内不能加水,应在2h内用完。抗裂防护砂浆的性能指标见表7-15。

表 7-14 胶粉 EPS 颗粒保温浆料的性能指标

项目	指标	项目	指标
湿表观密度(kg/m^3)	≤420	抗拉强度(kPa)	≥100
干表观密度(kg/m^3)	≤180～250	压剪黏结强度(kPa)	≥50
导热系数(W/(m·K))	≤0.059	线性收缩率(%)	≤0.3
压缩强度(kPa)	≥250	软化系数	≥0.5
耐燃性	B1 级		

表 7-15 抗裂防护砂浆的性能指标

项目	指标
砂浆稠度(mm)	80～130
可操作时间(h)	≥2.0
拉伸黏结强度(常温 28d,MPa)	≥0.8
浸水拉伸黏结强度(常温 28d,浸水 7d,MPa)	≥0.6
抗弯曲性	5%弯曲变形无裂纹
渗透压力比(%)	≥200

3)涂刷界面砂浆

用滚刷或扫帚将配置好的界面砂浆均匀涂刷(甩)到基层上,也可用砂浆喷枪喷涂,以覆盖基层为准。

4)吊垂直、套方、贴饼冲筋

用经纬仪或大线坠吊垂直,检查墙面的垂度和平整度,根据大面和大角的垂直度确定保温层的厚度(应不小于保温层的设计厚度),拉垂直线,水平通线,再根据两垂直方向灰饼之间的水平通线,做保温层厚度灰饼,每灰饼之间的距离(横、竖、斜向)不超过 2m。

5)保温浆料的施工

胶粉 EPS 颗粒保温层的设计厚度不宜超过 100mm。

(1)一般做法:用于保温层的厚度小于 60mm 或建筑高度小于 30m 时,保温浆料因其在浆料状态时强度低、松软易变形等特点,施工时应注意以下问题:根据冲筋厚度,抹胶粉颗粒保温浆料,至少分 2 遍抹成,每遍厚度不大于 20mm,遍间隔应在 24h 以上。后一遍施工厚度应比前一遍施工厚度小,最后一遍施工厚度不能大于 10mm。最后一遍的抹灰厚度应略高于灰饼的厚度,而后用杠尺刮平,用抹子修补平整。待抹完保温层面层 30min 后,用抹子再赶抹墙面,用托线尺检测后达到验收标准。门窗洞口的垂直度和平整度应符合要求。

保温层固化干燥后(一般 5～7h,用手按不动表面为宜)方可进行抗裂防护层施工。

(2)加强做法:用于保温层的厚度大于 60mm 或建筑高度大于 30m 时。

在保温层厚度超过 60mm 时,抹保温浆料方法同上但应采取加强措施,应于每层楼板处加钉 L 形镀锌轻钢角铁(30mm×40mm×0.7mm)作分层条,进行分层断块,并在距保温面层 20mm 左右加铺一道六角钢丝网(21 号,孔边距 25mm×25mm)。加铺六角钢丝网时,首先应在界面处理完后,按每平方米 3～4 枚的密度在墙上固定带尾孔的射钉,尾孔穿 22 号镀锌铅丝,铅丝预留长度不小于 100mm;六角网在铺贴时,应用镀锌铅丝把其与射钉绑扎牢固(六角网离墙面不宜小于 30mm,离保温层表面不宜小于 20mm,六角网搭接不应小于 50mm)。胶粉聚苯颗粒外保温的加强做法见图 7-25。

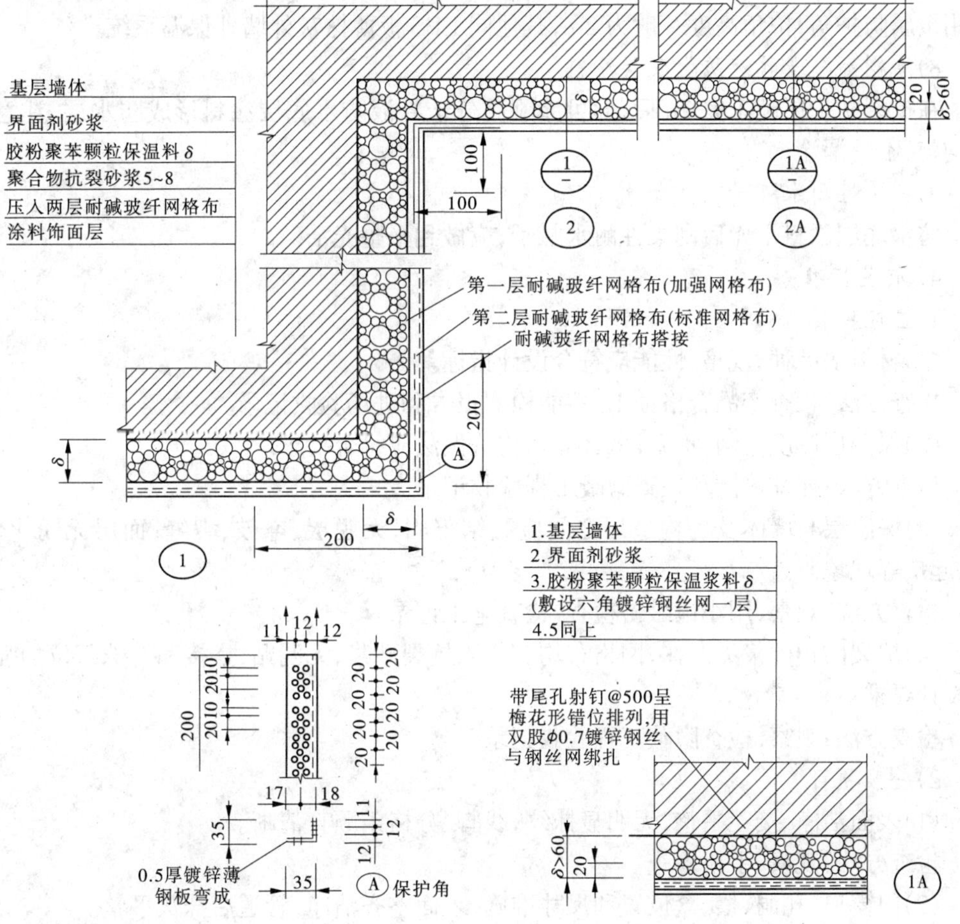

1.(1A),(2A)仅用于高度h≥30mm且保温浆料厚度δ>60mm的高层建筑;
2.如基层墙体不宜使用射钉,亦可采用砖缝内埋设φ6钢筋或其他锚固方式;
3.六角镀锌钢丝网的规格:丝径0.8mm,孔径25。

图 7-25　胶粉聚苯颗粒外保温的加强做法　(单位:mm)

6)做分格缝

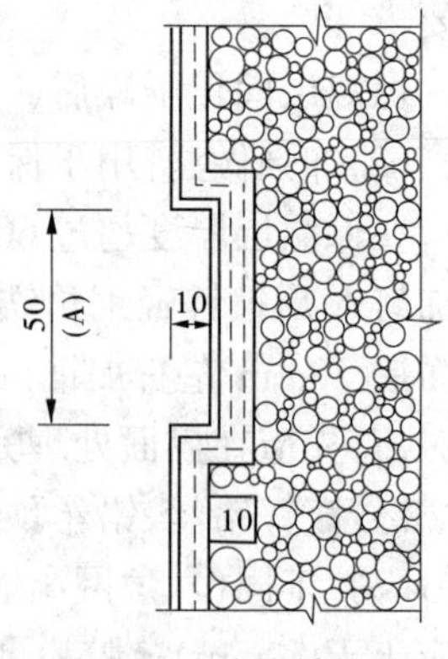

图 7-26　分格缝构造

根据建筑立面设计,分格缝宜分层设置,分块面积单边长度应小于 15mm,在胶粉聚苯颗粒保温面层上弹出分格缝和滴水槽的位置,用壁纸刀开出设定的凹槽,分格缝宽度按设计要求,当设计无要求时,一般宽 50mm,槽深 15mm,开槽时比设计要求宽 10mm,深 5mm,用以抹抗裂防护砂浆。分格缝构造见图 7-26。

7)抹抗裂防护砂浆,粘贴玻纤网格布

(1)一般部位:一般部位的施工同 EPS 板薄抹灰外墙外保温系统。

(2)特殊部位:建筑首层的阳角,应在双层玻纤网之间加专用金属防护角,护角高度一般为 2m,其他同 EPS 板薄抹灰外墙外保温系统。

8)涂刷高分子乳液防水底层涂料

在抗裂防护层施工完 2h 后,即可涂刷高分子乳液防水底层涂料形成防水层,注意涂刷均匀,不得漏涂。

9)刮柔性耐水腻子

防水底层涂料干燥后刮柔性耐水腻子,应做到平整光洁。

4. 质量标准

1)主控项目

(1)材料的品种、规格、性能应符合设计指标。

检查方法:检查产品合格证书、性能检测报告和进场验收记录。

(2)保温层厚度均匀,不允许负偏差,构造做法应符合要求。

检查方法:探针检测和检查隐蔽工程验收记录。

(3)保温层与墙体及各构造层之间应黏结牢固,无脱层、空鼓、裂缝,面层无粉化、暴灰、起皮等现象。

检查方法:观察,用小锤敲击检查,检查施工记录。

(4)抗裂防护砂浆无漏抹,网格布均匀压入抗裂砂浆,无漏贴,搭接和特殊部位加强符合设计要求。

检查方法:观察,检查隐蔽工程验收记录。

2)一般项目

(1)表面洁净、接茬平整,无明显抹纹,线脚、分格条顺直清晰。

检查方法:观察,手摸检查。

(2)门窗口、孔洞、槽、盒位置和尺寸准确,表面整齐洁净,管道后抹灰平整。

检查方法:观察,尺量检查。

(3)分格条宽度、深度均匀一致,横平竖直,平整、光滑、通顺。滴水线顺直,流水坡向正确。

检查方法:观察。

3)复检项目验收

包括胶粉 EPS 颗粒保温浆料的干密度、湿密度、压缩性能。

检查方法:现场取样,干密度不应大于 250kg/m³,并且不应小于 180kg/m³。湿密度不应大于 420kg/m³,压缩性能≥250kPa。

4)EPS 颗粒保温层的允许偏差

EPS 颗粒保温层的允许偏差见表 7-16。

表 7-16 EPS 颗粒保温层的允许偏差

项目	保温层(mm)	抗裂层(mm)	检查方法
立面垂直	4	4	用 2m 托线板检查
表面平整	4	4	用 2m 靠尺及塞尺检查
阴阳角垂直	4	4	用 2m 托线板检查
阴阳角方正	4	4	用 200mm 方尺及塞尺检查
分格条(缝)平直	3	3	拉 5m 小线及尺量检查
立面总高度垂直	H/1 000 且≤20	H/1 000 且≤20	用经纬仪、吊线检查
上下窗口左右偏移	≤20	≤20	用经纬仪、吊线检查
同层窗口上下偏移	≤20	≤20	用经纬仪、拉角线、拉通线检查

5.胶粉 EPS 颗粒保温浆料外墙外保温系统的部分节点构造

(1)装饰线的构造见图 7-27。

(2)勒脚处的构造见图 7-28。

(四)现浇混凝土模板内置保温板外墙外保温系统

这种体系是针对现浇混凝土外墙而开发的。该系统是在浇注混凝土前把保温板(聚苯板)放在外模板内侧,然后浇混凝土,它有以下 2 种体系。

1.EPS 钢丝网架板现浇混凝土外墙外保温系统

该系统基层墙体为现浇混凝土墙,采用腹丝穿透型钢丝网架聚苯板作保温隔热材料,置于外墙外模板内侧,并以锚筋钩紧钢丝网片作为辅助固定措施与钢筋混凝土现浇为一体。聚苯板的抹面层为抗裂防水砂浆,属厚抹灰面层,涂料饰面(也可采用面砖饰面)。

EPS 钢丝网架板现浇混凝土外墙外保温系统构造见图 7-29。

1)材料

EPS 钢丝网架板现浇混凝土外墙外保温系统所需材料主要包括以下几种。

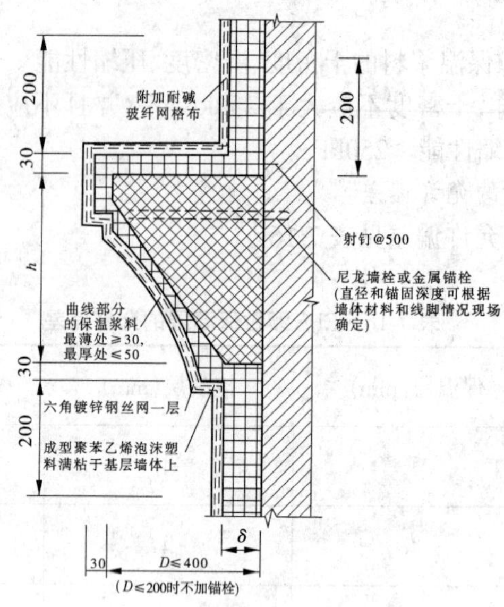

图 7-27 装饰线的构造 （单位:mm）

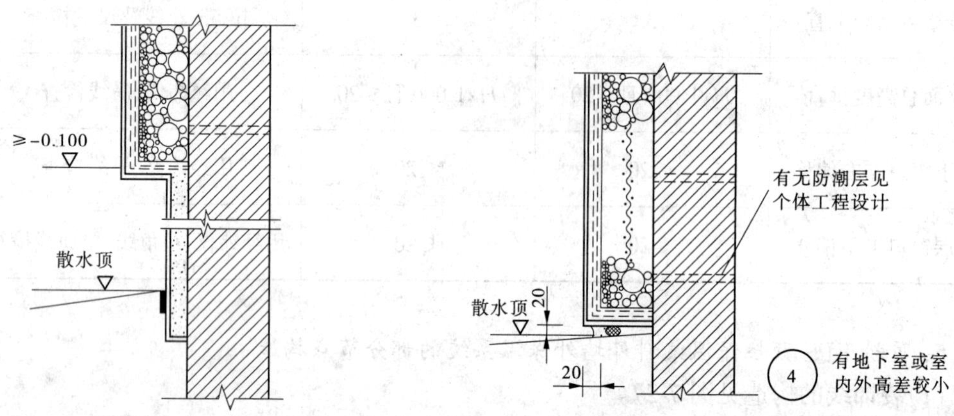

图 7-28 勒脚处的构造 （单位:mm）

(1)EPS 钢丝网架板:EPS 钢丝网架板如图 7-30 所示。EPS 钢丝网架板的质量要求见表 7-17,尺寸允许偏差见表 7-18。

(2)聚合物砂浆,性能指标同前。

(3)耐碱涂塑玻璃纤维网格布,性能指标同前。

(4)硅酸盐水泥及中砂。

(5)聚苯板黏结剂,用于聚苯板之间的黏结,其性能要求如下:

·对聚苯板的溶解性≤0.5;

·对聚苯板之间的黏结抗拉强度≥0.1MPa。

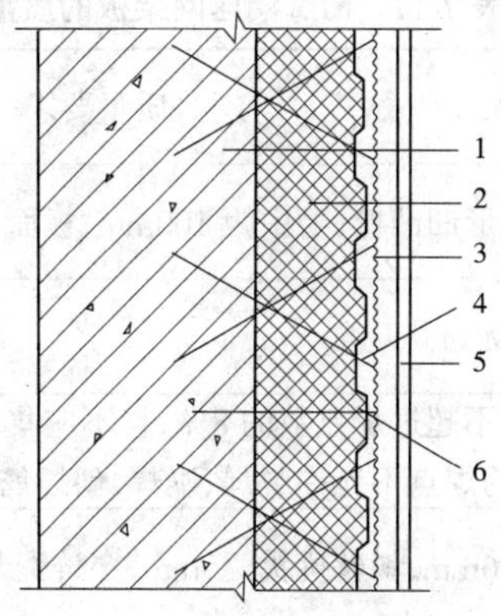

图 7-29　EPS 钢丝网架板现浇混凝土外墙外保温系统构造

1—现浇混凝土外墙；2—EPS 单面钢丝网架板；
3—掺外加剂的水泥砂浆厚抹面层；4—钢丝网等；
5—饰面层；6—ϕ6 钢筋

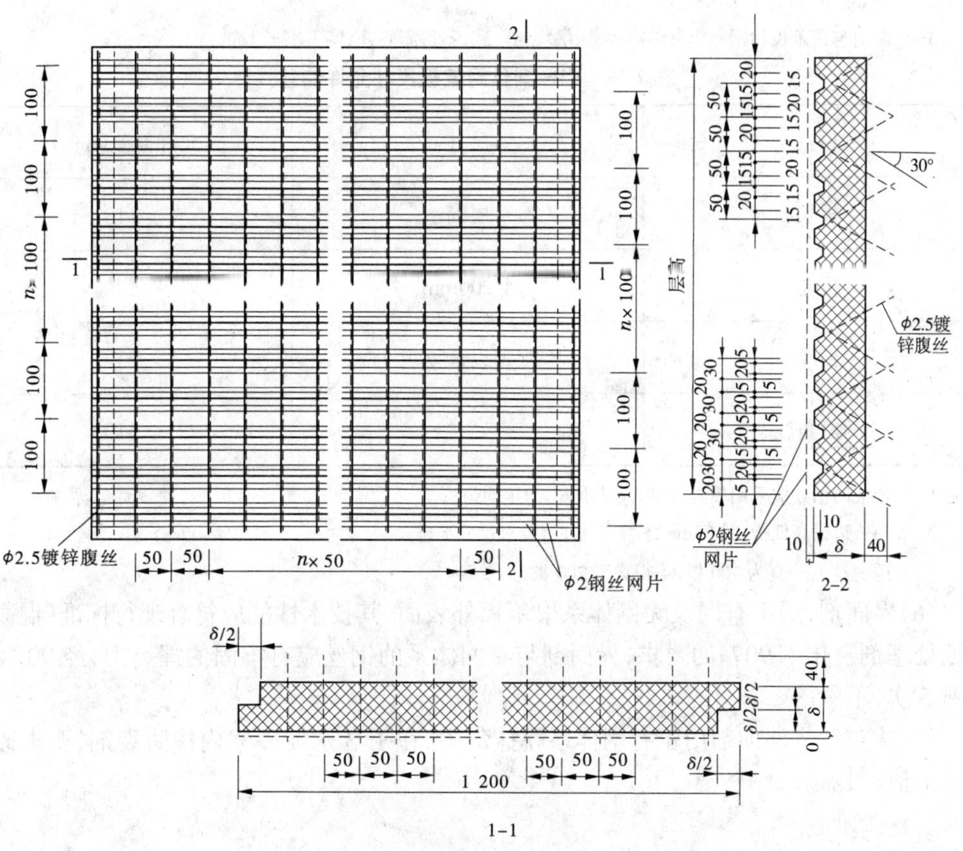

图 7-30　EPS 钢丝网架板示意图　（单位：mm）

（板面镀锌腹丝不得超过 200 根/m^2）

表 7-17 EPS 钢丝网架板的质量要求

项目	质量要求
外观	保温板正面有梯形凹凸槽，槽中距 100mm，板面与钢丝均喷涂界面剂
焊点强度	抗拉力≥330N，无过烧现象
焊点质量	网片漏焊脱焊点不超过焊点数的 8%，且不应集中在一处；连续脱焊不应多于 2 点，板端 200mm 范围内的焊点不允许脱焊、虚焊，斜插筋脱焊点不超过 3%
钢丝挑头	钢丝挑头长度≤6mm，斜丝挑头≤5mm，穿透聚苯板挑头≥30mm
聚苯板对接	≤3 000mm 板长中聚苯板对接不得多于 2 处，且对接处需用聚氨酯胶粘牢
板重	≤4kg/m^2

注：1. 横向钢丝应对准凹槽中心。

2. 在 60kg/m^2 压力下聚苯板变形＜10%。

3. 界面剂与聚苯板和钢丝应黏结牢固，涂层均匀一致，不得露底，厚度不小于 1mm。

表 7-18 EPS 钢丝网架板尺寸允许偏差

项目	尺寸	允许偏差(mm)
板长	层高	±10
板宽	1 200mm	±5
板厚	根据设计要求	±3
两对角线		≤10

注：1. 聚苯板凹槽处应采用模具成型，尺寸准确，间距均匀；

2. 板的长边设高低槽，长 25mm，深 1/2 板厚，要求尺寸准确；

3. 斜插钢丝 1m^2 宜为 100 根，不得大于 200 根。

(6)界面剂，用于有网及无网体系聚苯板外表面，其技术性能应符合现行标准《混凝土界面处理剂》(JC/T907)的要求，界面剂与有网体系的钢丝应有牢固的握裹力，经 90°反复折弯 5 次，不脱落。

(7)抹灰砂浆外加剂用于有网体系厚抹灰中，在 1∶3 水泥砂浆内掺防裂剂，要求砂浆的收缩值≤1%。

2)施工准备

(1)材料准备：切割聚苯板的操作平台、电热丝、接触式调压器、卷尺、墨斗、砂浆搅拌机、抹灰工具、测量工具等。

(2)作业条件：外墙脚手架已安装并验收合格；墙体钢筋绑扎完毕并检验合格；墙体内

侧的模板位置线、控制线及控制各大角的垂直线均测设完毕,并检测合格;墙体大模板已按施工方案设计加工好;加工好用于保护底层阳角的镀锌铁皮。

3)施工工序

施工工序为:绑扎墙体钢筋—在钢筋外侧安装保温板—安装模板—浇灌混凝土—拆除模板—混凝土养护—抹抗裂水泥砂浆—做外墙饰面。

4)施工方法

(1)绑扎墙体钢筋:绑扎墙体钢筋时,靠保温板一侧的横向分布筋宜弯成L形,以免直筋戳破保温板。绑扎完墙体钢筋后,在外墙钢筋外侧绑扎水泥垫块(不得使用塑料卡)每块保温板不少于6块,用以保证保护层的厚度,并确保保护层厚度均匀一致。

(2)钢丝网架板分块:EPS钢丝网架板的高度等于层高,在水平方向的分块,根据保温板的出厂宽度,以板缝不能留在门窗口四角为原则进行分块。

(3)EPS钢丝网架板的安装:EPS钢丝网架板从墙的一端向另一端安装,要求板面紧贴砂浆垫块,以模板控制线和用线坠引垂线的方法调整好相邻的平整度和垂直度。

(4)相邻钢丝网架板之间的高低槽用聚苯板粘贴剂黏结,垂直缝两侧的钢丝网架板之间应用火烧丝绑扎牢固,火烧丝间距≤150mm。每块板必须用L形的$\phi6$钢筋加固,L型$\phi6$钢筋深入墙内的长度≥100mm,每平方米不少于4根(一般每块板不少于6根,见图7-31)。穿过钢丝网架板的L形$\phi6$钢筋作两遍防锈处理,并用火烧丝将L形$\phi6$钢筋与墙体绑扎牢固。

(5)在阴阳角、门窗洞口四角、垂直缝处加铺钢丝网,加铺钢丝网与聚苯板表面的加铺钢丝网用火烧丝绑扎牢固。

(6)钢丝网架聚苯板安装完毕后,必须进行验收,做好预检记录。

(7)安装模板:先安装墙体的外侧模板再安装墙体的内侧模板,沿墙长方向从墙一端向另一端进行,并采取可靠的模板定位措施,使外侧模板紧贴保温板,但又不会挤靠保温板。模板就位后用穿墙螺栓穿过保温板,以连接墙体内外侧模板,模板连接应牢固、严密。模板安装完毕后必须进行验收,做好预检记录。

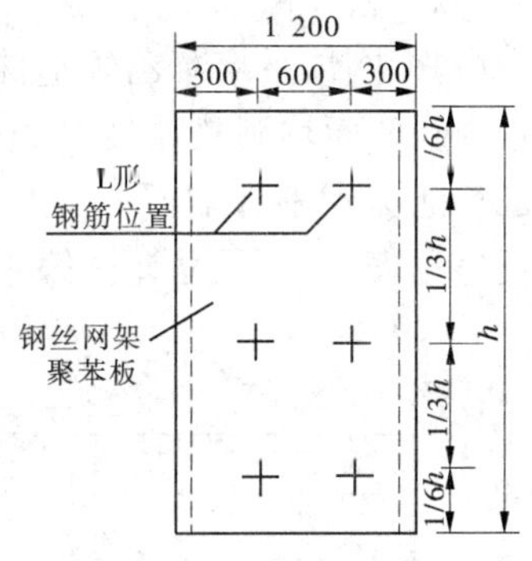

图7-31 L形$\phi6$钢筋的位置

(8)浇筑混凝土:浇筑混凝土前保温板顶部应采取遮挡措施,应安放保护套,其宽度为保温板厚度加上模板厚度。混凝土应分层浇筑,分层振捣,分层高度应控制在1 000mm以内,严禁泵管正对保温板下料,振捣棒不得接触聚苯板,以免板受损,墙面接茬处应光滑平整。

(9)模板拆除:先拆外侧模板再拆内侧模板,拆模时确保墙体混凝土棱角不被损坏。穿墙管拆除后,混凝土墙体部分的孔洞应用干硬性砂浆捻塞,保温板部分的孔洞应用保温材料堵填,其深度应深入混凝土墙体不小于50mm。模板拆除后保温板上的横向钢丝必须对准凹槽,钢丝距槽底不小于8mm。

(10)抹抗裂砂浆:抹抗裂砂浆前,应清除聚苯板酥松、空鼓部分和油渍、污物、灰尘等,界面剂如有缺损也应补喷。抹灰总厚度不宜大于30mm。抹灰层之间及抹灰层与钢丝网架聚苯板之间必须粘贴牢固,无脱层、空鼓现象。相邻钢丝网架聚苯板之间的凹槽内砂浆应饱满,并且砂浆应全部包裹住横向钢丝。抹灰表面应光滑洁净、接茬平整,线条清晰、顺直。

(11)做外墙饰面:采用面砖饰面时,面砖所用粘贴剂的技术性能应符合《建筑工程饰面砖黏结强度检验标准》,粘贴面砖前,须做水泥砂浆与钢丝网片的握裹力试验和抗拉拔试验;涂料饰面时,做耐碱涂塑玻璃纤维网格布防护层后,刮柔性耐水腻子,然后再刷涂料。

2.无网体系EPS现浇混凝土外墙外保温系统

本体系是采用阻燃型一面带有凹凸型齿槽的聚苯板作为现浇混凝土外墙的保温材料。为加强与表面保护砂浆层结合牢固和提高聚苯板的阻燃性,在保温板内外表面喷涂界面剂。保温板用尼龙锚栓与墙体锚固,然后安装墙体内外钢质大模板,浇筑混凝土,保温板与墙体有机结合在一起的做法。本体系属薄抹灰饰面。

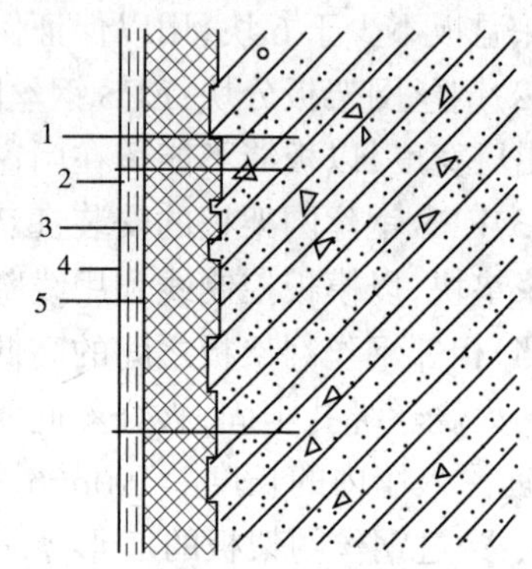

图7-32 无网体系EPS现浇混凝土外墙外保温构造

1—混凝土墙;
2—泡沫聚苯板外表面刷界面剂;
3—聚合物水泥抗裂砂浆压入玻纤布;
4—装饰面层;5—尼龙锚栓

无网体系EPS现浇混凝土外墙外保温系统构造见图7-32。

1)材料

(1)无网体系聚苯乙烯泡沫塑料保温板,保温板内外两面均满喷喷砂界面剂。无网体系聚苯乙烯泡沫塑料保温板示意图见图7-33;保温板规格见表7-19,尺寸允许偏差见表7-20。

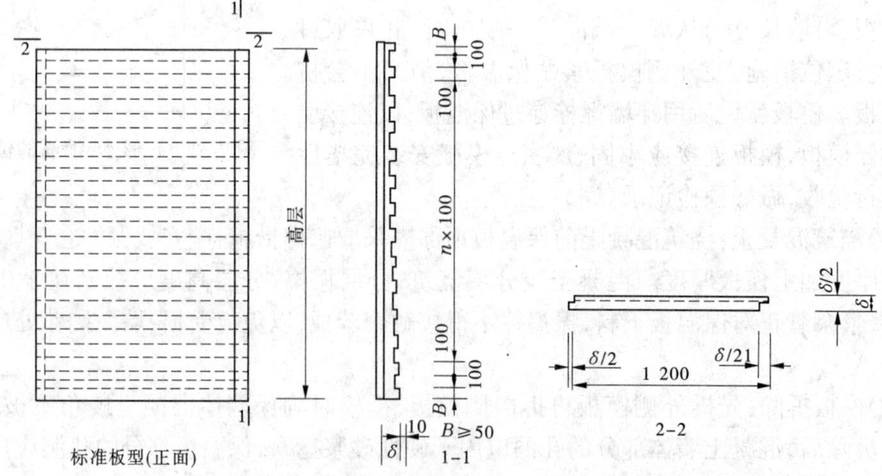

图7-33 无网体系聚苯乙烯泡沫塑料保温板示意图 (单位:mm)

表 7-19　无网体系聚苯乙烯泡沫塑料板的规格　（单位:mm）

层高	板长	板宽	板厚
2 800	2 825～2 850	1 220	根据保温要求
2 900	2 925～2 950	1 220	根据保温要求
3 000	3 025～3 050	1 220	根据保温要求
其他层高	可根据实际层高协商确定		

注:1. 在板的一面有直口凹槽,间距 100mm,要求尺寸准确均匀。

2. 两长边设高低槽,长 25mm,深 1/2 板厚,要求尺寸准确。

表 7-20　尺寸允许偏差　（单位:mm）

板厚	允许偏差	板长、板宽	允许偏差
＜50	±2	＜1 000	±5
50～70	±3	1 000～2 000	±8
75～100	±4	2 000～4 000	±10

(2)尼龙锚栓,其技术要求见表 7-21。

表 7-21　尼龙锚栓技术要求

项目	外管管径(mm)	镀锌螺丝	埋入混凝土深度(mm)	单个抗拔力(kN)	
				打孔安装式	预埋式
指标	10	镀锌厚度≥0.5μm	≥50	≥1.0	≥1.5

注:单个抗拔力所示荷载为使用荷载,安全系数为破坏荷载的 4 倍。

(3)其他需要准备的材料还包括聚合物砂浆、耐碱涂塑玻璃纤维网格布、硅酸盐水泥及中砂、胶粉 EPS 颗粒保温浆料、聚苯板黏结剂、界面剂。

2)施工工序

施工工序为:绑扎墙体钢筋—在钢筋外侧安装保温板—安装模板—浇灌混凝土—拆除模板—混凝土养护—胶粉 EPS 颗粒浆料修补、找平—抹抗裂防护层—刮外墙腻子—刷外墙涂料。

3)施工方法

(1)绑扎墙体钢筋:要求同 EPS 钢丝网架板外墙外保温系统。

(2)安装保温板:保温板安装时,先安装阴阳角,然后顺两侧进行安装。如施工段较大可在两处或两处以上同时安装。先在已安装到墙上的保温板高低槽处刷聚苯胶,接着在待安装到墙上的保温板高低槽处刷聚苯胶,然后进行拼接,使相邻的聚苯板紧密结合。在拼好的保温板表面上按设计要求弹线,标出锚栓的位置。锚栓应呈梅花状布置。每块保温板上不少于5个，锚栓深入墙内的长度不少于50mm。保温板接缝处需布置锚栓，门窗过梁上设一个或多个锚栓。锚栓的位置见图7-34。用电烙铁等工具在锚栓定位处穿孔，然后在孔内塞入膨胀管，随即拧紧螺杆，用火烧丝将锚栓绑扎到墙体钢筋上。

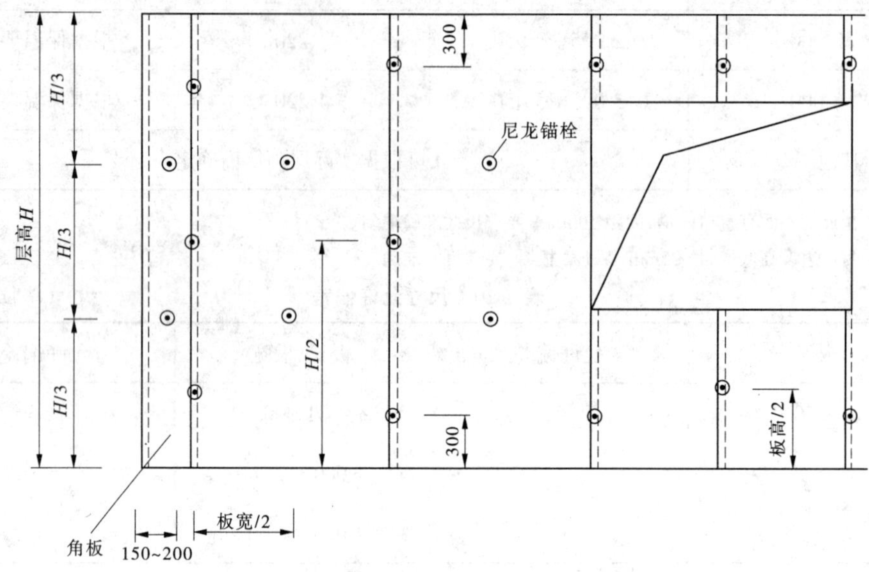

图7-34 锚栓的位置 （单位:mm）

（3）安装钢制大模板。

（4）浇灌混凝土：墙体混凝土应分层浇筑，分层振捣，分层高度应控制在1 000mm以内，严禁泵管正对保温板下料，振捣棒不得接触聚苯板，以免板受损。

（5）模板拆除，混凝土养护。

（6）用胶粉EPS颗粒浆料修补、找平，找平厚度不得大于10mm。

（7）抹抗裂防护层：工序同上。

（8）刮腻子，涂外墙涂料：工序同上。

3. 有网及无网EPS现浇混凝土外墙外保温特殊部位的处理

（1）首层阳角：为避免首层阳角受冲击破坏，在首层阳角应加设一根角形（50mm×50mm×2 000mm）冲孔镀锌铁皮护角。在抹完第一道抗裂聚合物砂浆后，将冲孔镀锌铁皮护角调直压入砂浆内（以护角孔内挤出砂浆为宜），然后同大面一起压入玻璃纤维网格布将护角包裹起来。首层阳角构造见图7-35。

（2）系统变形缝：水平抗裂分隔缝宜按楼层设置，垂直抗裂分隔缝宜按墙面面积设置，在板式建筑中不宜大于30m，在塔式建筑中可视具体情况而定，宜留在阴角部位。抗裂分隔缝构造见图7-36。

4. 有网及无网EPS现浇混凝土外墙外保温质量标准

（1）混凝土墙体的检验：混凝土墙体必须振捣密实均匀，墙面及接茬处应光滑、平整，墙面不得有孔洞、露筋及灰渣等缺陷。允许偏差及检测方法见表7-22。

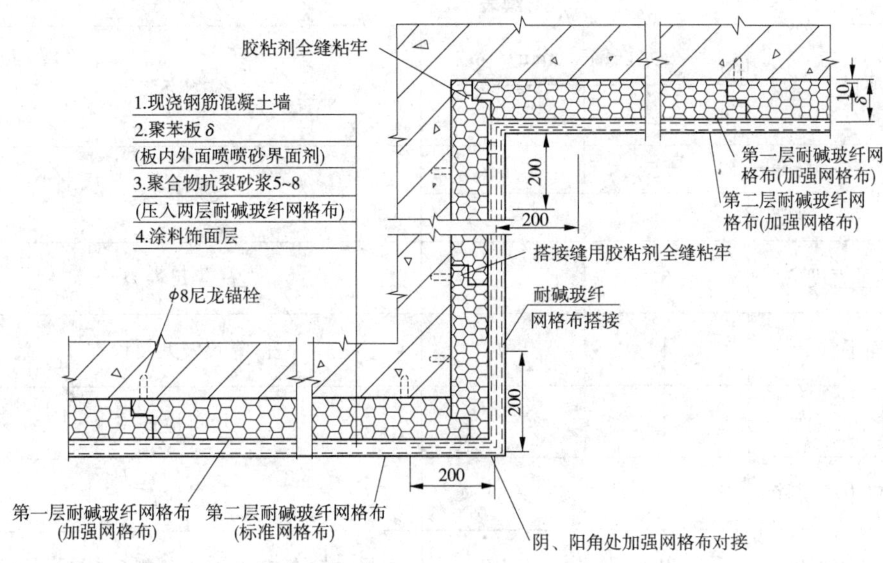

图 7-35　首层阳角构造　(单位:mm)

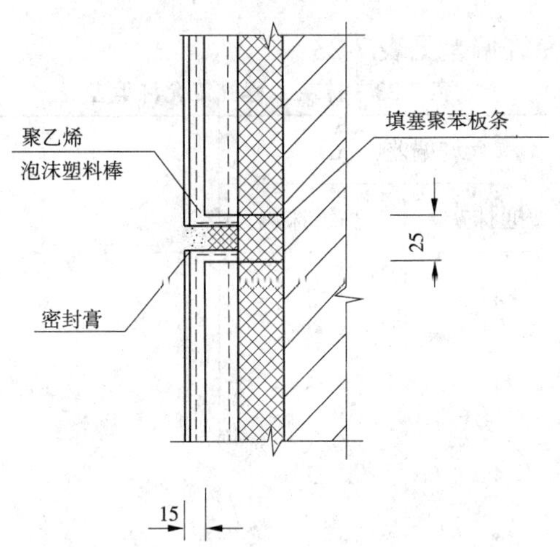

图 7-36　抗裂分隔缝构造　(单位:mm)

表 7-22　墙体混凝土允许偏差及检测方法

项目	允许偏差(mm)		检测方法
	多层	高层	
轴线位移	8	5	尺量检查
标高、层高	±10	±10	水准仪或尺量
全高	±30	±30	水准仪或尺量

续表 7-22

项目		允许偏差(mm)		检测方法
		多层	高层	
截面尺寸	长度	±5	±5	尺量检查
	厚度	±5	-2	
墙面垂直度		5	5	2m 靠尺检查
墙面平整		4	4	2m 靠尺及塞尺检查
预埋件中心偏移		3	3	尺量检查
预留洞口中心偏移		3	3	尺量检查
聚苯板压缩厚度		1/10	1/10	尺量检查,上、中、下各测 3 点取平均值

(2)抹灰工程施工允许偏差见表 7-23。

表 7-23　抹灰工程施工允许偏差

项目	允许偏差(mm)		检测方法
	普通抹灰	高级抹灰	
表面平整度	4	3	2m 靠尺及塞尺检查
表面垂直度	4	3	2m 靠尺及塞尺检查
阴阳角方正	4	3	方尺
分格条平直度	4	3	拉 5m 线和尺检

(3)抹完聚合物砂浆面层后的质量要求见表 7-24。

表 7-24　抹完聚合物砂浆面层后的质量要求

项目	允许偏差(mm)	检测方法
表面平整度	4	2m 靠尺及塞尺检查
表面垂直度	4	2m 靠尺及塞尺检查
阴阳角方正	4	方尺
分格条平直度	4	拉 5m 线和尺检

（五）机械固定 EPS 钢丝网架板外墙外保温系统

本系统采用腹丝非穿透型钢丝网架聚苯板作保温隔热材料，通过网卡或预埋锚筋固定于基层墙体上，聚苯板面抹抗裂砂浆覆裹钢丝网片，属厚抹灰面层，涂料饰面（也可采用面砖饰面）。

机械固定 EPS 钢丝网架板外墙外保温系统不适用于加气混凝土和轻集料混凝土墙体基层。

机械固定 EPS 钢丝网架板外墙外保温系统构造见图 7-37。

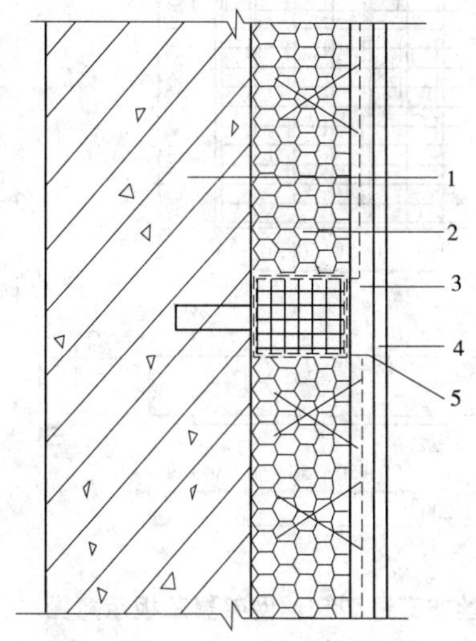

图 7-37　机械固定 EPS 钢丝网架板外墙外保温系统构造图

1—基层；2—EPS 钢丝网架板；3—掺外加剂的水泥砂浆厚抹面层；4—饰面层；5—机械固定装置

1. 材料

（1）腹丝非穿透型钢丝网架聚苯板的规格见表 7-25。腹丝非穿透型钢丝网架聚苯板的示意图见图 7-38。

表 7-25　腹丝非穿透型钢丝网架聚苯板的规格　（单位：mm）

项目	尺寸	允许偏差
板长	等于层高	±10
板宽	1 200	±5
板厚	根据保温要求	±3
对角线		≤10

注：1. 腹丝插入 EPS 板的深度不应小于 35mm，未穿透厚度不应小于 15mm。板两面预喷界面砂浆。钢丝网与 EPS 板表面净距不应小于 10mm。腹丝插入角度应保持一致，误差不应大于 3°。

2. 腹丝非穿透型钢丝网架聚苯板还应符合《钢丝网架水泥聚苯乙烯夹心板》（JC623）的有关规定。

（2）聚合物砂浆、耐碱涂塑玻璃纤维网格布、硅酸盐水泥及中砂。

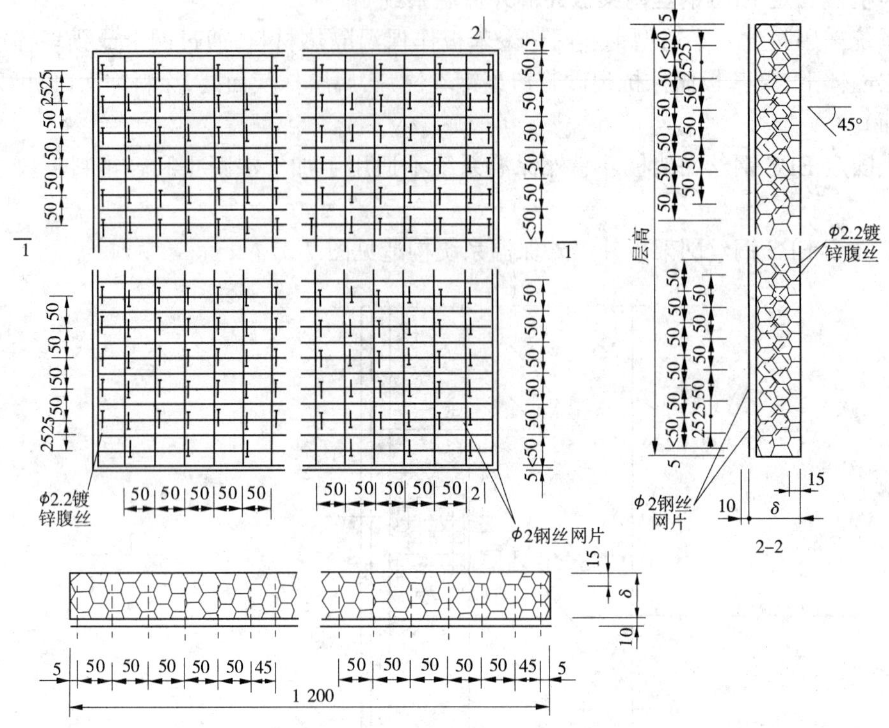

图 7-38　腹丝非穿透型钢丝网架聚苯板示意图　（单位:mm）

(3)机械固定件:

- 经过防锈处理的预埋金属固定件或承托架。
- 尼龙锚栓,其技术要求见表 7-21。

机械固定系统的预埋金属固定件、承托架、锚栓的数量应通过试验确定。

2. 施工工艺

(1)基层墙体处理:彻底清除墙体表面的油渍、灰尘、污垢、脱模剂、风化物等影响黏结强度的材料,并剔除墙体表面的突出物。必要时用水清洗墙面,经清洗的墙面必须晾干后,方可进行下一道工序的施工。如果基层墙体的平整度不符合要求,应用 1∶3 水泥砂浆找平,表面不压光,并保证无空鼓、脱层和裂缝等缺陷。墙体基层应达到《建筑工程质量检测评定标准》(GBJ301—88)的规定。

(2)根据建筑的立面设计及外墙外保温的技术要求,在墙面弹出外门窗的水平、垂直控制线及伸缩缝、装饰缝线等。在建筑的大角(阴角和阳角)及其他必要处挂垂直基准线,每个楼层适当位置挂水平控制线,以控制 EPS 保温板的垂直度和水平度。

弹出金属固定件的位置。

(3)安装金属固定件,金属固定件的位置见图 7-39。

(4)安装保温板:将保温板放在金属固定件上校正后,将 $\phi6$ 上下翻转,钩紧保温板。

(5)安装锚栓:锚栓的数量每平方米不少于 7 个,并且在洞口周围可适当增加。

(6)在保温板之间的接缝处、阴阳角、门窗洞口四角加设加强网。

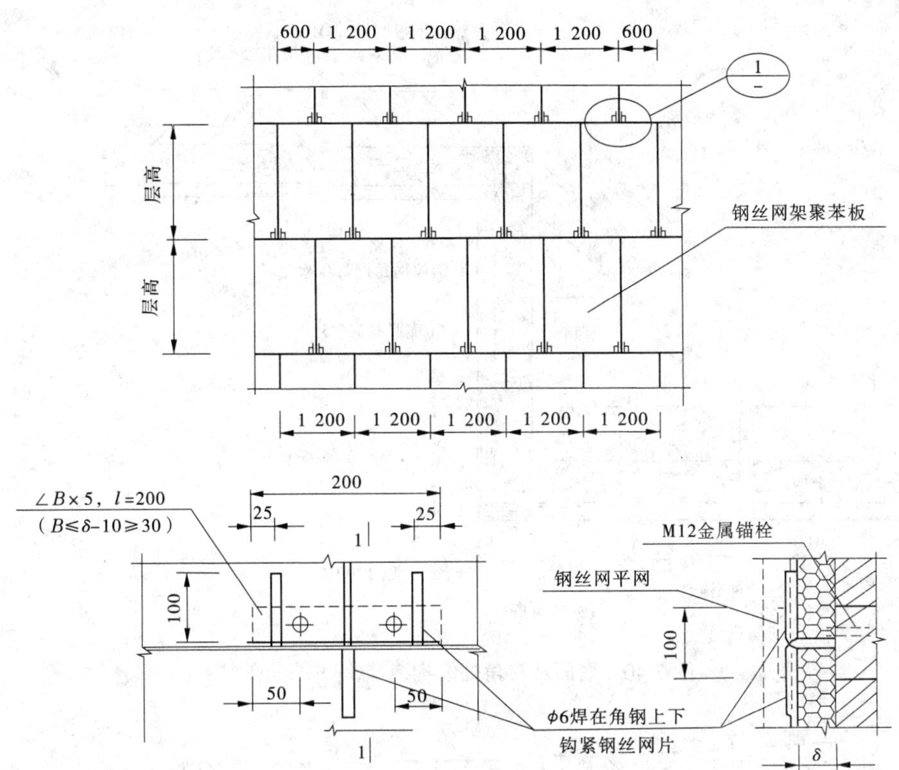

图 7-39 **金属固定件的位置** （单位:mm）

(7)抹抗裂砂浆抹面层.抹抗裂砂浆抹面层前,应清除保温板表面的油渍、污物、灰尘等,界面剂如有缺损也应补喷。

抗裂砂浆抹面层分 3 层施工:底层为 12～15mm 厚的 1∶3 水泥砂浆(内掺水泥重量 3%～5%的抗裂剂)盖住钢丝网;中间层为 8～10mm 厚的 1∶3 抗裂水泥砂浆找平层;面层为 3～5mm 厚的聚合物抗裂砂浆罩面,内埋玻璃纤维网格布。

(8)做面砖饰层:面砖应采用胶粘剂满粘于抗裂砂浆抹面层上,粘贴前应作水泥砂浆与钢丝网片的握裹力试验和抗拉拔试验。

3. 机械固定系统的部分节点详图

(1)墙面及转角处的构造见图 7-40。

(2)女儿墙和挑檐处的构造见图 7-41。

(六)硬泡聚氨酯现场喷涂外墙外保温

1. 适用范围

适用于新建居住建筑的混凝土和砌体结构的外墙外保温工程。新建工业建筑、公共建筑和既有建筑外墙外保温可参照执行。

硬泡聚氨酯现场喷涂外墙外保温构造见图 7-42。

2. 硬泡聚氨酯喷涂外墙保温的特点

该保温方式采用无溶剂硬泡聚氨酯进行主体施工,采用胶粉聚苯颗粒保温材料找平

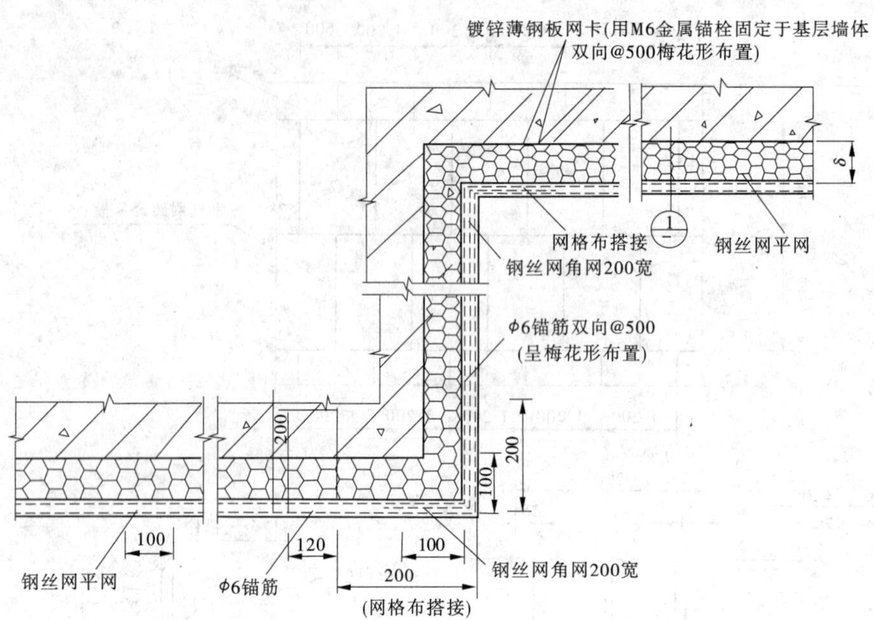

图 7-40 墙面及转角处的构造 （单位:mm）

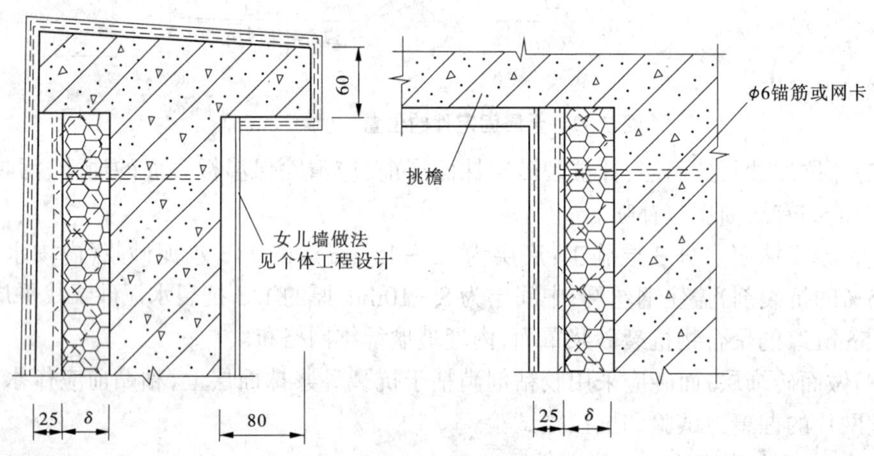

图 7-41 女儿墙和挑檐处的构造 （单位:mm）

和补充保温，充分利用了聚氨酯优质的保温和防水性能以及胶粉聚苯颗粒外墙外保温体系的柔性抗裂性能，具有保温性能好、稳定性好、防火性能好、抗湿热性能及耐撞击性能优良、对主体结构变形适应能力强、抗裂性能好等优点。

3. 施工准备

1)材料准备

聚氨酯防潮底漆、无溶剂硬泡聚氨酯、聚氨酯界面剂、胶粉颗粒保温浆料、涂塑耐碱纤维布、高分子乳液弹性底涂、抗裂柔性耐水腻子、水泥、中砂。

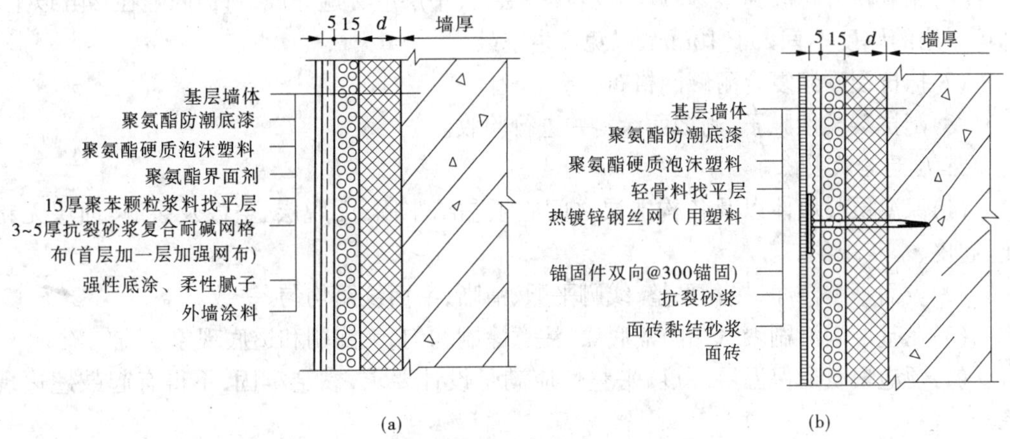

图 7-42　硬泡聚氨酯喷涂外墙保温构造　(单位:mm)

(a)涂料外墙;(b)饰面砖外墙

2)施工机具

聚氨酯双组分现场发泡喷涂机、强制式砂浆搅拌机、手提搅拌器、壁纸刀、抹子、压子、阴阳角抿子、托线板、2m 靠尺等。

3)工艺流程

其基本施工工序如下。

(1)涂料做法:基层墙面清理—吊垂线,粘贴边角聚氨酯预制块—基层平整度复核,找平基层到 ± 3mm—涂刷聚氨酯防潮底漆—用尼龙鱼线吊无溶剂聚氨酯硬泡喷涂厚度控制线—喷涂无溶剂聚氨酯保温层—4h 内涂刷聚氨酯界面剂—贴灰饼、抹胶粉聚苯颗粒浆料找平层抹抗裂砂浆复合耐碱网格布、刮抗裂柔性腻子、刷饰面涂料—验收。

(2)面砖做法:基层墙面清理—吊垂线,粘贴边角聚氨酯预制块—基层平整度复核,找平基层到 ± 3mm—涂刷聚氨酯防潮底漆—用尼龙鱼线吊无溶剂聚氨酯硬泡喷涂厚度控制线—喷涂无溶剂聚氨酯保温层—4h 内涂刷聚氨酯界面剂—贴灰饼、抹胶粉聚苯颗粒浆料找平层—抹第一遍抗裂砂浆—铺压热镀锌四角钢丝网、下塑料膨胀螺栓、固定热镀锌四角钢丝网—抹第二遍抗裂砂浆—粘贴面砖—勾缝。

4. 施工工艺

(1)基层清理:彻底清除墙体表面的油渍、灰尘、污垢、脱模剂、风化物等影响黏结强度的材料,并剔除墙体表面的突出物。

(2)在大角或窗口处粘贴预制聚氨酯模块。

(3)在基层满涂刷聚氨酯防潮底漆,无漏刷和透底现象。

(4)用尼龙鱼线吊无溶剂聚氨酯硬泡喷涂厚度控制线。墙面长度大于 2mm 处,需加聚氨酯模块标筋,按 300mm 的间距,梅花状布置,然后分层喷涂无溶剂硬泡聚氨酯,每次分层厚度不大于 10mm,直至标筋平为止。

(5)硬泡聚氨酯保温层喷涂 20mm 后用裁纸刀、手锯等工具进行清理和修整遮挡、保护部位以及超过垂线控制厚度的凸出部分,然后在 4h 内用滚子在硬泡聚氨酯保温层上涂刷聚氨酯界面剂。

(6)贴灰饼并抹胶粉聚苯颗粒浆料找平层,找平层应2遍完成,每遍间隔在24h以上。抹第一遍的厚度不宜大于10mm,以免产生空鼓。

(7)抹抗裂砂浆复合耐碱网格布。

(8)刮抗裂柔性腻子、刷饰面涂料并进行验收。

5. 质量验收要点

(1)保温层与墙体以及各构造层之间必须黏结牢固,无脱层、空鼓及裂缝,面层无粉化、起皮、暴灰现象。

(2)表面平整洁净,接茬平整,线脚平顺、清晰,毛面纹路均匀、一致。

(3)在基层满涂刷聚氨酯防潮底漆,注意涂刷均匀,无漏刷和透底现象。

(4)硬泡聚氨酯保温层厚度、平整性应满足设计要求,黏结牢固,不得有起鼓翘边现象。

(5)涂刷聚氨酯界面剂应涂刷均匀,无漏刷和透底现象。

(6)胶粉聚苯颗粒浆料找平层应黏结牢固,不得起鼓。

(7)抗裂砂浆复合耐碱网格布要求平整无皱褶、翘边,网格布不得外露。

(8)硬泡聚氨酯喷涂外墙保温允许偏差及检查方法见表7-26。

表7-26　硬泡聚氨酯喷涂外墙保温允许偏差及检查方法

项目	允许偏差(mm)	检查方法
立面垂直度	4	用2m托线板检查
表面平整度	4	用2m靠尺和塞尺检查
阴阳角垂直	4	用2m托线板检查
阴阳角方正	4	用2m方尺和塞尺检查
分面总高度(缝)平直	3	拉5m小线和尺量检查
立面总高度垂直	$H/1\,000$且≤20mm	用经纬仪、吊线检查
聚氨酯保温层的厚度	平均厚度不小于设计值	用探针和钢尺检查

6. 硬泡聚氨酯喷涂外墙保温的节点构造

(1)硬质发泡聚氨酯喷涂外墙保温大角做法见图7-43。

(2)硬质发泡聚氨酯喷涂外墙保温飘窗做法见图7-44。

(3)硬质发泡聚氨酯喷涂外墙保温装饰线做法见图7-45。

(七)外保温工程中常见的质量缺陷

在外墙体外保温工程中,对于较为常见的质量缺陷应注意避免。外墙体外保温工程主要质量缺陷为表面裂缝及空鼓,其原因是多方面的,主要有:

(1)在面层砂浆中水泥用量过多(超过25%),水泥标号过高(在525以上),砂子颗粒过细(使用细砂);面层过厚或过薄。

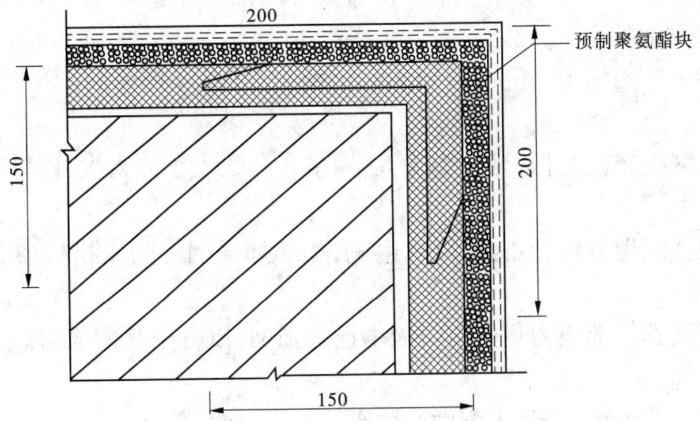

图 7-43 硬质发泡聚氨酯喷涂外墙保温大角做法

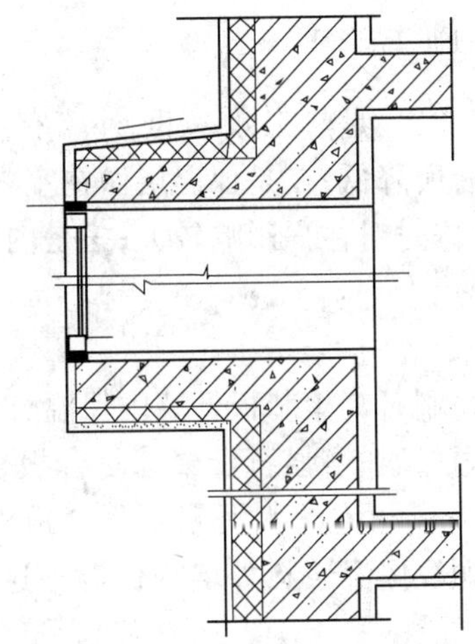

图 7-44 硬质发泡聚氨酯喷涂外墙保温飘窗做法

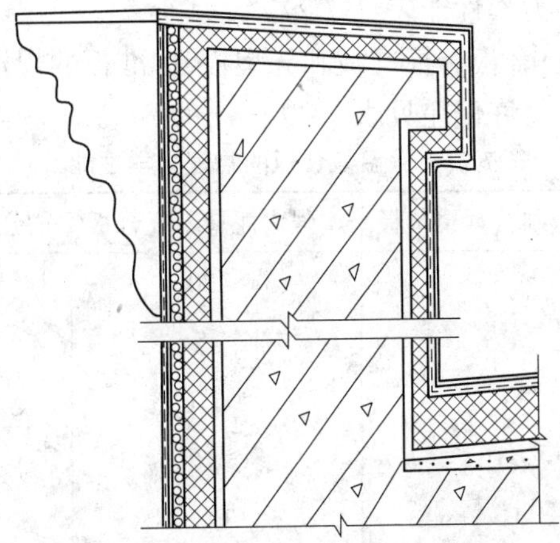

图 7-45 硬质发泡聚氨酯喷涂外墙保温装饰线做法

(2)聚苯乙烯板密度太低(低于 $15kg/m^3$);聚苯乙烯板系新近生产的,因存放时间太短而产生较大的后收缩。

(3)施工时将聚苯乙烯板之间的缝隙用黏结剂粘牢;保温板板面不平,特别是相邻板面之间不平。

(4)玻璃纤维网格布质量低,延伸率太大;网格布孔眼太小或太大;网格布未进行防腐蚀处理,或者防腐蚀层不足。

(5)面层中加强网埋设位置不当,太靠内侧;相邻加强网之间未搭接或者搭接宽度太窄。

(6)窗户周边及其角部应力集中部位未增设加强网,以分散其中应力。

(7)漏设变形缝。

(8)管线穿墙构造处理不当,未能做好防水。

(9)新抹面层表面受到太阳暴晒;抹面后未及时喷水养护,或者养护时间过短。

二、外墙内保温的构造与施工

外墙内保温做法存在以下问题:一是热工效率低,外墙有些部位如丁字墙、圈梁处难以处理而形成热桥,使保温性能有所降低;二是保温层做在室内,对二次装修、增设吊挂件设施带来麻烦,一旦出现问题,维修时对住户影响较大;三是内保温占室内空间,使用面积有所减少。

(一)外墙内保温的做法

外墙内保温的做法有:增强粉刷石膏聚苯板外墙内保温、钢丝网架聚苯复合板外墙内保温、增强水泥聚苯复合板外墙内保温、增强石膏聚苯复合板外墙内保温、增强(聚合物)水泥聚苯复合板外墙内保温板、粉煤灰泡沫水泥聚苯复合板外墙内保温、纸面石膏岩棉(玻璃棉)外墙内保温、胶粉聚苯颗粒保温浆料外墙内保温。这里仅介绍增强粉刷石膏聚苯板外墙内保温的构造。

(二)保温复合板的技术规格

(1)保温复合板的物理力学性能表见 7-27。

(2)规格尺寸:内保温复合板有标准板和异型板,标准板的规格尺寸见表 7-28。

(3)保温复合板的尺寸允许偏差见表 7-29。

表 7-27 保温复合板的物理力学性能

项目	增强粉刷石膏聚苯板	增强水泥聚苯复合板	增强(聚合物)水泥聚苯复合板
面密度(kg/m^2)	≤25	≤30	≤25
含水率(%)	≤5	≤5	≤5
抗弯荷载(G)	≥1.0	≥1.0	≥1.0
抗冲击性(次)	≥10	≥10	≥10
燃烧性能	B_1	B_1	B_1
面板收缩率(%)	≤0.08	≤0.08	≤0.08

表 7-28　内保温复合板标准板规格尺寸

板的类型	项目						
	板型	厚度(mm)	宽度(mm)	长度(mm)	边肋	聚苯乙烯泡沫塑料板的厚度(mm)	面层厚度(mm)
增强水泥聚苯复合板 增强石膏聚苯复合板 增强(聚合物)水泥聚苯复合板 粉煤灰泡沫水泥聚苯复合板	条板	50 60 70 80 90	595	2 400 2 700	≤20	40～80	5～10
	小块板			900～1 500	≤10		
					无肋		

表 7-29　保温复合板尺寸允许偏差

项目	允许偏差(mm)	项目	允许偏差(mm)
长度	±5	板侧面平直度(L=板长)	≤L/750
宽度	±2	板面平整度	≤2
厚度	±2	翘曲	≤4
对角线差	≤8		
	≤3		

(三)增强粉刷石膏聚苯板外墙内保温的构造

增强粉刷石膏聚苯板外墙内保温的构造示意图见图 7-46。

1. 施工准备

1)材料

(1)增强粉刷石膏聚苯板。

(2)石膏类黏结剂:黏结强度≥0.1MPa,使用时间为 0.5～1h。

(3)中碱玻纤网格布:网孔中心距离不大于 4mm×4mm,单位面积质量不小于 80g/m^2,抗断裂力经纬向均不小于 900N/50mm,含胶量为 8%。

(4)仿棉无纺布:用于板缝的处理。

(5)嵌缝腻子:初凝时间不小于 0.5h,抗压强度不小于 3.0MPa,抗折强度不小于 1.5MPa。

(6)石膏腻子:抗压强度不小于 2.5MPa,抗折强度不小于 1.0MPa,黏结强度不小于

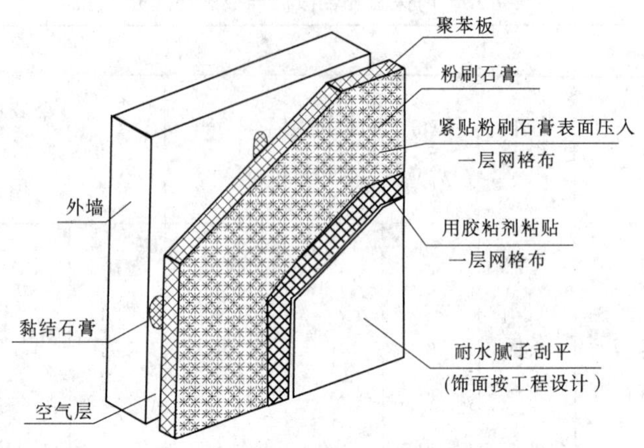

图 7-46 增强粉刷石膏聚苯板外墙内保温的构造示意

0.2MPa,终凝时间不超过 4.0h。

2)机具设备

机具设备包括刀锯、手刨、灰槽、托板、木楔、撬杠、橡皮锤、钢丝刷、钢尺、托线板、线坠等。

2. 作业条件

(1)保温层的施工,应在门窗框、隔墙、穿墙线管、墙上各种预埋件如窗帘杆座、暖气管支座、电线闸盒等安装完毕后进行。

(2)保温板施工时的环境温度在 5℃ 以上,30℃ 以下。暑天施工时,基层墙体应尽量避免日照过度影响粘贴效果。

(3)门窗洞口与墙体交接处及有管线通过的墙洞,应用 1∶2.5 水泥砂浆嵌填密实。粘贴聚苯板的基层表面应事先清扫干净,使墙面无灰尘、污垢、油渍、松散颗粒等。如墙面潮湿,需先晾干;如墙面过干,应先稍稍湿润。

3. 施工工序

施工工序为:基层处理—分档、弹线—配板—墙面贴饼—安装接线盒、管卡、埋件—粘贴防水保温踢脚板—安装保温板—板缝处理、贴玻纤网格布—刮腻子。

4. 施工方法

(1)基层处理:基层用水泥砂浆找平,要求平整、牢固,无空鼓、开裂现象。

(2)分档、弹线:以门窗洞口边为基准,向两边按板宽分档。按保温层的厚度在墙、顶上弹出保温墙面的边线,按防水保温踢脚的厚度在地面上弹出防水保温踢脚的边线,并在墙上弹出防水保温踢脚的上口线。

(3)配板:根据开间和进深及保温板的实际规格,预排出保温板。

(4)墙面贴饼:根据排板线,检查墙面的平整度、垂直度,找规矩。粘贴保温板之前,应先检查墙面的平整垂直程度,并在墙上角按空气间层厚度粘贴 20mm 厚聚苯块做标记,依此挂线。每隔 1m 左右用同样方法做出同样厚度的标记。待确认标志物平整度符合要求后,方可粘贴保温板。

(5)安装接线盒、管卡、埋件。

(6)粘水泥聚苯颗粒踢脚板:在踢脚板内侧,上下按 200～300mm 间距布设黏结点,同时在踢脚板底面和侧面满刮黏结剂，按弹线粘踢脚板。踢脚板应垂直、平整。

(7)安装保温板：保温板应从左至右开始安装，首先在板的四周边满刮黏结石膏，然后抹出直径不小于100mm、厚度为20mm的粘贴点，粘贴点呈梅花点状间隔布置，点间距不大于300mm。按弹线位置直接与墙体粘牢。安装时边用手推挤，边用橡皮锤贴紧敲实，使拼合面挤紧冒浆，贴紧灰饼。随时用刀将挤出的胶粘剂刮平。板顶面应留5mm的空隙，用木楔子临时固定，最后用石膏胶粘剂填塞密实。保温板安装完毕后，用聚合物水泥砂浆抹门窗洞口四角。

(8)板缝处理、粘贴网格布。在聚苯乙烯板施工中，问题出现较多的是表面抹灰完成后，板缝和阴角、阳角处出现通长的裂纹。为此，在聚苯乙烯板之间接缝处用腻子嵌平，并在嵌缝处满贴一层50mm宽的仿棉无纺布，用灰刀压实粘牢，将仿棉无纺布压入腻子中，待第一层腻子刮平后，表面再用接缝腻子刮平。所有阳角粘贴200mm宽的玻璃纤维网格布(两边各100mm)，墙面的阴角和门窗口的阳角处应加铺一层。门窗洞口四角45°方向，加铺200mm×400mm的玻纤网格布，见图7-47。

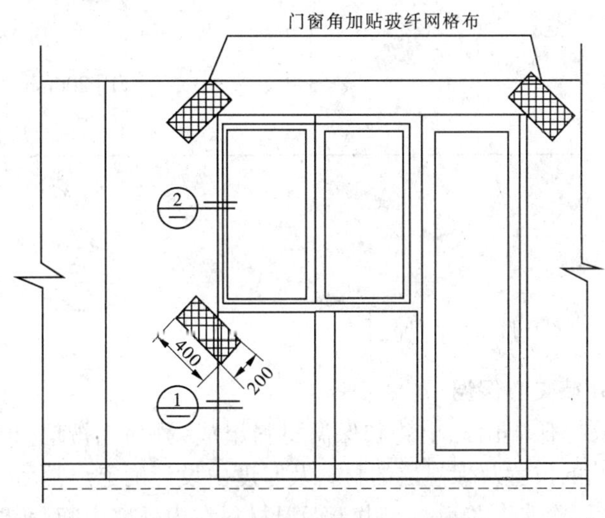

图7-47 门窗洞口四角加贴玻璃纤维网格布 (单位：mm)

板缝处理完后，在板面满粘玻璃纤维网格布一层，玻璃纤维网格布应用力拉紧、拉平。上下搭接不小于50mm，左右搭接不小于100mm。

(9)刮腻子：玻璃纤维网格布干后，墙面满刮2～3mm的石膏腻子，分2～3遍刮平，与玻璃纤维网格布一起形成保温墙面的面层，验收合格后按设计要求做内饰面。

5. 质量要求

1)主控项目

(1)保温板的各项指标及黏结剂的质量应符合要求。

检查方法：检查产品的合格证书和性能检测报告。

(2)保温板与结构层应粘贴牢固，无松动现象，保温墙表面平整，无起皮、裂缝现象。

检查方法：观察。

(3)空气层的厚度不得小于20mm。

检查方法：尺量检查。

2）一般项目

(1)板间拼缝5mm，板缝必须用黏结剂挤实刮平，粘贴牢固。

检查方法：观察，尺量检查。

(2)玻璃纤维网格布应贴平、粘实，阴阳角应搭接100mm。

检查方法：观察，尺量检查。

(3)墙面腻子应刮平整，表面无裂缝、起皮、透底等现象。

检查方法：观察。

(4)保温板安装的允许偏差见表7-30。

表7-30 保温板安装的允许偏差

项目	允许偏差(mm)	检查方法
表面平整	3.0	用2m靠尺和楔形塞尺检查
立面垂直	3.0	用2m托线板检查
阴阳角垂直	3.0	用2m托线板检查
阴阳角方正	3.0	用200mm方尺和楔形塞尺检查
接缝高差	1.5	用直尺和楔形塞尺检查

6．节点构造

节点构造见图7-48。

三、外墙夹心保温的构造与施工

(一)砖墙结构外墙夹心保温

砖墙结构外墙夹心保温由黏土砖和保温材料组成，分为围护墙、保温层和承重墙三层。围护墙和承重墙的位置及保温层的材料及厚度由设计确定。常用的保温材料有岩棉板、聚苯板、玻璃棉板、珍珠岩芯板等。由于保温材料在内外墙中间，所以保温材料受到防护。但保温材料将墙体分为内、外“两层皮”，为保证建筑的整体性，必须采取有效的拉结措施，外墙增设拉结件，增加了墙体的施工难度，工程造价也有所提高，目前使用较少。砖墙结构夹心保温墙构造见图7-49。

(二)混凝土小型空心砌块外墙夹心保温

混凝土小型空心砌块外墙夹心保温有两种做法：一种是双层砌块墙的做法；另一种是采用集承重、保温、装饰为一体的复合砌块直接砌筑。

1．双层砌块保温外墙做法

1）双层砌块保温外墙的组成

双层砌块保温外墙由结构层、保温层、保护层组成。结构层一般采用190mm厚的主砌块，保温层一般采用聚苯板、岩棉板或聚氨酯现场分段发泡，保护层一般采用90mm劈裂装饰砌块。为增加砌块墙的整体性，结构层和保护层砌体间用镀锌钢筋网片或拉结钢筋拉接。

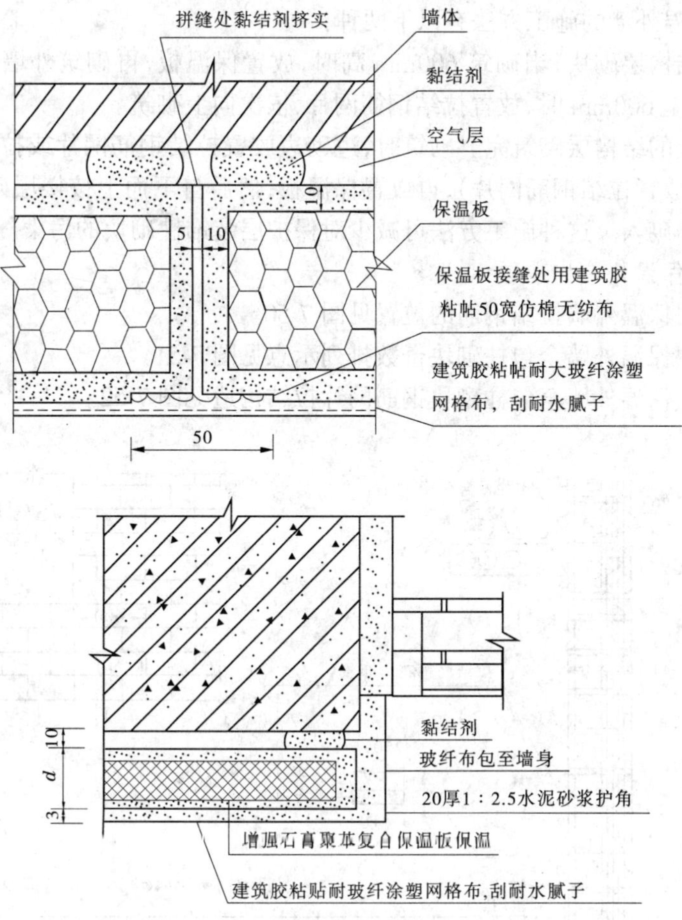

图 7-48 增强粉刷石膏聚苯板内保温节点构造

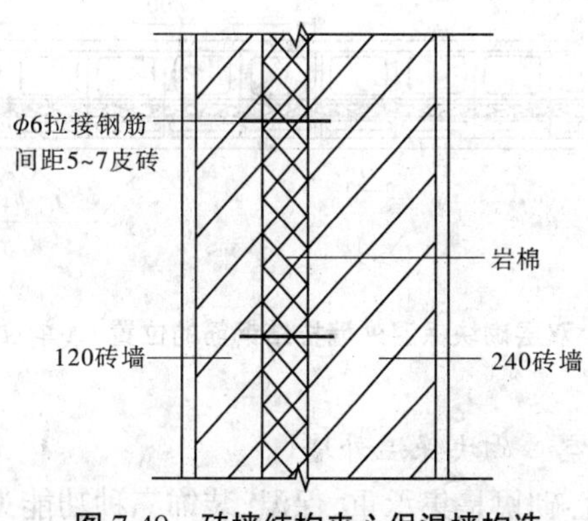

图 7-49 砖墙结构夹心保温墙构造

2)双层砌块保温外墙的施工方法

双层砌块保温外墙的施工方法有以下两种：

(1)先砌筑结构层砌块，当砌筑600mm高时，放置保温板，再砌筑外墙保护层砌块。当保护层砌块砌至600mm时，放置拉结钢筋网片，依次向上砌筑。

(2)先将全楼的结构层砌筑完。砌筑时，边砌边放置拉结钢筋网片或拉结钢筋(放拉结钢筋的部位不放置拉结钢筋网片)，再放置保温板，然后自下而上按楼层砌筑保护层砌块，并将钢筋网片砌入。这种施工方法可减少对保护层装饰性砌块的污染。

3)双层砌块保温外墙构造图

(1)双层砌块保温外墙拉结钢筋的位置见图7-50。

(2)双层砌块保温外墙全包柱砌块奇数排列示意见图7-51。

(3)双层砌块保温外墙全包柱砌块钢筋网片拉结构造见图7-52。

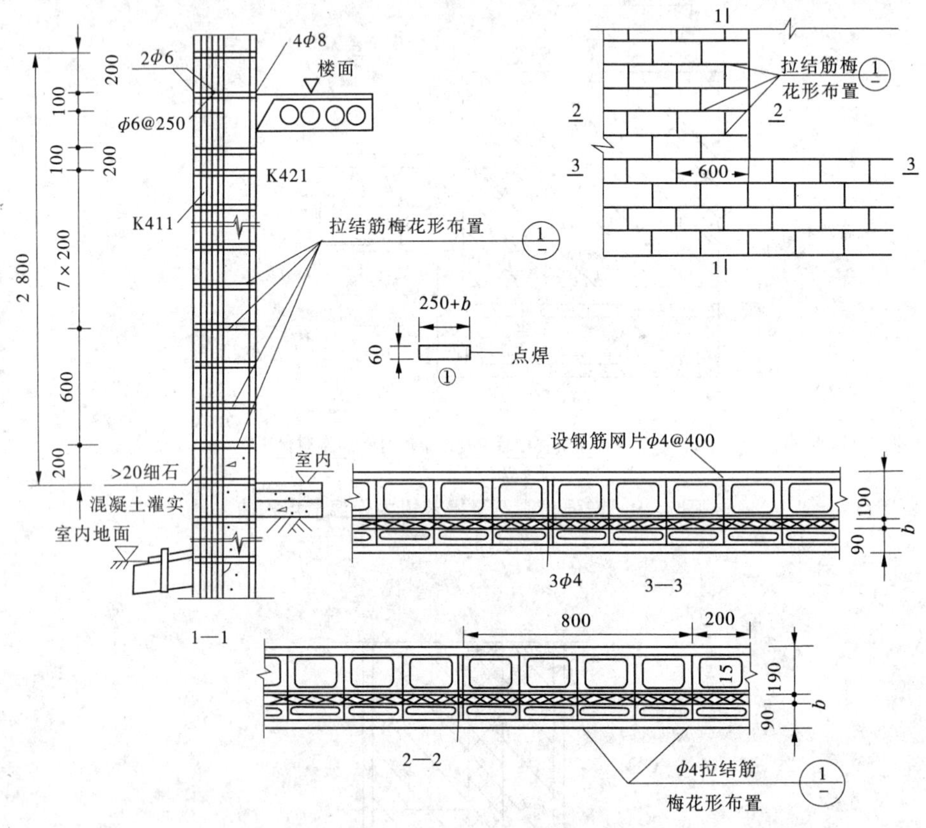

图7-50 双层砌块保温外墙拉结钢筋的位置 (单位:mm)

2. 承重保温装饰复合空心砌块保温外墙

承重保温装饰复合空心砌块是集承重、保温、装饰三种功能为一体的新型砌块。砌块的形状、规格见表7-31。

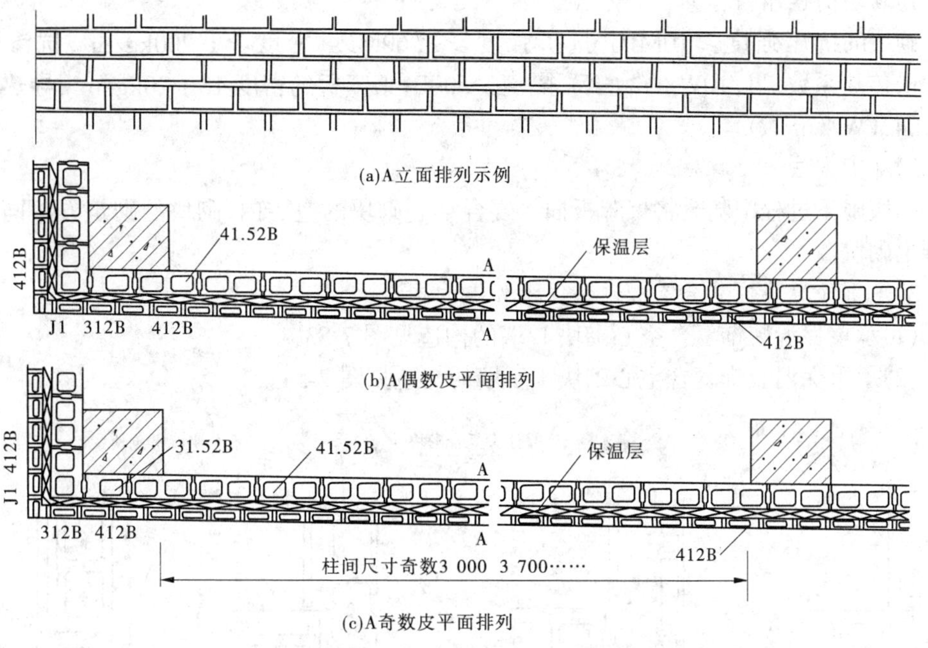

图 7-51　双层砌块保温外墙全包柱砌块奇数排列示意

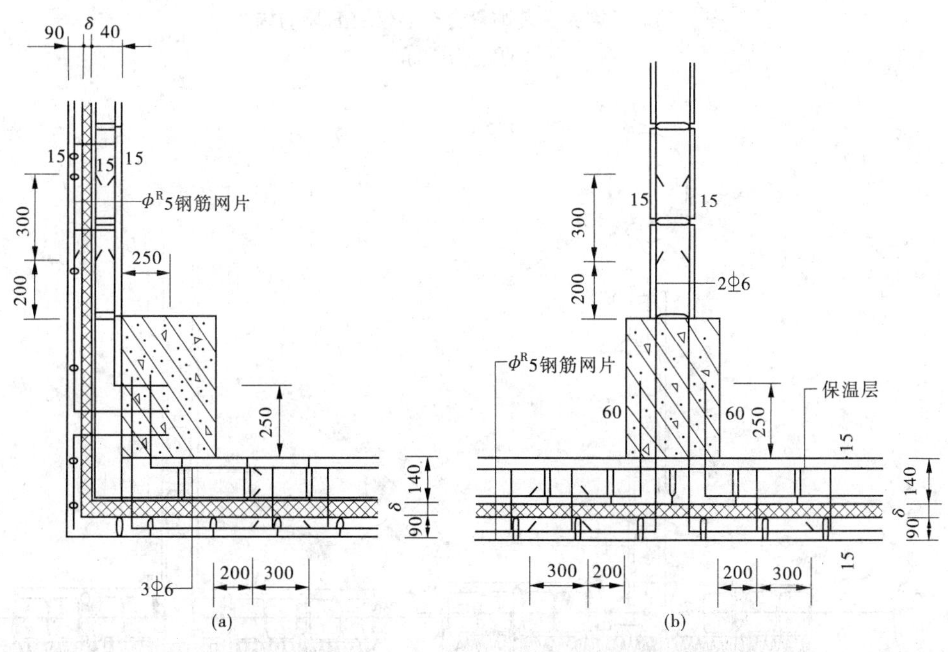

图 7-52　双层砌块保温外墙全包柱砌块钢筋网片拉结构造（单位:mm）

(a)转角夹心墙;(b)丁字夹心墙

1)砌块的性能指标

砌块的抗压强度≥10MPa,抗折强度≥1.60MPa,密度≥1 200kg/m³,抗渗性≤10mm,传热系数≤1.10W/(m²·K),隔声≥50dB;聚苯板的密度18~20kg/m³,导热系数≤0.042(W/(m·K))。

2)施工方法

砌块施工过程中随时将聚苯板插入复合空心砌块的空腔内,砌块的砌筑方法同普通混凝土砌块。

3)承重保温装饰复合空心砌块保温外墙的构造

(1)承重保温装饰复合空心砌块L墙的构造见图7-53。

(2)承重保温装饰复合空心砌块丁字墙的构造见图7-54。

标准复合砌块
七分头复合砌块
七分头标准砌块
转角砌块
第一皮
第二皮
第一皮
第二皮
(a)
(b)

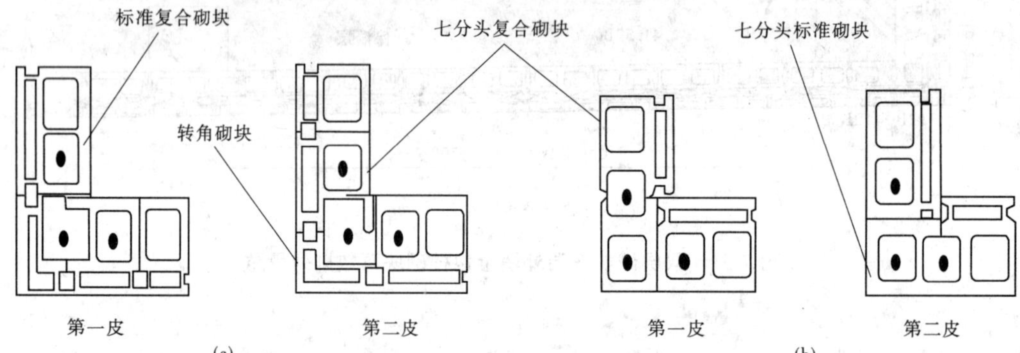

图7-53 承重保温装饰复合空心砌块L墙的构造

(a)阳角;(b)阴角

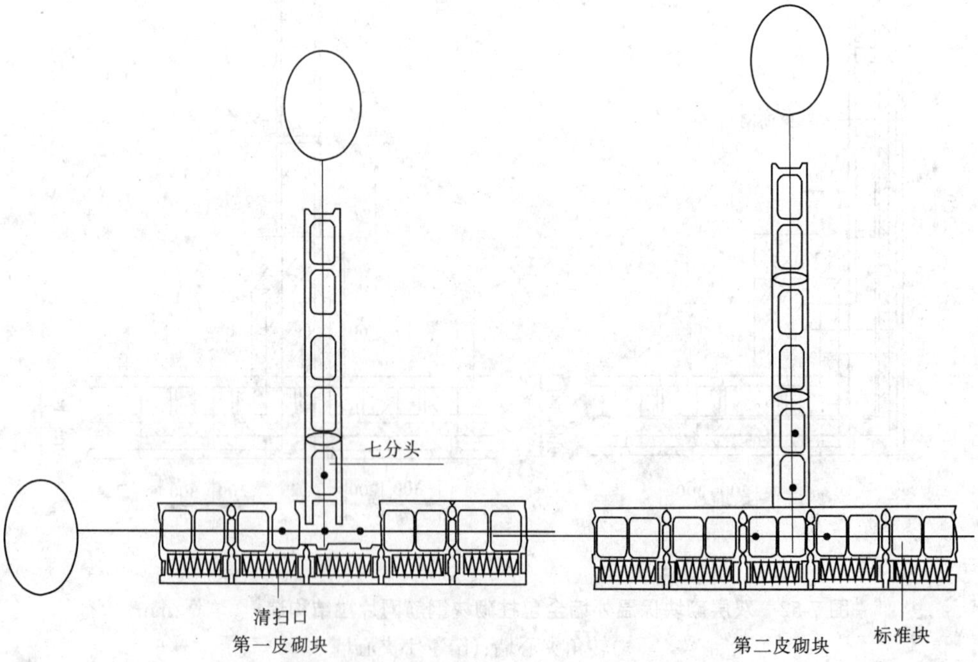

七分头
清扫口
第一皮砌块
第二皮砌块
标准块

图7-54 承重保温装饰复合空心砌块丁字墙的构造

表 7-31　复合空心砌块形状、规格

砌块型号	规格(mm)	形状	说明
W^4	390×280×190	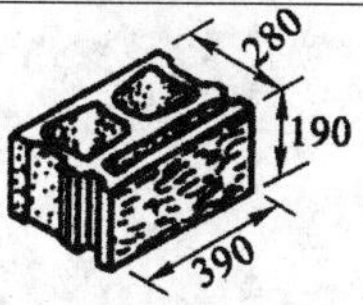	主砌块
W^3	290×280×190	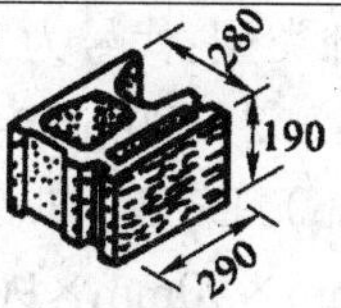	辅助砌块
W^2	190×280×190	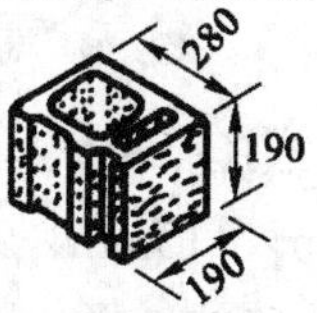	辅助砌块
Q_4(Q_4)	390×114×190(90)	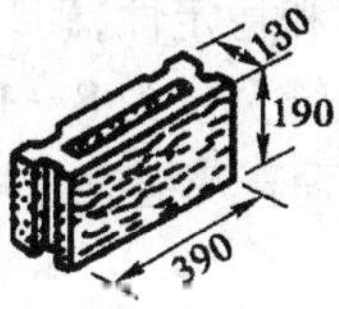	圈梁主砌块
Q_3(Q_3)	290×140×190(90)	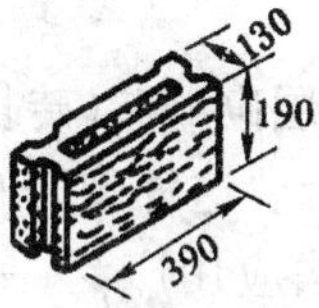	圈梁辅助砌块
Q_2(Q_2)	190×140×190(90)		圈梁辅助砌块
Q_1(Q_4)	280×190×190(90)	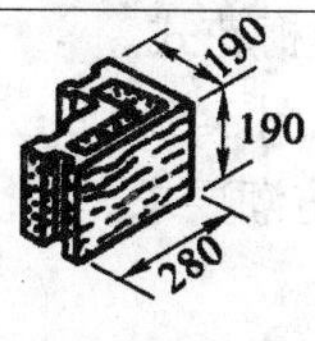	L形辅助砌块

第二节　单一材料保温墙体的构造与施工

一、多孔砖墙

(一)多孔砖的类型

1. 模数型(M 型)系列

模数型系列共有四种类型:代号为 DM。

主砖:DM1－1、DM1－2(190mm×240mm×90mm),DM2－1、DM2－2(190mm×190mm×90mm),DM3－1、DM3－2(190mm×140mm×90mm),DM4－1、DM4－2(190mm×90mm×90mm)。

陪砖:规格为 DMP(190mm×90mm×40mm),使墙体满足模数要求。

2. KP_1 型系列

主砖:KP_1－1、KP_1－2、KP_1－3(240mm×115mm×90mm)。

陪砖:KP_1－P(180mm×115mm×90mm)

图 7-55 为模数型多孔砖的外形。图 7-56 为 KP_1 型多孔砖的外形。

(二)多孔砖的砌筑方法

为保证多孔砖的强度和稳定性,砌筑时要求砖缝横平竖直,错缝搭接,砂浆饱满,厚薄均匀。水平灰缝和垂直灰缝宽度为 8～12mm,最好是 10mm。水平灰缝和垂直灰缝灰浆的饱满度不得低于 80%,垂直灰缝宜采用加浆添缝的方法,严禁水冲灌缝,以保证其灰缝饱满。

多孔砖的砌筑方法有以下几种。

1. 一顺一丁式

这种砌筑方法是指一层砌顺砖(砖长与墙长一致的砖),一层砌丁砖(砖宽与墙长一致的砖),相间排列,重复组合。这种砌法的特点是搭接好(上下皮砖的搭接长度为 1/4)、无通缝、整体性好。这种砌法应用广泛,一般可用于砌筑 240 墙(1m^2 用砖 80 块)、370 墙(1m^2 用砖 120 块)。

2. 全顺式

这种砌筑方法每皮砖均为顺砖,上下皮搭接为半砖,它适用于模数型多孔砖的砌筑。

3. 顺丁相间式

这种砌筑方法每皮砖均为顺砖和丁砖相间砌筑,它整体性好,且墙面美观,但砌筑费工。这种砌筑方法也称为梅花式。

以上几种砌筑方法见图 7-57。

为满足承重需要及防潮要求,多孔砖墙的基础、基础墙、勒脚及卫生间上下一定高度要求用实心砖砌筑。

(三)多孔砖的墙体尺寸

1. 模数型多孔砖墙

模数型多孔砖墙用没有型号规格的砖组合搭配砌筑,砌体高度以 100mm(1M)进级,

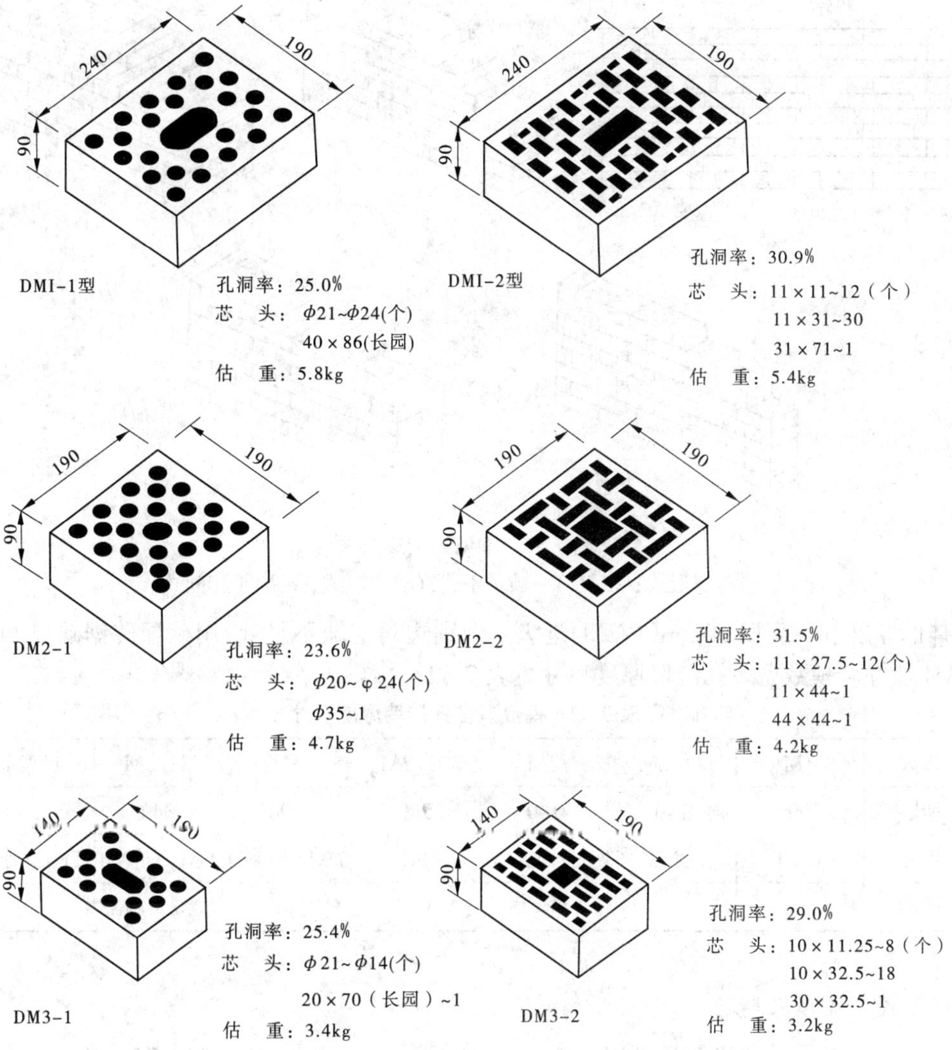

240
190
90
DMI-1型
孔洞率：25.0%
芯　头：ϕ21~ϕ24(个)
40×86(长园)
估　重：5.8kg
240
190
90
DMI-2型
孔洞率：30.9%
芯　头：11×11~12（个）
11×31~30
31×71~1
估　重：5.4kg
190
190
90
DM2-1
孔洞率：23.6%
芯　头：ϕ20~φ24(个)
ϕ35~1
估　重：4.7kg
190
190
90
DM2-2
孔洞率：31.5%
芯　头：11×27.5~12(个)
11×44~1
44×44~1
估　重：4.2kg
140
190
90
DM3-1
孔洞率：25.4%
芯　头：ϕ21~ϕ14(个)
20×70（长园）~1
估　重：3.4kg
140
190
90
DM3-2
孔洞率：29.0%
芯　头：10×11.25~8（个）
10×32.5~18
30×32.5~1
估　重：3.2kg

图 7-55　模数型多孔砖的外形

115
(宽)
90
(厚)
240
(长)
115
(宽)
90
(厚)
240
(长)
115
(宽)
90
(厚)
115
(宽)
90
(厚)
180
(长)

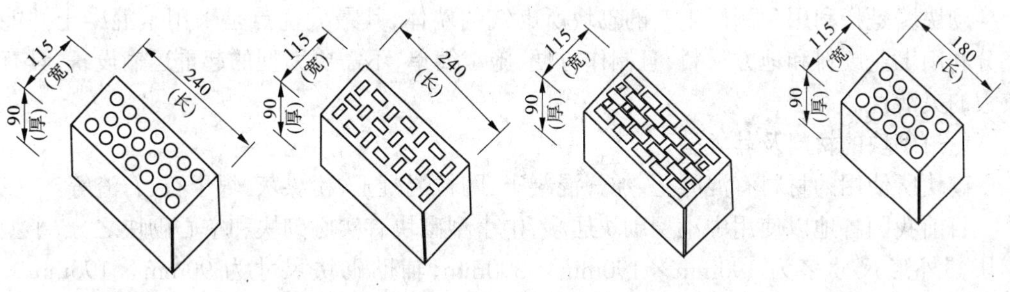

图 7-56　KP_1 型多孔砖的外形

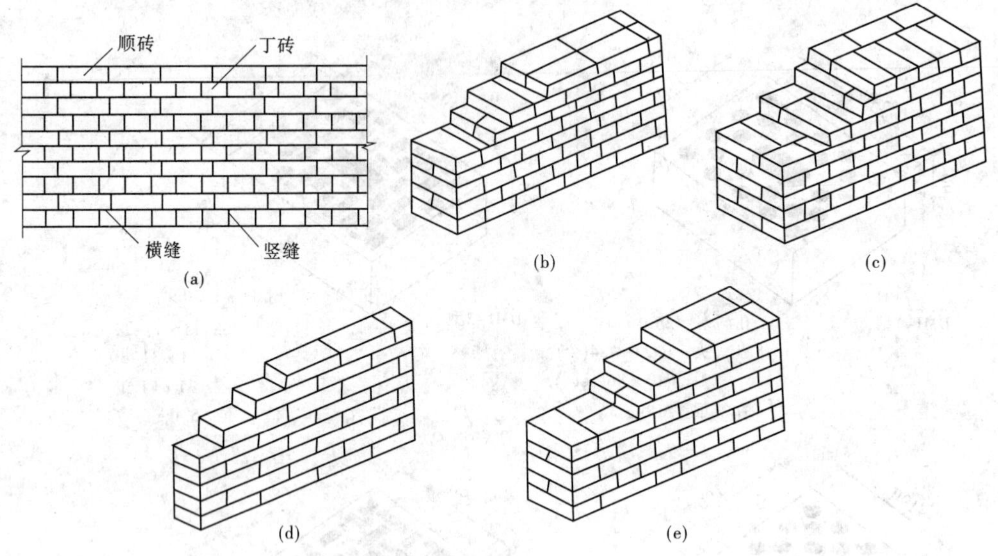

图 7-57 常见的砌筑方法

(a)砖缝形式;(b)、(c)一顺一丁式;(d)全顺式;(e)顺丁相间式

墙体的厚度和长度以 50mm(1/2M)进级。个别边角空缺不足处,用砍配砖锯缺口 DM3、DM4 填补。模数型多孔砖墙厚度尺寸见表 7-32。

表 7-32 模数型多孔砖墙厚度尺寸

模数	1M	11/2M	2M	21/2M	3M	31/2M	4M
墙厚	90	140	190	240	290	340	390
用砖	DM4	DM3	DM2	DM1	DM2 + DM4	DM1 + DM4	DM2 + DM3
类型				DM3 + DM4		DM2 + DM3	

2.KP_1 型多孔砖墙

KP_1 型多孔砖墙砌筑高度以 100mm 进级,墙体的厚度有 120、240、370、490mm 等。

二、砌块墙

砌块墙是指利用预制厂生产的砌块所砌筑的墙体,其最大优点是采用素混凝土并能充分利用工业废料和地方材料,且制作方便,施工简单,不需要大型的起重运输设备,具有较大的灵活性。

(一)砌块的材料及其类型

砌块所使用的材料有混凝土、加气混凝土、陶粒混凝土、粉煤灰、煤干石、石渣等。

目前我国各地以使用中小型砌块居多,中小型砌块有实心砌块和空心砌块之分,小型砌块其外形尺寸多为 190mm × 190mm × 390mm,辅助砌块尺寸为 90mm × 190mm × 190mm 和 190mm×190mm×190mm;中型砌块各地尺寸不一,但常见的中型砌块尺寸为 180mm× 630mm × 845mm、180mm × 845mm × 1 280mm、240mm × 280mm × 380mm、

240mm×380mm×430mm、240mm×380mm×580mm、240mm×380mm×880mm。

(二)砌块的排列原则

由于中小型砌块体积较大,不如砖块随意搬动,且砌筑时必须使用整块,不像砖一样可以随意砍凿,因此施工前,必须根据建筑平面图、立面图、洞口大小、楼层标高、构造要求等条件,绘制各墙面的砌块排列图,然后按图施工。

1. 砌块排列图的绘制

砌块排列图按每片纵横墙分别绘制(见图7-58)。其绘制方法是按照1:50或1:30的比例绘出墙面,然后将过梁、楼板、大梁、门窗洞口分别标出,按墙的高度计算皮数,尽量保证水平和垂直方向为块体加灰缝的倍数。再按照错缝搭接的要求和竖缝大小进行排列。

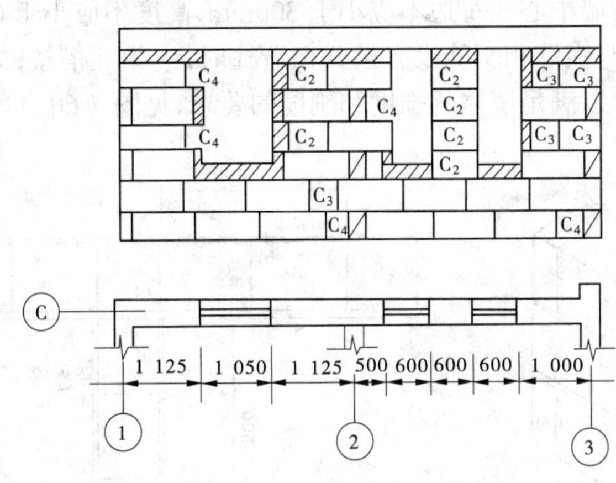

图7-58　砌块排列图

2. 砌块排列时应遵循的原则

(1)砌块的排列应力求整齐,有规律,既考虑建筑物的立面要求,又要考虑施工方便。

(2)优先选用大砌块,以充分发挥吊装机具的能力。

(3)用砌块砌墙时,砌块之间要搭接,上下皮的垂直缝要错开。搭接的长度为砌块长度的1/4,高度的1/3～1/2,且不应小于150mm。当搭接长度小于150mm时应采取加固措施,方法是在灰缝中应设置不少于2ϕ4钢筋网片(横向钢筋的间距不宜大于200mm)拉结。网片两端均应超过该垂直缝,其长度不得小于300mm,以满足墙体的强度和刚度的要求,见图7-59。

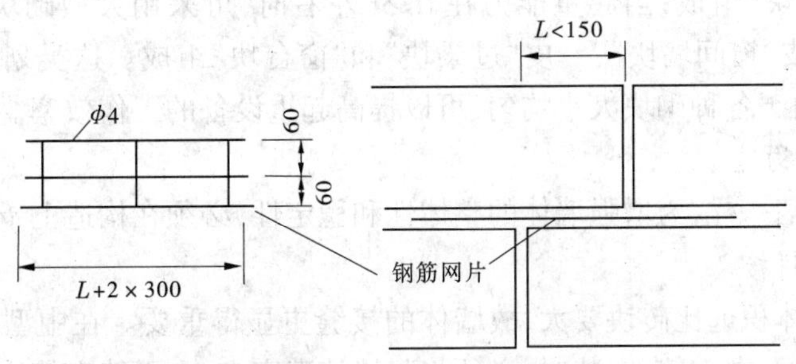

图7-59　上下皮砖垂直缝小于150mm时的处理　(单位:mm)

(4)尽可能少镶砖,必须镶砖时,则尽量分散、对称,镶砖不宜侧砌或竖砌。

(5)当构件的布置与砌块发生矛盾时,应先满足构件的布置。在砌块砌体上搁置梁时,应尽量搁在砌块长度范围内。

(6)混凝土空心砌块纵横墙相交处,距中心线每边不小于300mm范围内的孔洞,采用不低于Cb200灌孔混凝土将孔洞灌实,灌实高度应为墙身全高。

(7)混凝土空心砌块墙的下列部位,如未设置圈梁或混凝土垫块时,应采用Cb200灌孔混凝土将孔洞灌实。

- 钢筋混凝土板的支撑面下,高度不应小于200mm的砌体。
- 梁的支撑面下,高度不应小于600mm,长度不应小于600mm的砌体。
- 挑梁支撑面下,距墙中心线每边不应小于300mm,高度不应小于600mm的砌体。

(8)砌块墙在内纵墙与横墙相交处没有设置构造柱时,应相互搭接,如纵横墙不能搭接,必须用钢筋网片拉接,以满足墙体的强度和刚度的要求,见图7-60。

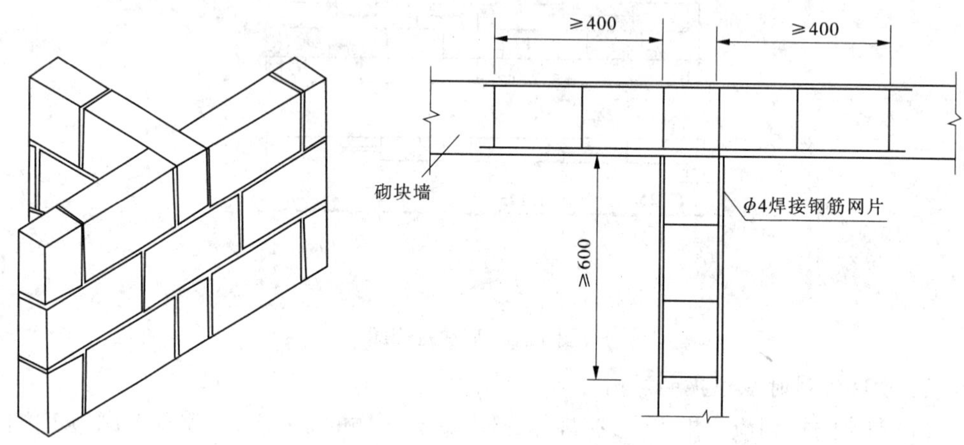

图7-60　纵墙与横墙相交处的处理　(单位:mm)

(9)当在砌块上凿洞开槽时,应细心操作,防止洞槽周围开裂。

3. 砌块的排列方法

砌块的排列方法一般依起重能力而定,小型砌块(一般在20kg以内)多为人工砌筑;当起重能力在0.5t以下时,可采用中型砌块多皮划分,见图7-61(a),即由许多皮"墙砌块"和一皮"过梁块"组成;当起重能力在0.5t左右时,可采用大型砌块四皮划分,见图7-61(b),即由三皮"窗间墙块"、一皮"过梁块"和"窗台块"组成。这类划分方法虽然立面上较为零碎,但由于各种砌块大小均匀,可以提高起重设备的工作效率。

4. 砌块墙的构造

砌块墙和砖墙一样,为增强墙体的整体性和稳定性,必须在构造上予以加强。

1)砌块墙的拼接

由于砌块的体积远比砖块要大,故墙体的接缝更显得重要。在中型砌块的两端一般设有封闭的灌浆槽,在砌筑、安装时,必须将竖缝填灌密实,水平缝砌筑饱满,使上下、左右砌块能更好的连接。一般砌块采用M5级砂浆砌筑,水平灰缝、垂直灰缝一般为15~

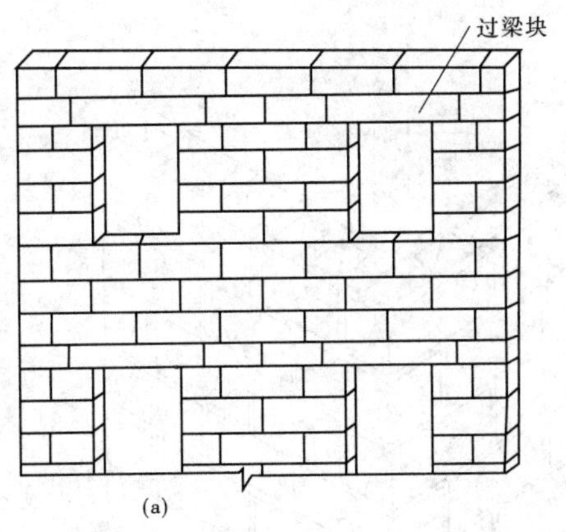

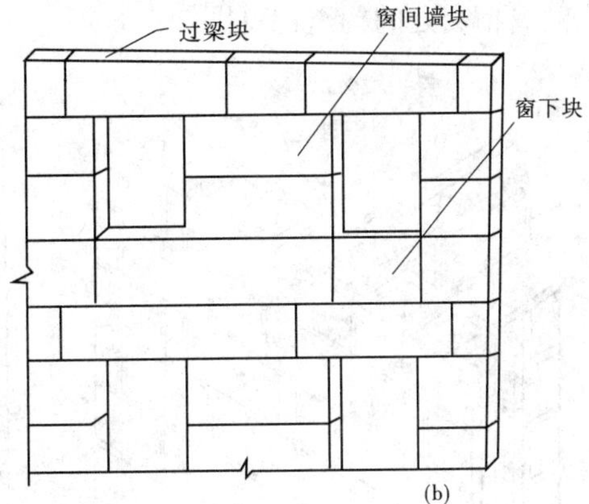

图 7-61　中型砌块墙面的划分

(a)多皮划分;(b)四皮划分

20mm。当垂直灰缝大于 30mm 时,必须用 C20 级的混凝土灌实。当垂直灰缝大于 130mm 时,应镶砖。

砌块墙在室内地坪垫层的上下表面之间设置墙身防潮层,做法一般采用防水水泥砂浆或配筋混凝土。同时应用水泥砂浆等防水材料做勒脚。

2)过梁和圈梁

过梁是砌块墙的重要构件,它既起连系梁和承受门窗洞口上部荷载的作用,同时又是一种调节砌块。当层高与砌块高出现差异时,过梁高度的变化可起调节作用,从而使得砌块的通用性更大。

为加强砌块建筑的整体性,多层砌块建筑应设置圈梁。圈梁设置要求见表 7-33。

表 7-33　圈梁设置要求

圈梁位置	设置要求	说明
外墙及内纵墙	屋顶处应设置, 楼板处应各层设置	如采用预制圈梁,安装时应坐浆,并保证现浇接头牢固可靠; 屋顶处圈梁应现浇; 承重墙厚≤200mm 的砌块,宜每层设置一道圈梁
内横墙	屋顶处应设置, 楼板处应各层设置, 间距不宜大于 10m	

圈梁有现浇和预制两种,现浇圈梁整体性好,对加固墙身较为有利,所以采用较多。

3)设构造柱

为加强砌块建筑的整体刚度,常于外墙转角和内外墙交接处设置构造柱,如果是空心砌块,通常将空心砌块上下孔洞对齐,于孔中配置 $\phi10\sim\phi12$ 钢筋分层插入,并用 C20 的细石混凝土分层填实,见图 7-62。构造柱上端应伸入顶圈梁、下部应伸入地圈梁,楼层上下 500mm 范围内的箍筋应加密,保证圈梁和构造柱之间的整体性;如果是实心砌块,构造柱部位的墙体应砌成马牙槎,即先退后进(一皮进 60mm,一皮出 60mm)。同时要求沿着墙高每 600mm 设 2ϕ6 钢筋，要求 2ϕ6 钢筋每侧伸入墙体不小于 1 000mm。砌块墙转角及纵横墙相交处的构造柱见图 7-63。

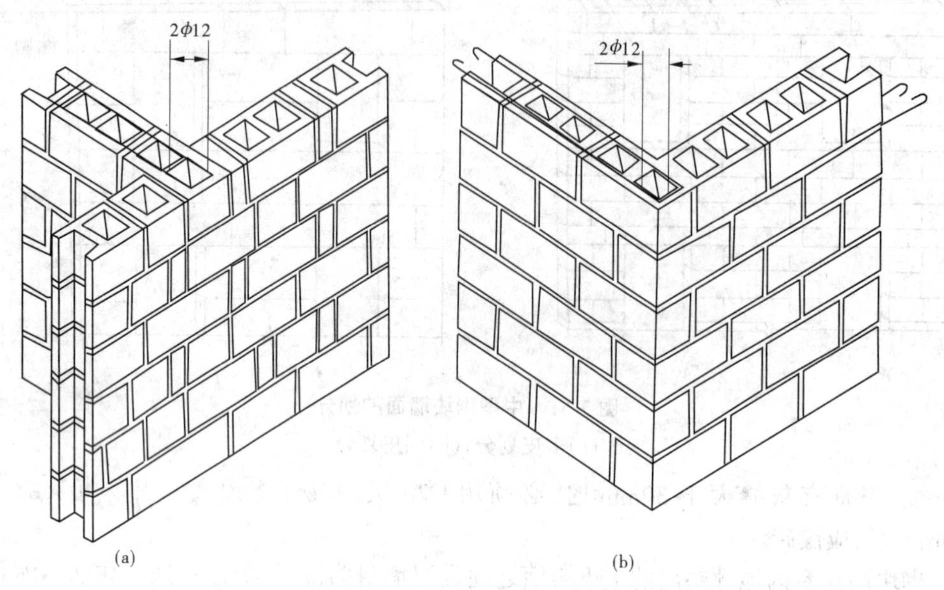

图 7-62　空心砌块墙构造柱

(a)内外墙交接处构造柱；(b)外墙转角处构造柱

图 7-63　砌块墙转角及纵横墙相交处的构造柱

(a)纵横墙相交处；(b)墙转角处

5. 砌块砌体质量

砌块砌体质量应符合下列规定：

(1)砌块砌筑的基本要求与砖砌体大致相同，但搭接长度不应小于150mm。

(2)外观检查应达到墙面整洁、勾缝密实、深浅一致、交接平整的要求。

(3)经试验检查，在同一楼层或250m³砌体中，一组试块(每组3块)同强度等级的砂浆或细石混凝土不得低于设计强度的最低值，对于砂浆不得低于设计强度的75%；对于细石混凝土不得低于设计强度的85%。

(4)预埋件、预留孔的位置应符合设计要求。

(5)砌体的允许偏差及外观质量标准应符合表7-34的规定。

表7-34 砌体的允许偏差及外观质量标准

<table>
<tr><th colspan="3">项目</th><th>允许偏差(mm)</th><th>检查方法</th><th>抽查数量</th></tr>
<tr><td colspan="3">轴线位移</td><td>10</td><td>用经纬仪和尺或其他测量仪器检查</td><td>全部承重墙和柱</td></tr>
<tr><td rowspan="3">垂直度</td><td colspan="2">每层</td><td>5</td><td>用2m托线板检查</td><td rowspan="3">外墙全高检查阳角不少于4处，每层查一处；内墙有代表性的自然间抽10%，但不少于3间，每间不少于2处；柱不少于5根</td></tr>
<tr><td rowspan="2">全高</td><td>≤10m</td><td>10</td><td rowspan="2">用经纬仪、吊线或其他测量仪器检查</td></tr>
<tr><td>>10m</td><td>20</td></tr>
<tr><td colspan="3">基础顶面或楼面标高</td><td>±15</td><td>用水平仪和尺检查</td><td>不少于5处</td></tr>
<tr><td rowspan="2">表面的平整度</td><td colspan="2">小型砌块、清水墙、柱</td><td>5</td><td rowspan="2">用2m直尺和楔形塞尺检查</td><td rowspan="4">有代表性的自然间抽10%处，但不少于3间，每间不少于2处</td></tr>
<tr><td colspan="2">小型砌块、混水墙、柱</td><td>8</td></tr>
<tr><td rowspan="2" colspan="2">水平灰缝的平直度</td><td>清水墙</td><td>7</td><td rowspan="2">灰缝上口拉10m长线，用尺检查</td></tr>
<tr><td>混水墙</td><td>8</td></tr>
<tr><td colspan="3">门窗洞口高、宽(后塞口)</td><td>±15</td><td>用尺检查</td><td>检验批洞口的10%，且不应少于5处</td></tr>
<tr><td colspan="3">外墙上下窗口偏移</td><td>20</td><td>以地层窗口为准，用经纬仪和吊线检查</td><td>检验批的10%，且不应少于5处</td></tr>
<tr><td colspan="3">清水墙面游丁走缝(中型砌块)</td><td>20</td><td>用吊线和尺检查，以每层每一块砖为准</td><td>有代表性的自然间抽10%处，但不少于3间，每间不少于2处</td></tr>
</table>

第三节　建筑保温门窗的材料与施工

建筑门窗为建筑物保温性能最薄弱的部位，随着人们生活水平的不断提高，为了创造一个舒适的居住环境，室内制冷和采暖越来越普遍，门窗作为建筑物表面维护结构的一部分，直接影响到建筑的节能情况，提高门窗的保温隔热性能是降低建筑长期能耗的重要途径之一。

一、综合要求

一个良好的建筑门窗应满足以下几点综合要求：

(1)保温性能好；

(2)气密性好；

(3)具有良好的水密性和防火性；

(4)具有一定的耐冲击性和耐老化性；

(5)具有良好的抗风压性能。

二、提高门窗保温隔热能力的主要途径

提高门窗保温隔热能力的主要途径有：采用保温性能良好的门窗；提高窗的密闭性，减少冷风渗透；做好窗洞口侧壁部位的保温处理。

(一)门窗的保温性能

1.门窗的组成

门窗由门窗框和玻璃组成。门窗框和玻璃的选用，决定着门窗的传热系数，直接影响着门窗保温效果。为了满足65%的节能标准，河南省居住建筑节能设计标准(寒冷地区DBJ41/62—2005)中规定，郑州地区的窗户(含阳台门上部)的传热系数应不大于2.8 W/(m^2·K)。

(1)门窗框：由各种不同材性的材料拼装而成，它的保温隔热性能受框型材的材性、断面设计、断热桥的长度影响。不同材料窗框的大致传热系数见表7-35。

表7-35　不同窗框的大致传热系数

窗框材料	钢　材	铝合金	断热铝合金	PVC塑钢	木材	玻璃钢
传热系数(W/(m^2·K)	5.0	4.2~4.8	2.4~3.2	2.0~2.8	1.5~2.0	1.4~1.8

(2)玻璃：门窗保温效果还受玻璃层数、镀膜与否、两层玻璃之间空气层的厚度等因数影响。

为了满足不同地区和不同档次的要求，我国相继开发出聚氯乙烯塑料门窗、铝合金门窗、断桥铝合金门窗、复合门窗、彩色钢板门窗、不锈钢门窗及玻璃钢窗。表7-36是各类

窗的节能效果。

表 7-36　各类窗的节能效果

类型		传热系数(W/(m²·k))	节能效果(%)
金属	单玻窗	6.4	0
	双玻窗	3.2～4.9	50～23
	中空玻璃窗	3.9～4.9	31～23
	铝合金断热中空玻璃窗	3.0～3.4	53～47
	铝合金断热 Low－E 中空玻璃窗	2.2～2.6	66～59
PVC 塑料窗	单玻窗	3.3～5.4	33～16
	双玻窗	2.2～3.1	66～52
	Low－E 中空玻璃窗	1.7	75
复合	钢塑双玻窗	2.9～3.2	55～50
	铝塑双玻窗	2.9	55
	钢木双玻窗	3.3	18
	铝木双层窗(单框)	2.5	61

从表 7-36 中可以看出：

• 非金属窗的保温性能明显优于金属窗。

• 双玻窗、中空玻璃窗和双层窗的保温性能明显优于同类框型材的单玻窗，金属单玻窗是保温性能最差的一类窗。

• 铝合金断热窗保温性能明显优于框不断热的铝合金窗，铝合金断热 Low－E 中空玻璃窗的保温性能比铝合金断热中空玻璃窗更好。

• 复合双玻(或中空玻璃)窗的保温性能明显优于金属双玻(或中空玻璃)窗。

从表中还可看出铝合金断热 Low－E 中空玻璃窗的节能效果达到 59%～66%，PVC 塑料 Low－E 中空玻璃窗节能效果达到 75%，PVC 塑料双玻窗的节能效果达到 52%～66%。

2. 聚氯乙烯塑料门窗

聚氯乙烯材料简称 PVC，是以聚氯乙烯树脂为主要原料，加入适量的抗冲剂、加工助剂、改性剂等，经混炼、压延、挤出成型等工艺制作而成的各种截面的异形材。PVC 材料具有质轻、隔热、保温、防潮、阻燃、施工简便等特点，其抗拉强度、抗弯强度均比木材优越，规格、色彩繁多，极富装饰性。聚氯乙烯塑料门窗见图 7-64。

建筑能耗包括建造过程的能耗和使用过程的能耗，建造过程的能耗是指建筑材料、建筑构配件、建筑设备的生产和运输及建筑施工和安装过程的能耗。从建筑门窗生产能耗比较，生产同样重量的 PVC 塑料的能耗是生产钢的 1/4.5，生产铝的 1/8.8；从建筑门窗的当前价格比较，同样性能的窗户，PVC 塑料窗价格为断热桥铝合金窗的 2/3。因此，无论是从性能、价格还是我国当前消费水平比较，大力推广中空玻璃塑料窗对我国建筑节能和能源利用都具有现实意义。

图 7-64　聚氯乙烯塑料门窗

我国国土辽阔，各地气候差异较大，PVC 塑料门窗是我国重点发展的建筑材料之一，PVC 塑料门窗的保温性能受以下因素影响：

(1)型材的厚度：型材厚度越大，其保温性能越好，根据我国近年来门窗发展状况来看，型材的断面厚度呈递增趋势，发展顺序为：50mm—60mm—65mm—70mm—80mm—90mm。

(2)增加型材腔体：型材的腔体越多，阻止热流传递的能力越强，保温性能越好。多腔室结构腔室均朝热流方向分布，型材内的多道腔壁对通过的热流起到多重阻隔作用，腔内传热相应被削弱，特别是辐射和导热随着腔体的增加而成倍的减少。表 7-37 是大连实德 70mm 厚平开框型材不同腔体的传热系数，由表中数据可知，在型材厚度相同的情况下，腔体越多，型材的保温性能越好。

表 7-37　大连实德 70mm 厚平开框型材不同腔体的传热系数

型材名称	腔体的数量	传热系数(W/(m^2·K))
70mm 厚平开框型材	1	2.809
	2	2.058
	3	1.653
	4	1.475
	5	1.397
	6	1.305
	7	1.295

图 7-65 是聚氯乙烯塑料门窗的构造图。

3. 断热铝合金门窗

断热铝合金门窗是在老铝合金门窗基础上为了提高门窗保温性能而推出的改进型，从表 6-35 可以看出铝合金等金属型材的保温性能较差，其原因是铝合金型材导热性能太好，通过铝合金腔壁传导的热量远远大于腔内空气导热、对流和壁面辐射传热量之和。为了减少铝合金框的传热,用非金属材料(如聚酰胺尼龙隔条)作断热桥对铝合金型材作断热处理,形成断热铝合金门窗(见图 7-66)。

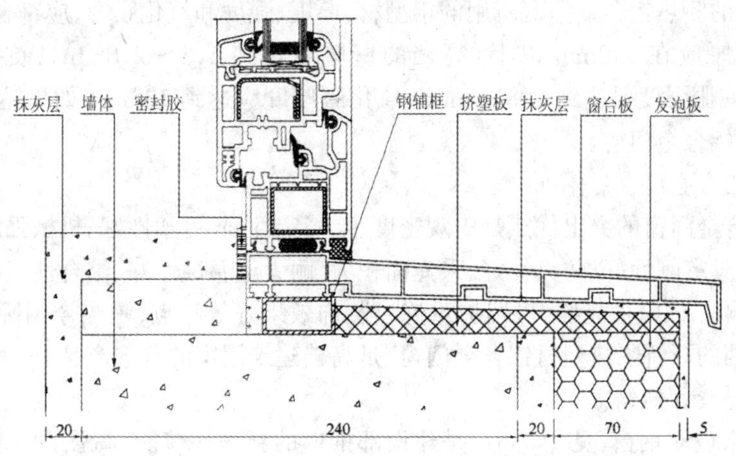

图 7-65 聚氯乙烯塑料门窗构造(单位:mm)

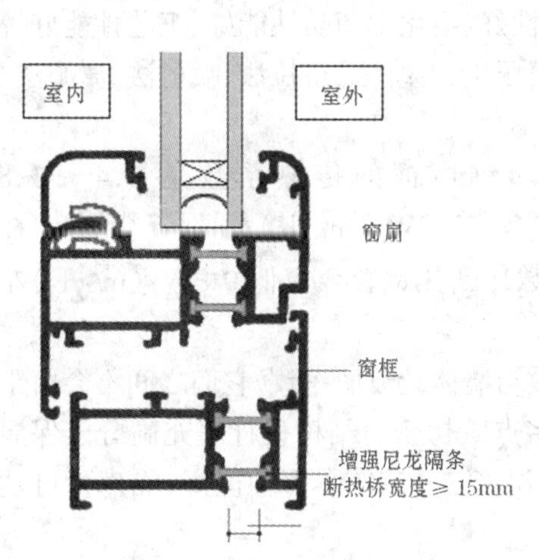

图 7-66 断热铝合金门窗

1)断热铝合金的形成方法

(1)采用在铝型材的空腔中灌注硬质发泡聚氨酯,然后再将空腔两侧边的铝合金壁剥去割断热桥。

(2)窗型材内外为铝合金,用强度高、导热系数小的增强尼龙隔条(聚酰胺尼龙隔条)辊压复合而成。

2)断热铝合金的质量要求

(1)断热桥必须有一定的长度(指金属断开的距离),才能保证断热桥有足够大的热阻,所以断热桥一般不易小于15mm。增强尼龙隔条的材质和质量也直接影响到断热桥铝合金窗的保温性能和耐久性。

(2)断热铝合金门窗的五金零件应安装合理,避免由五金零件而产生热桥。

(3)优质的断热铝合金门窗所用的铝型材,厚度、强度和氧化膜等,应符合国家的有关标准规定,壁厚应在1.2mm以上(高档的壁厚可达到1.8～2.0mm),抗拉强度达到157N/mm^2,屈服强度要达到108N/mm^2,氧化膜厚度应达到10μm。如果达不到以上标准,就是劣质铝合金门窗。

3)断热铝合金门窗的特点

断热铝合金门窗的突出优点是表观密度小、稳定性强、可塑性好、机械强度高、保温隔热性好,它还具有刚性好、防火性好、采光面积大、耐大气腐蚀性好、综合性能高、使用寿命长(50～100年)、回收性能好(可回炉重炼)、装饰效果好等特点,是当今国际上流行的绿色产品。高档的断桥隔热型材铝合金门窗,是高档建筑用窗的首选产品。

4.环氧树脂玻璃钢窗

环氧树脂玻璃钢窗(见图7-67)是建设部推广的新一代节能、高强、耐腐、绿色环保、永不变形的玻璃钢门、窗。是继木、钢、铝合金、塑料之后的第五代门窗。环氧树脂玻璃钢是环氧树脂、固化剂、玻璃纤维及其他辅助材料组成的增强材料。它具有机械强度高、黏结性能强、比重小、绝缘性能好、收缩率低、耐腐蚀性好、耐化学药品性能好、工艺性能好等特点。环氧树脂玻璃钢成型方法大致有手糊法、模压法、缠绕法、挤拉法、喷射法、离心法。

环氧树脂玻璃钢窗有以下特点:

(1)保温性能好。从表7-35可以知,玻璃钢窗框的传热系数是1.4～1.8W/(m^2·K),断热铝合金门窗的大致传热系数是2.4～3.2W/(m^2·K),根据资料统计,在采用相同中空玻璃的条件下,玻璃钢窗的传热系数比断热铝合金窗低0.3W/(m^2·K)左右,玻璃钢窗的保温性能比断热铝合金窗高10%。

(2)密封性能好。由于玻璃钢窗框的膨胀系数与墙体及玻璃一致,它们之间不会由于热胀冷缩而产生缝隙,并且玻璃钢窗框一般采用多点阶梯密封结构设计填充高分子保温材料,所以密封性能好。保温性能好,可提高室内温度3～5℃;隔声性能好,隔声量可达26 ～31dB。

(3)型材表面颜色丰富。玻璃钢型材饰面颜色多达640 000种可供选择。

(4)防雷和静电。玻璃钢是电绝缘体,不会因雷击产生电流和出现静电现象,使用安全。

5.建筑保温玻璃

建筑保温玻璃包括中空玻璃、真空玻璃、吸热和热反射玻璃、泡沫玻璃及太阳能玻璃。

1)中空玻璃

中空玻璃有单层和双层之分,可以根据不同要求选用各种不同性能的玻璃原片,如透明浮法玻璃、压花玻璃、彩色玻璃、防阳光玻璃、镜面反射玻璃、加丝玻璃、钢化玻璃等与边框(铝框架或玻璃条等)经胶接、焊接或熔接而制成。中空玻璃一般有以下几个方面组成(见图7-68)。

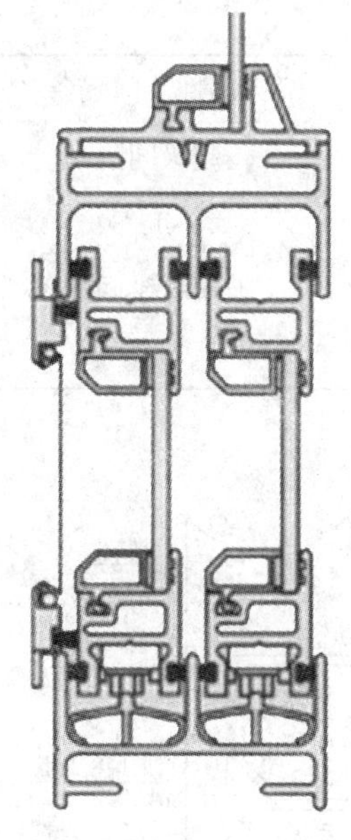

图 7-67　环氧树脂玻璃钢窗

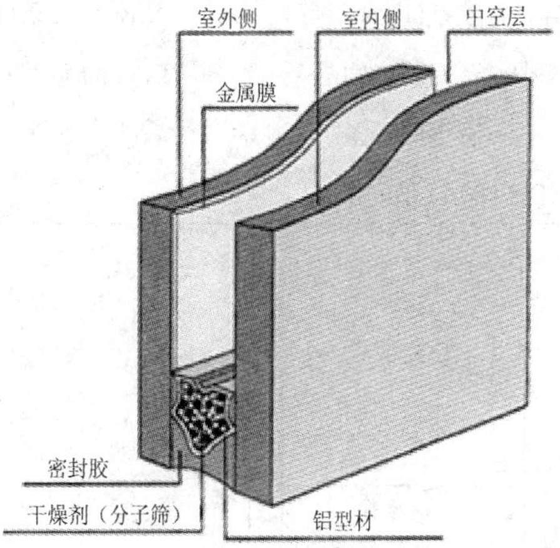

室外侧
室内侧
中空层
金属膜
密封胶
干燥剂（分子筛）
铝型材

图 7-68　中空玻璃的组成

玻璃——包括所有的平板玻璃及其深加工产品。

密封剂——对中空玻璃的边部进行密封，确保尽量少的水蒸气进入中空玻璃内部，延长中空玻璃的使用时间。

干燥剂——保证将密封在中空玻璃内部的所有水蒸气吸附干净，保证中空玻璃的寿命。

隔条——控制中空玻璃的内、外两片玻璃间的距离，并阻止外部的水蒸气进入空气夹层，保证中空玻璃具有合理的空间层厚度和使用寿命。

(1)中空玻璃的隔条：中空玻璃的间隔条分暖边隔条和冷边隔条。

① 冷边是指传统的金属铝，铝间隔条的导热系数是 160W/(m·K)，是玻璃的 160 倍，是空气的 6 667 倍(玻璃的导热系数是 1W/(m·K)，空气的导热系数是 0.024W/(m·K)，所以冷间隔条成为中空玻璃的软肋。铝间隔条有传统的四角插接式和改进后的连续长管弯角式(造价高)。四角插接式又分为接头涂胶和不涂胶处理，当然长管弯角式接头少，密封性能要好，但如果其接头不涂胶，密封性不一定比四角插接接头涂胶式好。

② 暖边是指间隔条的材料和构造均不同于传统的金属隔条(如实唯高隔条，由波浪形铝带，外加一层内含有干燥剂的密封胶组成如图 7-69)。三种性能的暖边间隔条见表 7-38。但是有些暖边间隔条内含有溶剂，在高温时会分解散发，悬浮在中空玻璃的空气层内；低温时，溶剂水汽会凝结在玻璃内侧，形成化学雾，导致玻璃永久变花。特别是 Low-e 玻璃，对化学雾特别敏感，因此在选择暖边间隔条时必须考虑化学雾问题。

(2)中空玻璃的密封处理：中空玻璃密封胶的道数有一道和两道(见图 7-70)。

中空玻璃密封胶的作用包括：

• 密封作用，防止外界的水汽进入中空玻璃层内。

• 结构作用，在外界温度高低变化，及高湿度、紫外线照射下，仍能够保持中空玻璃的结构整体性。

表 7-38　三种性能的暖边间隔条

低性能间隔条	中性能间隔条	高性能间隔条
实唯高胶条(内含铝带) 断热隔条(铝断热间隔条) 不锈钢间隔条 PPG 的 U 型间隔条	实唯高胶条(内含不锈钢带) PPG 的 U 型(不锈钢)间隔条	超级间隔条 TPS 玻璃纤维间隔条

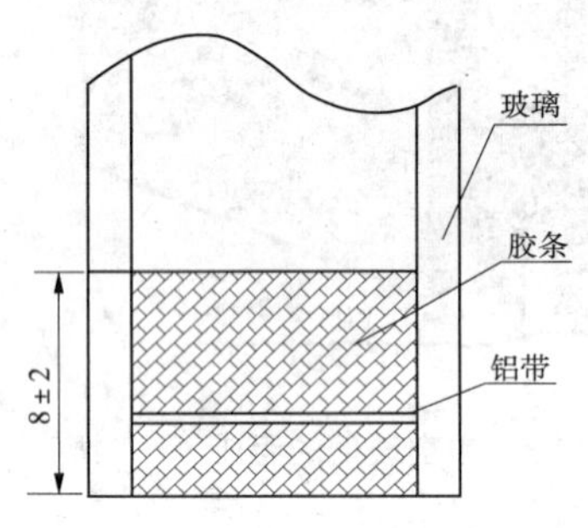

图 7-69　波浪形铝带外加一层含干燥剂密封胶隔条

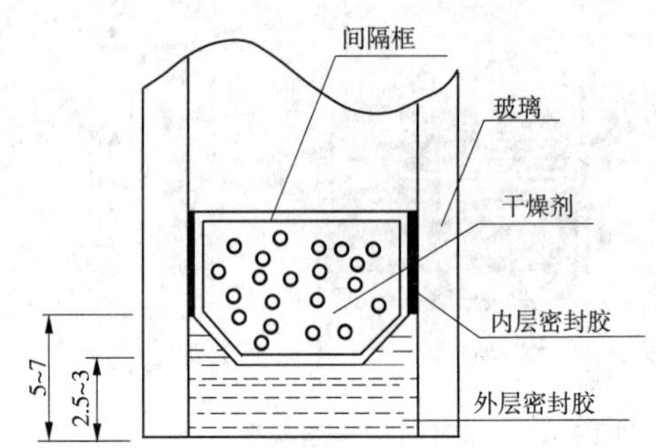

图 7-70　双道密封系统

这样就要求打两道密封胶,一道结构(聚硫胶)一道密封(丁基胶),各尽其职。如果只打一道胶,同时起两个作用,实践证实是比较困难的。单道和双道中空玻璃密封寿命加速老化试验见表 7-39 和表 7-40。

表 7-39　单道密封系统加速老化试验

单道密封系统的配置	老化时间
内含波浪铝条的丁基胶条	2 周
硅酮胶,铝隔条	3 周
聚硫胶或热熔丁基胶,铝隔条	6~8 周

表 7-40　双道密封系统加速老化试验

双道密封系统的配置	老化时间
丁基胶条/聚硫胶或聚氨酯,铝隔条	12~18 周
硅酮胶,四角插头不经涂胶处理、聚异丁烯胶、铝隔条	15~20 周
聚硫胶或热熔丁基胶,铝隔条	6~8 周
内含波浪铝条的丁基胶条、硅酮胶	25 周以上
硅酮胶,四角插头经涂胶处理、聚异丁烯胶、铝隔条	40 周以上
热熔丁基胶、超级间隔条	40 周以上

(3)干燥剂的选用。中空玻璃用的干燥剂有分子筛和二氧化硅两类。各种干燥剂的吸附性能见表 7-41。

从表中可以看出中空玻璃密封胶内如果不含溶剂,3A 分子筛是最适合中空玻璃的干燥剂。3A 分子筛具有亲水性,只吸附水,不吸附其他物质,所以可以保证正常条件下的中空玻璃片与片之间的平行,减少中空玻璃边缘处的应力,延长中空玻璃的寿命。

中空玻璃密封胶内含溶剂时,应使用两种分子筛混合物(75%的 3A 分子筛, 25%的 13X 分子筛),使其兼有吸附水和溶剂的性能。

表 7-41　中空玻璃干燥剂的吸附性能

种类	孔直径(A)	能吸附	不能吸附
3A 分子筛	3	水	除水以外的其他物质
4A 分子筛	4	水、空气、氩气、氪气	六氟化硫、疝气、溶剂
13X 分子筛	8.5		无
硅胶	20～300		无

(4)影响中空玻璃保温性能的因素。中空玻璃的传热方式有以下三种形式(见图 7-71):室内外两侧玻璃表面的对流换热;由室内外温差引起的空气间层的导热;辐射换热,包括室内外环境与玻璃表面的辐射换热和夹层玻璃表面间的辐射换热。那么中空玻璃的保温性能就取决于这几种传热方式的热阻大小,由此可见中空玻璃保温性能的主要影响因素有以下几个方面。

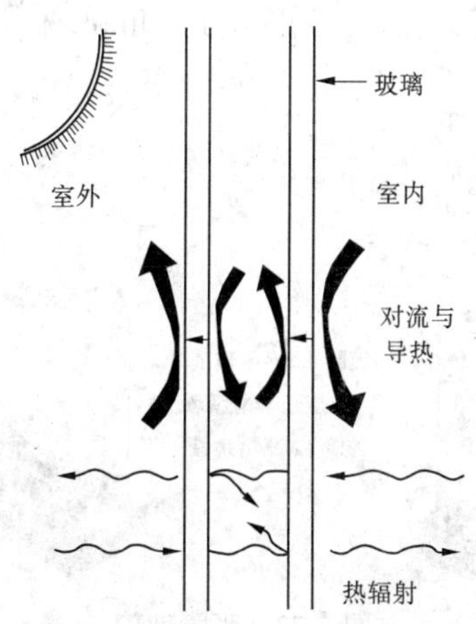

图 7-71　中空玻璃的传热形式

① 中空玻璃气体层的厚度与数量。常用的中空玻璃间层厚度为 6、9、12mm 等。气体间层的厚薄与传热阻的大小有着直接的联系,在玻璃材质、密封构造相同的情况下气体间隔层越大,其热阻也就越大,对应的玻璃传热系数 K 值也就越小。但当气体层厚度达到一定程度后,其热阻的增长率就很小了。因为当气体层厚度增加到一定程度后,气体在玻璃之间温差的作用下就会产生一定的对流过程,从而降低了气体层增厚对热阻增加的

影响。如图 7-72 所示。

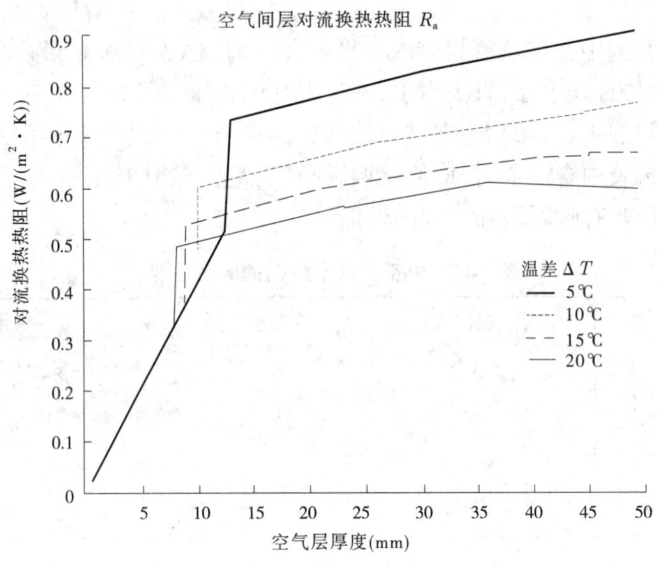

图 7-72 气体间层的厚度和热阻的关系

因此,通常情况下,中空玻璃空气间层的厚度不会超过 12mm,如果需要进一步提高玻璃的保温性能,可以通过增加玻璃空气间层数量的方法,显然两个 9mm 厚的空气层要比一个 18mm 厚的空气层热阻要大许多。如采用三玻结构,或者张膜结构(利用在中空玻璃内部张拉薄膜的方式增加空气层数量来达到增加热阻,降低玻璃的传热系数。如图 7-73所示。当然,只有当空气间层总厚度大于 15mm,采用增加空气层数量的方法才会获得较好的效果。

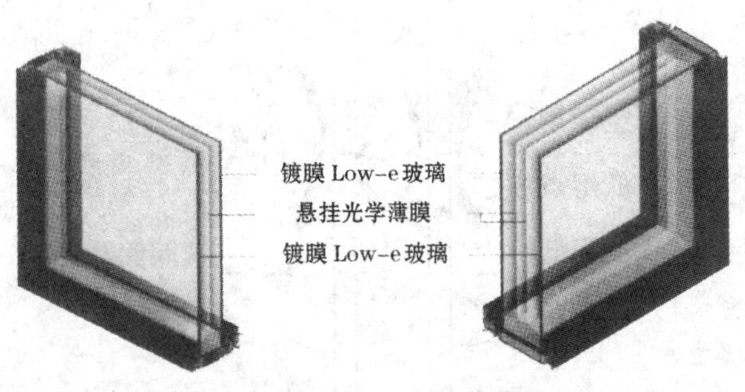

图 7-73 张膜玻璃

② 夹层空气的类型。中空玻璃空气层热阻不仅受夹层空气厚度的影响,还与夹层空气的类型有关。普通中空玻璃夹层厚度小于 12mm 的情况下,夹层空气为纯导热状态,其热阻与夹层的厚度成正比,而与夹层气体的导热系数成反比,因此采用更低导热系数的气体可以进一步增加空气层的导热热阻。通常做法是在中空玻璃内部充填惰性气体,例如氩气、氪气等(注:空气导热系数为 0.024 W/(m·K),氩气的导热系数为 0.016 W/(m·K))来提高中空玻璃的保温性能。例如 6+12+6 白玻中空组合,当填充空气时,

K 值约为 2.7 W/(m· K);填充 90%氩气时,K 值约为 2.55 W/(m·K);填充 100%氩气时,K 值约为 2.53 W/(m·K);填充 90%氪气时,K 值约为 2.47 W/(m·K),较只填充空气时的 K 值降低了 10%。两种惰性气体相比,氩气在空气中含量丰富,提取比较容易,使用成本低,所以应用较为广泛。

③ 表面镀膜处理。增加玻璃的总传热阻,提高玻璃的保温性能,不仅可以通过增加空气夹层的导热热阻来实现,还可以采用提高玻璃间的辐射换热热阻来获得。玻璃表面间的辐射换热热阻与其表面的红外辐射发射率有关,红外辐射发射率越低,其两表面间的辐射换热热阻越大。如图 7-74 所示,当发射率大于 0.2 时,其辐射热阻增值比较小;当发射率小于 0.2 以后,其辐射热阻迅速增加;在发射率为 0.05 时,其辐射热阻可高达 3.7 W/(m^2·K)。为提高玻璃表面的辐射热热阻,可以采用降低玻璃表面的红外辐射发射率的措施,通常的做法是在玻璃表面镀上低辐射膜,即 Low-e 膜。

试验证明,中空玻璃镀膜后,热工性能明显改善,传热系数由普通中空玻璃的 3.0~3.1 降低为 1.7~2.3,其中空气层厚度为 12mm 的低辐射中空玻璃作为 PVC 塑料窗(单块玻璃镀膜)传热系数可以降 1.7~2.0W/(m^2·K)。

Low－e 玻璃,是利用真空沉积技术,在玻璃表面沉积一层低辐射涂层,一般由若干金属或金属氧化物薄层和衬底层组成。普通玻璃的红外线发射率约为 0.9,对太阳辐射能的投射比为 84%,而 Low－e 玻璃的红外线发射率为 0.03,能反射 80%以上的红外能量。

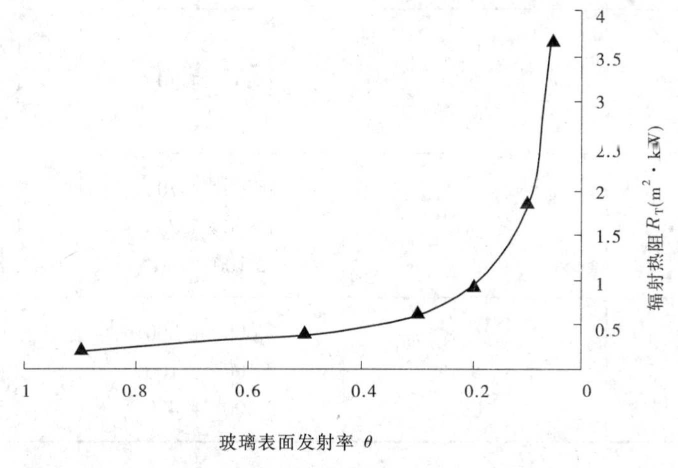

图 7-74　发射率和辐射热阻关系曲线

成熟的镀膜玻璃工艺主要有两种,即在线镀膜和离线镀膜。在线Low－e玻璃是在浮法玻璃成型过程中,直接将原料气体喷射到高温的玻璃表面上,沉积产生低辐射膜层,随着玻璃的冷却,膜层成了玻璃的一部分。因此膜层坚硬耐用,可以单片使用,像普通玻璃一样长期贮存,并且可以热弯、钢化,加工成中空玻璃时无需剔除边部膜层。在线 Low－e 玻璃具有较高的太阳辐射透过率和可见光透过率,表面长波辐射发射率在0.15~0.25之间。

离线镀膜生产使用的是真空磁控溅射工艺,把要镀膜的玻璃经切割、弯曲或其他加工后,送入溅射室,在玻璃表面镀上单层或多层纯银的功能膜。因此,其表面的长波辐射发射率降至0.03。但是,离线镀膜由于工艺的限制,所镀膜层较软,耐磨性和牢度性不理想,储存期限短,必须在2h内迅速中空并且将膜层放置在中空位置。在中空玻璃装配时,因为密封胶与膜层不粘贴,须将边部膜层剔除。银膜层在加热过程中会损坏,因此离线镀膜玻璃不能进行钢化、热弯处理。

④ 安装角度。建筑外墙的玻璃一般为垂直放置状态,但当用于温室或斜坡屋顶时,其放置角度也随之发生变化,内部气体的对流状态也会随之改变,这会影响气体对热量的传递效果,最终导致中空玻璃的传热系数发生变化。以常用的6+12+6白玻空气填充组合形式为例,垂直放置状态时的传热系数为2.70 W/(m^2·K),水平放置状态时的传热系数为3.26 W/(m^2·K),增加了21%。所以当中空玻璃水平放置时,必须考虑传热系数变大对建筑节能效果的影响。

中空玻璃常用的规格见表7-42。

中空玻璃的尺寸允许偏差见表7-43。

中空玻璃的绝热性能见表7-44。

中空玻璃的技术性能见表7-45。

表7-42　中空玻璃常用的规格　（单位:mm）

玻璃原片的厚度	空气夹层宽度	方形最大尺寸	矩形最大尺寸
3	6、9、12	1 250×1 250	1 200×1 800
4	6 9 12	1 300×1 300	1 200×2 000 1 300×2 000 1 300×2 200
5	6 9 12	1 700×1 700 1 800×1 800 2 100×100	1 300×2 300 1 800×2 600 1 800×3 000
6	6 9 12	2 000×2 000 2 100×2 100 2 400×2 400	1 400×2 400 2 000×3 000 2 400×3 000

表7-43　中空玻璃的尺寸允许偏差　（单位:mm）

长(宽)度L	允许偏差	公称厚度 t	允许偏差
$L<1000$	±2	$t<70$	±1.0
$1\ 000\leqslant L<2\ 000$	+2,-3	$17\leqslant t<22$	±1.5
$L\geqslant 2000$	±3	$t\geqslant 22$	±2.0

注:中空玻璃的公称厚度为玻璃原片的公称厚度与间隔层厚度之和。

表 7-44　中空玻璃的绝热性能

类型	间隔宽度（mm）	传热系数 W/(m^2·K)	类型	间隔宽度（mm）	传热系数 W/(m^2·K)
单层玻璃	-	5.9	三层中空玻璃	2×9 2×12	2.2 2.1
普通双层中空玻璃	6 9 12	3.4 3.1 3.0	热反射中空玻璃	12	1.6
			混凝土墙	150(墙厚)	3.3
			砖墙	230(墙厚)	2.8
防阳光双层中空玻璃	6 12	2.5 1.8			

表 7-45　中空玻璃的技术性能

项目	技术性能
光学性能	根据所选用玻璃原片,中空玻璃可以具有不同的光学性能;可见光透过率范围为10%～80%;光反射率范围为25%～50%
热学性能	在某些条件下,其绝热性能可优于混凝土。据统计,一些欧洲国家采用中空玻璃比普通单层窗 1m^2 可节省燃油 15～50L
隔声性能	其隔声效果通常与噪声的种类、声强有关。一般可使噪声下降 30～44dB。交通噪声可降低 31～38dB,即可以将街道汽车噪声降低到教室的安静程度
露点	在通常情况下,中空玻璃接触室外高湿度空气的时候,玻璃表面温度较高,而外层玻璃虽然温度低,但接触的空气湿度也低,所以不会结露。中空玻璃的内部干燥是中空玻璃重要的质量指标,中空玻璃应保证内部露点在 -40℃ 以下。当室温为 21℃,相对湿度为 57%时,中空玻璃(空气间层为 12)传热系数为 3.0 W/(m^2·K),室外温度在 -6℃以上时不结露,相同情况下,单层玻璃(传热系数为 5.6 W/m^2·K)在室外温度为 7℃时,已结露

2)真空玻璃

真空玻璃的结构如图 7-75 所示,真空玻璃采用两片平板玻璃用低熔点玻璃将四周密封起来。一片玻璃上有一个排气管,排气管与该玻璃也用低熔点玻璃密封,两片玻璃间间隙为 0.1～0.2mm,为使玻璃在真空状态下承受大气压的作用,两片玻璃间放有微小支撑物,支撑物用金属或非金属材料制成,均匀分布。由于支撑物非常小,不会影响玻璃的透光性。

不同类型玻璃的热工参数见表 7-46。

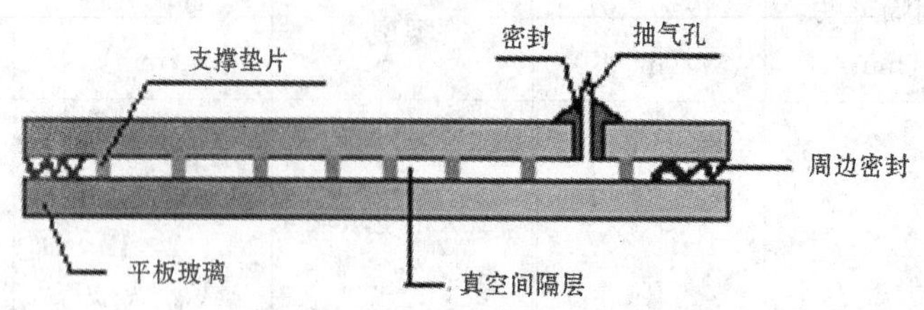

图 7-75 真空玻璃结构示意图

表 7-46 不同类型玻璃的热工参数

类型	可见光透过率（%）	太阳能透过率（%）	传热系数 K 值（W/(m²·K)）	太阳能得热系数 SHGC	遮阳系数 SC
单层标准玻璃	90	90	6.0	0.84	1.0
普通中空玻璃	63	51	3.1	0.58	0.67
标准真空玻璃	74	62	1.4	0.66	0.76
镀 Low－e 膜中空(低透型) 6(Low－e 膜)＋9＋6	51	33	2.1	0.43	0.49
镀 Low－e 膜中空(高透型) 6(Low－e)膜－9＋6	58	38	2.4	0.49	0.56
PETLow－e 膜中空 6 玻璃＋6 空气＋PET 膜 ＋6 空气＋6 玻璃	59	40	1.8	0.52	0.60
三层 Low－e 膜双中空	60	35	0.7	0.40	0.46

注：三层 Low－e 膜双中空是目前保温性能最高、传热系数 K 值最小的玻璃之一。

3)吸热玻璃

吸热玻璃是一种吸收大量红外线辐射能而又保持良好可见透光率的平板玻璃，这种玻璃适当引入某些成分从而提高了对太阳辐射的吸收率，对红外线的透射率很低，做成门窗时能减少阳光进入室内的热量，在夏季有利于降低室内温度，能降低空调能耗和费用。

吸热玻璃由于配料加入色料不同，产品有各种颜色，如蓝色、天蓝色、茶色、灰色、蓝灰色、金黄色、绿色、蓝绿色、黄绿色、深黄色、古铜色、青铜色等。

吸热玻璃的特点如下：

(1)吸收太阳的辐射热。吸热玻璃的厚度和色调不同，对太阳辐射热吸收程度也不同。可以根据地区日照条件选择不同品种的吸热玻璃以达到节能目的。

(2)吸收太阳可见光。吸热玻璃比普通玻璃吸收可见光多，因而能使刺目的阳光变得柔和。即它能减弱射入太阳光线的强度，起到防眩作用。

(3)吸热玻璃的透明度比普通玻璃略低，但能清晰地观察室外的景物。

(4)吸收紫外线。吸热玻璃除了能吸收红外线外，还可以显著减少紫外线的透过，可以防止紫外线对家具、日用器具、档案资料及书籍等辐射而导致其退色、变质。

(5)吸热玻璃绚丽多姿，能增加建筑美观。不同类型的吸热玻璃，太阳光辐射的透过率不相同,不同类型吸热玻璃的性能见表7-47。

表7-47 不同类型吸热玻璃的性能

品种（5mm）	可见光透过率（%）	太阳辐射热		
		吸收率（%）	直接透过率（%）	色纯度（%）
普通平板玻璃	87.6～88	8.0	83.6～88	8.4
蓝色吸热玻璃	72.2～85	43.7	51以下	5.3
青铜色吸热玻璃	50～63.5	30～50	63以下	6.8～12
灰色吸热玻璃	50～58.4	30～42	63.3以下	5～6.7

4)热反射玻璃

热反射玻璃是一种具有遮阳、隔热、防眩光、装饰等效果的新型节能采光材料。

热反射玻璃主要性能是玻璃经镀(涂)膜后,透过的光线色调改变、光的透过率降低、反射率提高;对太阳辐射的屏蔽率为40%～80%。镀金属膜的热反射玻璃还具有单向透视的作用,即白天人在室内能看到室外的景物,而室外的人看不到室内的景象,对建筑内部起遮掩及帷幕的作用。所以,使用热反射玻璃可以保持可见光的透过率,减少进入室内的太阳辐射或提高对长波远红外线的反射率,减少室内热量的散失,有利于冬暖夏凉,节约空调能耗。

热反射玻璃的颜色有灰色、青铜色、蓝绿色、金色、银色、古铜色等。主要品种的热反射玻璃与透明浮法玻璃比较见表7-48。

表7-48 主要品种热反射玻璃与透明浮法玻璃比较

镀(涂)膜材		可见光			太阳辐射			
		色泽	透过率（%）	反射率（%）	吸收率（%）	透过率（%）	反射率（%）	热屏蔽率（%）
氧化物	Fe_2O_3 Co_2O_3 Cr_2O_3	青铜色	43	34	24	48	28	45.2
	TiO_2	银色	64	33	13	62	25	34.5
	Fe_2O_3	青铜色	17	35	45	25	30	62.9
	TiO_2	银色	40	32	27	48	25	44.7
	TiO_2	银色	58	40	10	60	33	37.3
金属	金	金黄色	35	22	55	22	33	73.2
	$Cr+SiO_2+SiO_2$	银色	14	33	59	16	25	68.1
	$Cu+Ni$	茶褐色	20	38	40	10	50	79.2
	Si	淡茶褐色	34	52	17	45	38	50.4
	胶体铜或胶体铅	青铜色	34	27	34	50	16	40.8
	浮法玻璃	无色	89	8	14	79	7	17.2

(二)提高窗的密闭性,减少冷风渗透

我国多数门窗,特别是钢窗的气密性太差,在风压和热压作用下,冬季室外的冷空气通过门窗缝隙进入室内,增加供暖能耗。

1.窗的密闭性要求

《河南省居住建筑节能设计标准》(寒冷地区 DBJ41/62—2005)中对窗的密闭性要求:设计中应采用气密性良好的窗户(包括阳台门),其气密性等级,在1~6层的建筑中,不应低于现行国家标准《建筑外窗空气渗透性能分级及其检测方法》(GB/T7107)规定的3级水平(窗户1m缝长的空气渗透量 $q_l \leqslant 2.5m^3/(m \cdot h)$);在7~30层的建筑中,不应低于现行国家标准《建筑外窗空气渗透性能分级及其检测方法》(GB/T7107)规定的4级水平(窗户1m缝长的空气渗透量 $q_l \leqslant 1.5m^3/(m \cdot h)$)。

加设密封条是提高门窗气密性的重要手段,密封条以材料分有橡胶条、塑料条或橡塑结合的密封条;以形状分有条状、刷状、片状;固定方法有粘贴、挤紧或钉接,有的为膏状在接缝处挤压成型后固化。

2.门窗气密性与开启方式有关

建筑中常用的窗型,一般为推拉窗、平开窗和固定窗。

(1)推拉窗两个窗扇在窗框上下滑轨中开启和关闭,开窗面积为窗框的一半。热、冷气对流的大小和窗扇上下空隙大小成正比,使用一段时间后,密封毛条表面毛体磨损、窗上下空隙加大,对流也加大,能量消耗更为严重。

(2)平开窗分为外开和内开两种。正规的铝合金平开窗,其窗扇和窗扇、窗扇和窗框间一般均用良好的橡胶做密封压条。窗扇关闭后,密封橡胶压条压得很紧,密封性能很好,很难形成对流。这种窗型的热量流失主要是玻璃和窗框窗扇型材的热传导和辐射。从结构上讲,平开窗要比推拉窗有明显的优势。平开窗可称为真正的节能窗。

(3)固定窗的窗框嵌在墙体内,玻璃直接安在窗框上,用密封胶把玻璃和窗框接触的四边密封。正常情况下有良好的水密性和气密性,空气很难通过密封胶形成对流,因此对流热损失极少。玻璃和窗框的热传导是热损失的源泉。固定窗是节能效果最理想的窗。

3.外门窗框和外墙之间缝隙的处理要求

外门窗框和外墙之间的缝隙应采用高效保温材料如袋装玻璃棉、泡沫胶、矿棉毡等填堵,缝口用密封膏封口。不能用水泥砂浆填缝,避免不同材料界面开裂影响窗户的保温性能。

外门窗框和外墙之间的缝隙处理见图7-76。

(三)做好窗洞口侧壁部位的保温处理

外保温的墙体,应在窗框外侧的窗洞口侧壁做好保温处理,保温材料可用20mm厚密度为20~25kg/m³ 的聚苯板粘贴,或用聚苯颗粒保温浆料抹灰,以减弱这一部位的“热桥”,有助于提高窗的保温性能。

三、断热铝合金窗的安装

断热铝合金窗的构造见图7-77。

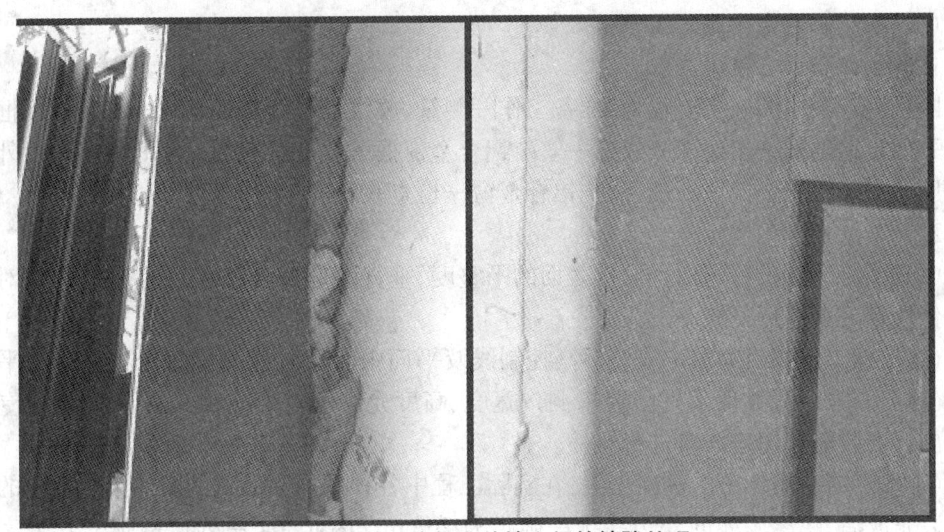

图 7-76　外门窗框和外墙之间的缝隙处理

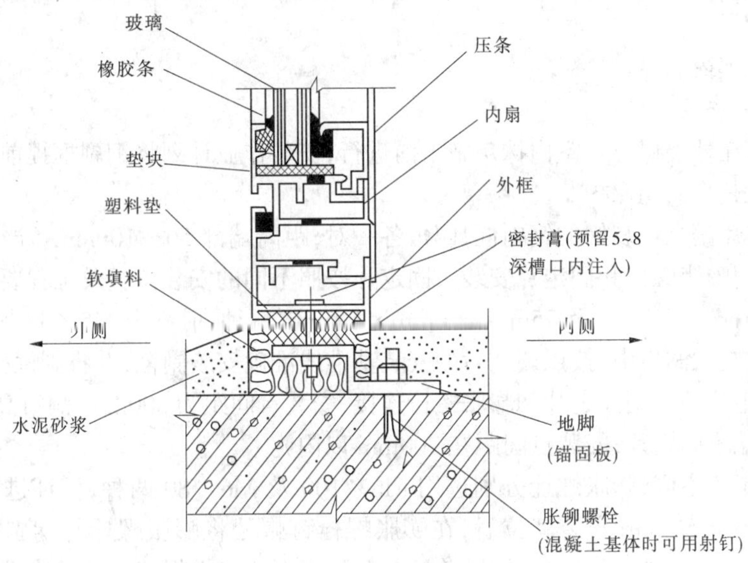

图 7-77　断热铝合金窗的构造

(一)断热铝合金窗的质量标准

(1)断热铝合金窗的型材：64、53 系列喷涂隔热型材（基本壁厚 1.5mm），符合 GB/T5237要求，铝合金粉末喷涂型材；

(2)保温性能 $K \leqslant 3.0W/(m^2 \cdot K)$；

(3)空气隔声性能≥35dB；

(4)抗风压性能≥3 500Pa；

(5)雨水的渗透性≥400Pa；

(6)尺寸及对角线尺寸公差等级不低于 GB12003 一级标准；

(7)力学性能及外观质量必须符合 GB8479 等规范合格标准。

(二)断热铝合金窗施工工艺

1.断热铝合金窗施工流程

断热铝合金窗的施工流程为:准备工作—测量、放线—确认安装基线—安装钢副框—校正—固定钢副框—土建抹灰收口—安装铝合金窗框—填充发泡剂—塞海绵棒—窗外周圈打胶—安装窗五金件—清理、清洗铝合金窗—检查验收。

2.施工技术准备

(1)上墙安装前,首先检查洞口表面的平整度、垂直度是否符合施工规范的要求,对土建提供的基准线进行复核。

(2)根据土建弹出的窗户安装标高控制线及平面中心位置线测出每个窗洞口的平面位置、标高及洞口尺寸等偏差。要求洞口宽度、高度允许偏差为±10mm,否则土建专业要在副框安装前对超差洞口进行修补。

(3)确定窗在墙体中的进出位置:在实际工程中各种系列和形状的断热铝合金窗的主框安装完成后,距离墙体的外边线统一确定为20mm。因此,64系列窗钢副框安装完毕后,外立面距离墙体外边线为36mm,53系列窗钢副框安装完毕后外立面距离墙体外边线为24mm。

(4)逐个清理窗洞口。

3.钢副框的安装

(1)钢副框在外墙保温及室内抹灰施工前进行,安装作业计划将钢副框提前运到指定位置,同时注意其表面的保护。

(2)将固定片镶入组装好的钢副框,四角各一对,距离端部50～100mm。严格按照图纸设计安装点用膨胀螺栓和固定片安装。固定片按照不同的安装位置及工程要求分别选用150mm×20mm×1.5mm及75mm×20mm×1.5mm两种,射钉为M5×32加强钉。

(3)将副框装入洞口中,按照调整后的安装基准线准确安装副框,并将副框校正定位。

将副框与主体结构用固定片和膨胀螺栓连接,安装点间距为500mm(洞口高1950mm的窗户侧面两端为固定片,安装点间距在700mm以内)。

根据所用位置不同,膨胀螺栓分别选用M6×100及M6×80两种,保证进入结构层墙体的长度不小于50mm;安装就位后,在膨胀螺栓钉帽处将膨胀螺栓与钢副框点焊连接,以防止膨胀螺栓在外力作用下松动,并及时对膨胀螺栓钉帽焊缝用防锈漆进行防锈处理。

(4)钢副框用水泥砂浆固定几点,间距约为500mm。

(5)当堵封水泥砂浆达到3.5MPa以上后,取下木楔及上次砂浆固定块。

(6)钢副框与墙体之间的空隙用1:2水泥砂浆封堵,要求100%填充。

4.铝合金主框、窗扇、五金零件的安装

1)工艺流程

安装工艺流程为:施工准备—检查验收—将框、扇按层次摆放—初安装—调整—固定—自检—报验。

2)施工工艺

(1)铝合金主框在外保温施工完毕、外墙涂料施工前进行安装,窗扇随着铝合金主框一起安装;窗扇可以在地面组装好,也可以在主框安装完毕验收后再安装。

(2)根据钢副框的分格尺寸找中心,确定上下左右的位置,由中心向两边分格尺寸安装窗的主框,铝合金主框内侧与钢副框内侧起平,铝合金主框外侧超出钢副框部位打发泡胶,目的是使发泡胶与铝合金主框、钢副框、外窗台很好的黏结,以有效防止该部位出现渗漏。

安装中应该注意:

• 用垂直升降机将框、扇、玻璃先后运输到需要安装的楼层,由工人运到安装部位。

• 现场安装时先对清图号、框号以确定安装位置,安装工作由顶部向下安装。

• 安装前对组装的铝合金窗进行复查,如发现组装不合格,或有严重碰、划伤及缺少附件的,应及时加以处理。

• 将主框放入洞口,严格按照设计安装点将主框通过安装螺母调整。

• 用调整螺钉将主框和副框连牢,每组调整螺母和调整螺钉的间距为350mm。

• 铝合金主框安装完毕后,根据图纸要求安装窗扇;主框与窗框配合紧密、间隙均匀;窗扇与主框的搭接宽度允许偏差为±1mm。

• 窗附件必须安装齐全,位置准确、安装牢固,开启或旋转方向正确,开关灵活、无噪声,承受反复运动的附件在结构上应便于更换。

5.玻璃的安装及注胶

(1)固定窗玻璃,在钢副框抹灰养护后,窗框安装完毕,用调整垫块将玻璃调整垫好。

(2)安装玻璃前将合页调整好,控制玻璃两侧预留间隙基本一致,然后安装扣条。安装玻璃时将玻璃上下用塑料垫块塞紧,防止窗扇变形;装配后应保证玻璃与镶嵌槽间隙,并在主要部位安装减震块,使其能缓冲开启及关闭力量的冲击。

(3)清理和修形。

(4)注发泡剂、塞海绵棒、打胶等密封工作在保温面层及主框施工完毕、外墙涂料施工前进行。

(5)首先用压缩空气清理窗框周边预留槽内的所有垃圾,然后向槽内打发泡剂,并使发泡剂自然溢出槽口;清理溢出的发泡剂并使其沿主框周圈成为宽10mm、深10mm(53系列)或宽20mm、深10mm(64系列)的凹槽。将海绵棒塞入槽内准确位置,然后将基层表面尘土、杂物等清理干净,贴好保护胶带后进行注胶。注胶完成后将保护胶带撕掉、擦净窗主框、窗台表面。注胶后注意保养,胶在完全骨化前防止粘灰和碰伤胶缝。最后做好清理工作。

断热铝合金窗装配的允许偏差见表7-49。

四、塑料门窗的安装

(一)塑料门窗安装前的准备工作

(1)验收塑料门窗。塑料门窗运到现场后,应有现场材料及质量检查人员按照设计图纸对其进行品种、规格、数量、制作质量及是否有损伤、变形等各项检查。如发现数量、规格不符合要求,制作质量粗糙或有开焊、断裂等损坏,应予以更换。塑料门窗验收合格后,应将门窗及五金配件和附件分门别类进行存放。

表 7-49　断热铝合金窗装配的允许偏差　　（单位:mm）

分项名称	检查项目		允许偏差	检查方法
钢副框的安装	钢副框槽口宽度、高度	≤1 500	2.5	用钢卷尺
		>1 500	3.5	用钢卷尺
	钢副框槽口对边尺寸	≤2 000	5	用钢卷尺
		>2 000	6	用钢卷尺
	钢副框槽口对角线尺寸	≤2 000	5	用钢卷尺
		>2 000	6	用钢卷尺
主框的安装	主框槽口宽度、高度	≤2 000	±1.0	用钢卷尺
		>2 000	±1.5	用钢卷尺
	主槽口对边尺寸	≤2 000	±1.5	用钢卷尺
		>2 000	±2.5	用钢卷尺
	主槽口对角线尺寸	≤2 000	±1.5	用钢卷尺
		>2 000	±2.5	用钢卷尺
框、扇等相邻构件	同一平面高低差		≤0.3	用钢卷尺
	装配间隙		≤0.3	用钢卷尺

(2)塑料门窗的存放。塑料门窗应放在清洁、平整的地方,避免日晒、雨淋。存放时应将塑料门窗立放,立放角度不应小于70°,并应采取防止倾倒的措施。

(3)机具准备。安装塑料门窗需要电动冲击钻、手枪钻、射钉枪、打胶筒、橡皮锤、手锤、螺丝刀、水平尺、线坠等。

(4)洞口的检查。在同一类型的门窗及其相邻上、下、左、右的洞口应保持拉通线。洞口应横平竖直,洞口宽度或高度的尺寸允许偏差应符合表7-50的规定。

表 7-50　洞口宽度或高度的尺寸允许偏差　　（单位:mm）

墙体表面	洞口宽度或高度		
	<2 400	2 400～4 800	>4 800
未粉刷墙面	±10	±15	±20
已粉刷墙面	±5	±10	±15

(5)检查连接点的位置和数量。塑料门窗与墙体的连接固定,应考虑受力和塑料变形两个方面的因素,因此要求:

- 连接固定点的中距不大于600mm;
- 连接固定点距框角不大于150mm;
- 不允许在横档或竖梃的框外设置连接点。

塑料门窗与墙体连接固定点的布置见图7-78。

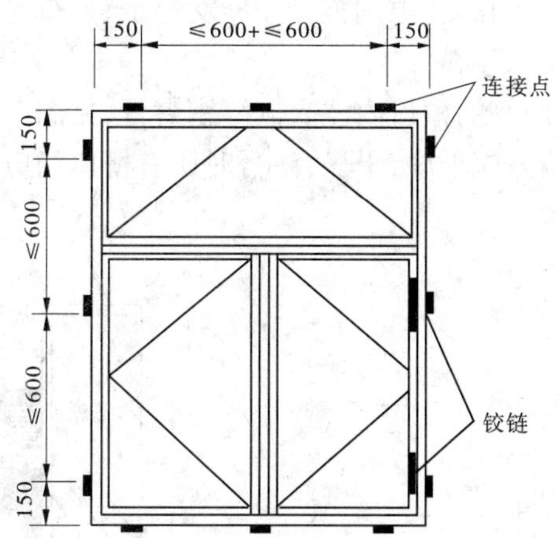

图 7-78 塑料门窗与墙体连接固定点的布置(单位:mm)

(6)弹线。按照设计图纸要求,在墙上弹出门窗框安装位置线。

(二)塑料门窗安装的工艺流程

塑料门窗安装的工艺流程为:门窗框上安装铁件—立门、窗框—门、窗框校正—门、窗框与墙体固定—嵌缝密封—安装门、窗扇—安装玻璃—镶配五金件—清洗、保护。

(三)在塑料门窗上安装铁件

在连接固定点的位置、塑料门窗的背面钻 ϕ3.5 的安装孔,并用 ϕ4 自攻螺钉将 Z 形镀锌连接件拧固在框背面的燕尾槽内。

(四)立门窗框

将塑料门窗框放入洞口内,并用对拔木楔将塑料门窗框临时固定,然后按照已弹出的水平和垂直线的位置,使其在水平、垂直、对中、内角方正均符合要求后,再将对拔木楔挤紧。对拔木楔的位置应塞在框角附近或能受力处。塑料门窗找平、塞紧后,必须使框扇配合紧密、开闭灵活。

(五)塑料门窗框与墙的固定

首先将塑料门窗框上已安装好的 Z 形连接铁件与洞口的四周固定。固定时先固定上框,然后固定边框。固定方法符合下列要求。

(1)混凝土墙洞口,应采用射钉或塑料膨胀螺钉固定。

(2)砖墙洞口,应采用塑料膨胀螺钉或水泥钉固定,但不得固定在砖缝上。

(3)加气混凝土墙洞口,应采用木螺钉将固定片固定到胶粘圆木上。

(4)设有预埋件的洞口,应采用焊接方法固定。

(5)塑料门窗框与墙必须连接牢固,每个 Z 形连接件的伸出端不得少于 2 只螺钉固定。同时还应使塑料门窗框与墙之间的缝隙均匀。

塑料门窗框下部与墙体的连接见图 7-79。

(六)嵌密封材料

塑料门窗框上的固定件与墙的连接固定后,卸下对拔木楔,清除墙面和边框上的浮灰,即可进行塑料门窗框与墙之间的缝隙处理。缝隙处理应符合下列要求:

(1)塑料门窗框与墙之间的缝隙内嵌塞 PE 发泡条、矿棉毡或其他软材料,外表面留出 10mm 左右的槽口。

(2)在软填充料内外两侧的槽口内注入嵌缝密封膏,见图 7-80。

(3)注嵌密封膏时,墙体应干净、干燥,注膏时所有槽口均应满注、打匀,密封膏注入后 24h 不得见水。

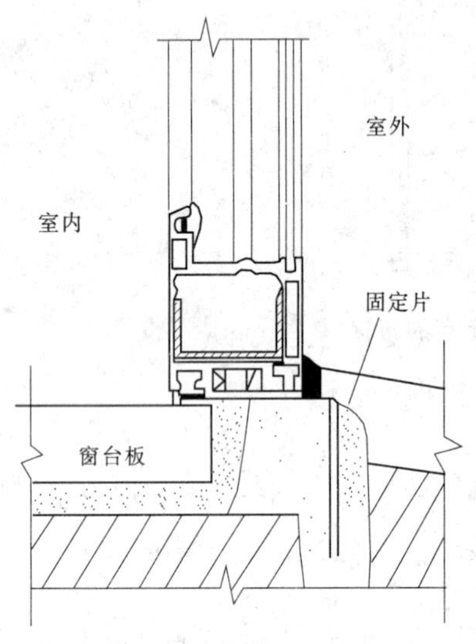

图 7-79 塑料门窗框下部与墙体的连接

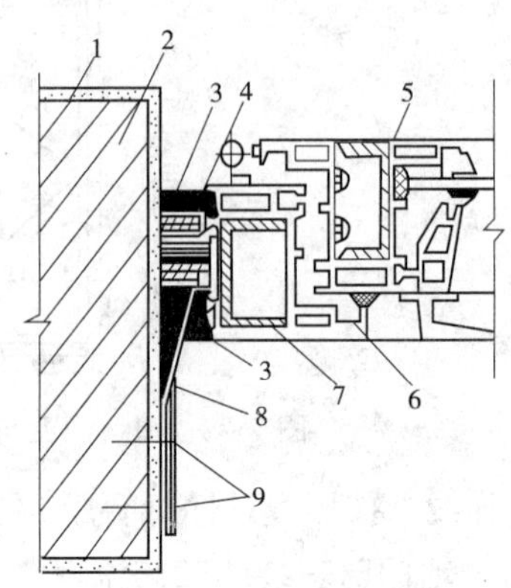

图 7-80 注嵌缝密封膏

1—底层刮糙;2—墙体;3—密封膏;4—软质填充料;5—扇;6—窗框;7—衬筋;8—连接件;9—膨胀螺栓

(七)安装门窗扇

一般安装方法如下:

(1)平开门窗。应先剔好框上的铰链槽,再将门窗扇装入框中,调整框与扇的配合位置,并用铰链将其固定,然后复查开闭是否灵活自如。

(2)推拉门窗。由于推拉门窗的框与扇不连接,因此对可拆卸的推拉扇,应先安装好玻璃后再安装门窗扇。

(3)对出厂时框扇就连在一起的平开塑料门窗,可将其直接安装,然后再检查开闭是否灵活自如。

(八)安装玻璃

塑料门窗安装玻璃的一般要求如下。

(1)玻璃不得与玻璃槽直接接触,应在四边垫上不同厚度的玻璃垫块,垫块的位置如图 7-81。

(2)边框上的玻璃垫块,应用氯乙烯胶加以固定。

(3)将玻璃装入塑料门窗框内,然后用玻璃压条将其固定。

(4)安装双层玻璃时,应在玻璃夹层四周嵌入中隔条,中隔条应保持密封、不变形、不脱落。玻璃槽及玻璃内表面应清洁干燥。

(5)安装玻璃压条时可按照先短后长的顺序安装。玻璃压条夹角与密封胶条的一个夹角应紧密配合。

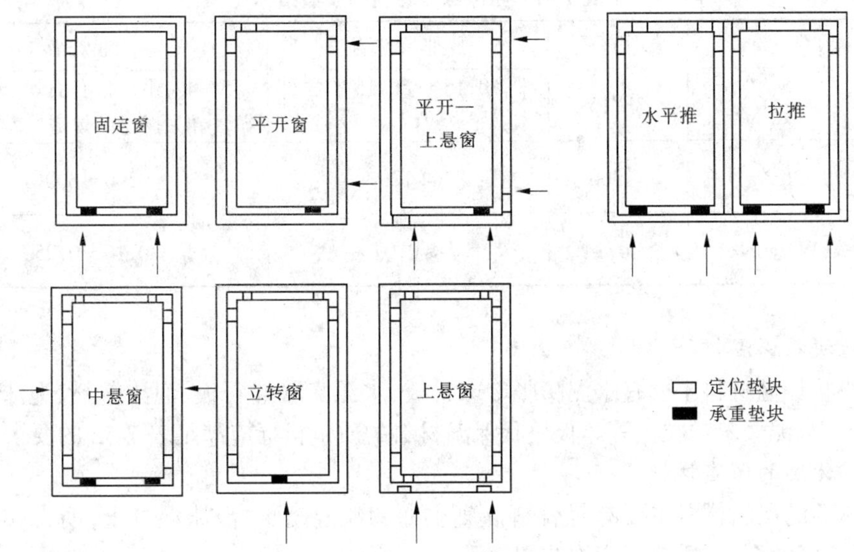

图 7-81　承重垫块和定位垫块的布置

(九)安装五金零件

装配五金零件是塑料门窗的一个重要环节,施工时应注意如下几点:

(1)安装五金零件时,先在框扇杆上钻出略小于螺钉直径的孔眼,然后用配套的自攻螺钉拧入,严禁用锤将螺钉直接打入。

(2)安装门窗铰链时,固定铰链的螺钉应至少穿过塑料型材的两层中空腔壁,或与衬筋连接。

(3)安装门锁时,应先将整体门扇插入门框铰链中,再按说明书的要求装配门锁。

(4)塑料门窗所用的五金零件均应安装牢固、位置端正、使用灵活。

第四节　屋面的保温和隔热

一、屋面的保温

(一)屋面保温材料

应用于屋面保温层的材料有很多,保温层的构造方案及材料做法应根据使用要求、气候条件、屋面的结构形式、防水处理方式、施工条件等综合考虑确定。保温材料一般为质轻、疏松、多孔或纤维的材料,其质量应轻,导热系数应小。按其形状一般可分为以下三种:

1. 松散保温材料

松散保温材料主要有膨胀珍珠岩(常用粒径 5～40mm)、膨胀蛭石(粒径 3～15mm)及矿渣、炉渣等工业废料。松散保温材料的质量指标应满足表 7-51 的要求。

表 7-51　松散保温材料的质量指标

项目	膨胀蛭石	膨胀珍珠岩	工业炉渣
粒径(mm)	3～15	>0.15(<0.15 的含量不大于 8%)	5～40,不得含有石块、土块、重矿渣和未燃尽的煤渣
堆积密度(kg/m³)	≤300	≤120	500～800
导热系数(W/(m·K))	≤0.14	≤0.07	0.16～0.25

2. 板块状保温材料

板块状保温材料主要有水泥膨胀珍珠岩板、水泥膨胀蛭石板、泡沫塑料、泡沫玻璃加气混凝土、水泥聚苯颗粒板等。板块状保温材料的质量指标应满足表 7-52 的要求。

3. 整体类的保温材料

整体类的保温材料主要有轻骨料混凝土如陶粒混凝土、泡沫混凝土,沥青膨胀珍珠岩,沥青膨胀蛭石,硬质聚氨脂泡沫塑料。

在以往的工程实践中,整体类的保温材料采用水泥膨胀珍珠岩或水泥膨胀蛭石时,由于施工中加水拌和,含水率常达 100% 以上,完工后的保温层为避免雨淋,一般需立即铺抹水泥砂浆找平层覆盖,保温层中的水分很难蒸发,这样影响保温效果,并容易导致卷材防水层鼓泡。所以整体类的保温材料中水泥膨胀珍珠岩和水泥膨胀蛭石已被淘汰。

表 7-52　板块状保温材料的质量指标

项目	聚苯乙烯泡沫塑料		硬质聚氨酯泡沫塑料	泡沫玻璃	加气混凝土	膨胀珍珠岩类
	挤塑	模塑				
表观密度(kg/m³)	—	15～30	≥30	≥150	400～600	200～300
压缩强度(kPa)	≥250	60～150	≥150	—	—	—
抗压强度(MPa)	—	—	—	≥0.4	≥2.0	≥0.3
导热系数(W/m·K)	≤0.030	≤0.041	≤0.027	≤0.062	≤0.220	≤0.087
70℃,48h 后尺寸变化率(%)	≤2.0	≤4.0	≤5.0	—	—	—
吸水率(%)	≤1.5	≤3.0	≤3.0	≤0.5	—	—
外观	板表面基本平整,无严重凹凸不平					

(二)平屋顶保温屋面

平屋顶保温屋面依保温层的位置不同可分为正铺法(也叫内置式保温或封闭式保温)和倒铺法(也叫外置式保温)两种。

1. 正铺法

图 7-82 是正铺法平屋顶保温屋面的构造。该做法保温层位于结构层和防水层之间。

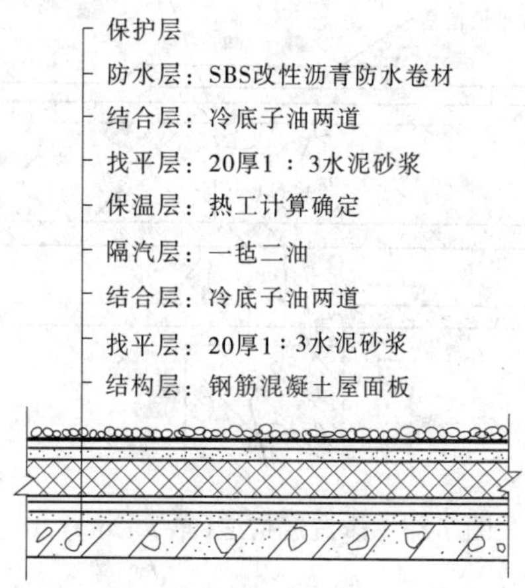

图 7-82　正铺法平屋顶保温屋面的构造

(1)正铺法保温屋面的隔蒸汽措施。正铺法保温屋面在保温层上、下应做找平层和隔汽层。保温层上设找平层是因为卷材防水层要求铺在坚实平整的表面上,保温材料的强度通常较低,表面也不够平整,其上需作找平层后才能使卷材铺设在表面平整的刚性垫层上。

保温层下做隔汽层是由于冬季室内的湿度比室外大,室内水蒸气将向室外渗透。在屋顶中,当水蒸气透过结构层进入保温层后,会使保温层含水率增加。试验得出,材料的含水率每增加 1%,导热系数要增加 5%左右。含水率增加致使屋面保温能力下降,又由于保温层上面的防水层是不透气的,保温层中的水分不能散失,保温层会逐渐随着水分的增加而失去保温作用。处理方法是在保温层下设置隔蒸汽层,简称隔汽层,以防止室内水蒸气进入保温层内使保温层受潮。

隔汽层的一般做法是在结构层上先做找平层(1∶3 水泥砂浆厚 20mm 左右),在找平层上做一毡两油或一布四油。

设隔汽层的屋顶,保温层的上、下两面全部被不透水层封住,施工时内部的残留水分没有排泄的途径。为了解决这个问题,需在保温层中设置排汽道,道内填塞大粒径的炉渣,既可让水蒸气在其中流动,又可保证防水层的坚实可靠。找平层相应位置也应留槽作排汽道,并在其上干铺 200mm 宽的卷材,排汽道间距 6m 为宜,排汽道应纵横连通,每 $36m^2$ 设一个排汽孔与大气相连。排汽道构造见图 7-83。排汽孔的构造见图 7-84。

(2)几种正铺法保温屋面的构造及做法见表 7-53。

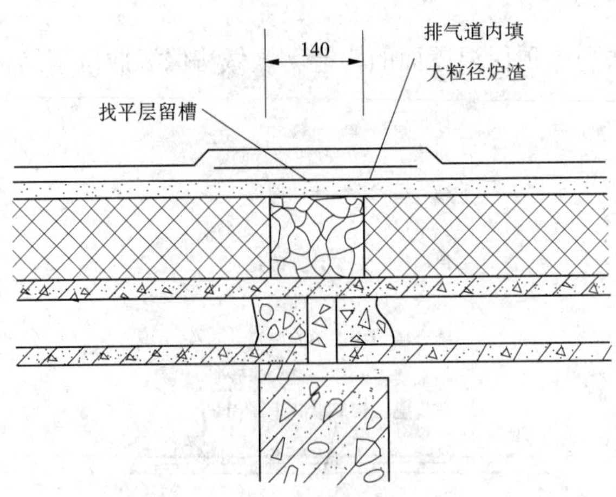

图 7-83　排汽道构造(单位:mm)

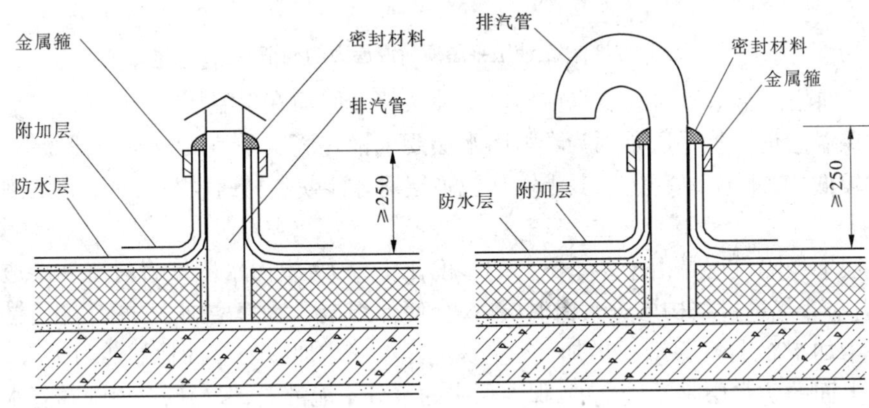

图 7-84　排汽孔的构造(单位:mm)

表 7-53　几种正铺法保温屋面的构造及做法

构造图(mm)	构造做法	构造图	构造做法
	5. SBS 改性沥青卷材防水层 4. 水泥砂浆找平层 3. 加气混凝土保温层 2. 水泥珍珠岩找坡层 1. 钢筋混凝土屋面板		4. SBS 改性沥青卷材防水层 3. 水泥砂浆找平层 2. 沥青膨胀珍珠岩保温层 1. 钢筋混凝土屋面板
	5. SBS 改性沥青卷材防水层 4. 水泥砂浆找平层 3. 水泥聚苯乙烯泡沫塑料保温层 2. 水泥珍珠岩找坡层 1. 钢筋混凝土屋面板		5. SBS 改性沥青卷材防水层 4. 水泥砂浆找平层 3. 水泥珍珠岩找坡层 2. 挤塑聚苯乙烯泡沫塑料保温层 1. 钢筋混凝土屋面板

2.倒铺法

倒铺法是将保温层做在防水层之上，对防水层起到一个屏蔽和防护作用，使之不受阳光和气候变化的影响，也不易受到来自外界的机械性损伤。图 7-85 是倒铺法平屋顶保温屋面的构造。

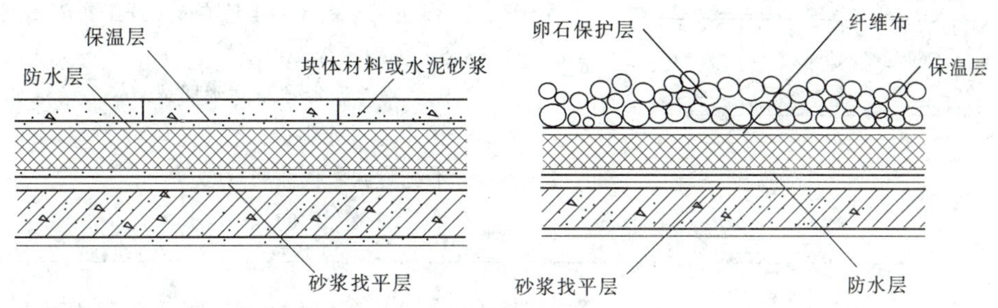

图 7-85　倒铺法平屋顶保温屋面的构造

1)倒铺法屋面的设计要求

倒铺法屋面的设计应符合下列规定。

(1)倒铺法屋面的坡度不宜大于 3%。

(2)倒铺法屋面应采用耐水性、耐霉烂性和耐腐蚀性优良的防水卷材、防水涂料等柔性材料做防水层，卷材的耐水指标不小于 80%。

(3)倒铺法屋面的保温层，宜采用憎水性好、表观密度小、导热系数小又有一定的强度、吸水率低且长期浸水不腐烂的保温材料。由于保温层在防水层上，保温材料自身吸水饱和，零度以下就会结冰，保温材料就丧失保温性能，所以要求保温材料不吸水或吸水率低。目前我国的倒铺法保温材料主要有 XPS 板、泡沫玻璃、硬质聚氨酯泡沫塑料。使用块材保温材料时板缝应拼接严密，避免产生冷桥。

(4)保温层可采用干铺或粘贴板状保温材料，也可采用现喷硬质聚氨酯泡沫塑料。

(5)保温层很轻，若不加保护和埋压，容易被风吹起，或被水漂起，也容易引起老化。保温层上做保护层可防止保温层表面受损和延缓其老化过程。保护层可采用卵石、水泥砂浆、细石混凝土板或地砖等有一定的重量，足以压住保温层的材料，使之不致被风刮动或被雨水漂起来。保温层上面采用卵石保护层时，保护层和保温板之间应铺设隔离层，隔离层采用耐穿刺、耐久、防腐性能好的聚酯纤维无纺布或纤维织物，铺设时应满铺不露底，无纺布搭节长度为 100mm。卵石应分布均匀，防止超厚，以免增大屋面荷载。细石混凝土板或地砖可用水泥砂浆砌筑。

(6)现场喷硬质聚氨酯泡沫塑料与涂料保护层之间应具有兼容性。现场喷硬质聚氨酯泡沫塑料应做分格处理，以免产生收缩裂缝，缝内用弹性密封材料填塞密实。

2)倒铺法屋面的构造

几种倒铺法保温屋面的构造及做法见表 7-54。

表 7-54　几种倒铺法保温屋面的构造及做法

构造图(mm)	构造做法
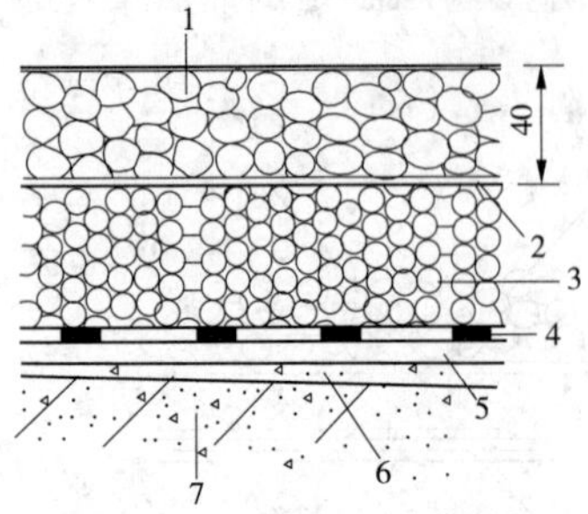	1.40厚粒径15～20卵石铺平,不得使用粒径小于6的石砂 2.干铺一层聚酯纤维无纺布或纤维布隔离层 3.50厚XPS板保温层 4.SBS改性沥青卷材防水层 5.20厚1:3水泥砂浆找平层 6.水泥珍珠岩找坡层 7.钢筋混凝土屋面板
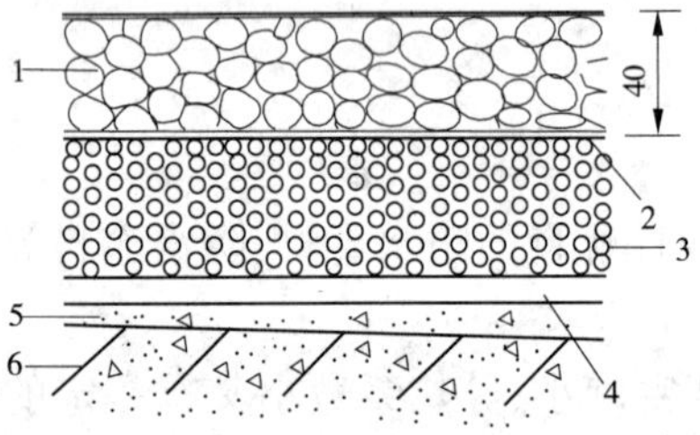	1.40厚粒径15～20卵石铺平,不得使用粒径小于6的石砂 2.干铺一层聚酯纤维无纺布或纤维布隔离层 3.30～50厚硬质聚氨酯泡沫塑料防水保温一体化材料(现场喷涂发泡成型,由于分3～4遍喷涂,可视为2道防水层) 4.20厚1:3水泥砂浆找平层 5.最薄30厚1:0.2:3.5水泥粉煤灰页岩陶粒找2%坡 6.钢筋混凝土屋面板
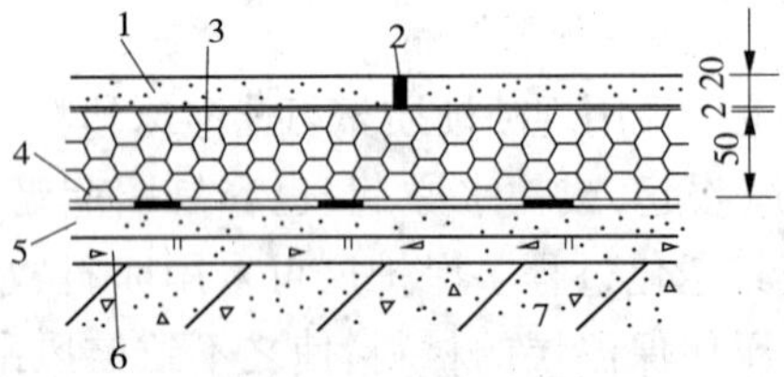	1.干铺20厚298×298或248×248彩色仿石砖,仿石砖接头处均设置塑料座,中距300或250 2.50厚XPS板 3.SBS改性沥青卷材防水层 4.20厚1:3水泥砂浆找平层 5.最薄20厚加气碎块混凝土找2%坡 6.钢筋混凝土屋面板
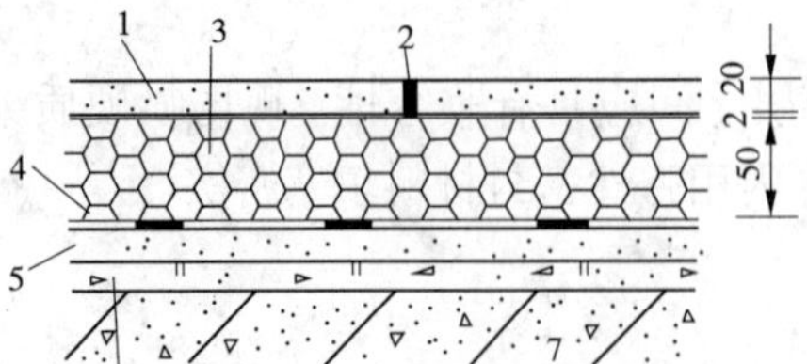	1.8～10厚彩色防滑地砖,6厚聚合物砂浆粘贴,干水泥砂浆擦缝 2.30～50厚硬质聚氨酯泡沫塑料防水保温一体化材料 3.SBS改性沥青卷材防水层一道(只用于一级防水,2和3级防水屋面无此道工序) 4.20厚1:3水泥砂浆找平层 5.最薄30厚1:0.2:3.5水泥粉煤灰页岩陶粒找2%坡 6.钢筋混凝土屋面板

(三)松散性材料保温屋面的施工

1.材料

所用材料为膨胀蛭石、膨胀珍珠岩、工业炉渣。

2.机具设备

所用的机具设备有搅拌机、平板振捣器、平锹、木刮杠、水平尺、手推车、木拍子、木抹子。

3.施工工序

施工工序为:清理基层—弹线找坡—铺保温层—抹找平层。

4.施工方法

(1)清理基层:将基层表面的灰层、杂物清理干净,且使基层表面干燥。

(2)弹线找坡:按坡度设计及水流方向,找出屋面坡度,定出保温层的厚度。

(3)铺保温层:

• 松散性保温材料应经筛选并严格控制颗粒和含水率。

• 为准确地控制保温层的厚度,在屋面上每 1m 摆放与保温层同厚的木条控制厚度。

• 松散性保温材料应分层铺设,适当压实。每层铺设的厚度不大于 150mm,压实的程度应经试验确定。压实后不得在屋面上推车或堆放重物。

• 遇到雨天或 5 级以上大风不得施工。

(4)抹找平层:

• 保温层验收合格后,再进行找平层的施工。

• 抹找平层时,可在保温层上铺一层塑料薄膜等隔水物,以阻止砂浆中水分被吸收。

• 为防止倒砂浆时挤走保温材料,抹找平层时,先用竹筛或定有木框的铅丝网覆盖,然后将找平层砂浆倒入筛内,摊平后,取出筛子,找平即可。

5.质量标准

(1)主控项目:松散性保温材料的堆积密度、导热系数、粒径必须符合要求。

检查方法:检查出厂合格证、质量检验报告和现场抽样复验报告。

(2)一般项目:保温层应分层铺设,压实适当,表面平整,找坡正确。

检查方法:观察检查。

(3)保温层厚度的允许偏差:保温层的厚度 ±10%。

检查方法:用钢针插入和尺量检查。

(4)保温层施工质量的验收数量,屋面面积每 $100m^2$ 抽查一处,每处 $10m^2$,且不得少于 3 处。

(四)板块状保温屋面的施工

1.施工条件

1)材料

(1)所需材料主要有聚苯乙烯泡沫塑料板、水泥聚苯板、硬质聚氨酯泡沫塑料板、泡沫玻璃板、加气混凝土、膨胀珍珠岩(蛭石)板。

(2)其他材料:沥青、界面剂、黏结剂、水泥、砂、石灰等。

2)机具

所需机具包括搅拌机、平板振捣器、平锹、水平尺、手推车、木抹子。

3)作业条件

铺设隔汽层的屋面应先将表面清扫干净,干燥、平整,不得有松散、开裂、空鼓等缺陷。

2.施工工序

施工工序为:清理基层—铺保温层—抹找坡层—抹找平层。

3.施工方法

(1)清理基层。

(2)铺设保温层。保温层有以下几种铺设方法。

•干铺:直接铺在隔汽层上,保温层下表面应铺平、垫稳。分层时,上下板接缝应错开,板间缝隙应用同类材料碎屑嵌填密实。

•用黏结剂黏结:应砌严、铺平,分层时应错缝,板缝用胶加碎屑拌匀填补密实。

•用沥青黏结:保温板之间和保温板与基层之间应满涂胶结材料,以便相互黏结牢固。热沥青的温度为160~200℃。施工现场温度不低于-10℃。

•用砂浆粘贴:用1:2水泥砂浆粘贴,板缝应用水泥砂浆或保温砂浆填实。

•保温砂浆配比:水泥:石灰:同类保温材料碎粒=1:1:10(体积),其中石灰膏必须熟化15h以上,石灰膏中严禁含有未熟化的颗粒。施工现场温度不低于5℃。

(3)抹水泥珍珠岩找坡层。

(4)抹水泥砂浆找平层。

4.质量标准

(1)主控项目:

•板状保温材料的表观密度,导热系数,板的强度、吸水率等必须符合要求。检查方法:检查出厂合格证、质量检验报告和现场抽样复验报告。

•保温板的含水率必须符合要求。检查方法:检查现场抽样检验报告。

(2)一般项目:

•保温层应紧靠基层,铺平垫稳,拼缝严密。检查方法:观察检查。

•保温层的厚度允许偏差:保温层的厚度允许偏差为±5%,且≤4mm。

检查方法:用钢针插入和尺量检查。

•保温层施工质量的验收数量,屋面面积每100m² 抽查一处,每处10m²,且不得少于3处。

(五)沥青膨胀珍珠岩整体保温层的施工

1.施工准备

(1)材料。

•沥青膨胀珍珠岩:表观密度500kg/m³,导热系数0.1~0.2W/(m·K)。强度0.6~0.8MPa。

•膨胀珍珠岩:以大颗粒为宜,表观密度为100~200 kg/m³,含水率不大于10%。

•沥青:60号石油沥青。

(2)机具:加热锅、搅拌机、平板振捣器、平锹、木刮杠、水平尺、手推车、木拍子、木抹子。

2. 施工工序

施工工序为:清理基层—拌料—铺保温层—抹找平层。

3. 施工方法

(1)清理基层 :将基层表面的浮尘、油污、杂物清理干净。

(2)拌和:沥青膨胀珍珠岩配合比为(质量)1:(0.7~0.8)。先将沥青膨胀珍珠岩散料倒入锅内加热并不断翻动,预热温度宜为100~200℃,然后将其倒入已熬好的沥青中拌和均匀,沥青的熬制温度应≤240℃,使用温度≥190℃。膨胀珍珠岩与沥青应用机械拌和,拌和物应色泽均匀一致、无沥青团为宜。沥青膨胀珍珠岩入模成型时,应严格控制压缩比,一般为1.8~1.85。

(3)铺设保温层。

• 铺设保温层时应“分仓”施工,每仓宽度为700~900mm,可采用木板分隔,控制宽度和厚度。

• 保温层虚铺厚度为设计厚度的130%,然后拍实、抹平至设计厚度,压实程度应一致,且表面平整。

(4)抹水泥砂浆找平层。

(六)现场喷涂类硬质聚氨酯泡沫塑料屋面

现场喷涂类硬质聚氨酯泡沫塑料屋面是将液体聚氨酯组合料直接喷涂在屋面上,使硬质聚氨酯泡沫塑料固化后与基层形成无拼接缝的屋面保温层,外设1:2.5水泥砂浆保护层(或贴面砖保护层)。

聚氨酯硬泡体主要由多元醇与异氰酸酯两种液体原料组成,采用无氟发泡技术,在一定状态下发生热反应,产生闭孔率不低于95%的硬泡体化合物。

聚氨酯硬泡体的要求为:密度≥55kg/m³,导热系数≤0.022W/(m· K),平均粘贴强度≥40kPa,抗压强度≥0.3 kPa,尺寸变化率≤1%。

1. 施工工序

施工工序为:清理基层—铺设保温层—保护层。

2. 施工方法

1)清理基层

将基层表面的浮灰、油污、杂物等清理干净。

2)铺设保温层

(1)聚氨酯硬泡体保温材料必须在喷涂前配置好,配合比应准确,两组分液体原料(多元醇和异氰酸酯)与发泡剂必须按设计配合比准确计量。投料顺序不得有误,混合应均匀,热反应应当充分,输送管路不得渗漏,喷涂应连续、均匀。

(2)聚氨酯硬泡体保温层施工时,应喷涂一块500mm×500mm同厚度的试块,以备检测材料的性能。

(3)保温层应用专用聚氨酯硬泡体喷涂设备进行现场连续施工。施工时,气温应在15~35℃,风速小于5m/s,相对湿度应小于85%,以免影响聚氨酯硬泡体的质量。根据保温层的厚度,一个施工作业面可分几遍喷涂完成,当日的施工作业面必须当日连续喷涂完毕。

(4)喷涂时,喷枪应均匀,使发泡表面平整,在完全发泡前(一般喷涂 20min 后)应避免上人踩踏。

3)施工保护层

聚氨酯硬泡体保温层施工完后,立即进行保温层的检验、测试,合格后立即进行保护层的施工,如采用刚性砂浆或混凝土保护层,则应在保温层上用聚酯毡等材料做隔离层。

4)聚氨酯硬泡体保温屋面的部分节点示意图

(1)横式落水口构造,见图 7-86。

(2)直式落水口构造,见图 7-87。

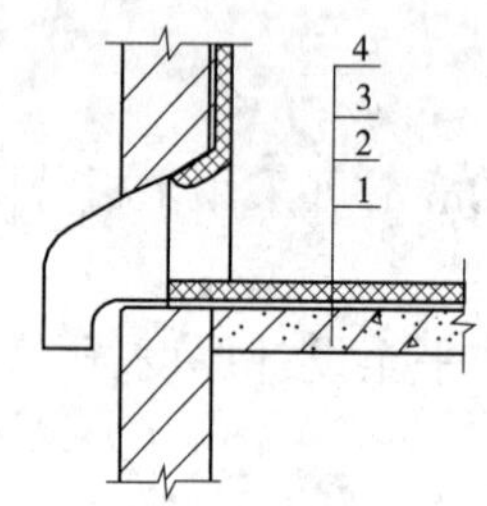

图 7-86 横式落水口构造

1—结构层;2—找平层或找坡层;
3—聚氨酯硬泡体保温层;4—保护层

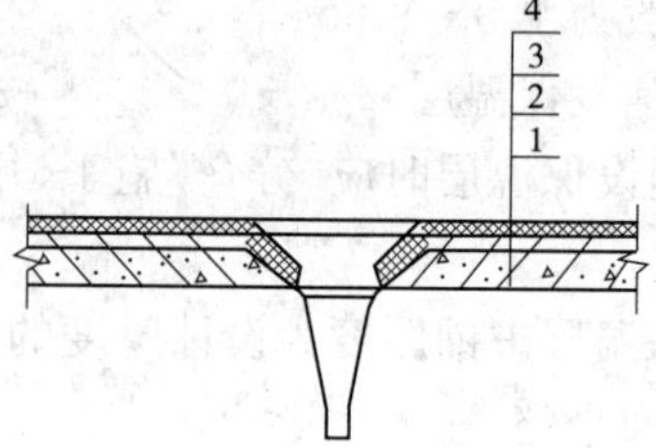

图 7-87 直式落水口构造

1—结构层;2—找平层或找坡层;
3—聚氨酯硬泡体保温层;4—保护层

(3)垂直出入口处的构造,见图 7-88。

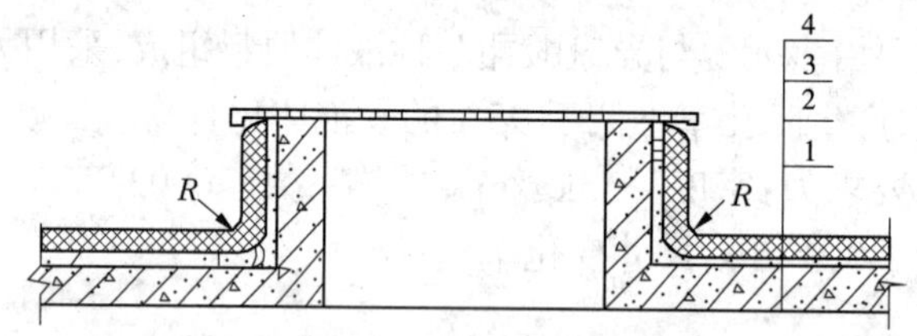

图 7-88 垂直出入口处的构造

1—结构层;2—找平层或找坡层;3—聚氨酯硬泡体保温层;4—保护层

(4)伸缩缝的构造,见图 7-89。

二、屋顶的隔热

南方地区夏季太阳辐射使屋面的表面温度升高,热量传入室内使室温增加,增加室内的制冷能耗。为此,对屋顶要进行隔热构造处理。

常用的隔热构造措施如下。

(一)实体材料隔热屋顶

在屋顶中设实体材料隔热层,利用材料的热稳定性使屋顶内表面温度比外表面温度有较大的降低。热稳定性大的材料一般表观密度都比较大,所以这种构造做法将使屋顶

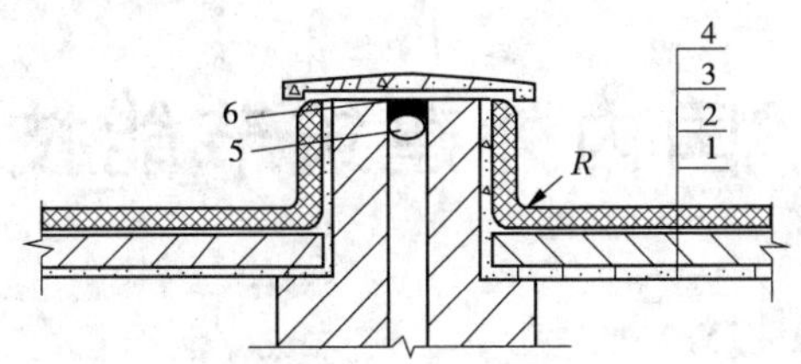

图 7-89　伸缩缝的构造

1—结构层；2—找平层或找坡层；3—聚氨酯硬泡体保温层；

4—保护层；5—塑料棒；6—密封膏

质量增加。

实体材料隔热层屋顶的做法有以下几种：

(1)大阶砖或混凝土板实铺屋面。

(2)堆土屋面，其上植草。

(3)砾石层屋面。

(4)蓄水屋面。

(二)通风降温屋顶

在屋顶上设置通风的空气间层，利用间层中空气的流动带走热量，从而降低屋顶内表面温度。通风降温隔热比实体材料隔热屋顶的降温效果好。通常通风的空气间层设在防水层之上，这样做对防水层也有一定的保护作用。

通风的空气间层可以用大阶砖或预制混凝土板用垫块或砌砖架空做成。架空层内空气可以纵横各向流动。如果把垫块铺成条形，使它与主导风向一致，两端分别处于正压区和负压区，气流会更畅通，降温效果也会更好。房屋进深大于 10m 时，应在中部设通风口。

通风层也可以用预制的拱形、三角形、槽形混凝土瓦放置在屋面上形成，这种做法施工方便，用料也省，但屋顶不能上人。

通风降温屋顶构造见图 7-90。

(三)屋面反射降温隔热

利用屋面材料表面的颜色和光滑程度对辐射热的反射作用，也可以降低屋顶底面的温度。例如在屋面刷铝银粉或采用表面带有铝箔的卷材。

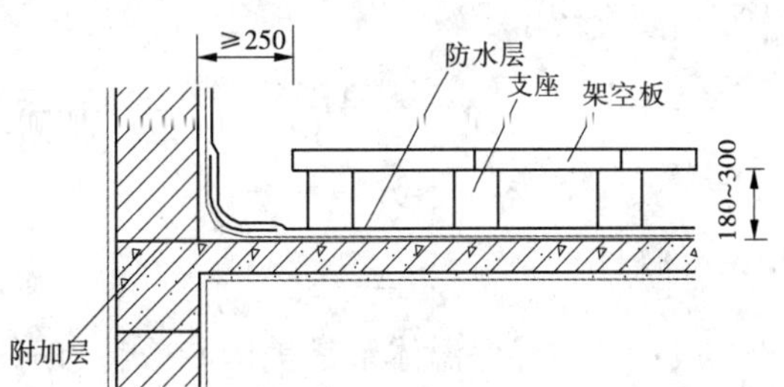

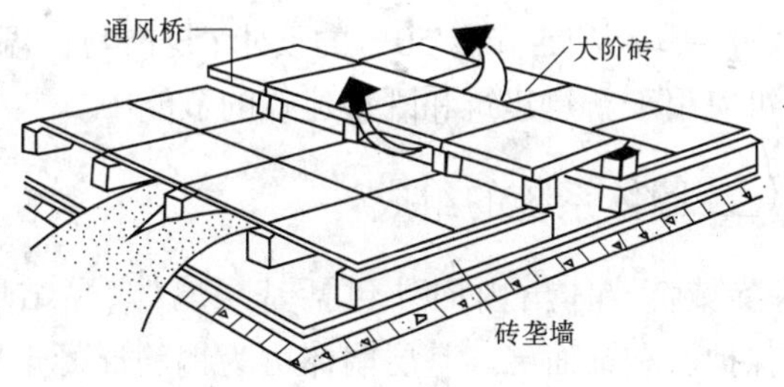

图 7-90　通风降温屋顶构造(单位：mm)

第八章　国内外建筑节能技术概况

第一节　概　述

近年来,国内外建筑节能技术迅速发展,出现各种先进的节能技术,诸如新型节能墙体材料,外墙绝热及饰面型节能墙体,保温中空墙体系,夹心墙体系及外墙内保温体系等,尤其是外墙外保温体系得到了广泛重视和迅速发展;红外热反射技术,高效节能玻璃,硅气凝胶,太阳能、地热等再生能源的利用,热回收装置的开发,生态节能建筑的发展,新型节能材料及制品的开发与研制等,都为建筑节能注入了新的活力。

本章将对专威特外墙体系、欧文斯科宁外墙外保温体系、TDL 外墙外保温体系、GKP 外墙外保温技术、加拿大保温中空墙体系、IMSI 夹心墙保温体系、BT 型预制板外墙外保温技术、积木式外墙外保温体系、SB 外墙外保温和装配式龙骨薄板外墙外保温技术等加以详细介绍。

同时,对国内正在兴起并取得良好节能效果的低温地板辐射采暖技术,电热供暖节能技术等也予以介绍。

本章还对加拿大、德国、法国和日本等发达国家的先进建筑节能技术的发展和利用情况做了简要介绍。

第二节　专威特外墙外保温体系

一、概述

专威特外墙外保温体系是美国专威特(Dryvit)公司的墙体保温技术,属外墙绝热及饰面结合型节能墙体。其主要特点为:保温材料置于外墙外侧,不占用室内空间;保温效果较好,基本满足节能 50% 的要求;装饰与保温结合运用,可应用于新建建筑和既有建筑的节能中。

二、墙体系统的组成

专威特墙体由内向外包括基层墙体、黏结层、绝热层、保护层和饰面层。基层墙体可为钢筋混凝土墙、混凝土空心砌块墙、黏土砖墙等各种结构。黏结层采用黏结胶浆,其为液体聚合物材料;绝热层采用聚苯乙烯泡沫塑料板,由黏结胶浆固定在基层墙体上;绝热层外层采用抹面胶浆和玻璃纤维网格布作为保护层,外侧为面层涂料,见构造示意图 8-1。

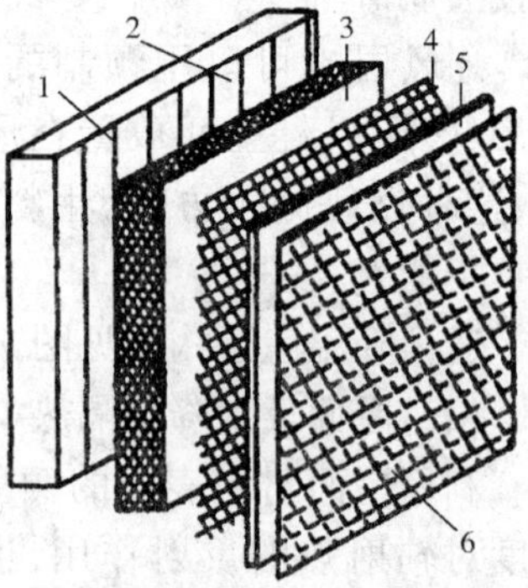

图 8-1　专威特墙体构造示意图
1—黏结胶;2—墙体基材;3—绝热板
4—玻璃纤维网;5—砂浆;6—饰面

三、主要材料性能

专威特体系各组成部分可选用几种品牌产品，其中网格布为插编式耐碱涂覆网格布，面层涂料选用弹性好的丙烯乳酸液。主要材料及其特点见表 8-1。

表 8-1　专威特系统主要材料及其特点

名 称	品 牌	特 点	
黏结胶浆	Genesis*	液体聚合物胶结材料，用于非木质基层墙体，现场拌制	
	Primus	液体聚合物胶结材料，用于非木质基层墙体，现场拌制	
	ADEPS	水溶性非水泥质材料，用于木质基层墙体，工厂拌制	
	PrimusDM	用于非木质基层材料抹面抹面	
抹面胶浆	Genesis*	液体聚合物胶结材料，现场与水泥混合	
	Primus	液体聚合物胶结材料，现场与水泥混合	
	NCBTM	水溶性非水泥质材料，工厂拌制	
	PrimusDM[T] M	预拌、多聚合物干混胶结材料，现场与水泥混合	
玻璃纤维网格布	品牌	重量(g/m^2)	最小抗拉强度(Pa)
	Standard**	146	270
	Standard Plus	203	360
	Intermediate	407	540
	Panxer15	509	710
	Panxer20	695	980
	Detail**	146	270
	Corner	311	490
面层涂料	Standard 抗粉尘型	水溶性丙烯酸涂料，有抗粉尘化学成分，并有粗、中、细、仿石拉毛多种颜色、纹理的仿石饰面	
	Elastomeric 抗粉尘型	水溶性强性丙烯酸涂料，有抗粉尘化学成分，并有粗、中、细、仿石拉毛多种颜色、纹理的仿石饰面	
	Medallion 系列	水溶性丙烯酸涂料，有抗粉尘化学成分，并有粗、中、细、仿石拉毛多种颜色、纹理的仿石饰面	
	特种涂料	工厂拌合的丙烯酸涂料，具有天然石材外观	
面层胶浆	Demandit 抗霉菌	水溶性丙烯酸材料，具有多种颜色、纹理	
	Devyvit 细砂纹理	水溶性丙烯酸材料，具有多种颜色、纹理	
	Weaterlastic Smooth	水溶性丙烯酸材料，具有多种颜色、无纹理	
底漆	Color Prime	水溶性丙烯酸底漆，具有多种颜色	
	Prymit	水溶性丙烯酸底漆	
罩面漆料	Sealclear	透明丙烯酸液罩面涂料	

注：＊已在国内使用，并正在国产化生产；

＊＊已在国内使用，尚未国产化生产。

黏结胶浆的强度指标是保证聚苯板固定牢靠及构造安全可靠的决定因素。抗拉和压剪黏结强度是黏结胶浆的主要技术性能指标,应满足表8-2的要求。

根据专威特企业标准,其保温聚苯板的技术指标应满足表8-3的要求。

表8-2 黏结胶浆的主要技术性能指标

项 目	实验条件	采用标准	指标(MPa)	
			掺合32.5级水泥	掺合42.5级水泥
抗拉黏结强度(MPa)	常温常态14d	GB/T12954-1991	≥1.0	≥1.0
	常态14d,浸碱4d	GB/T12954-1991	≥0.6	≥0.6
	常态14d,浸水7d	GB/T12954-1991	≥0.6	≥0.6

表8-3 聚苯板主要技术性能指标

项 目		指 标	项 目		指 标
密度(kg/m^3)	最小	≤18.0	尺寸稳定性(%)		≤2.0
	最大	≤20.0	氧化指数(%)		≥30.0
热导率(W/(m·K))		≤0.041	火焰扩散指数		≤25
抗拉强度(kPa)		≥69	烟密度指数		≤450
抗压强度(kPa)		≥103	板长(mm)×板宽(mm)		≤1 200×600
抗弯强度(kPa)		≥172	养护天数(d)	自然养护	≥42
剪切模量(kPa)		≥2 758		蒸汽养护(60℃恒温)	≥5
水蒸气渗透系数($g/(m^2·h·Pa)$)		≤1.030 5	熔结性	断裂弯曲负荷(N)	≥15
体积吸水率(%)		≤2.5		弯曲变形(mm)	≥20

四、墙体体系性能分析

专威特墙体属外保温体系,其在寒冷地区的保温效果明显优于内保温体系。此外,研究表明,外保温体系夏季隔热效果也容易满足设计要求,即在室内自然通风情况下,墙体内表面最高温度不超过室外计算温度的最高值《民用建筑热工设计规范》(GB50176—1993)第5.1.1条。而若采用把绝热材料贴在结构层内侧的内保温做法,由于外露的结构层夏季蓄热比散热多,在不使用机械通风或空调时,不易满足夏季隔热要求。

根据专威特公司提供的数据,对其墙体进行抗风压性能试验,结果表明:在风压力和吸力各为$4.5kN/m^2$时,系统破坏始于基层墙体。按我国荷载规范标准,抗风性能满足设计要求。

五、适用范围

专威特体系可适用于冬季采暖地区和夏季绝热地区。由于绝热层EPS聚苯板的抗拉强度低，不宜采用面砖等较重的饰面材料，仅适用于外墙装饰采用涂料的建筑。在南方地区使用时，应注意水蒸气渗透问题。根据专威特公司提供的数据，当夏季室内使用空调降温时，在钢筋混凝土墙与聚苯板的接触面上，可能会出现凝结水。为此，专威特系统的黏合剂和面层涂料都采用了具有"呼吸"性能的材料。为防止整体系统因水蒸气未能排除造成的不利影响，设计中应注意：①室内不使用蒸汽渗透阻太大的墙纸；②外墙围护体系选用易于水蒸气渗透的材料。

六、主要设计要求

基层墙体的挠度不应超过 $L/240$，其中，L 为建筑层高。墙体 2.4m 以下应根据抗冲击要求进行处理，或采用专威特加强型系统，即在需加强的部位增设加强网格布，并在设计中特殊注明。标准网格布在下列终端部位应进行翻包：

(1)门窗洞口、管道或其他设备需穿墙的洞口处；

(2)勒脚、阳台、雨篷等系统的尽端部位；

(3)变形缝等需要终止墙体系统的部位；

(4)女儿墙顶部。

在基层墙体设有伸缩缝、沉降缝和防震缝等部位，保温系统内应设置相应的变形。除此之外，在以下部位应增设变形缝：预制墙板相交处；基层墙体材料改变处；外保温系统与不同材料相交处；墙面的连续高、宽度每超过 23m，且未设置其他变形缝处；结构可能产生较大位移而又未设置结构变形缝处。

在炎热地区使用此系统时，外立面涂料不宜选择过深的颜色，以保证本系统的透气性能，以便于水蒸气在墙体内扩散。墙体内表面宜采用透气材料，外墙面层涂料的水蒸气渗透阻不应大于 694 $(m^2 \cdot h \cdot Pa)/g$ 或 0.193$(m^2 \cdot s \cdot Pa)/g$。

七、墙体施工

墙体施工程序框如图 8-2 所示。

施工要点如下。

(一)施工条件

专威特墙体的施工应在外墙及外门窗口施工及验收完毕后进行。施工现场环境温度和基层墙体表面温度不能低于 4℃，风力不大于 5 级。墙面施工应避免阳光直

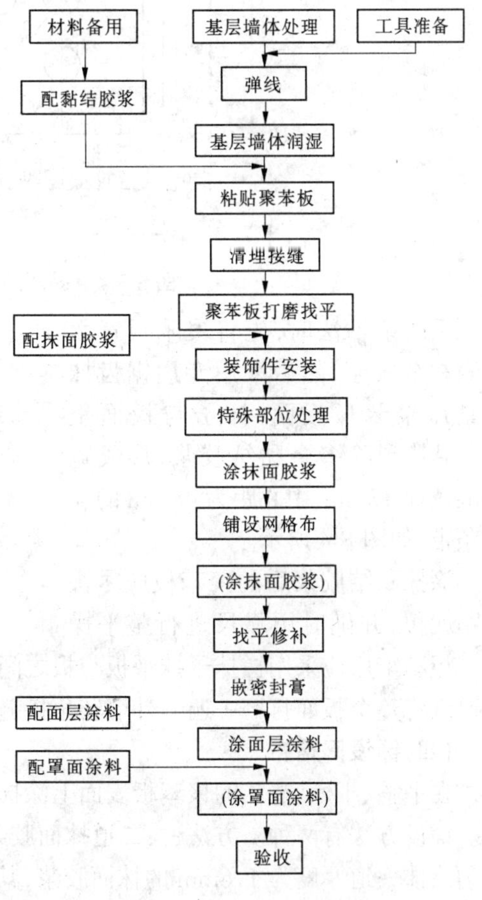

图 8-2　墙体施工程序

射，防止雨水冲刷，并采取保护措施，防止墙面在施工过程中受到污染。

(二)基层墙体清理

对新建工程的结构墙体基面必须进行清理，除去污物和有碍黏结的材料，用水冲洗，使表面平整、清洁。清除基层墙体中松动或风化的部分，使墙面平整度和垂直度不大于5mm，超出部分采用剔凿或修补的方法使之平整。对旧房改造时，应彻底清除原面饰层，对原有基层墙体进行修补找平。

(三)黏贴聚苯板

根据设计图样在处理后的墙面上放线。黏贴聚苯板可采用点粘法和条粘法。点黏法是在聚苯板周边涂抹宽 50mm、厚 10mm 的黏结胶浆，对于标准尺寸的聚苯板，板面中间部位涂抹直径 100mm 的黏结点，中心距为 200mm。对于非标准尺寸的聚苯板，中间部位的黏结点不应少于 4 个，且涂抹黏结胶浆的面积之和不应少于聚苯板面积的 1/3，如图 8-3所示。

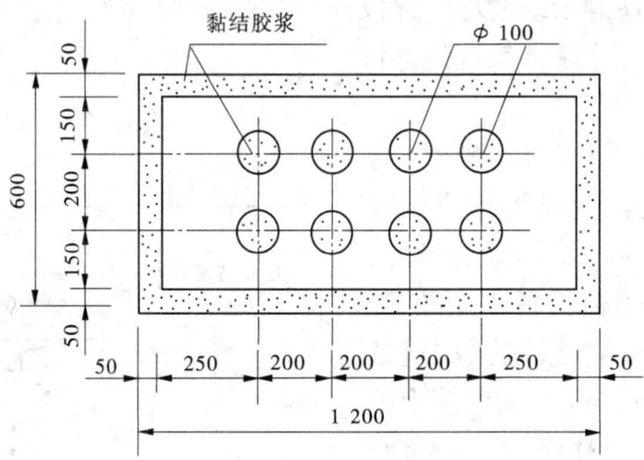

图 8-3　点黏法贴聚苯板(单位:mm)

采用条粘法时，先将聚苯板背面涂满黏结胶浆，然后采用专用锯齿抹子紧压聚苯板板面，抹子与板面呈45°，用其刮除多余黏结胶浆，形成宽10mm、厚 13mm、中心距为 48mm 的黏结条带，如图 8-4 所示。

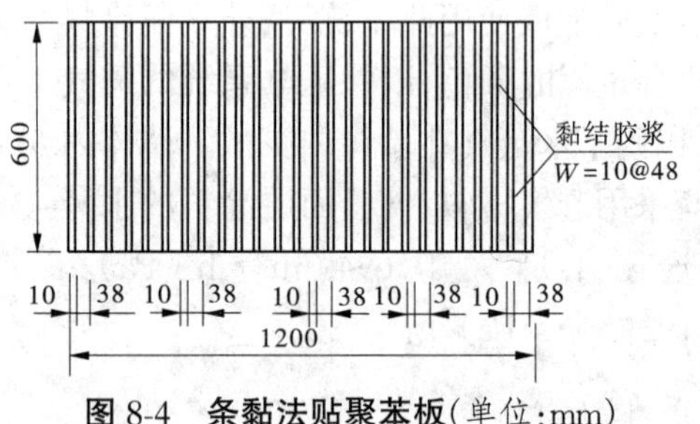

图 8-4　条黏法贴聚苯板(单位:mm)

涂抹黏结胶浆后的聚苯板应尽快平贴就位，并随时用靠尺进行整平操作。板黏牢后应采用搓抹子抹平板与板之间的高差接缝，然后用粗砂纸先打磨一遍，再用细砂纸将整个板面打磨一遍。外墙转角接缝处，上下层聚苯板应上、下搭接。

(四)铺设网格布

在平整、干燥、清洁的聚苯板表面上涂抹抹面胶浆，然后沿外墙一圈一圈地铺设网格布。铺设方法有两种。方法一：二道抹面胶浆法。其做法是用不锈钢抹子在聚苯板表面均匀涂抹一道厚度为 1.6mm 的抹面胶浆，其面积略大于一块网格布的范围，立即将网格布压入湿胶浆中，待胶浆干燥至可触摸时，再抹第二道抹面胶浆，使网格布处于两道胶浆的中间层位置。方法二:一道抹面胶浆法。采用一道厚度为2.5mm的抹面胶浆面积略大于一块网格布范围,将网格布压入湿胶浆中,深度至表面无法看到网格布的纹路。加强型网格布采用厚度为3.2mm的一道抹面胶浆法。

(五)面层涂料的施工

刷面层涂料前,应做一次检查,对抹面胶浆的缺陷和凹凸不平进行修补。面层涂料采用滚涂法施工,涂抹厚度为0.25~0.5mm。罩面涂料采用喷涂法施工,自下而上进行喷涂。

第三节　欧文斯科宁外墙外保温体系

一、概述

欧文斯科宁保温隔热技术包括屋面保温隔热体系和外墙外保温体系。其中外墙外保温体系属外墙绝热与饰面结合型节能墙体。其采用挤塑聚苯板为保温材料,通过黏合和机械固定的方式将挤塑聚苯板固定在墙体外表面,以聚合物砂浆为保护层、耐碱玻璃纤维为增强材料、涂料或面砖为面层体系。欧文斯科宁体系的特点是保温材料性能较好,固定方式可靠。

二、墙体构造

欧文斯科宁墙体体系构造如图8-5所示。

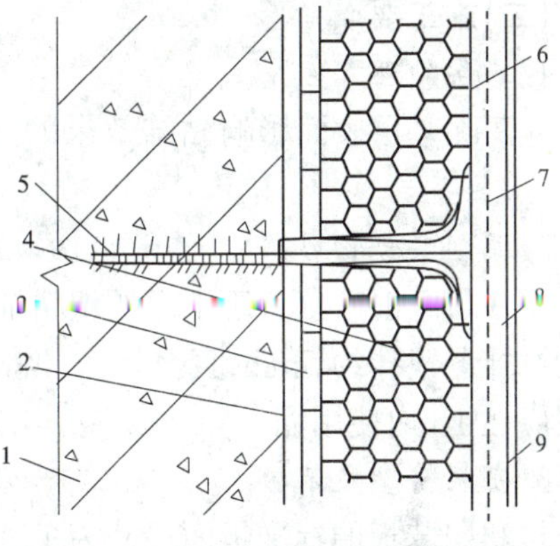

图8-5　欧文斯科宁墙体体系构造

1—墙体;2—水泥砂浆找平层;3—聚合物黏结砂浆;4—挤塑聚苯板;5—固定件;6—聚合物砂浆底层;7—耐碱玻纤网格布;8—聚合物砂浆面层;9—弹性涂料或面砖

三、墙体材料及性能

墙体保温层采用的挤塑聚苯板具有材质轻、抗压强度高、保温隔热性能好和吸水率低的特点,目前只有少数跨国公司生产。其规格和性能见表8-4。挤塑聚苯板采用以机械锚固为主、黏贴为辅的固定方式,对基层表面处理要求低。体系采用的聚合物砂浆为单组分干混砂浆,质量稳定,具有较高的抗冲击韧性。

四、墙体施工

(一)施工条件

欧文斯科宁保温体系施工前,应使基层墙体完全干燥,门窗就位,并验收合格。施工期间及施工后24h内,现场环境温度及墙体表面温度应不低于5℃,风力不大于5级。施工面应避免阳光直射、雨水冲刷,雨季施工应有保护措施。

(二)施工程序

基层处理—滚涂界面剂—调制聚合物砂浆—安装挤塑聚苯板—安装固定件—打磨—划分格凹线条—抹底层聚合物砂浆—埋贴网格布—抹面层聚合物砂浆—补洞及修理—外饰面。

表 8-4　挤塑聚苯板的规格和性能

项目	测试标准	性能指标					
		FM150	FM250	FM350	FM400	FM450	FM500
抗压强度 (45d,kPa)	GB/T8813—1988	≥150	≥250	≥350	≥400	≥450	≥500
渗透系数① (ng/ m·s·Pa)	GB/T2411—1988	≤3.5	≤3.0				≤2.0
吸水率② (%)($V_{后}/V_{前}$)	GB/T8811—1988	≤1.5	≤1.0				
尺寸稳定性(%)③	GB/T8811—1988	≤2.0			≤1.5		≤1.0
热导率 (90d,/W(m·K))	GB/T10294—1988	≤0.025(平均温度 10℃) ≤0.027(平均温度 25℃)					
燃烧性能	GB8624—1997	B2 级					

注:①(23±1)℃,RHI(50±5)%。

②浸水 96h。

③(70±2)℃,48h。

(二)施工要点

1.基层处理

应清除基层表面影响黏结效果的杂质;用 1:3 水泥砂浆找平,使墙体最大偏差小于±4mm。

2.调制聚合物砂浆

将 5 份干混砂浆置于干净的塑料桶内,加入 1 份净水,边加水边搅拌,然后用手持式电动搅拌器搅拌约 5min,直至均匀。将配置好的砂浆静置 5min,再经搅拌备用。调好的砂浆应在 1h 内使用完。

3.安装挤塑聚苯板

挤塑聚苯板的标准板面尺寸为 1 200mm×600mm,也可按实际需要加工非标准尺寸的板。如需切割挤塑聚苯板,可使用电热丝切割器或工具刀。加工允许尺寸偏差为 1.5mm。聚苯板粘贴法有条黏法和点黏法。建议采用条黏法,即在聚苯板上抹宽为 10mm,厚为 10mm,间距为 50mm 的聚合物砂浆,然后立即贴在墙上。粘贴动作要迅速,以免砂浆结皮而失去黏结力。

挤塑聚苯板贴完后应用 2m 靠尺压平操作,保证平整度和粘贴牢固。板与板之间要挤紧,接头处不抹聚合物砂浆。

在温度伸缩缝两侧或孔洞边,应在挤塑聚苯板上预贴宽约 200mm 的网格布,并将其翻包约 80mm。

4.安装固定件

挤塑聚苯板贴牢固后,还须采用固定件固定。固定件的数量可参照欧文斯科宁提供的数据:7 层以下约为 4 个/m^2,8~18 层(含 18 层)约为 9 个/m^2,9~28 层(含 28 层)约为 11 个/m^2。同时对面积大于 0.1m^2 的单块板,应安装固定件,其数量视形状和现场情况而定；若单块板面积小于 0.1m^2 时，是否需安装固定件应根据现场情况决定。在阳角、孔洞边缘的板，应在水平和垂直方向增加固定件，其间距不大于 300mm，距基层边缘不小于 60mm。固定件的安装应在粘贴挤塑聚苯板后 24h 内进行，锚固深度为基层内 50mm，钻孔深度为 60mm，螺钉应拧紧，并使膨胀螺钉和螺母与挤塑聚苯板表面齐平或略拧入一些，确保膨胀螺钉尾部回拧，使之与基层充分紧固。

5. 埋贴网格布

在聚苯板上抹 2mm 厚聚合物砂浆，然后埋贴耐碱玻璃纤维网格布。网格布应沿水平方向绷直绷平，并将弯曲的一面朝里，用抹子由中间向上下两边将网格布抹平，使其紧贴底层聚合物砂浆。在网格布搭接处，可用聚合物砂浆补充原砂浆的不足。埋贴时还应注意以下细部做法：在门、窗洞口内侧周边与墙面形成的 45°阳角处应采用一层 300mm×200mm 网格布做局部加强，并使墙面网格布搭接在门窗洞口周边的网格布之上；对洞口四周的挤塑聚苯板端头，应用网格布和黏结砂浆将其包住，并允许在挤塑聚苯板边涂抹黏结砂浆；在装饰凹缝处，应沿凹槽将网格布埋入砂浆内。网格布搭接宽度在凹缝处不少于 65mm，在阴阳角处不小于 200mm；施工及其他预留连接处，应适时进行局部修整。

6. 抹面层聚合物砂浆

将网格布压入底层聚合物砂浆后，待砂浆干至不黏手时，开始抹面层砂浆，其厚度约为 1mm，以盖住网格布为准，使砂浆保护层总厚度为(2.5±0.5)mm，在首层应加铺一层网格布，以提高抗冲击能力，即保护层总厚度为(3.5±0.5)mm。采用其他材料做外装饰时，仍需采用与前述相同的聚合物砂浆。

7. 其他

对预留孔洞及损坏处应进行修补。外饰面可采用涂料、彩色砂浆、面砖等，按相关施工工艺要求进行施工。

第四节　TDL 型外墙外保温技术

一、概述

TDL 外墙体系属外墙绝热与饰面结合型节能墙体体系，其关键技术是 TDL 聚合物干混砂浆。通过 TDL 系列黏合剂(干混砂浆)，来解决外墙外保温中经常出现的表面开裂、保温板变形等问题，该体系主要依靠粘贴方式固定保温板，简化了施工工艺，进而形成了一套墙体保温做法。

二、墙体组成

与其他外保温体系一样，TDL 保温外墙由基层、保温层、纤维增强保护层、饰面层组成。

三、墙体保温层材料及黏结剂性能

保温层材料可以选用膨胀型或挤塑型聚苯乙烯泡沫塑料板、岩棉、玻璃棉等。若采用聚苯板作为保温层,其固定方式主要依靠 TDL 粘贴剂粘贴,只在有必要时,采用 $\phi8$ 专用尼龙涨管辅助固定。TDL 体系选用 TDL－013 聚合物干混砂浆作为聚苯板的粘贴剂。该砂浆是以三元共聚物再分散粉为水泥的添加剂,同时添加增稠剂、保水剂、触变剂制成。TDL－013 聚合物干混砂浆的主要技术性能见表 8-5。保温层外侧抹聚合物干混砂浆并粘贴纤维增强层。墙体饰面层选用不透水的弹性涂料,其伸长率大于或等于 200%,并要求具有一定的水蒸气渗透性。

表 8-5 TDL－013 聚合物干混砂浆的主要技术性能

<table>
<tr><th colspan="3">项 目</th><th>性 能</th><th>检验结果</th></tr>
<tr><td colspan="3">细度(≤0.425mm,%)</td><td>>5</td><td>—</td></tr>
<tr><td colspan="3">烧失量(%)</td><td><5</td><td>—</td></tr>
<tr><td colspan="3">含水率(%)</td><td><1</td><td>—</td></tr>
<tr><td colspan="3">收缩率(%)</td><td>0.14</td><td>—</td></tr>
<tr><td colspan="3">48h 吸水量比(%)</td><td>6.8</td><td>—</td></tr>
<tr><td colspan="3">抗渗压力(MPa)</td><td>0.9</td><td>—</td></tr>
<tr><td rowspan="5">胶黏剂</td><td rowspan="2">压剪胶结强度(与水泥砂浆,MPa)</td><td>常温常态 14d
常温常态 14d,浸水 48h</td><td>—
—</td><td>1.51
1.26</td></tr>
<tr><td>常温常态 14d,冻融 25 次</td><td>—</td><td>1.15</td></tr>
<tr><td rowspan="2">拉伸胶结强度(与聚苯板,MPa)</td><td>常温常态 14d</td><td>—</td><td>0.25</td></tr>
<tr><td>常温常态 14d,浸水 48h</td><td>—</td><td>0.0</td></tr>
<tr><td colspan="2">可操作时间(h)</td><td>—</td><td>4</td></tr>
<tr><td rowspan="6">保护层砂浆</td><td rowspan="2">压剪胶结强度(MPa)</td><td>常温常态</td><td>—</td><td>1.51</td></tr>
<tr><td>常温常态 48h</td><td>—</td><td>0.60</td></tr>
<tr><td rowspan="2">拉伸胶结强度(砂浆－聚苯板,MPa)</td><td>常温常态</td><td>—</td><td>0.30</td></tr>
<tr><td>常温常态浸水 48h</td><td>—</td><td>0.08</td></tr>
<tr><td colspan="2">可操作时间(h)</td><td>—</td><td>≥2</td></tr>
<tr><td colspan="2">压折比</td><td>—</td><td>≤0.3</td></tr>
</table>

四、墙体施工要点

(一)配制粘贴剂

在干净的塑料容器内先倒入拌和水,按 4:1(干混砂浆:水)比例边搅拌边加入干混砂浆,直至得到适宜稠度的胶浆,胶浆静停 5min 后,再搅拌 1min 备用。调好的粘贴剂应在 1h 内用完。

(二)抹聚合物砂浆

聚苯板粘贴上墙后,在其表面抹 2mm 厚 TDL－013 聚合物干混砂浆,然后立即将玻璃纤维网格布压入湿胶浆中，表面再抹1～2mm厚TDL－013聚合物干混砂浆，使表面平整，首层铺设一层网格布。重复上述操作，灰浆总厚度为5～7mm。

（三）其他施工工艺

其检验标准参见企业技术规程。

五、造价分析

TDL外墙外保温体系（不含饰面层）费用核算见表8-6。

表8-6　TDL外墙外保温体系（不含饰面层）费用核算

项 目	用 量	单 价	小计（元/m^2）
聚苯板	1.0m^2	14.0元/m^2	14
玻璃纤维网格布	1.5m^2	4.0元/m^2	6
干混砂浆	8.0kg/m^2	6.0元/kg	48
人工费			20
合计			88

第五节　GKP型外墙外保温技术

一、概述

GKP外墙外保温技术属外墙绝热与饰面结合型节能技术。与其他外保温体系一样，GKP保温外墙（见图8-6）由基层、保温层、纤维增强保护层、饰面层组成。GKP中的G指砂浆防护层采用树脂涂覆的抗碱玻璃纤维网格布，K指黏合剂采用KE胶，P指保温材料采用自熄型发泡聚苯板。GKP外墙的主要特点是在防止保护层开裂和提高保温层耐久性方面采取了综合措施。例如，为防止保护层开裂的措施有：①砂浆中水泥选用收缩小的硫铝酸盐水泥；②将墙面分割为单块面积不大于12m^2的板面尺寸；③选择弹性保持较久的分隔缝嵌缝膏；④为减小基层墙面对保护层的约束，保护层砂浆与墙体基面脱离接触；⑤通过加入聚合物，降低砂浆弹性模量，减小拉应力；⑥网格布增强。为提高建筑首层的抗冲击性以提高保温层的耐久性，保温层外侧贴面砖，并用角钢托架支托，以防止因保温外墙自重过大而脱落。

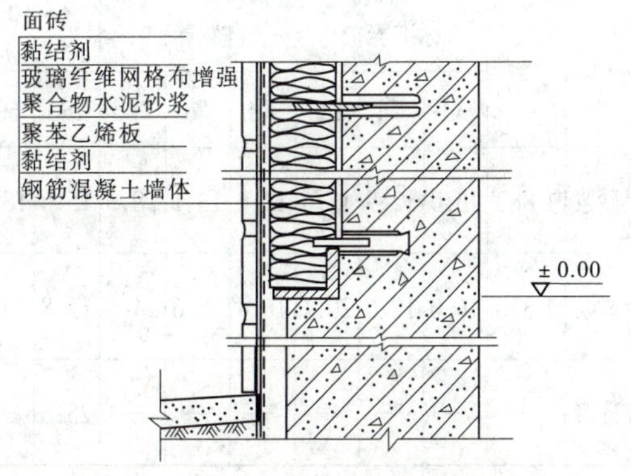

图8-6　GKP外墙构造示意

二、墙体材料及性能

GKP外墙的其他材料按外墙外保

温材料选用。其采用的黏合剂为 KE 胶和 KE 砂浆,其性能及要求见表 8-7~表 8-10。

表 8-7 KE 胶作陶瓷面砖黏合剂 (单位:MPa)

检测项目	检测结果	标准≥	说明
7d 压剪强度	1.76	1.00	28 压剪强度 3.19
7d 浸水后压剪强度	1.38	0.70	—
7d,100℃后压剪强度	1.75	0.70	
7d,25 次冻融后压剪强度	1.46	0.70	28d,25 次冻融后压剪强度 2.33

表 8-8 KE 胶作聚苯板黏合剂 (单位:MPa)

检测项目	检测结果	说明
与聚苯板黏结后剪切强度	0.18	检测中均为聚苯板破坏
与聚苯板黏结合 25 次冻融后剪切强度	0.18	
与聚苯板黏结后抗拉强度	0.45	
与聚苯板黏结 25 次冻融后抗拉强度	0.45	

表 8-9 修补砂浆黏结强度

项 目	配合比质量			28d 压剪黏结强度(MPa)	28d 抗拉黏结强度(MPa)
	水泥	砂	KE 胶		
基准砂浆	1	2.5	—	0.57	0.75
KE 修补砂浆	1	3.0	0.3	1.41	1.59

表 8-10 KE 砂浆性能

项目	密度(kg/m^3)	抗压强度(MPa)						抗压弹性模量($\times 10^3$ MPa)		抗渗*(MPa,1h 不透水)	干缩率($\times 10^{-4}$)							吸水量比(%)	
		标准养护			自然养护														
		3d	7d	28d	3d	7d	28d	28d	60d		3d	7d	14d	28d	60d	90d	180d	标准养护 14d	标准养护 28d
底层砂浆	1 882	10.0	12.9	17.6	11.6	13.1	18.3	15.6	18.7	0.3	1.1	1.7	3.0	3.7	4.2	4.5	5.0	35.7	38.6
面层砂浆	1 840	16.0	18.6	20.1	16.4	20.6	24.5	15.8	18.5	1.2	1.1	1.5	2.2	3.1	3.6	3.7	4.0	11.0	10.0
基准砂浆	—	—	—	—	—	—	—	25.5	—	—	3.0	3.9	5.7	6.4	7.9	9.1	9.4	100	100

注:* 抗渗砂浆试件高 30mm,5mm 底层砂浆 + 2mm 面层砂浆的复合抗渗试验,在 0.7MPa 下,1h 不透水。

三、施工程序

基面准备—材料准备—弹线—安装首层托架—黏贴聚苯板—安装拉结件—刷界面剂—抹底层砂浆—贴网格布—抹面层砂浆—养护—检验—填嵌缝膏作外饰面。

四、造价分析

若采用 40mm 厚聚苯板，从黏贴聚苯板到做完嵌缝膏，GKP 外墙材料费约为 50 元/m^2（不包含角钢托架和外饰面层），人工费 26.4 元/ m^2，工料费合计 76.6 元/ m^2，见表 8-11。

表 8-11　GKP 外墙外保温每 $1m^2$ 墙面工料费

项目	KE 胶（kg）	硫铝水泥（kg）	32.5 级水泥（kg）	中细砂（kg）	石英砂（kg）	聚苯板（m^2）	网格布（m^2）	固定件（个）	嵌缝膏（kg）	棒芯（m）	人工（工）	工料费
3mm 厚黏合剂	0.72	—	1.44	—	—	—	—	—	—	—	—	—
保温材料	—	—	—	—	—	0.05	—	—	—	—	—	—
界面剂	0.3	—	0.3	—	—	—	—	—	—	—	—	—
5mm 厚底灰	0.9	1.8	—	6.3	—	—	—	—	—	—	—	—
网格布	—	—	—	—	—	—	1.61	—	—	—	—	—
2mm 厚抹面砂浆	0.6	1.0	—	—	0.2	—	—	—	—	—	—	
养护剂	0.3	—	—	—	—	—	—	—	—	—	—	—
连接								3				
嵌缝	—	—	—	—	—	—	—	0.09	0.83	—	—	
小计	2.82	2.8	1.74	6.3	2.0	0.05	1.61	3	0.09	0.83	0.8	—
加 10%损耗	3.1	3.08	1.91	6.93	2.20	0.055	1.77	3.3	0.10	0.91	—	—
单价	7.16	0.63	0.33	0.04	0.45	2.50	3.25	0.80	13.8	0.70	33	—
费用	22.20	1.94	0.63	0.28	0.99	13.75	5.75	2.64	1.38	0.64	26.40	76.60

第六节　加拿大空心复合外墙体系

一、概述

加拿大空心复合外墙是适合寒冷地区使用的一种保温墙体。其墙体设计采用外保温技术，且通过合理的构造，减弱冷凝和雨雪等因素对墙体保温效果的负面影响。其主要优点是构造合理、保温效果好、维修费用低、耐久性能良好，目前国内尚无产品。本节主要介绍此复合墙体的设计理念及构造。

二、墙体的组成及技术特点

加拿大复合外墙在地面以上由 5 部分组成:面层、空气隔离层、保温层、隔汽层和结构层,如图 8-7 所示。

(一)面层

面层具有抵御雨雪、保护内部构件不受化学有机物或其他有害物质侵蚀,以延长内侧结构寿命的功能。面层通常构成一侧墙肢,采用墙板或由黏土空心砖、混凝土砖、砌块、石材砌筑而成,厚度通常为 75~90mm。竖向支撑装在结构的主要构件上,或由主要构件或次一级构件伸出的角钢上。面层与支撑墙牢固连接,但连接的程度尚不足以将其作为抵御水平或平面外荷载的构件进行计算。由于其高厚比较大,在没有水平支撑的情况下稳定性差。所以,在面层和结构层间应有规律地设置可靠的金属水平连接件。

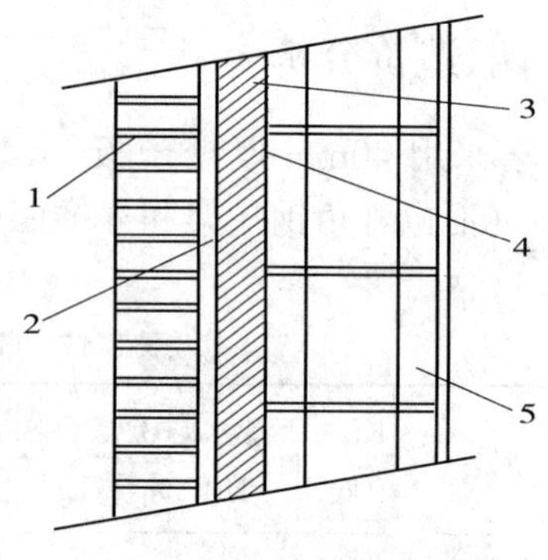

图 8-7 复合外墙基本构造

1—面层;2—空气隔离层;
3—保温层;4—隔汽层;
5—结构层

(二)空气隔离层

空气隔离层具有多种功能。它使得安装非结构构件变得容易;为已经侵入面层的潮气、水分提供了排出墙外的通道;空气隔离层使得内外墙肢间形成一个空腔,此空腔可平衡或部分平衡室内外空气压力,从而阻止潮气在压力作用下进入墙体;利用空气层可调节内外墙肢间的施工误差或不均匀变形。空气层的厚度一般设计为 25mm,计算宽度从保温层外侧面起至外侧墙肢内侧面止。

(三)保温层

保温层为室内提供保温隔热的效果,防止或缓解内部构件出现冷凝,减小由温度变化引起的墙体内部构件和主体结构的变形。

(四)隔汽层

保温层内侧是一个连续的隔汽层,可减少建筑物外轮廓的空气渗透,并可影响潮气在墙体和构件上的聚积量,起到避免潮气引发的冷凝问题。隔汽层一般为连续设置,位置应在不易损坏处,且要保证不发生或少发生气体冷凝结露现象。

(五)结构层

结构层的作用是支撑墙体的所有组成部分。支撑墙可为混凝土砌体墙结构,还可采用钢龙骨、木龙骨或混凝土结构。在结构计算中,一般不考虑支撑墙与外层面墙的剪切复合作用。

三、复合墙体设计原则及构造要求

复合墙体在结构设计时应考虑以下因素的影响:结构骨架的缩短和支撑构件的变形、水平荷载、温度变形、施工误差、潮气渗透。

(一)结构骨架的缩短和构件变形影响

墙体与主体结构的连接需适应结构骨架的缩短和支撑构件的变形。

图 8-8 所示为一钻入式锚件将钢龙骨与混凝土楼板连接的做法，钢龙骨与楼板连接处考虑了楼板的变形。支托砖墙的角钢底面与下一楼层砖墙的顶端间预留了足够的缝隙，以适应支撑结构的缩短变形，砖墙由温度、湿度变化产生的变形，结构和墙体材料的物理变形，外加荷载以及施工进度(影响残余变形的总值)等因素的影响。

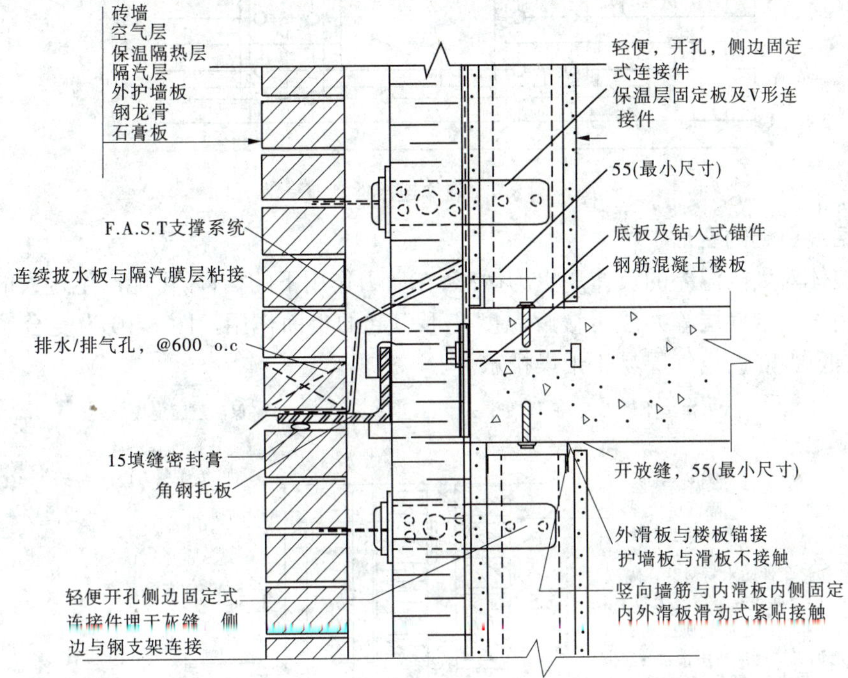

图 8-8　钻入式锚件将钢龙骨与混凝土楼板连接的做法

面层的施工一般是在楼板可以承受由墙体传来的荷载后立即进行，并考虑施工速度和工期对结构变形的影响。通过在建筑物水平方向有规律设置的水平伸缩缝，可防止由楼板变形引起的墙体附加荷载。

(二)水平荷载因素

复合墙体上作用的水平荷载通过连接件(锚固件、拉结件、连接扣件)传递到主体结构。连接件的设计应适当考虑墙体的完整性，因为隔汽层被穿透的数量与连接件的多少和在结构中所处的位置有关。连接件的布置应考虑传力和保温的双重作用。连接件形式的选择受其位置和到边缘的距离等因素影响。

连接件与砌体墙肢间的相互作用受砌体类型、砂浆型号、埋置深度、连接件形状及有无竖向荷载等因素影响。连接件在墙体内的高度也会影响其性能。受力最不利的连接件位于墙体顶端，在此部位墙体所受竖向压力最小，而连接件的荷载最大。图 8-9 所示是根据加拿大规范 S304.1 和 A370—94 设置的开洞处墙体连接件。有关连接件、锚固件的详细要求，可参照加拿大 CSA 规范 A370—94《砌体墙连接件》和 CSA 规范 A371《砌体结构施工》的内容。

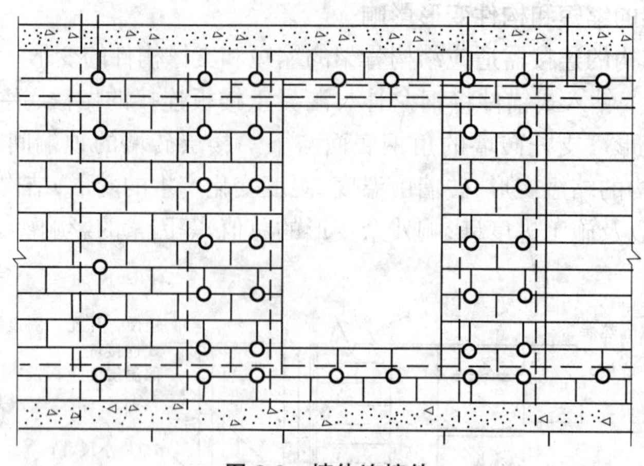

图 8-9　墙体连接件

(三)温度引起的变形

复合墙体对大的温差的负作用更为敏感,在剪力作用下的构件,可能产生过大的温度变形。采用设置空气层等办法可缓解温度变形引起的负面作用。图 8-10 为复合墙体体系,外墙肢抵御潮气,空气层易于干燥排水。

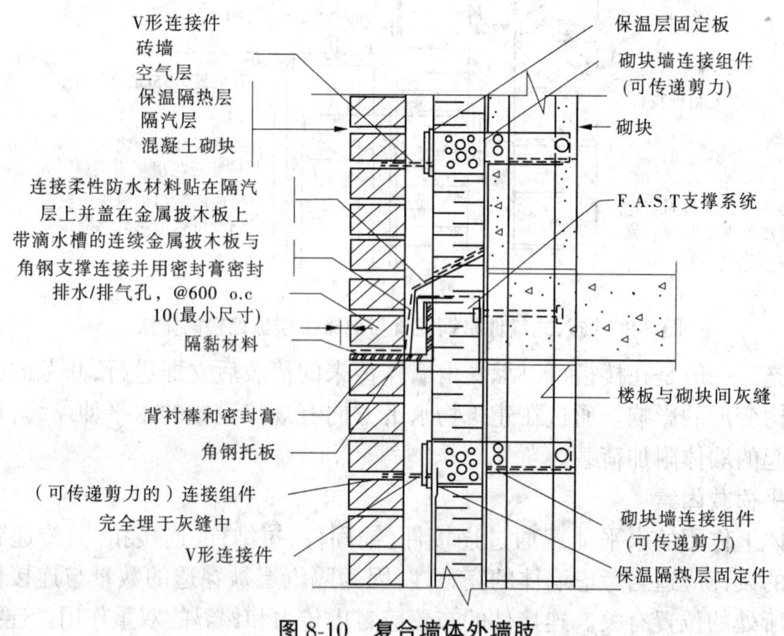

图 8-10　复合墙体外墙肢

(四)潮气的流动

加拿大复合墙体设计考虑了潮气透过墙体的流动对保温效果的影响。其在墙体的面层和保温隔热层之间设置空气隔离层,并在楼板处设置披水板,对内侧墙体起防雨作用,并可阻止潮气的侵入,从而提高了墙体的耐用性能。复合墙体的设计中考虑了潜在的冷凝点在墙中的位置,保证支撑墙肢内不发生冷凝现象。对于主要起保温作用的墙体,隔汽层应设置在保温层的室内一侧,即温度较高一侧。

四、连接构造要求

(一)墙体与屋面的连接

墙体与屋面连接处应使隔汽防潮层保持良好的连续性,并根据防止支撑墙体发生冷凝的原则,设计连接处的细部构造。例如,对高低女儿墙的设计可参照图 8-11。

对于高于 600mm 的女儿墙,或湿度大的建筑物,这一细部构造不太合适,因为在温度低的女儿墙处会产生冷凝,引起破坏。

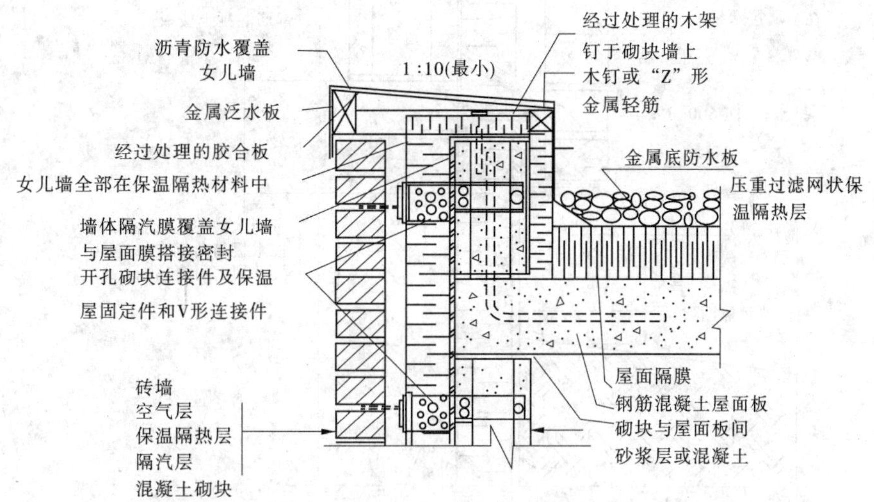

图 8-11 砖-砌块复合外墙在低女儿墙处的做法详图

(二)墙体与楼板连接

外侧墙肢在中间楼层的支撑处构造应周密考虑,使隔热层和隔汽层保持连续。外墙在首层终止处的设计与在其他楼层处相似,应保证保温层和隔汽层的连续性。图 8-12 所示为在基础水平处根据上述要求所做的处理。

(三)墙体在通风管道处的构造

管道或其他构件穿透外墙,使隔汽层的连续性受到破坏,是导致墙体保温性能受损的主要原因。合理的安装通风系统需要仔细设计施工的程序,并适当考虑墙体漏气问题。经过空调的气体若泄漏在墙体的内外墙肢间,对墙体是十分有害的。图 8-13 所示为典型的通风管道与墙体间的细部构造。

如果墙内侵入雨水或已发生结露,保温材料可能会影响这些水分的干燥。夹壁墙和砌体面墙体系通过在墙肢间设置空气层,可以阻止雨水的侵入且易于干燥排水,具体方法是在支撑处设置披水板、排水孔,做开缝等,使雨水或结露水流出墙外,并通过设置通风孔使夹缝中墙体干燥。

对于设置了保温层的复合墙,由内外墙肢间温度差、材料性能差异引起的剪应力的大小受连接件刚度、连接件数量和间距以及夹层宽度等因素影响。这种应力一般较小,对 12m 以下的墙体不会造成很大影响。

当夹壁墙外墙肢为烧结黏土砖,内墙肢为混凝土砌块,砖在潮湿环境中膨胀,而混凝

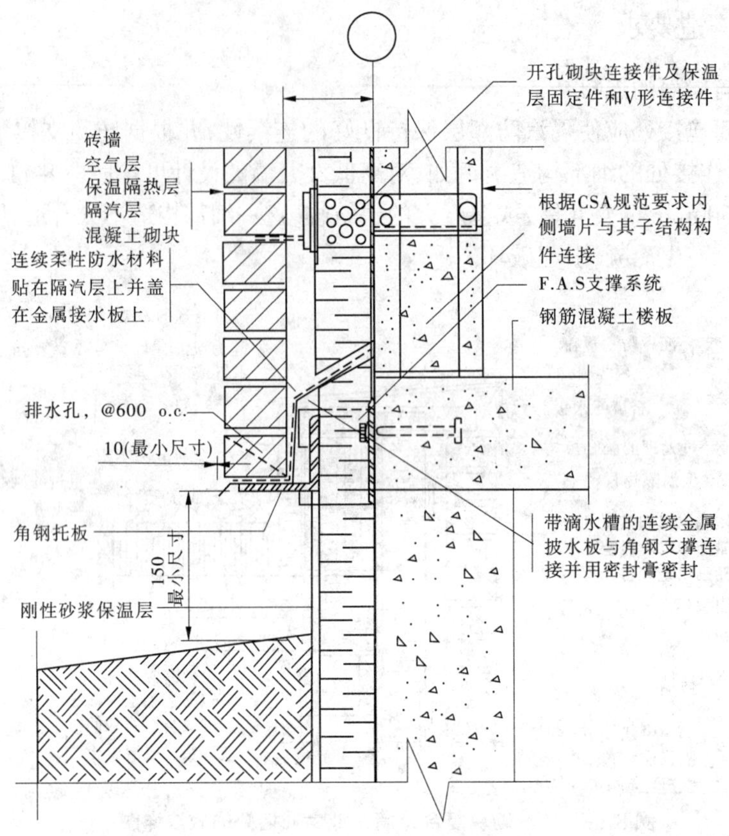

图 8-12　砖－混凝土砌块复合外墙在基础处的细部做法

土砌块则收缩,使砖墙内产生压应力,而砌块墙产生拉应力。在砖墙中产生的压应力对缓解墙体开裂、阻止潮气侵入是有益处的,在砌块墙中产生的拉应力可通过设置竖向钢筋缓解。

图 8-14 是夹壁墙中使用的几种具有专利技术的连接件体系。使用者在获得符合加拿大规范要求的可靠数据后,方可在设计和施工中采用。

第七节　美国 IMSI 外墙保温体系

一、概述

IMSI 保温墙体体系是配筋砌体结构体系的英文简称。该体系属夹心保温墙体体系,其特点是砌块孔型设计独特,混凝土多孔砌块内插保温板使夹心墙体可完成承重和保温双重功能,砌块水平接缝一般不坐浆,墙体施工简便,保温层获得有效保护,防火性、耐久性较好。

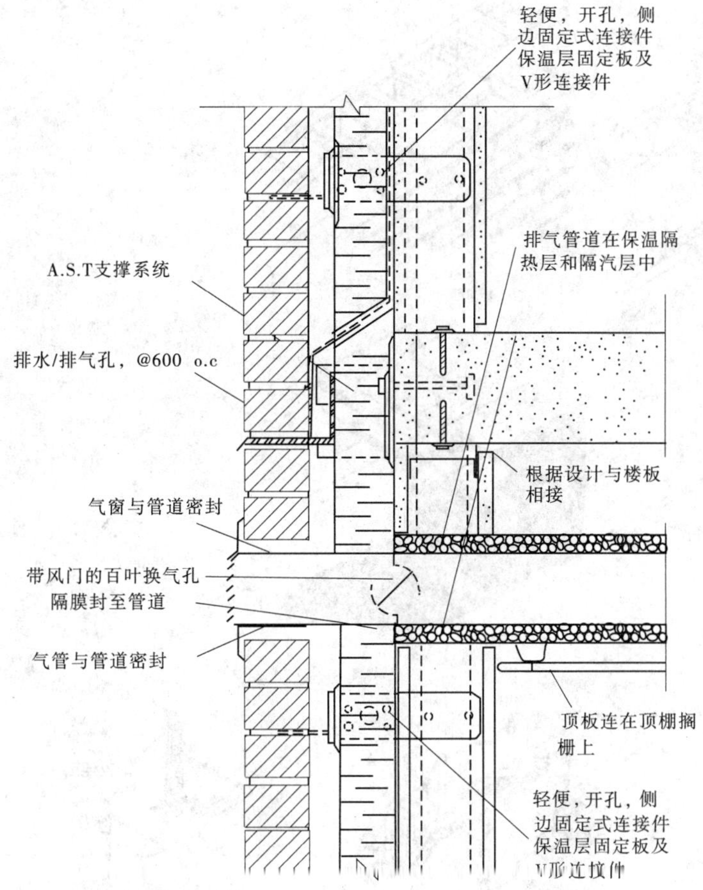

图 8-13 砖－钢龙骨复合外墙在排气孔处细部做法

二、墙体组成

IMSI 夹心保温墙体的组成自内向外有：内侧砂浆层、IMSI 砌块墙体、外侧砂浆层，其中砌块内侧孔根据结构设计需要，在墙体适当位置设置芯柱，外侧孔插入聚苯板，其构造如图 8-15 所示。

三、墙体材料

IMSI 砌块分为 200mm 厚和 300mm 厚两种，主规格砌块尺寸为：390mm×190mm×190mm，390mm×290mm×190mm，砌块形状见图 8-16 所示。

保温插板为膨胀聚苯板，为配合砌块孔洞形式，插板形状经过了特殊设计，如图 8-17 所示。保温插板分为长板和短板。其中，短板的作用是封闭砌块接缝间的空隙，使保温板形成连续的屏幕式绝热层，防止冷、热桥的出现。

砌块墙体内外侧均涂抹纤维增强水泥砂浆，称为 IMSI 表面砂浆，也称 Q—结合剂砂浆，是专有配方的干混砂浆，现场拌水后即可使用，具有抗裂、抗渗性能，且可以做成多种颜色。

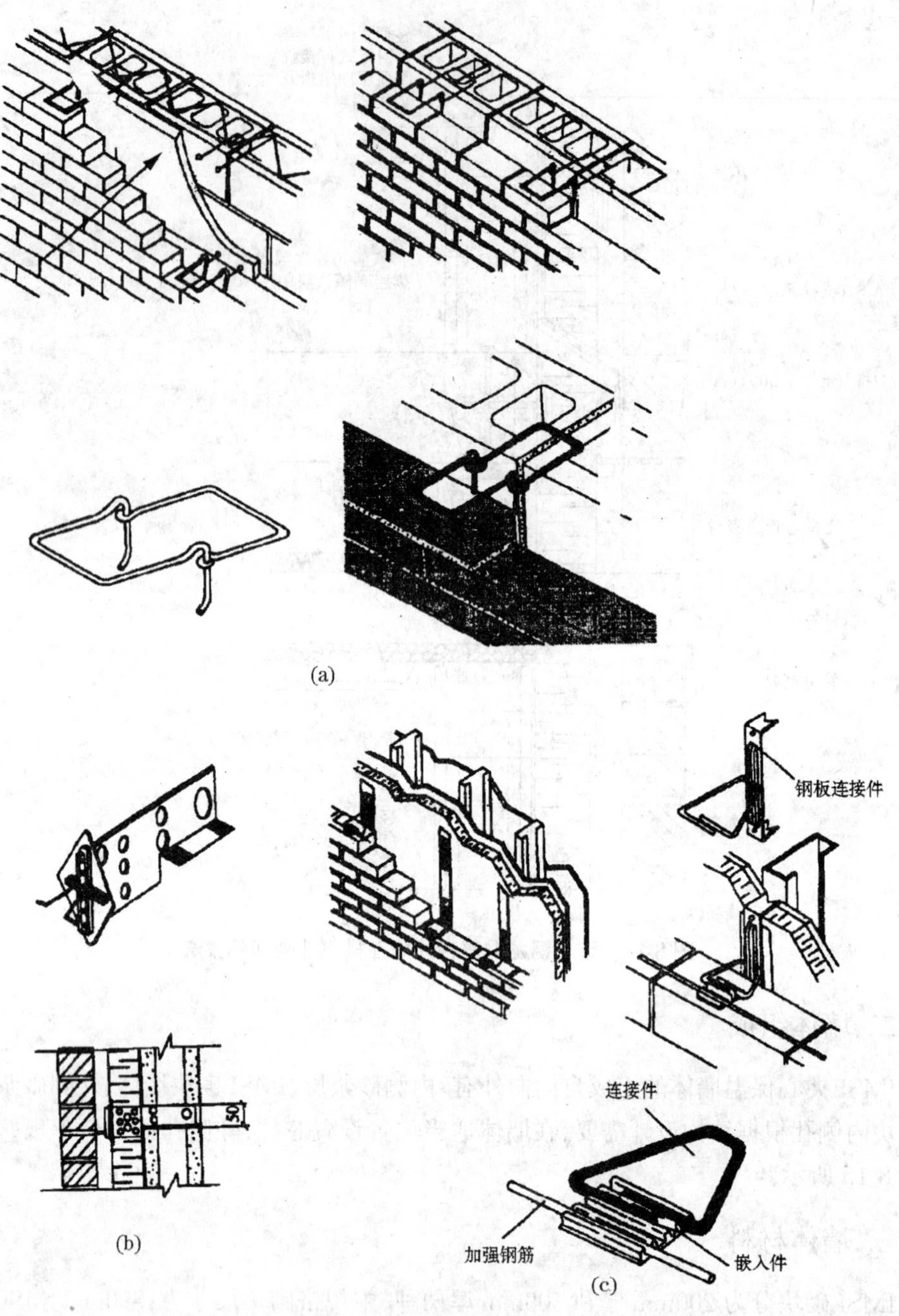

图 8-14　夹壁墙中使用的几种具有专利技术的连接件

(a)矩形连接件;(b)剪力连接件;(c)钢结构墙体连接件

四、墙体设计

IMSI 墙体设计应符合规范关于免浆砌筑墙体的设计要求。设计应依据可靠数据或参考 IMSI 技术规程等资料。

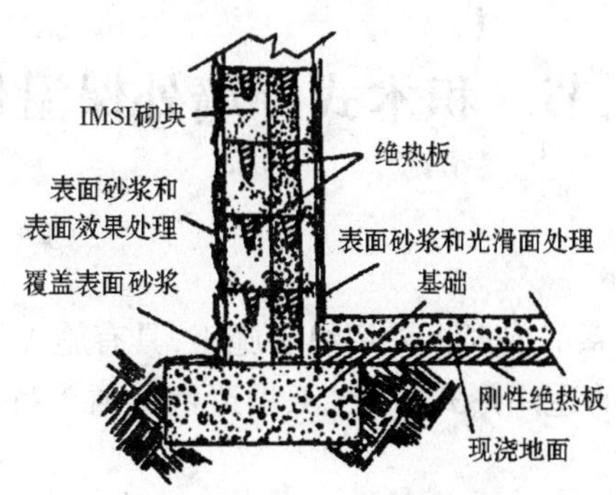

图 8-15　IMSI 墙体构造

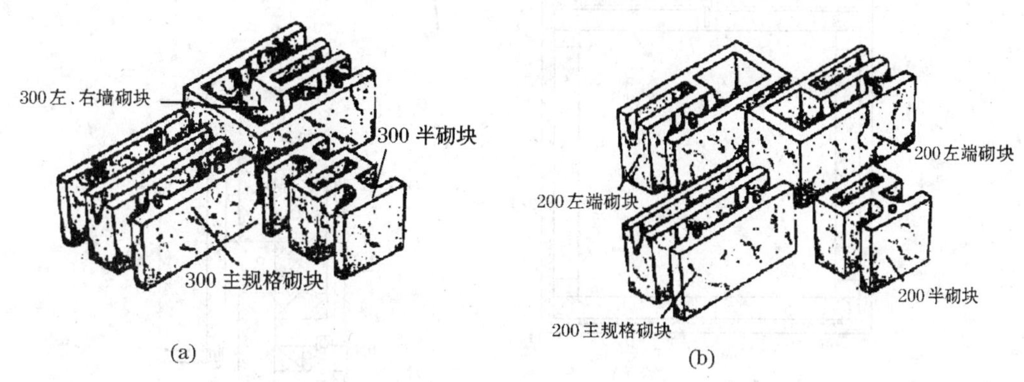

图 8-16　IMSI 砌块
(a)300mm 厚砌块;(b)200mm 厚砌块

五、墙体施工要点

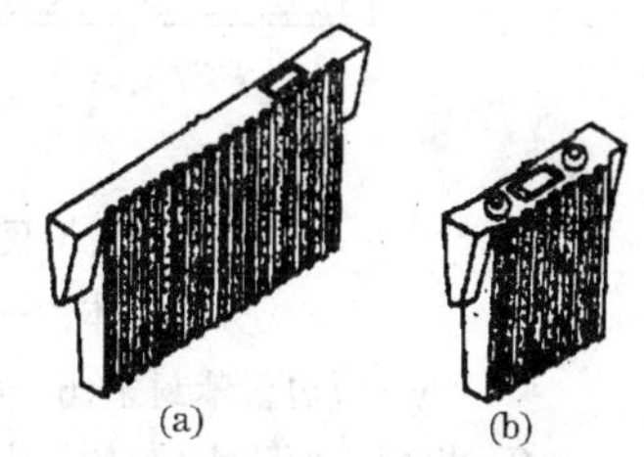

图 8-17　IMSI 保温插板
(a)长板;(b)短板

IMSI 墙体为免浆砌筑的墙体,施工应满足砌块体砌筑的要求,并应注意以下几点:

(1)第一皮砌块要坐浆,待砂浆凝固干燥后再砌筑以上各皮砌块。免浆砌筑时 ,可使用专用垫片或砂浆找平。

(2)电源盒等需嵌固的附件,最好准确嵌固在砌块上,再砌筑该砌块。电源盒等嵌固件一般不设置在芯柱附近,以免灌浆时浆体流出。

(3)现场拌制干混砂浆时,在干净的容器内倒入 5.7L 水,然后加入一袋(22.7kg)砂浆,搅拌时间切忌过长,以免纤维起团。机械搅拌只需 30～40s,砂浆初始搅拌后,每隔 30min 加少量水,以免干硬。

(4)涂抹砂浆之前,将砌体表面淋湿,但不要过湿。抹灰自下而上呈倾斜角。变换抹灰手法,获得多种灰饰效果。

(5)抹灰应在初凝前完成。抹灰后 24h 内应喷水养护 2 次。干燥环境下增加喷水次数。雨雪季施工时,砌筑好的墙体应予以保护。

第八节　积木式外墙外保温体系

一、概述

积木式外墙外保温体系的保温板采用组装施工，具有施工方便、保温体系与结构的连接更加牢固、结构及装饰的适用形式广泛、工程造价低廉等特点。体系的构造如图 8-18 所示。

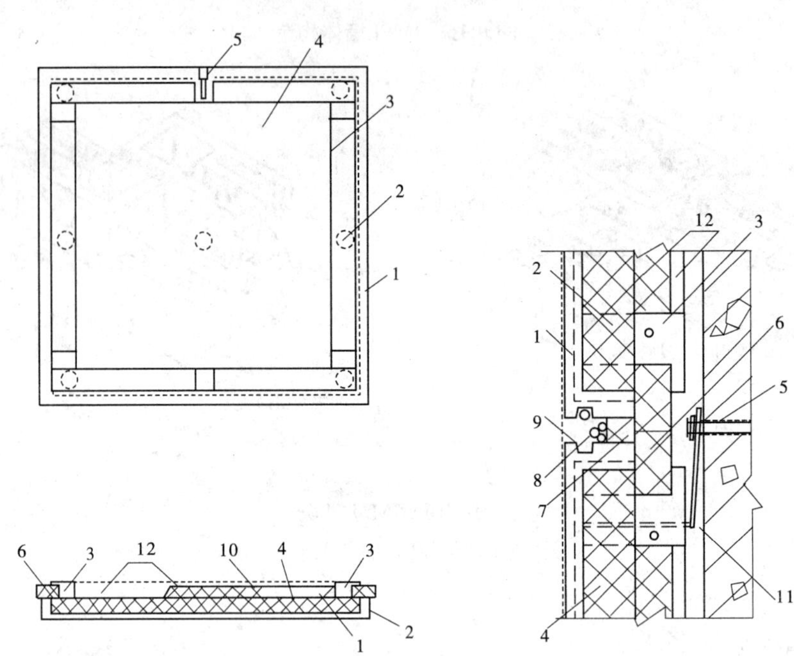

图 8-18　积木式外墙外保温体系构造

1—板体；2—连接柱；3—内柱（与外墙面黏结）；4—保温层；
5—板边聚苯封条；6—吊挂钩；7—板缝聚苯盖条；8—聚苯粒水泥砂浆填缝材料；
9—板缝表面防水层；10—密封吊挂钩的聚合物砂浆；11—聚合物砂浆黏接层；12—空气层

积木式外墙外保温体系的施工过程与砌体的砌筑过程或混凝土的浇筑过程同时进行，与外贴聚苯板外墙外保温形式相比，减少了黏贴工序，缩短了工期，且施工质量容易保证。采用普通混凝土砂浆抹面，使工程造价比外贴聚苯板做法降低 25%左右。连接件采用经特别研制的工程塑料注塑成形，可承载较大外饰层荷载。

二、适用范围

积木式外墙外保温体系适用于新建混合结构或现浇混凝土剪力墙结构。板规格见表 8-12。

表 8-12　保温板的规格及适用形式

型号	适用形式	规格(长×宽×高,mm)	表观密度(kg/m^3)	自熄时间(s)	成形方法
E－18	砖混结构	975×615×50	≥18	2	切割
E－22	剪力墙结构	1 200×415×50	≥22	2	模塑

当用于混合结构时,积木式外墙外保温体系随着外墙的砌筑而逐层安装连接件和保温板,并可通过调整保温板的模数适应各类砌块模数的要求。

在用于现浇剪力墙结构时,可先将连接件和保温板插接成片,并用橡皮条定位到钢筋墙上,然后在保温板的外侧安装钢模板或具有相应功能的平面支撑系统,利用混凝土的侧压力将外墙保温体系通过连接件紧紧地固定到混凝土外墙上,如图 8-19 所示。

积木式外墙外保温的传力结构为:外饰层—连接件—结构,而外贴聚苯板形式的外墙外保温的传力结构是:外饰层—聚苯板—结构。传力结构的合理设计,使积木式外墙外保温的外饰层承载力可达 1 000N/m^2 以上,可采用多种形式的饰面层,如玻璃纤维网格布聚合砂浆抹面、外挂石材、贴瓷砖、外挂钢(板、丝)网普通混凝土砂浆二次抹面等,解决了现有外墙外保温外饰层挂面砖承载力不足的技术难题。

三、施工方法

参照华北建筑设计标准化办公室编写的外墙保温图集(88J2—X8)的施工方法。并应注意积木式外墙外保温体系的聚苯板采用模塑成形,标准插块式设计,聚苯板的固定不是采用低碳钢丝而是经特殊设计的塑料连接件。

第九节　SB 板墙体保温体系

SB 板外墙外保温技术的特点是保温性能显著,施工工艺简单,建筑装饰可灵活多样,造价较为低廉,适用于低层、多层和高层住宅或公共建筑。

SB 板分为两种,SB1 板采用斜丝不穿透聚苯板的做法,将聚苯板直接固定于混凝土墙、黏土砖墙、混凝土砌块墙、灰砂砖墙等结构墙体外表面上,其表面可进行各种抹灰或黏贴各种装饰材料;SB2 板采用斜丝穿透聚苯板的做法,主要用于现浇混凝土外墙的外保温。在浇灌混凝土后 SB 板即与新浇混凝土结为一体,然后在 SB 板上抹以面层砂浆。由于面层砂浆有与斜插钢丝相结合的大片钢丝网加强,可以抵抗各种内外应力,因而其面层与聚苯板结合牢固,不会产生裂缝或空鼓脱落。

一、墙体基本构造

SB1 板,又称单面斜丝不穿透型 SB 板,以聚苯板为保温基层,双向交叉斜插入 ϕ2.2mm 冷拔钢丝,钢丝插入保温基层内 4/5 而不透,单面覆以网目为 50mm×50mm 的 ϕ2mm 冷拔钢丝网片,组装焊接而成,其构造见图 8-20。

SB1 板产品的尺寸规格见表 8-13,也并可根据用户规定尺寸加工。

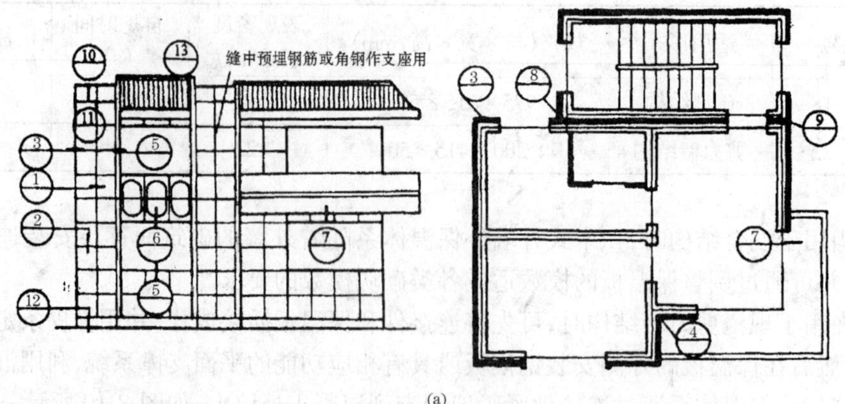

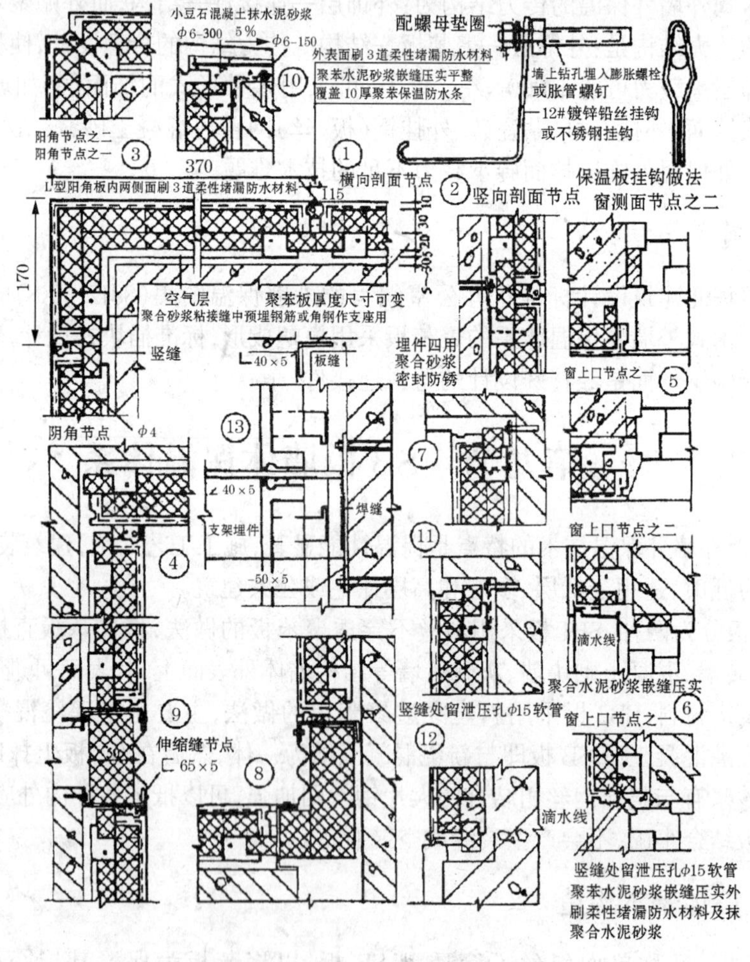

图8-19　外保温通过连接件固定到混凝土外墙做法

(a)分块和板块配置;(b)节点做法

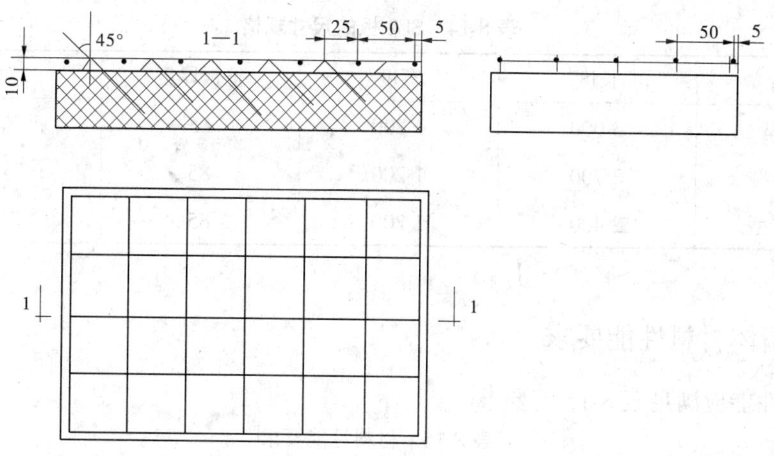

图 8-20　SB1 板构造(单位:mm)

表 8-13　SB1 板的尺寸规格

(单位:mm)

类型	长度	宽度	整板厚度	芯板厚度
标准型	3 000	1 200	63	50
非标准型	2 700	1 200	63	50
非标准型	2 400	1 200	63	50

SB2 板,又称单面斜丝穿透型 SB 板,以聚苯板为保温基材,其外侧表面加工成(30~50)mm×10mm 的梯形挂灰槽,双向交叉斜插入 $\phi2.2$mm 冷拔钢丝,钢丝透过保温基层 25mm,并在梯形挂灰槽一侧覆以网目为 50mm×50mm(丝径 $\phi2$mm)的冷拔钢丝网片,组装焊接而成,其构造见图 8-21 所示。产品的尺寸规格见表 8-14。

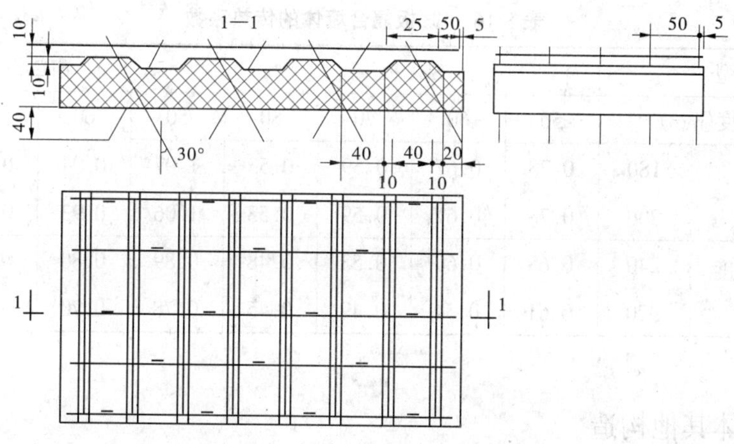

图 8-21　SB2 板构造(单位:mm)

表 8-14　SB2 板的尺寸规格　　（单位：mm）

类型	长度	宽度	整板厚度	芯板厚度
标准型	3 000	1 200	85	0
非标准型	2 700	1 200	85	50
非标准型	2 400	1 200	85	50

二、墙体材料性能要求

材料性能应满足表 8-15 的要求。

表 8-15　材料性能要求

<table>
<tr><td colspan="2">项目</td><td>直径(mm)</td><td>抗拉强度(MPa)</td><td>冷弯试验反复弯曲 180°</td></tr>
<tr><td rowspan="2">钢丝</td><td>板面网片</td><td>$\phi 2.0 \pm 0.05$</td><td>≥550</td><td>≥6 次</td></tr>
<tr><td>斜插的冷拔钢丝</td><td>$\phi 2.2 \pm 0.05$</td><td>≥550</td><td>≥6 次</td></tr>
<tr><td colspan="2" rowspan="2">保温基层</td><td>表观密度(kg/m^3)</td><td colspan="2">氧化指数</td></tr>
<tr><td>面层 15～20</td><td colspan="2">≥30</td></tr>
<tr><td colspan="2" rowspan="2">抹灰砂浆</td><td>面层</td><td colspan="2">符合 GBJ203—98 的有关规定</td></tr>
<tr><td>采用水泥砂浆或混合砂浆，≥M20</td><td colspan="2">用 C20 小石混凝土</td></tr>
<tr><td colspan="2" rowspan="2">聚苯板耐火性能试验</td><td colspan="3">氧化指数</td></tr>
<tr><td colspan="3">36.2</td></tr>
</table>

三、墙体传热系数

墙体的传热系数见表 8-16。

表 8-16　SB 板复合墙体的传热系数　　（单位：W/(m^2·K)）

<table>
<tr><td colspan="2">板型</td><td colspan="4">SB1 板</td><td colspan="4">SB2 板</td></tr>
<tr><td colspan="2">SB 板厚度(mm)</td><td>50</td><td>60</td><td>70</td><td>80</td><td>50</td><td>60</td><td>70</td><td>80</td></tr>
<tr><td rowspan="2">钢筋混凝土墙厚度(mm)</td><td>180</td><td>0.78</td><td>0.67</td><td>0.59</td><td>0.53</td><td>1.07</td><td>0.94</td><td>0.84</td><td>0.76</td></tr>
<tr><td>200</td><td>0.78</td><td>0.67</td><td>0.59</td><td>0.53</td><td>1.06</td><td>0.93</td><td>0.84</td><td>0.75</td></tr>
<tr><td rowspan="2">黏土砖墙厚度(mm)</td><td>240</td><td>0.68</td><td>0.60</td><td>0.53</td><td>0.48</td><td>0.89</td><td>0.80</td><td>0.72</td><td>0.66</td></tr>
<tr><td>370</td><td>0.61</td><td>0.54</td><td>0.49</td><td>0.45</td><td>0.78</td><td>0.70</td><td>0.65</td><td>0.60</td></tr>
</table>

四、墙体其他构造

采用 SB1 板时，由于插入钢丝并未穿透，必须用射钉与 U 形铁板固定，如图 8-22 所示。其他构造见图 8-23 和图 8-24。

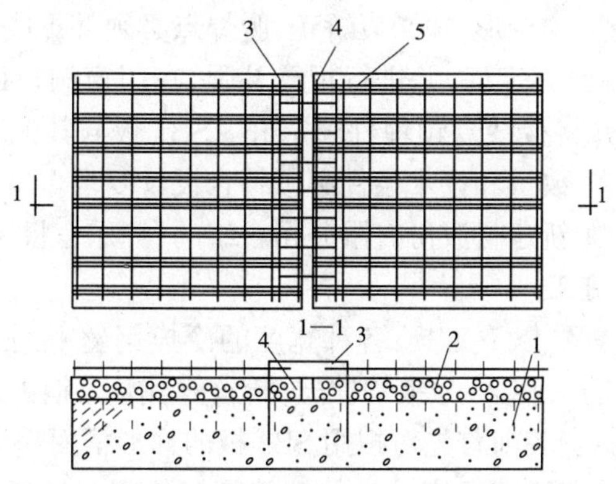

图 8-22　SB1 板用射钉与 U 形铁板固定

—钢筋混凝土外墙；2—钢丝网架聚苯保温板；3—U 形 8 号镀锌铁丝穿过保温板与墙间钢筋缠绕或绑扎；4—保温板竖向拼缝，切锯时应平直，缝隙越小越好；5—板缝附加网片，用火烧丝与钢丝网架绑扎

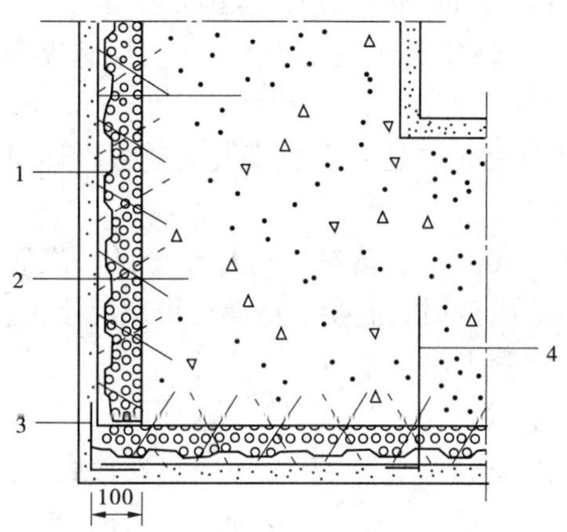

图 8-23　SB2 板外墙阳角构造图

1—钢丝网架聚苯保温板；2—钢筋混凝土外墙；3—附加钢丝网角网；4—锚固筋 600mm×600mm 间距（穿过保温板部分刷防锈漆两道）

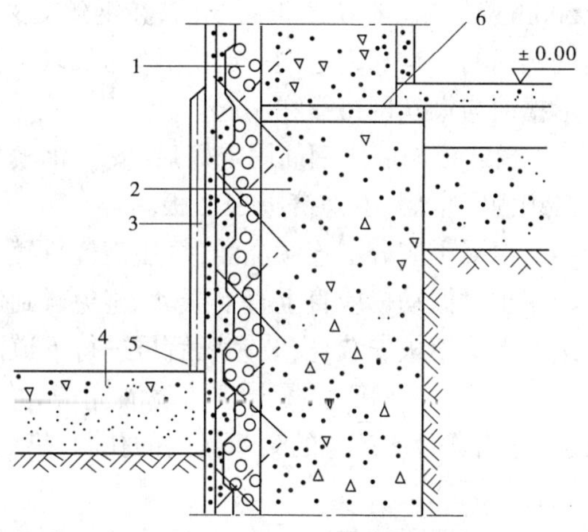

图 8-24　SB2 板墙体勒脚构造

1—钢丝网架聚苯保温板；2—钢筋混凝土外墙；3—3mm 厚抗裂砂浆黏耐碱玻璃纤维布；4—散水；5—嵌缝油膏；6—防水砂浆

五、墙体施工

（一）SB1 安装施工

SB1 型板材安装需配置以下工具：各种宽度的冷拔钢丝平网、角网和 U 形网，ϕ6mm 钢筋头和 U 形铁板、射钉、射弹和 22 号镀锌丝；射钉枪、断丝剪、钢尺、钢锯及施工一般常用工具。

（1）施工流程。清理墙面—拟用板检查—按图样尺寸裁板—拼接板，与墙面固定—板缝补强。

（2）施工要点。SB1 板的质量必须符合《JC623—1996》及《Q/LSU001—1998》的规

定，对于由运输、堆放造成的变形，须予以矫正，脱焊点必须补焊或用铁丝扎紧。板材须用射钉枪和U形铁板与墙面固定好，并进行板缝补强，在门窗洞口四周用连接网补强。将接线盒预埋位置留出，并将接线盒预埋件固定好。SB1板与其他墙体、楼面、顶棚、门、窗的连接，所用配件的规格、数量和技术条件必须符合设计要求。其他细节详见中国建筑科学研究院结构所和山东龙新建材股份有限公司合编的《舒乐舍板墙体构造设计图集》。

(二)SB2型板安装施工

SB1型板材安装需配置以下工具：各种宽度的冷拔钢丝平网、角网和U形网，ϕ6mm L形钢筋、ϕ10mm短钢筋头和22号镀锌铁丝；断丝剪、钢尺、钢锯及施工一般常用工具。

施工程序和要点为：安装前首先对拟用SB2板的梯形槽面喷涂一层EC-1型表面处理剂，以便抹水泥砂浆。在墙体已绑扎好的钢筋骨架外侧绑好垫块。按图样尺寸裁SB2板，将板安装在钢筋骨架外侧，斜插丝出头的一面靠紧垫块，安装每块板的高度以1.5m为宜，用总长度为200mm的ϕ6mmL形钢筋锚固件穿插透芯板，再用钢筋扎线将锚固筋的弯钩与板钢丝呈十字交叉部位绑扎牢固，L形锚固筋应为梅花形布置，双向间距为500mm左右。在浇筑混凝土前，在钢丝交叉部位与芯板间加垫一厚度为100mm的垫块，同锚固筋弯钩和钢丝网一起绑扎牢固，以避免混凝土振捣时所产生的侧向压力，使芯板梯形槽面与钢丝网挤靠在一起。

SB2板与墙体钢筋固定好后，安装钢模板。钢模板必须是大模板或滑动模板。外模必须固定牢固，不得挤压SB2板。

混凝土应分层连续浇灌，每层浇灌深度为500～700mm。落料口应尽量分散。浇灌混凝土时振动棒应直上直下振动，避免碰到保温板造成破损。混凝土浇灌至板顶后停止。进行上层模板安装，安装完毕后再进行下道混凝土浇灌工序。

SB2板于钢筋混凝土墙体浇灌完毕，并养护至混凝土达到强度后，拆除模板。拆模后，穿墙套管所产生的聚苯板内的孔洞，仍应填塞聚苯材料。待检查完毕一切妥善后，再进行板面抹灰。

(三)墙面抹灰

抹灰时，环境空气温度不得低于4℃。每层抹灰的间隔时间不小于24h，气温较低时应当延长。抹灰施工要点：

(1)抹灰前，应清除板面灰尘、污垢等杂物，清理浇灌混凝土时接缝间产生的漏浆。在相邻的SB板间安设拼缝网片，并绑扎牢固。

(2)墙体抹灰分三层，底层厚度12～15mm；中层厚度8～10mm；罩面层厚度3～5mm；总厚度不小于25mm。抹灰前先喷界面剂。底层和中层用同一配合比砂浆，砂浆标号按图样设计要求，并掺入EC砂浆抗裂剂。室外墙面抹灰应在砂浆中加入适量的防水添加剂。

(3)抹面要点为：抹面自下而上，底层用木抹子反复揉搓，使砂浆密实，墙面粗糙。抹中层前要在底层上洒水润湿，抹灰后用刮板找平，表面搓毛。罩面层时，按中层相同的方法抹灰，并在收水后用铁抹子抹两遍。

(4)每层水泥砂浆终凝后均应洒水养护，使表面保持湿润，避免脱水。各层之间应按每块墙面35～40m^2设变形缝。

(5)在水泥砂浆表面上可做饰面,包括使用建筑涂料、刮腻子、装饰等,其做法应符合JGJ73—1991有关规定。

六、造价分析

芯板厚度为5cm的SB板:

SB板(含200km以内运费)	48.00元/m²
抹灰砂浆材料费	5.00元/m²
其他材料费	5.00元/m²
板材安装及抹灰人工费	14.00元/m²
小计	72.00元/m²

第十节 低温地板辐射采暖技术

低温地板辐射采暖技术是一种新兴的采暖节能技术,我国有些工程已采用,并取得良好效果。

一、概述

(一)低温地板辐射采暖的工作原理

低温地板辐射采暖的工作原理是使加热的低温热水流经铺设在地板层中的管道,并通过管壁的热传导对其周围的混凝土地板加热,低温地板以辐射方式向室内传热,从而达到舒适的采暖效果。

(二)辐射地板构造

辐射地板一般由供暖埋管和覆盖混凝土层构成,如图8-25所示。基层为钢筋混凝土楼板,上铺高效保温材料隔热层,隔热层上敷设塑铝复合管,塑铝复合管上铺钢筋加强网,其上为混凝土地面和装修层。

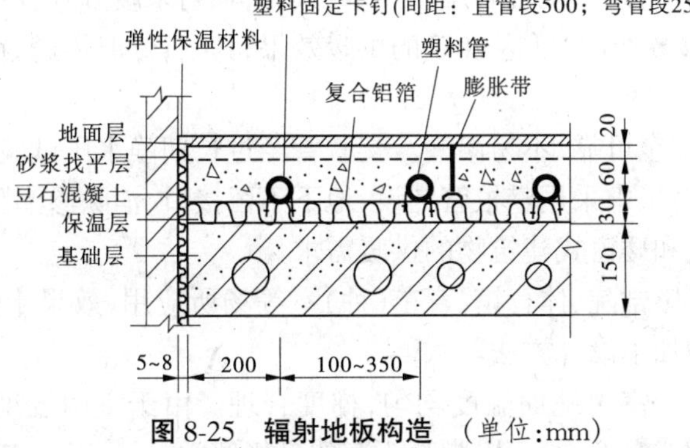

图8-25 辐射地板构造 (单位:mm)

(三)采暖系统

低温地板辐射采暖系统如图8-26所示。该系统由热源、分水器、采暖管道和集水器4部分构成。

（1）热源：可以用天然气或电为燃料，通过燃气或电热水器产生不高于65℃的热水或地热水。供暖回水、余热水等经主供水管进入分水器。

（2）分水器：热水经供水主管进入分水器，再经过分水器进入各环路采暖管道。分水器起到均匀分水作用。

（3）采暖管道：热水经分水器进入环路采暖管道，加热房间。

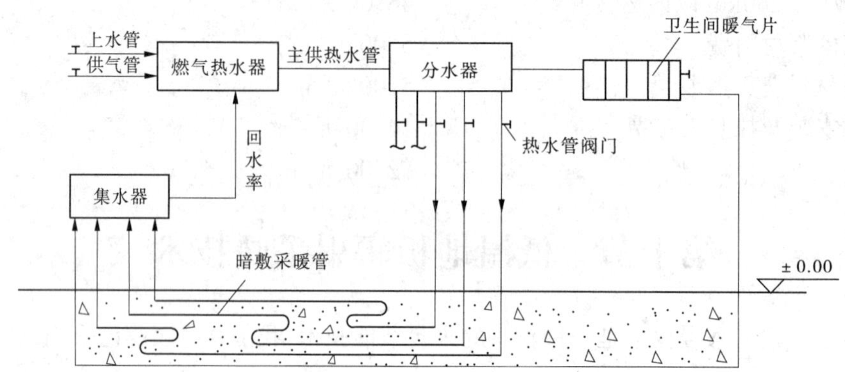

图8-26 低温地板辐射采暖系统图

（4）集水器：热水从各环路采暖管道进入集水器，再由回水主管道回到燃气热水器。

供暖方式由低压微型泵将低于65℃的热水，通过交联管循环，加热地表面层，以辐射的方式向室内传热，从而达到舒适的采暖效果。

由辐射地板构造和采暖系统图可知，影响采暖效果的主要因素如下：

• 塑铝复合管在房间中每1m² 敷设的长度。

• 覆盖在塑铝复合管上的混凝土层的厚度及其上的介质材料性能。

• 塑铝复合管下的隔热介质材料性质。

• 塑铝管的布管形式及管径的大小。

（四）低温地板辐射采暖的特点

（1）高效节能。其一，该系统可利用余热水；其二，辐射采暖方式较对流采暖方式热效率高，若设计按16℃参数选用，可达20℃的供暖效果；其三，低温传送，在输送热媒过程中热量损失小。

（2）使用寿命长，安全可靠，不易渗漏。交联管经过长期静水压试验，连续使用寿命可达50年以上，同时在施工中采用整根管铺设，地下不留接口，消除渗漏隐患。

（3）解决了大跨度和矮窗式建筑物的供暖需求。

如果在宾馆大厅、影剧院、体育馆、育苗（种）室等场所应用，效果十分理想，也为设计者开拓了设计思路，增加了设计方法。

（4）采暖十分舒适。室内地面温度均匀，梯度合理。由于室内温度由下而上逐渐递减，地面温度高于呼吸线温度，给人以脚暖头凉的良好感觉。

（5）室内卫生条件得以改善。由于采用辐射散热方式，不使污浊空气对流。

（6）不占用使用面积。这不仅节省为装饰散热器及管道设备所花的费用，同时增加了居室的有效利用面积1%～3%。室内卫生、美观。

(7)热容量大,热稳定性好,在间歇供暖的条件下温度变化缓慢。

(8)维护运行费用低,管理操作运行简便,安全可靠。在系统运行期间,只需定期检查过滤器,其运行费用仅为系统微型泵的电力消耗。

(9)供暖系统易调节和控制,便于实现单户计量。按北欧经验,用热计量取热费代替按面积收取热费的方法可以节约能源20%~30%。采用地板辐射采暖时,由于单户自成采暖系统,只要在分配器处加上热计量装置,即可实现单户计算。

(五)发展前景

"以塑代钢"技术的发展,加速了低温地板辐射采暖技术的发展。低温地板辐射采暖技术从20世纪30年代开始在一些发达国家应用,我国20世纪50年代末已将该技术应用于一些工程中,由于当时技术条件和材料工业的限制,只能采用钢管(或铜管)。由于管材成本高、接口多、易渗漏、电化学腐蚀以及易引起地面龟裂等问题,地板辐射采暖技术的应用受到了极大的限制。目前,我国引进国外技术和进口原料生产的XLPE管(交联聚乙烯管)、PP-c(改性聚丙烯)、聚丁烯管均符合有关国际标准,作为低温地板辐射采暖的加热管,完全符合要求,而且具有一般金属管材所没有的耐腐蚀、阻力小、寿命长的优点,目前已广泛用于实际工程中。

(六)低温地板辐射采暖在住宅应用中存在的问题

(1)由于目前地板采暖的通水管国产化过程中存在着国产原料供应断档,生产设备投资大等因素的限制,致使短期内通水管等关键部件尚需依赖进口,因此价位较高,应用范围受到一定限制。

(2)从技术角度看,地板采暖在住宅中应用需占最小60mm的标高,所以建筑物每层需增加层高60~100mm。

(3)地板采暖属于隐蔽工程,可维修性较差,一旦通水渗漏维修难度较大,需要专业人员用专用设备查漏和修复。

二、低温地板辐射采暖技术的应用

(一)采暖系统的布置

该采暖系统多为单元独立的自采暖方式,取消了传统的小区锅炉供暖所需要的设施。低温地板采暖系统出水温度为65℃,回水温度为40~50℃,并可以由调温阀自调。温度控制的方法有:调节分水器上的热水管道阀门,控制热水流量或调节控制燃气热水器上的火焰大小。

影响采暖效果的主要因素已如前述,采暖系统的布置是重要的环节。

1.布管形式

布管形式可有单回路、双回路和多回路等,如图8-27所示。

为减小水嘴及弯管处的损耗,其弯曲半径应大于等于$5D$,D为管径,由于家具一般贴墙布置,所以,以距墙350~400mm布置管道为宜。若房间面积较大,计算后所需暗敷管长超过100m时,应采用暗敷双回路或多回路布置。工程设计要求暗敷管道不应有接头,以防接头处渗漏,难于维修。市场上管道为100m/盘或50m/盘,可满足双回路或多回路布置要求。

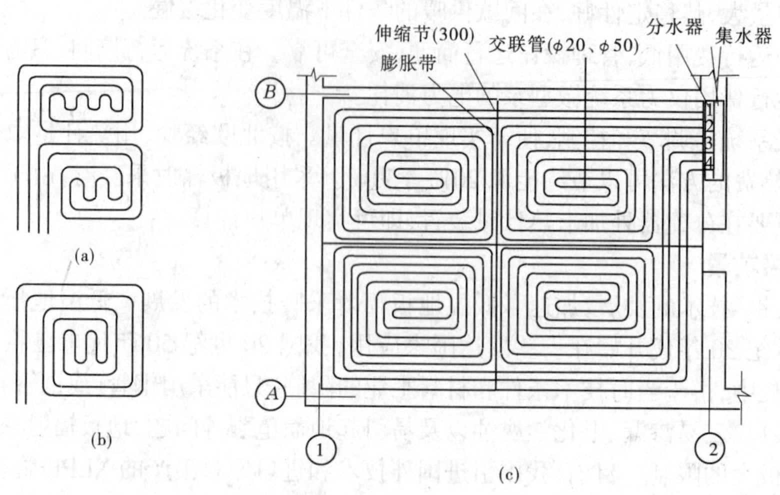

图 8-27　布管形式与平面布置

(a)多回路;(b)单回路;(c)平面布置

2.房间内每 $1m^2$ 所需管长的计算

以 1620 型号管计算管道阻力与散热量。此管内径为 16mm,壁厚为 2mm,最大流速为 3.7m/s,由沿程摩擦阻力损失表查出,每 100m 沿程阻力 F_1 为 0.91MPa,每 50m 沿程局部阻力现场仪器检测值 F_2 为 0.46MPa,则单位管道长的阻力 F 为 $F_1+F_2=(0.91/100)\text{MPa}+(0.46/50)\text{MPa}=0.0183\text{MPa}$。

若某 $18m^2$ 居室地板导热率为 0.45W/(m·K),供回水温差为 20℃,居室温度为 16～18℃,沿外墙带保温的居室面积每 $1m^2$ 供暖需 35W,则该居室每 $1m^2$ 需管道长度为 $35/(20\times0.45)\text{m}=3.9\text{m}$。

该 $18m^2$ 居室所需管道总长就为 $18\times3.9\text{m}=70.2\text{m}$。按 72m 管长计算管道阻力,则阻力值应为 $0.0183\text{MPa}\times70.2\text{m}=1.318\text{MPa}$,需暗敷管道可取 $4m/m^2$,可满足居室室温 16～18℃的供暖要求。

该居室所需暗敷管道为 72m,未超过 100m,故可采用单回管布置方式。

(二)管道最佳混凝土覆盖层的厚度

塑铝复合管上的混凝土层越薄,传热效率越高,但会导致混凝土层的损坏。为此,应寻求最佳混凝土层的厚度。经理论分析和对混凝土层及聚苯板隔热层的承重试验表明,聚苯板和隔热层的变形主要受楼板结构层的变形影响,混凝土覆盖层的厚度则主要受混凝土强度等级的影响。一般取混凝土强度等级为 C15 或 C20,混凝土覆盖层的厚度取 30mm 以上,即能满足要求。

(三)辐射地板混凝土层防裂的措施

(1)荷载作用引起的混凝土层的开裂:通过最不利荷载组合条件下,对 20mm 厚苯板的加载试验,可知由混凝土板传给苯板的应力值仅为 0.058MPa,当苯板在允许变形值范围时,其应力值为 0.15MPa。表明苯板满足允许变形的要求。因此,混凝土层及苯板保温层除楼板结构层产生过大变形时可能引起混凝土层开裂外,不会因荷载作用产生过大裂缝。

(2)由于温度和收缩应力产生的混凝土裂缝：为防止混凝土的温度和收缩裂缝可采用放置钢筋网片和在混凝土中掺加防裂胶或采用聚合物混凝土等措施加以解决。

（四）装饰地面构造做法比较

为使地面不开裂、装修效果好，且传热效率高，对常用的装饰地面做法进行分析比较如下。

(1) 水磨石和彩色水泥地面：该类地面传热效率高，装饰效果一般，缺点是墙边踢脚处易开裂。

(2)磁砖和大理石地面：该类地面装饰效果好，墙边不易开裂，传热效率高。

(3)带龙骨木地板和密实木地板地面：该类地面装饰效果好、不易开裂，但传热效率差。

（五）阻热介质材料的选用

为了防止热量向下层房间的传导，在暗敷塑铝复合管下面要铺设一层阻热材料，阻热介质材料的选用，主要依据阻热性能和抗压强度选择。阻热介质材料的搭配及其性能对比，见表 8-17。

表 8-17　阻热材料的搭配及其性能对比

材料	热导率（W/(m·K)）	抗压强度（MPa）	材料组合	适用温度（℃）	施工成本综合分析
苯板	0.023 3～0.034 8	0.15	苯板＋铝铂	－80～75	铺设简单，造价高，施工条件要求高，效果好
水泥膨胀珍珠岩	0.058 7～0.087	0.5～0.8	水泥＋膨胀珍珠岩＋防火漆	≤600	浇筑施工，造价低，效果略差
水泥蛭石	0.079 1～0.110 5	＞0.25	水泥＋蛭石＋防火漆	－30～1 000	浇筑施工，造价低，效果略差
酚酸玻璃棉毡	0.034 9～0.052 3		酚酸玻璃棉毡＋胶	－100～300	铺设简单、造价高、效果好

根据技术经济分析和施工难易的综合考虑，施工单位可根据房间面积、使用功能要求与建设单位协商，进行阻热材料的选择，选用适当的阻热材料，以求合理降低造价和优化施工方案。

三、低温辐射地板的施工

（一）施工工艺流程

低温辐射地板的施工工艺流程为：

清理楼板—结构层找平—敷设保温隔热层—敷设塑铝复合管—敷设钢筋网—管道试压（风吹、水洗）—打混凝土毛地面—二次管道试压冲洗—完成地面装修。

（二）施工技术要点

(1)施工前要做好准备工作：施工前准备工作包括，施工人员上岗前的技术培训；塑铝复合管材的准备，敷设时弯径大于或等于 $5D$，不准有接头；清理楼板；结构层找平，可用厚20mm水泥砂浆找平。

(2)敷设保温隔热层:在低温辐射地板与结构层交界处铺设阻热隔层,以免热量沿结构向外传导,特别是通过外墙的遗失。

(3)敷设塑铝复合管:暗敷中不应有接头,并应避免铁器对外管壁的损伤。

(4)塑铝复合管试压:在塑铝复合管敷设完毕,浇筑混凝土前必须进行试压。

试压方法是将塑铝复合管两端分别与分、集水管相连接,每户一组。将所有的管道全部连接完毕后,就对管道逐根进行试压冲洗,其目的一是检漏,二是逐根清洗。吹压应不小于0.25MPa,若为冷水介质试压要求达到0.6MPa,5min后降压不应大于0.05MPa。系统运行时,热水管压力为0.2～0.3MPa。其轴向和径向拉伸量与0.6MPa冷水压力情况下基本相同。浇筑混凝土毛地面时要带压进行,待管道完全定位在混凝土层内后,再置换具有0.2～0.3MPa压力的热水时,管道拉伸量不会有太大变化,从而避免混凝土层的开裂,并可保证50年不用维修。

四、低温地板辐射采暖技术应用实例

低温地板辐射采暖技术,因其具有节能、室内温度均匀、舒适性好、温度梯度小、卫生条件好、占用使用面积少等优点,越来越受到关注。目前,国外低温地板辐射供暖使用已相当广泛,而在我国仍处于起步阶段,仅在东北和华北地区的一些工程中采用。北京地区地热资源丰富,更有利于采用低温地板辐射采暖系统。由北京城建集团五公司承建的曙光小区住宅楼以燃气热水器产生的低温水为热源的低温地板辐射采暖工程项目取得了成功,积累了有益的工程经验。宏福苑住宅小区以地下热水为热源取得了良好的经济效果及环保效果。

北京曙光花园住宅小区内甲4号楼低温地板辐射采暖工程施工经验介绍如下。

(一)工程概况

曙光花园住宅小区甲4号楼位于海淀区板井村,建筑面积1.7万m^2,地上17层,地下2层,剪力墙结构,每层设计为8户,其中三居室3户,二居室5户,上下层对称设置。内设有上下水,消防及采暖系统,其中采暖系统为低温地板辐射采暖,共分为8个系统,每个系统17户。

1.采暖系统设计

曙光小区甲4号楼采暖系统设计为低温地板辐射采暖,是以户为单元燃气热水器产生低温水为热源,采暖管采用聚乙烯夹铝复合管,暗敷设于楼板垫层内,该系统主要由以下4部分构成:

(1)热源:以天然气为燃料,通过燃气热水器产生不高于65℃热水,经主供水管进入分水器。

(2)分水器:热水经供水主管进入分水器,再经过分水器进入各环路采暖管道,起到均匀分水作用。

(3)采暖管道:热水经分水器进入环路采暖管道,加热房间。

(4)集水器:热水从各环路采暖管进入集水器,再由回水主管道回到燃气热水器。

2. 系统图及平面图

低温地板辐射采暖平面图及系统图,分别见图 8-26 及图 8-28。

厕所设有防水层,为防止防水层受温度影响产生裂缝,厕所不采取采暖管盘绕地板垫层方式,而是采用铝制散热器,供回水管材不变,暗敷于墙体和楼板垫层中。

3. 低温地板辐射采暖构造

低温地板辐射采暖构造,如图 8-25 所示。

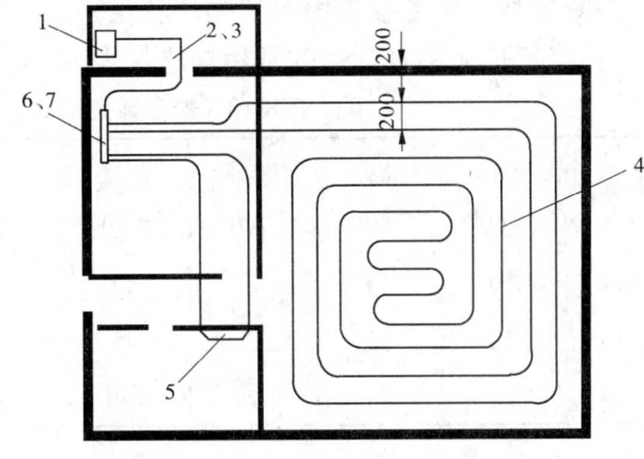

图 8-28 低温地板辐射采暖平面图

1—热源(燃气热水);2—主供水管;3—主回水管;4—采暖管道;5—散热器;6—分水器;7—集水器

(二)低温地板辐射采暖管道性能要求

1. 采暖管道的技术要求

(1)采暖管道成分:目前各国采用的采暖管道,一般为纯聚丁烯管、聚丙烯管,交联聚乙烯管或这些材料与铝合金组成的复合金属管,都属于有机管或有机无机复合管,但其主要成分均是有机物。

(2)采暖管道使用寿命:目前采暖介质一般为水,而水中含有钙、镁离子和游离氧,这些离子与钢管极易起氧化反应并结垢。钢管长期使用,易被腐蚀,导致采暖系统无法正常运转或运转效果越来越差。而有机管材不与这些无机介质反应,所以使用寿命可超过 50 年。

(3)低温地板辐射采暖技术,要求采暖管具有一定抗压强度,易于弯曲,导热系数高,水流阻力小,膨胀系数小,使用寿命长,不结垢等特点。

2. 聚乙烯(PE)夹铝复合管特性

曙光小区甲 4 号楼低温地板辐射采暖中采用的管材为聚乙烯夹铝复合管。

1)聚乙烯夹铝复合管的结构特点

聚乙烯夹铝复合管系英国 KIFTC 发明的一种节能型建筑管材,其内外由特种高密度聚乙烯(PE)塑料构成,中间为合金铝,经特种胶层(XLPE)黏合的一种 5 层材质,是集金属管和塑料管优点为一体的新型管材。

此种管材内外层聚乙烯(PE)塑料分子式为$(CH_2)N$,属于对称性非极性高分子聚合物,化学性质非常稳定,具有无毒、耐腐蚀、表观密度小、机械强度高、耐热性能好、脆化温度低、使用寿命长等优点;内层聚乙烯(PE)塑料光滑,管内流体摩擦阻力小、通水能力强、永不结垢,使用该管的有效截面比金属管大 30%,且流体不会受污染。中间铝层除对聚乙烯(PE)塑料起加强作用,使管的强度大大提高外,还具有以下优点:①100%隔氧,彻底消除气体渗透;②弯曲时可吸收管的能量,使管道弯曲成形后不至于反弹;③加强管道纵向散热能力,增加管道阻燃效果;④降低管道综合热膨胀系数,使管道尺寸稳定;⑤具有抗静电性。铝层和聚乙烯(PE)塑料层之间均匀分布高强度黏合材料(XLPE),使膨胀系数不同的铝和聚乙烯(PE)塑料紧密结合在一起,形成复合管材。

2)聚乙烯夹铝复合管的物理化学特性

(1)聚乙烯夹铝复合管的常用规格见表8-18。

表 8-18 聚乙烯夹铝复合管的常用规格

型号	内径(mm)	外径(mm)	壁厚(mm)	重量(g/m)	耐压(MPa)	垂直支撑距离(m)	水平支撑距离(m)
1014	10	14	2	80	0.7	2	1
1216	12	16	2	95	0.6	2	1
1620	16	20	2	140	0.5	2	1

(2)聚乙烯夹铝复合管的物理性质见表8-19。

表 8-19 聚乙烯夹铝复合管的物理性质

热导率(W/(m·K))	0.45
热膨胀系数(1/℃)	25×10^{-6}
气体渗透率	0
可弯曲半径	5D
抗化学性	优
导电度	抗静电,耐电压贯穿强度10kV

(3)聚乙烯夹铝复合管适用介质温度见表8-20。

表 8-20 聚乙烯夹铝复合管适用介质温度 (单位:℃)

管材类别	适用温度	耐用温度
冷水用聚乙烯夹铝复合管	60	70
热水用聚乙烯夹铝复合管	95	110

(4)耐化学腐蚀。聚乙烯夹铝复合管内外层为聚乙烯(PE)塑料,这是一种对称性非极性材料,化学性质非常稳定,在常温下聚乙烯不溶于任何一种已知溶剂,能耐各种酸、碱、盐的腐蚀。在实际工程中钢材主要是通过电化学方式被腐蚀,但聚乙烯夹铝复合管内外层为化学性质非常稳定的聚乙烯(PE)塑料,其不会与周围潮湿空气发生正负离子交换,避免电化学腐蚀,从而避免生成类似钢管的氧化铁、氧化亚铁、氢氧化铁等物质。

此外,铝比铁更具有抗腐蚀性,因铝与氧接触会生成氧化铝,阻止腐蚀的进一步发展。

(5)沿程比摩阻见表8-21。由于材料与水流摩擦阻力小,因此沿程水压损失小,在相同单位水头损失情况下,聚乙烯夹铝复合管通水量比同管径大30%以上,沿程比摩阻性能见表8-21。

表 8-21 聚乙烯夹铝复合管沿程比摩阻性能

流量(L/s)	型号					
	1216		1620		2025	
	流速(m/s)	损失(MPa/100m)	流速(m/s)	损失(MPa/100m)	流速(m/s)	损失(MPa/100m)
0.2	1.6	0.26	1.0	0.08	0.6	0.03
0.25	2.0	0.36	1.2	0.12	0.7	0.04
0.3	2.4	0.55	1.5	0.17	0.9	0.05
0.35	2.8	0.74	1.7	0.27	1.1	0.07
0.4	3.2	0.95	2.0	0.28	1.2	0.09
	—	—	2.2	0.35	1.4	0.11
	—	—	2.5	0.44	1.5	0.14
	—	—	2.7	0.51	1.7	0.19
	—	—	3.0	0.60	1.8	0.23
	—	—	3.2	0.70	2.0	0.26
	—	—	3.5	0.80	2.2	0.26
	—	—	3.7	0.91	2.3	0.29

(6)使用寿命。聚乙烯夹铝复合管内外层为纯聚乙烯(PE),中间为铝,在耐压、抗冲击等性能方面都优于纯聚乙烯,经过试验其使用寿命超过 50 年。

(7)其他优良性能。聚乙烯夹铝复合管坚硬而又可弯曲,受挤压不宜变形,弯曲不破裂;弯曲半径为 5 倍的管外径,管道敷设时不用弯头;表观密度小,可成卷运输,每卷为 100m 或 50m,其内壁光滑,输送流体时噪声低;铝层能较好地吸收管中水锤产生的冲击波,消减了噪声。

(8)聚乙烯夹铝复合管与其他种类管材性能比较,见表 8-22。

表 8-22 聚乙烯夹铝复合管与其他种类管材性能比较

管材种类	锈蚀	水质	保温	抗冻	耐压	耐温	施工	价格	寿命
镀锌管	严重	差	差	一般	好	好	难	一般	短
塑料管	无	一般	一般	差	差	差	易	低	短
UPVC 管	无	一般	一般	差	差	差	易	低	短
聚乙烯夹铝复合管	无	好	好	好	好	好	易	低	长

(三)管材的连接方式

聚乙烯夹铝复合管的连接是用专门为之配套设计的铜制接头,其独特的设计解决了管道跑、冒、滴、漏通病;解决了钢管连接内外径、内外螺纹互变的麻烦,该管只需一个接头即可改变管径、管螺纹,且能 100%保证其严密性。施工不需要沉重的操作平台、笨重的套螺纹板、切割机,只需要一把专用管剪,一条弯管弹簧,一只整圆器,一个人即可操作。

1.主要连接件及其规格

在聚乙烯夹铝复合管专用连接件中,曙光小区仅用到了分(集)水器、外螺纹直接头、堵塞、平接头。其常用规格如下。

(1)平接头连接件(分等径和异径两种)两端均接复合管,常用规格(等径) 2025×2025,1620×1620,1216×1216;(异径)2005×1620,1620×1216。

(2)外螺纹直接头(一端接复合管,一端接钢管),常用规格:2025×DN25,2025×DN20,1620×DN15,1612×DN15。

(3)加长型内螺纹弯头和变通型内螺纹弯头(一端接复合管,一端接钢管),常用规格:1620×DN15,1216×DN15。

(4)分(集)水器。最多为7个支路,一般规格为DN40,主要起供回水主管与各分支环路连接作用。常用规格(分支管)为2025型、1620型、1216型。

2.复合管安装专用工具

(1)整圆器:用于管道切割后复圆倒角。

(2)管剪:用于切割管材。

(3)弯管弹簧:用于弯曲管道。

3.管道与管件连接方法

(1)用管剪截取所需长度管子,将整圆器插入管切口处并用力旋到底,再用手旋转整圆,同时完成管内复圆倒角。

(2)将螺母和C型套环先套入管子端头。

(3)将管件本体内芯插入管子腔体,用力将内芯全长压入管子内为止。

(4)拉回C型套环和螺母,用扳手将螺母拧固在管件本件的外螺纹上。

4.管与管件拉拖负荷

管与管件拉拖负荷见表8-23。

表8-23 普与管件拉拖负荷

规格(mm)	拉拖负荷(kN)
1216	2
1620	3
2025	4

5.管道安装

管道安装如图8-29所示。此图以直管平接头为例。管道安装时,必须将接头本体的内芯全长压入管内腔。

(四)施工准备

低温地板辐射采暖在住宅工程中属新型工艺,所以施工准备工作极为重要。

1.作好图样会审

组织施工技术人员认真审图,在设计交底会上认真听取设计思路,将有疑问的问题与设计人员进行交流,直到理解、清楚。

2.作好施工技术交底工作

如果施工人员是首次接触此采暖系统,技术人员作好技术交底工作尤显重要。

3.充分了解管材特性

聚乙烯夹铝复合管的特性与焊管有极大差别,技术人员要与管材供应商充分合作,了解管材的特性、安装要点及其他注意事项。

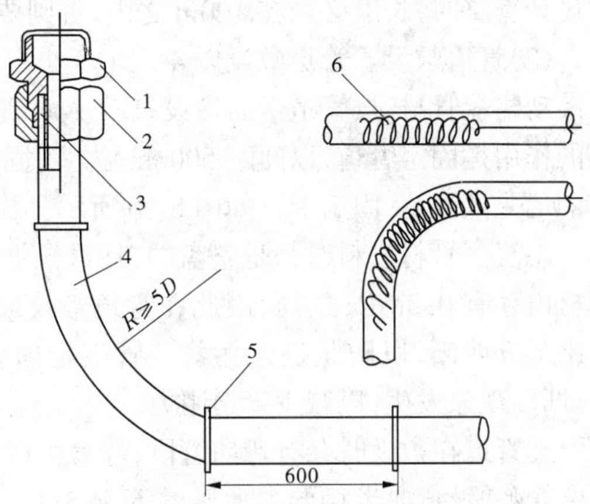

图8-29 管道安装示意图

1—接头本体;2—螺母;3—C型卡环;4—管道;5—管卡;6—弯管弹簧

(五)低温地板辐射采暖施工工艺

1.施工工艺流程

敷设保温隔热层—安放环路管道—钢筋网敷设—清理楼板结构层,并找平—管道固定—分(集)水器安装—试压、冲洗—打基石混凝土毛地面—二次管道试压、冲洗。

2.机具设备

(1)管剪:用于截取管材。

(2)整圆器:用于管材割断后复圆倒角。

(3)弯管弹簧:用于弯曲管道。

(4)电锤:用于栽分(集)水器卡子和安装分(集)水器。

3.适用范围

此施工工艺适合于低温地板辐射采暖中,采暖管道为纯聚丁烯管、聚丙烯管、交联聚乙烯管或这些材料与铝合金组成的复合金属管。

4.施工要点

1)清理楼板结构层,并找平

由于普通混凝土现浇楼板在浇筑过程中没有经过完全找平,且楼板上由于交插作业造成凹凸不平,所以首先应将地面找平,误差应在5mm以内,以防止地面受力不均,产生不均匀沉降而使地面破裂。只有在地面平整后才可在其上进行第二道工序——铺设保温隔热材料。

2)敷设保温、隔热材料

本工程中的保温隔热材料为聚苯板,厚度为20mm,在聚苯板单面黏有一层尼龙丝网和起反射热量作用的铝铂。各聚苯板之间通过胶带黏结在一起。整个房间地面要满敷聚苯板,防止热量向下层房间传导。且房间四周边墙也要敷设一层聚苯板,板高与混凝土毛地面平,它的作用是防止热量沿边墙散失,同时因聚苯板有一定弹性,起到伸缩缝作用。

3)敷设管道

(1)选取长度合适的管材。根据工程实际需要,选取50m/盘或100m/盘的管材,不同的选取方案会影响到工程材料的消耗程度。因管材均为50m/盘或100m/盘,建议设计人员设计管路时,长度必须在 100m 之内,否则要设两条环路,才满足散热量要求。

(2)管道敷设。管道敷设以 4 人 1 个小组为宜,1 个人负责查图和指导敷设;1 个人负责滚动整盘管材,按管道走向敷设;1 个人负责管道调直;1 个人负责钉固定卡钉(固定卡钉的作用是固定管道,以间距 500mm 为宜,固定方法是利用卡钉上的倒叉钩勾住聚苯板上的尼龙丝网)。固定卡钉如图 8-30 所示。施工要点如下:

①复合管材进料时都是整盘的,且每根管两端都是封死的,管材内存有 0.3MPa 气压,因此在管道敷设时不宜过早将管材长出部分剪断,以防止进入污物。管道走向要平直,不应有扭曲、凹凸现象发生,以减少管道阻力。

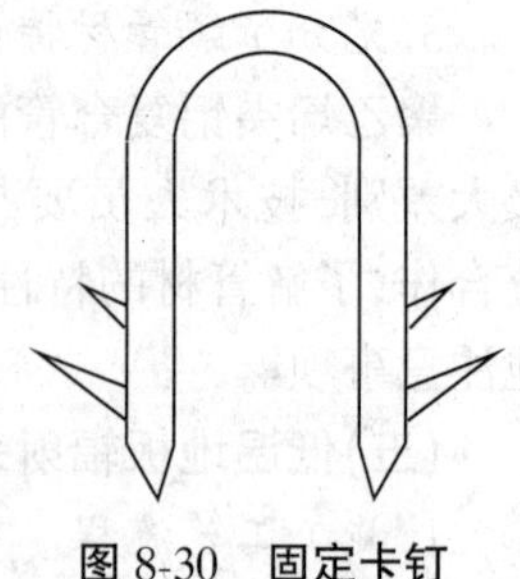

图 8-30 固定卡钉

②管道在敷设时会有弯曲管段,弯管可以直接用手弯,也可用弯管弹簧,弯曲半径要求大于或等于 $5D$。若弯曲半径过小,易使管道折断,增大管道阻力,且不利于管道热膨胀时自由伸长。为保证弯曲半径大于 $5D$,以 1620 型管为例,两根采暖管间距不应小于 200mm,即 $5\times D\times 2=5\times 20\text{mm}\times 2=200\text{mm}$。

③施工中如有穿墙敷设的管道,须在穿墙处加设套管,套管两端以伸出墙外 0~50mm 为宜,套管过长会造成浪费。

④整根管道全部按图样敷设完毕后,需将管道两端分别连接在分、集水器上。安装方式详见图 8-31。每户设一组分、集水器,将分、集水器上所有管道连接完毕就可以进行分户系统试压、冲洗。

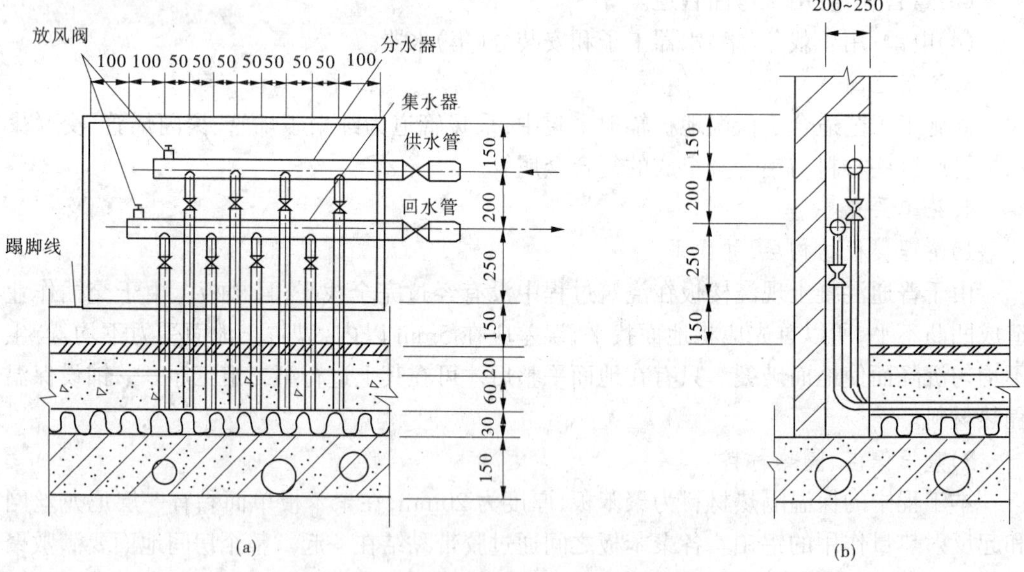

图 8-31 管道与分集水器的连接 (单位:mm)

(a)分、集水器正视;(b)分、集水器侧视

(3)施工注意事项。①对于首次进行该管施工的人员必须进行岗前培训,让施工人员都了解该管材的特性,掌握专用工具的使用方法及管道安装的技巧。②管道施工时,应避

免被钉子、刀、钻、锯等利刃损伤。当管道暗装时，需协调各工序，注意避免损伤管道。应在有管道的地方作标记，严禁在有管道经过的地方进行钻、凿、钉等有可能损伤管道的工序。③运输、储存、施工中的管子应避免太阳的直接暴晒。④当管道弯曲半径小于5倍外径时，应采用直角弯头连接，但埋地暗敷设的管道不允许用连接件连接。

4)分户系统试压、吹洗

(1)吹洗。分户系统所有管道全部安装完毕就可以进行分户系统试压、冲(吹)洗。由于担心管道在施工中进入灰尘杂质，所以先进行管道吹洗，采用空气压缩机对管道逐根进行吹洗，要保证吹洗压力不小于0.25MPa，把所有杂质全部吹出为止。

(2)试压。试验压力为0.6MPa，通气5min，压降不大于0.05MPa为合格；试验合格后，管道不准泄压，带压时间不少于24h。

①试压过程。用电泵从分水器一端向系统内充入自来水，同时打开分、集水器手动放气阀，放气大约5min，待一个分户系统内部全部充满水。然后，将手动放气阀关上，再利用手压泵将分户系统压力逐步提升，首先将压力升至0.2MPa，观察管道系统，无渗漏则再升压至0.4MPa，观察管道系统，无渗漏则可升压到0.6MPa，同时关上试压阀门，观察压力变化情况，由于整根管道除与分(集)水器有连接头外，其余地方没有接头，所以主要观察分、集水器就可知道有无渗漏。但同时也需不断巡视管道系统，防止由施工中管道破损造成的渗漏。如管路系统没有渗漏，且压力计在5min内降压不大于0.05MPa，则可进行下一道工序。

②系统24h带压的意义。由于试压时所用介质为冷水，而系统真正运行时系统内介质为热水，在压力相同时，冷热水对管道的轴向和径向拉伸量是不一样的。系统运行时压力为0.2～0.3MPa，其轴向和横向拉伸量与0.6MPa冷水压力情况下基本相同。管道系统带压时浇筑混凝土垫层，24h内混凝土已完全初凝，管道在冷水0.6MPa压力下的拉伸量就已固化在混凝土垫层内，等系统真正运行时，管道拉伸量就不会再有大的变化，从而避免了混凝土垫层的开裂。管路系统带压打地面相当于对管道进行预拉伸。

5)铺设钢筋网

管道敷设完毕后，在管道上面敷设一层钢筋网，以防止混凝土垫层出现裂缝，钢筋网要求搭边150mm。本工程采用ϕ2.5mm钢筋制成的150mm×150mm钢筋网。

6)浇筑豆石混凝土地面

浇筑豆石垫层地面总厚度一般要求在50～120mm，本工程采用厚度为50mm。为了确保浇筑混凝土地面施工过程中不损坏聚乙烯复合管，所有混凝土料全部采用人工抬运，不允许用手推车在管道上运输。浇筑混凝土地面时禁止使用一切铁器，不允许踩踏管道。混凝土中要同时掺入10%的防龟裂乳剂。地面打好后，撒锯末浇水养护6天，防止地面受热龟裂。

7)二次试压、冲洗

(1)二次冲洗。二次冲洗介质为自来水，用电泵加压冲洗，以不小于1.5m/s的流速冲洗，边冲边放，直至出入口水色一样为合格。二次冲洗目的是防止施工中有污物进入管路。

(2)二次试压。二次试压要求压力0.6MPa，5min内压降不大于0.05MPa为合格。

二次试压的目的是为了察看各分户系统在打混凝土地面时,管道有无出现渗漏,如果出现渗漏,地面会有渗水或潮湿,可剔开局部地面,将管道渗漏点剪开,用平接头重新连接。

8)调试

曙光住宅小区甲 4 号楼每层设计 8 户,上下层完全一致,采暖系统以户为单元,每个系统由 17 户组成,同一系统共用一根上水干管。

(1)试运行条件。采暖系统安装试压完毕,上下水及燃气系统达到使用条件。

(2)调试顺序。因试运行时已到冬季,为防止上水被冻,调试应按系统为单位进行,而不应按楼层进行,且调试中要保证 1~17 层同时进行。

(3)调试要点。系统运行后要派专人进行看护,每隔 1h 记录 1 次供水温度、供水压力及房间温度。调节分支阀门,使各房间温度一致,以达到设计要求。

5.劳动组织

曙光小区甲 4 号楼共计 17 层,每层 8 户,每户一独立采暖系统,即每层 8 个采暖系统,所以将施工人员分成 8 个小组,每个小组由 4 人组成,负责各自的采暖系统(1~17 层,共 17 户)。一组一天可敷设完一户的管道。

由于混凝土毛地面施工时不准推车进入房间也不准用铁锹铡混凝土,所以供料周期长,人员过多不宜展开,以每户 4 人一组为宜,两人搬运混凝土,俩人打地面。

6.检查验收

工程竣工后由甲方、监理、设计、乙方及质检站进行验收。

竣工验收检测方法如下:

(1)用简便仪器检测明管、散热器、分(集)水器的标高、垂直度,偏差必须在施工规范规定之内。

(2)用目测法观察管道伸缩及毛地面的偏差必须在施工规范规定之内进行。

(3)检查施工资料。①所有的材料及设备要有出厂合格证。②聚苯板要有国家质量检测中心耐火极限和理化性能检测报告。③预检、试压记录、吹洗记录、隐检记录及质量评定填写详尽、准确。

7.安全措施

(1)机具及电源符合电气安全操作规程,禁止非电工接电。

(2)安装管道时要戴手套,防止管材断口划伤。

(3)使用管剪时注意安全。

(4)按施工现场实际情况作出相应的安全防护措施。

8.施工用料、用工定额

施工用料、用工定额见表 8-24。

(六)阻力及散热量计算

1.沿程阻力计算

以 1216 型管为例,按最大流速(即引起最大阻力)3.2m/s,每 100m 沿程阻力值 F_1 为 0.95MPa(查沿程摩阻表),经现场仪器检测局部阻力 F_2 为 0.48MPa(管长为 50m)。

单位长管道阻力:

$F=F_1+F_2=0.95/100+0.48/50\approx 0.02(\text{MPa})$

表 8-24　施工用料、用工定额

定额号	项目	合价(元)	人工费(元)	材料费(元)	工日(d)	主要材料
1	聚乙烯夹铝复合管安装	1 613.02	13.02	1 600	2.1	聚乙烯夹铝复合管(100mm)
2	套管安装	15.03	4.03	11	0.65	套管(6 个)
3	保温板敷设	34.48	2.48	32	0.4	保温板($1m^2$)
4	钢筋网敷设	10.48	2.48	8	0.4	钢筋网($1m^2$)

以曙光小区甲 4 号楼最长管道 75m 计算，阻力值仅为 $0.02\times75MPa=1.5MPa$。

2. 散热量计算

从物理性质表中可查出复合管导热率为 0.45W/(m·K)，供回水温差为 15～20℃，按 18℃计算，外墙带保温层的居室 $1m^2$ 需供暖 32W，那么 $1m^2$ 需管道

$$\frac{32}{18\times0.45}\times1m=4m$$

3. 计算结果

系统最大阻力为 1.5MPa，房间内平均 $1m^2$ 使用管道 4m。曙光小区甲 4 号设计图中，$1m^2$ 使用管材 4.2m，完全达到居室供暖要求。

(七)工程应用结论

聚乙烯夹铝复合管具有通水能力强、永不结垢、机械强度高、耐腐蚀、可弯曲、使用寿命长等钢管无法比拟的优点；地板辐射采暖具有调节方便、热效果好、不占空间、美化居室、卫生性好等优点；两者的有机结合具有传统供暖方式无法比拟的优势。在人民物质生活水平不断提高的今天，较易为人们所接受，在商厦宾馆、写字楼及住宅工程中有着广阔的应用前景，对传统供暖方式是一个巨大的挑战。

1. 资金投入少

传统铸铁散热器采暖，$1m^2$ 造价一般在 100～140 元之间(含锅炉房投资、外线投资、内线投资、散热器投资及人工费等)。低温地板辐射采暖 $1m^2$ 造价一般在 140～160 元之间(含燃气热水器投资、采暖管投资及人工费等投资)。从表面上看，低温地板辐射采暖的造价较传统采暖投资多一些，但细算起来，并非如此，低温地板辐射采暖寿命超过 50 年，而传统采暖使用寿命不超过 40 年。若传统散热器采暖按 50 年折算，$1m^2$ 投资为：100(140)×50/40=125(175)元/m^2，显然不便宜。此外以户为单元、燃气热水器产生低温水为热源的低温地板辐射采暖，省去传统供暖中的锅炉房，节省锅炉房建设所需地皮，且有利于环境保护。

2. 免维修

传统散热器采暖每年 $1m^2$ 维修费在 1 元以上，而低温地板辐射采暖终身不用维修，节省大量维修费且减少工人工作强度。

3. 美观，不占室内面积

低温地板辐射采暖不设散热器，在房间里看不到采暖管道，既节省空间又美化居室；传统采暖方式每个房间至少有一组暖气片和采暖立支管，影响室内美观，又占空间，对室

内装修极为不利。

4.散热均匀

传统采暖方式中，每个房间设一组散热器，置于窗口下方，主要以热对流方式加热房间，这样散热不够均匀，靠近散热器的地方和房间上部温度较高，远离暖气片和房间中低部温度较低。低温地板辐射采暖无此弊病，因它是采用整个房间地面为散热源，散热均匀，且低温地板辐射采暖主要以热辐射和热对流方式加热房间，使脚下有舒适之感。

5.调节方便

调节方便、灵活，各家可根据自身情况利用热水器的计算机，设定供水温度，使房间达到自己满意的温度。对个别房间可采用调节分水器上的阀门以改变房间温度。如家人白天外出上班可将房间温度设为10℃，下班后可设为20℃，夜间又可变为15℃，并可方便地将厨房、客厅的供暖关闭。方便快捷的调节方法是传统集中供暖方式无法比拟的。此采暖系统升温快，在10min内可将室内温度提升7～10℃。相对传统采暖平均一年节省燃料20%。

6.热效果好

暖气系统的功能是为用户提供舒适的室内环境，从而满足人们生理上的需求。通常情况下，人们认为下半身温度高，上半身温度低，即脚暖头凉的感觉较为舒适。现以当前不同种采暖方式，在相同客观条件下使房间达到不同舒适效果程度，来说明低温地板辐射采暖的优点，如图8-32所示。

按照符合人体生理学舒适原则绘制了图8-32曲线1；根据不同种采暖方式绘制了曲线2～4。从图8-32中看出，只有曲线2比较接近曲线1，即低温地板辐射采暖相对其他采暖方式是最为合理和科学的。

(1)图8-32中曲线3为普通散热器采暖方式，因其主要以热对流方式加热房间，必然导致热空气上升，冷空气下降，从图中可以看出上部温度较高，而下部尤其脚部温度却非常低，这不是人们需要的理想采暖方式。

(2)图8-32曲线4为空调采暖，它虽可以解决脚部温度过低的问题，但头部温度偏高，给人以燥热之感，不是合理的采暖方式。

(3)图8-32中曲线2为低温地板辐射采暖，因其主要通过热辐射、热传导方式加热房间，能够保证房间下部温度高于上部，符合舒适原则，是较为合理的采暖方式。

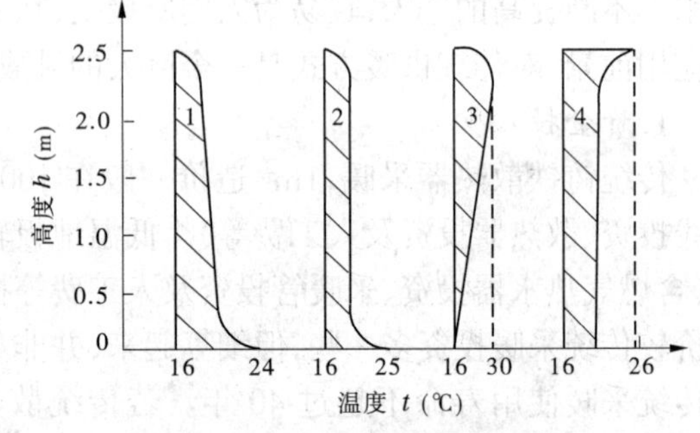

图8-32 不同采暖方式热效果比较图

1—理想采暖方式；2—低温地板辐射采暖；3—传统采暖；4—空调采暖

7.卫生性好

从图中可以看出，通过热对流方式采暖的房间，都会引起室内空气对流，而导致室内灰尘四处飘散，造成空气污染。低温地板辐射采暖主要通过热辐射方式温暖房间，能较好地避免室内空气流动扬起灰尘。

经运行后，用户反映：运转正常，系统调试方便灵活，室内温度在24h内维持18℃，地面温度在24℃左右，并有脚暖头凉的舒适感觉。混凝土地面无裂痕产生，始终保持平整，用户感到满意。

第十一节　加拿大的建筑节能技术

一、制定节能法规，开展全面节能

加拿大是北美发达的资本主义国家，人口3 000多万，土地面积997万km^2，人均占有土地0.33km^2，是我国的42倍。加拿大还是一个能源丰富的国家，盛产石油、天然气、煤，并且是世界上最大的林业出口国，森林面积占世界森林总面积的1%，占国土的50%。尽管如此，加拿大政府依然十分重视节约能源和资源，保护生态环境，制定了一系列政策和法规。

我们过去所理解的建筑节能，一般只从建筑本身的构造技术，如屋顶、墙体的保温，隔热性能等方面考虑。在加拿大，对节能的概念不仅限于这些，还包括了节水、节电、材料再回收等。例如，他们在建造新的小区住宅时，建造前期就把该留的路，该立的路灯灯杆和绿化用地都考虑进去。还考虑了施工过程中旧材料和建筑垃圾的再利用、污水的净化处理、环境的改善等。

二、采用先进节能材料与节能技术

(1)屋面保温主要采用玻璃棉、岩棉、矿棉、发泡聚苯乙烯等保温材料，坡屋顶一般采用在阁楼内铺或喷保温材料的做法。平屋顶一般采用外保温做法，即在屋面防水层上做保温层。也有的是在屋面上铺一种特制复合岩棉板，板上贴有一层改性的沥青油毡，上面根据需要做保护层。这种屋面的保温和防水性能都比较好。

(2)墙体一般采用阻燃性发泡聚苯乙烯、玻璃棉或岩棉等保温材料同其他墙体复合而成。在加拿大居住建筑中多采用木框架、填充墙的结构形式。一、二层的住宅墙体主要以木质蒙皮板和120～150mm厚的聚乙烯泡沫塑料夹层结合而成。蒙皮板与夹层墙板还可用来制造地板、屋顶，其中间填实的绝热保温夹层可以有效地隔断热量、空气和水汽的流通。板上可黏各种装饰贴面、壁板，做内外装饰，也可以简单地饰以涂料。用双层泡沫聚苯乙烯板制成的预制板采用干砌法，成为具有高度绝热保温性能的永久性模板。内外模板之间的空心层经过混凝土灌注和适当的钢筋加固，形成建筑的墙体。

此外，还有空心墙、夹壁墙等。

(3)在门窗的保温方面，加拿大做得非常严谨，窗多是双层的，也有三层的，根据业主的要求有的中间填充氩气，其保温性能更佳。在窗与边框之间有的还装有双腔的橡皮密封条。门窗绝大部分是木质、塑料以及铝木复合而成的，钢门窗用得较少。

三、太阳能建筑

多伦多郊外的青少年活动营地上有两幢节能建筑，由多伦多大学西蒙(Simon)教授设计。设计的指导思想是让青少年了解人类如何应用自然资源,它的最大特点是充分利用太阳能并把节能与环保结合起来。

第一幢是外形新颖、色彩明快、富有雕塑感的建筑,建筑面积 380m^2。南向采用大面积玻璃斜屋顶。该建筑所需能量 70%来源于太阳能,30%是外界的电力支持。由于室内太阳光大面积的照射,能量的吸取很充足,冬季室内在没有空调的情况下,温度可保持在 20℃左右,完全可以满足住户及活动者的需求。一套恒温器控制能量的储存和转换,太阳能热水器供应热水。在外窗的顶上配有遮挡装置,由多块百页形的挡板组成,冬季可拉上去,夏季可放下来。窗户设有三层玻璃,在玻璃之间充氩气。木质架空地板层厚 700~800mm,上铺 10mm 厚的橡皮地毯,下面做绝缘层,起隔热作用。夏天晚间通过地板下的 5 根通风管道把房间多余的热散发出去。

第二幢节能建筑隐藏在绿树丛中。西蒙教授将建筑的一半埋在土里,屋顶局部外露,其他都被泥土、绿化、树木所覆盖,冬暖夏凉。该建筑除了利用太阳能外,还有粪便、污水的处理设备,它的工作程序是:粪便—封闭式蓄粪池—细菌分解—净化—滤化—重新使用。

以上程序运行中配有抽风系统,使位于地下室的排污和化粪设施,没有任何气味。污水的处理是一个生化过程,用海棉吸附的方法,成本非常低。另外,该幢建筑的地下室设有自动配电盘,蓄电池可将太阳能转化为电能蓄存在蓄电池中。该幢建筑把太阳能利用、建筑节能和环境保护有机地结合在一起,这种节能建筑目前为数并不多,它的设计是成功的。

加拿大是个资源和能源都极为丰富的国家,却十分重视能源的节约、回收和再利用。这对我们是一个很大的启发和促进。

第十二节 德国及北欧的建筑节能技术

一、德国及北欧的能源开发和建筑节能

德国把节约能源、改善环境作为重要任务,其主要判定指标是燃料在转变成能源过程中所释放的 CO_2。即 CO_2 的排放量单位为 kg/(a·kW·h),其中燃煤为 0.33~0.4,燃油为 0.26,天然气为 0.2。CO_2 对大气所造成的污染,从采暖方式而言,独家独户采暖污染最为严重,CO_2 排放量接近 50kg/(a·kW·h);小区用油锅炉为 50kg/(a·kW·h);天然气约 30kg/(a·kW·h);远程热电联产集中供暖方式约为 20kg/(a·kW·h);为减少空气中 CO_2 的排放量,应注重新能源的开发利用。

(一)太阳能的利用

北欧计划建成 50 个太阳能小区,他们主要从以下两方面考虑。

(1)从总体布局结合城市规划,考虑房屋的朝向(不超过 45°)和遮阳、体型系数,尽量做到布局紧凑合理。

(2)对具体建筑则要求:①首先是保温、隔热;②规定热水用量来自太阳能不得小于 60%;③1/3 用电来源于太阳能。

采用太阳能,相同面积的建筑每户实际经济效益见表 8-25。

表 8-25 采用太阳能的经济效益

项目	普通住宅建筑(马克,户/a)	太阳能利用建筑(马克,户/a)
电费	1 011	609
采暖费	245	249
热水费	188	88
厨房耗能费	1 022	814
消费	—	133(利用集热板) 86(太阳能收集器)
每户合计	3 193	2 172

由于采用太阳能,每年往空气中释放的 CO_2 也大大减少。利用太阳能的住宅建筑,CO_2 的排放量为 43kg/(户·a),而利用电、油、天然气采暖的住宅建筑分别为 1 053kg/(户·a)、538kg/(户·a)、751kg/(户·a)。

(二)地热利用

尽管在德国开发太阳能,但有些学者认为利用太阳能可用于加热水,但采暖不可取,用地下水周期长,水质不干净,容易产生水垢。他们赞成使用地热热泵技术,把供热系统和通风系统连成一体,这种热泵系统在改善环境方面比油、气更可靠。目前,在国际上应用较为广泛,瑞典占 50%,瑞士占 30%~40%,奥地利占 20%,荷兰、波兰、捷克也在使用。热泵不仅能采暖,也能用于制冷、空调。热泵技术的优点是环保效益好,CO_2 的排放量比煤和油都小。它的缺点是一次性投资大,需要经常维修;驱动时需用电,但综合经济效益还是好的。

地热利用有四种方式:第一种方式是在地下打两口井用泵抽水供热,这种方式所耗工作时间长;第二种方式是在地下 1.2~1.5m 处埋入一组排管,放入循环储水池中,可供 150m^2 用户使用,每 1m^2 可达 40~50W 电能;第三种方式是将四根塑料管埋入地下 30~100m 深处,通过热泵送入用户供热;第四种方式是在地下埋入一组排管,热水通过第一组热泵进入供热设施送入用户,回收热通过第二组热泵作为建筑空调用。这种地热装置初始温度为 10℃,泵送时为 40℃,设备投资回收期为 10~20 年。

(三)生态建筑

在杜塞尔多夫一个原矿区,建造了一幢世界上最大的生态建筑,是州内务部的培训中心。这是一幢长 220m、宽 72m、高 16m 的巨大玻璃房子,结构全部为木框架。在这幢大容积的玻璃房子的内部再修建大部分为 3 层的房屋,其中有办公楼、培训中心教学楼、培训中心宿舍、餐厅、会议厅、图书馆和大片水池等。该工程于 1997 年开工,于 1999 年 8 月 22 日竣工启用。由于所有建筑物均在这一巨大玻璃房子内,室内气温可以进行调节,其能源来自玻璃顶棚的太阳能积热板,该玻璃顶棚总建筑面积为 15 000m^2,太阳能集热面积为 10 000m^2,集热板有大小、疏密之分,按天上云彩的形式进行分布,这一巨大的集热板每年能发电 75 万 kW·h,其自用电仅为 1/3,其余 2/3 并入电网。玻璃房子中的建筑物也为木结构建筑,外墙为木板,板后有防潮层,防潮层后为岩棉保温板,所以室内基本上恒温,内外温差仅 5℃。

二、保温材料及建筑应用

(一)保温材料

1. 建筑保温材料的种类

建筑保温材料主要有有机泡沫材料,如发泡泡沫聚苯、挤塑聚苯、保温浆料和聚氨酯等。还有有机的植物和动物纤维,如再生的木材、废纸、棉花、麻丝、羊毛、废软木塞、椰子壳、谷物的壳等。

2. 如何保证材料质量

(1)证明材料的可用性(相当我国的准用证)。新材料则要通过复杂的方法进行检测才能得到可用性证明(一般材料只要符合工业产品标准就可以),并定期对成品、原材料和生产工艺进行检测。

(2)厂方自检(相当于我国的企业标准)。厂方经常检测产品材料性能,如导热率、耐火、抗压等指标。

(3)独立的检测机构检测。这是一个政府和厂方之外的第三者独立检测机构,每年下厂抽样检测两次。按国家标准检测,只要一项指标不合格就得停产整顿,两次不合格就不准销售,一直到合格后才能发给证书,再度进入市场。

(4)建材标准的限值。德国对建材厂均按标准进行严格考核,这一标准不仅本国承认,并得到国际承认,除此以外还有一些法律之外的附加规定,从发展趋势看,这些标准、规范将由欧共体来统一制订。

(二)节能建筑的围护结构构造

1. 墙体

目前德国墙体没有内保温做法,国家要求的传热系数指标是 0.4～0.5W/(m^2·K)。基本上是两类:一类是外保温外装饰层,墙体材料用混凝土小型空心砌块、黏土空心砖和加气混凝土砌块,外面使用的保温材料视建筑外饰面情况而定。如外饰面用涂料时,一般均黏贴泡沫聚苯板,密度为 15kg/m^3,厚度为 120～160mm,外贴抗裂砂浆玻璃纤维网格布,外涂涂料饰面。如外部为装饰砖(如普通黏土单砖墙)则在墙体与装饰砖层的中间,填塞岩棉和玻璃棉,墙体与装饰砖之间用专用连接件连接;如混凝土空心砌块外贴泡沫聚苯板,采用装饰砖饰面,则中间留空气层。若采用框架结构时在框架竖向龙骨之间铺设岩棉或玻璃棉,外挂纤维板或刨花板,外贴防潮层,饰面层一般挂木质、塑料或金属的装饰板。第二类是单一材料做法,如加气混凝土和轻质多孔砌块,外墙厚度都比较厚,外做饰面层;当使用高效保温单一材料,外面还用保温材料时如 300mm 厚加气混凝土墙体外放 100mm 厚岩棉和 120mm 厚单砖墙,总厚度为 520mm,这种构造基本上可以不安装暖气。

2. 屋面

德国住宅建筑的屋面绝大部分是坡屋面,基本上用棉类保温材料,厚度为 200mm 左右,即便使用 150mm 厚加气混凝土,上部也铺厚 200mm 的聚苯板或岩棉。屋面传热系数的国家标准是 0.25~0.3W/(m^2·K)。

3.楼地面

一般楼面也放置聚苯板,目的不是保温而是隔声。使用的聚苯有两种:一种是挤塑聚苯,一种是经过压缩过的普通聚苯。地面一般用复合做法,如采用加气混凝土板上铺100mm 厚聚苯,一般均铺 200~300mm 厚岩棉,楼地面传热系数国家标准是 0.30 W/(m^2·K)。

4.窗户

德国窗户均为空气双玻璃窗,窗框较多为塑钢,窗户传热系数国家标准是 1.80 W/(m^2·K),还没有达到欧共体 1.3W/(m^2·K)的标准。

(三)材料的回收利用

废品主要是 EPS,因其具有较好的弹性、抗渗性、耐冲击性、质轻等特点,大部分用于包装材料和房屋保温。政府规定对废品一定要重复利用和回收。收集废料的用途是:

(1)粉碎后加入外加剂,制成泡沫塑料,该项占总废品量的 30%。

(2)与黏土混合后改良土壤。

(3)与黏土混合后经过烧结制成轻质砖,该项约占总废品量的 60%。

(4)加热后熔化再压制成形,生产再生塑料,该项约占总废品量的 10%。

(5)作为燃料。

三、能源计量

由于德国的住宅房屋多数是 20 世纪 50~60 年代所建,其户内供暖都有温度控制,却没有热量计量。对暖气计量用一种暖气计量仪,它的原理是通过暖气的热量蒸发来计量。目前正在发展热水和冷水计量仪,可在水管中装一翼轮式机械装置,在热水管上装一传感器,它可以得出三个参数,一是进水温度,二是流量,三是温差。在每个房间设置电缆,设定房间室温、并逐一进行热量计量,这样可节能 20%。经过进一步发展,可把每个房间集中在一起设定温度进行计量,直接在控制中心接受信号计量,不必到每户去查表计量。

第十三节 法国的建筑节能技术

法国十分重视建筑节能,政府指定专门机构负责制定有关节能标准,进行节能方面的技术研究和监督检查,在维护结构的保温、室内采暖和太阳能利用等方面都采用了一些行之有效的技术和做法,从而在建筑节能上取得了显著成效。

一、法国的节能途径和技术政策

1973 年后,因世界石油危机,不得不采取节能措施,减少生活中的能源消耗。政府规定新建住宅需考虑节能。对 1973 年前建成的住宅,政府鼓励住户进行节能改造。经改造后的住宅室内温度、舒适度也要达到规定的指标和要求。至于采用什么样的保温技术,用何种保温材料,可自由选择。

法国政府每年拨款 3 亿法郎,用以研究节能、防火、隔声、环保以及气候和光污染等问题。新技术包括太阳能和风能利用、维护结构构造和采暖、通风技术等。法国建筑学技术中心负责建筑技术项目的研究、开发、推荐并对有关节能材料和产品进行严格检测，编制有关的标准和质量体系并督促执行。对于建筑材料质量、性能，制造商要在材料上贴签标明。法国科学技术中心会对这些产品一年抽查2次，如发现产品质量和性能与标签不相符合，则取消其在市场上销售的资格。

在法国卖房时，要标明这幢建筑是否节能，所报数字要经得起有关部门的检查。

二、围护结构保温技术与构造

(一)外墙外保温

20世纪70年代墙体外保温技术还不够成熟，墙体保温基本上采用内保温做法，但后来由于大批旧房需要改造，内保温做法已不适用，因此就部分采用外保温做法。

墙体结构的保温效果，一是看保温材料本身的性能，二是看它和其他材料组合在一起总体性能如何。岩棉、矿棉、玻璃棉、阻燃型发泡聚苯乙烯和聚氨酯等保温材料在法国应用较多，在组成各种复合的墙体时，根据不同的要求加以选择和搭配。聚苯板外保温的具体做法是将聚苯板用聚合物砂浆黏贴或机械固定在墙面上，然后外抹聚合物砂浆，砂浆上铺耐碱玻璃纤维网格布增强，再做饰面涂层。

外墙外保温通常有几种做法：

(1)保温层外抹聚合物砂浆，用玻璃纤维网格布增强，再做饰面涂层，这种做法约占50%。

(2)保温层外砌砖，外层砖墙与内层墙体拉接。

(3)外墙面装龙骨，龙骨间放置保温材料，龙骨外复合饰面板。(2)和(3)两种做法共约占40%。

(4)预制复合保温板直接挂在外墙面上，约有10%用这种做法。

保温层一般采用阻燃型发泡聚苯乙烯板或密度为120kg/m^{3}的岩棉板。如果采用纤维垂直于墙面的特制玻璃棉板，用密度为50kg/m^{3}的即可。楼房防潮层以下的外保温材料，通常采用挤出型发泡聚苯乙烯板，而且要求覆盖抗拉强度更高的玻璃纤维网格布。

玻璃纤维网格布种类繁多，应用非常广泛。用于墙体抹灰的要求挂胶，主要是达到防腐和坚挺不易变形的目的。对所挂胶的种类和挂胶量，也有不同的要求，还要测定其浸泡在碱溶液中30d、60d和90d的抗拉强度和质量损失率。

(二)屋顶保温

法国住房大多数为坡屋顶，不少是木结构，仅有少量的平屋顶，屋顶的保温要求很高，北部地区传热系数要求达到0.2W/(m^2·K)以下。当顶层阁楼住人时，保温层直接做在屋顶，一般多为内保温做法。顶层阁楼不住人时，则可直接在顶棚上铺设玻璃棉等保温材料。

坡屋顶的做法主要有：屋面瓦与木望板间铺有保温材料，如岩棉或玻璃棉毡等，总厚度10cm左右。用长的螺钉将这些材料直接钉在檩条上。在保温层上再做防水层。几乎每幢坡屋顶上都有采光窗，并有一定的倾斜角度，它既是采光的需要，也具有吸收太阳能量的功能。有些公共设施，如大会议厅、体育馆等，屋顶在考虑采光的同时，也考虑太阳能的利用和能量转换的问题。屋顶的构架上大片暴露的玻璃顶和南向成片的玻璃窗,使建筑成为一个被动式的太阳房,可以适当补充所需的能量。

平屋顶一般均为外保温做法。以往多在屋面敷设发泡聚苯乙烯板,再做防水层和保护层。也有倒铺法,即在防水层上铺挤出型发泡聚苯乙烯板,然后在上面铺小卵石压顶。这种做法由于温度的周期性变化聚苯板多次伸缩,很容易导致接缝处下面部位防水层开裂渗漏。屋面铺小卵石还容易积土,久而久之会生长杂草甚至小树。现在的做法是在屋面上铺一种特制的岩棉板,这种岩棉板表面预先复合一层 SBS 改性沥青油毡,然后在现场用热熔(或冷黏)法再铺一层 SBS 改性沥青油毡,其上再根据需要做保温层。这种屋面的保温和防水性能都比较可靠。

(三)PVC 塑料保温窗

法国历史上用木窗较多,后来采用铝合金窗,现在铝合金窗也逐渐被淘汰,近十多年来政府推荐住户采用塑料门窗。法国新建住宅,大多数采用 PVC 塑料窗,一般装有中空玻璃,周边嵌橡胶密封条。窗框与墙体接缝处,采用现场发泡聚氨酯封严。为了室内的卫生和保持适当的换气,在外墙窗框上留有人工调节的微流量通风器。玻璃窗上配有外挂式的 PVC 保温帘或金属卷帘,以便关闭后起到遮阳、隔离太阳辐射热、保温和降低噪声对室内干扰的作用,深受住户的欢迎。

三、室内保暖与太阳能利用

法国除了通过建筑物围护结构控制能耗外,还对室内采暖和热水系统进行节能控制,室内采暖主要有电热和水热两种,而政府鼓励大家多用电,用天然气和石油等能源者不足 50%,这是法国目前在能源利用方面的一个发展趋势。

法国在 20 世纪 50 年代便研究试用地板采暖,开始并不理想。因为当时其用水温度与用于散热器上的温度一样(近 90℃),采暖时地面温度过高,采暖与不采暖时地面温度变化过大,对地板材料很不利,对人们生理健康的影响也不好。后逐渐发展为低温水(45℃左右)地板采暖。地板表面的温度不大于 28℃。由于保温材料的发展,实现了地板中的热量主要向上散发而不向下传递。这样热量的损失小,自下而上温度均匀、舒适,且隔声效果好。1986 年以后,地板采暖采用电热,或用聚乙烯热水管,效果更好,但造价较高。目前约有 30%的独立式住宅采用地板采暖。

为解决热水管网水力平衡问题,在各住户管网中加一个平衡阀,使各住户的室温趋于均衡,一般可使采暖系统节能 30%(最少也可节能 5%),所以旧房节能改造时,普遍都加装了平衡阀。

由于法国所有的住户都是自费用热,必须计量收费。目前采暖计费的方法有几种:用电采暖者,用电计量可以解决;分散的独立住户采暖,无论用天然气或石油作燃料,都无需对用热单独计价,只计油、气用量即可;原有尚未进行节能改造的福利楼房,仍根据全楼的用热量,采用按使用面积分摊采暖费;已进行节能改造的住宅建筑,大多在各组暖气片上安装蒸发式热量分配计,然后根据总用热量,再按各蒸发式热量分配计的计数,按比例计费;新建的住宅一般都采用热量表计量收费。计量表一般设在户外管道间或专门的表箱中,不必进户便可查表。住户若逾期不交费,主管部门可中断暖气供应。

所有住宅的各级暖气片上，都装有温控阀，用户可根据使用时间和所需温度进行流量调节，以充分利用自由热和提高舒适度，又可减少不必要的开支。据统计，设置计量装置和可调控制装置的系统，比不设置的可节能约10%。

“生态节能学派”是法国新的建筑学派，它的设计思想是尽量利用太阳能作为采暖的辅助能源，建议建筑师在设计建筑立面时，考虑南向大面积开窗，同时用一定的技术手段，把太阳能转化为电能，加以储存，为建筑供电和加热热水。他们推荐采用“集热型节能墙体”，即墙体外侧用玻璃覆盖，两者之间有空隙，透过玻璃进入的太阳辐射热被储存在墙体中，冷空气流经墙体时就被加热后引入室内。有些房屋还考虑了夏季隔热，在窗上设光电遮阳板，既起遮阳作用又能回收能量，在朝向有利的情况下，可节能50%。

第十四节 日本的暖通空调及建筑节能现状

日本建筑物的暖通空调技术，在世界上仅逊于美国，而且发展速度极快，现在日本的所有公共建筑，如影剧院、商店、工厂、旅馆、医院、办公大楼以及70%的住宅都有空调设备，近年新建的所有建筑几乎都安装有空调设备。据统计，日本用于暖通空调以及制冷中的能耗量，约占全国总能耗的10%，相当于4 000万t石油的能源。

一、日本建筑节能的途径

日本在建筑业中实施的节能途径有以下三方面：

(1)改善围护结构的保温性能。

(2)提高暖通空调制冷设备的效率。

(3)积极发展建筑节能研究。

日本除了大力研究和改善建筑围护结构的保温性能之外，还重点研究空调制冷技术的节能问题。其做法是，事先绘出空调系统各个单项耗能特性曲线，从中选择最优化的空调方案。这些工作都是由计算机对建筑物本身的位置及周围环境作出合理的规划设计，如在建筑物周围多种树木、草坪，以减少地面反射玻璃等造成的冷负荷；再如尽量减少相邻建筑物外墙反射玻璃等造成的冷负荷；在建筑物的两侧设置喷水池也可以减少冷负荷；此外建筑方位也是考虑因素，最佳方位是南北向，其全年的冷、热负荷最小，东西向的负荷最大，故应尽量避免东西向的方位；对于节能来说，建筑本身的长宽比以1:1为最佳；建筑层数以6、7层的全年冷热负荷最小，2层的建筑物负荷最大；建筑物的出入口，设在下风向为宜，在出入口处以及楼梯口处多采用空气隔断措施；外墙体的保温层应置于外侧，可减少热桥；外窗面积越小，越有利于节能，窗户一般都设有遮阳台或遮阳帘；多采用双层窗，日本现代建筑又多采用铝合金窗，制作严密，可以基本解决冷空气渗透问题。

二、空调、供热与节能

日本的空调方式，一般多为集中式的变水流量与变风流量系统。在新风与排风之间，设有全热交换器。

日本空调系统的热源主要采用新型锅炉，有真空式锅炉和直流式锅炉。真空式锅炉的压力处于真空状态,保证安全,锅炉多为燃油型,一般锅炉效率都在 88% 左右。热源的另一途径是采用热泵系统。同时热泵又是很有效的节能措施之一,所以热泵的研究在日本倍受重视,热泵的热源主要是采用自然能源。

日本空调系统的另一种方式是水气混合式,目前日本多采用分层空调机组与风机盘管方式,对于居住建筑一般都采用全水式盘管机组。当前,窗式空调机大量发展,使用窗式空调机比集中式空调系统更经济。

日本的城市供热多发展区域供热,一般采用 80℃的高温水供暖,回水温度为 12℃,并采用蒸汽加压方式。

日本的生活用热水系统,一般是采用太阳能集热器和空气热源热泵相结合的方式。对于高层建筑的排水,都有排水再生利用装置。

日本的太阳能供热装置都与热泵系统相结合,这是日本热泵系统的一大特点。日本的太阳能蓄热,主要应用于一些特殊情况下,如在电影院等一类建筑物中,往往都是在集中时间内出现高峰负荷,此时则多用蓄热来补偿。再一种是用于当负荷时间与冷热源设备运行发生不一致时,如太阳能供热系统在夜间或降雨天时,由于系统已不能发挥作用,于是也多由蓄热系统补给。

日本所用的蓄热方法有敞开式蓄热池和封闭式蓄热缸,一般采用砂石或土层蓄热。

日本的空调界对于废热的回收问题也作了大量的研究工作,热回收的范围也是多方面的,如对于排气的热回收与利用问题,对于室内散热,空调排气,工厂排气、排热等都进行回收再利用,决不轻易排掉。一般是采用热泵来回收排气中所含的热量,然后再供给空调系统做预热新风之用,有时还采用热交换器来进行回收,可以回收排气的显热和潜热。对于排水中的热量也同样进行回收,如火电厂的排水温度都相当高,它相当于 40% 的发电燃料所发出的热量。将这部分热量回收后,主要用于建筑物的采暖。

日本对于自然能的利用也进行了广泛的研究,并取得了不小成就。如对太阳能的利用,日本在太阳能用于民用方面的技术极为成熟,也相当普及。至于太阳能在工业方面的应用,日本国家研究机构正在下大力气进行研究,目前已进入实用阶段。

再如,对地下热水、河水与海洋热能的开发研究,主要应用对象是热泵系统。日本正在将大气能广泛应用于热泵系统的热源。

三、节能型大楼

近年来,日本已建成了一大批节能型大楼,这些大楼中都有完善的节能措施,节能效果十分显著。

如大阪大林大楼,其节能措施是:利用蓄热式回收热泵系统,在冬季把室内的人体、照明、机器等散发的热量以及太阳辐射热进行全面回收,然后经过处理,供采暖用。回收的热量竟大于采暖需要的热量。

此外,还从排气、排水系统中进行热回收,在所有排气系统中,都设有全热交换器进行热回收,对于排水系统,则设有热交换器,从而可以从排水系统中回收热量。

该大楼还采用了先进的电子计算机操纵管理系统以及监测系统,它能根据室外温度的波动进行各种控制,如对空气预冷和预热的最佳启动时间与停止时间,以及蓄热温度及蓄热运转时间等，都能进行有效的控制。

节能型大楼采用的其他节能措施很多，例如，为了减少输送空气所需的动力，特意增大了冷热水温差及送回风温差。配电系统也做了节能方面的布置，如变压器分别设在地下1层及地上15层的两侧，成三角形布置。采取这样的布置方法可以达到负荷均匀、降低电压的目的，有利于节能。

该大楼的热源，采用电力及煤气交替使用，在夜间采用电力热泵及蓄热系统供热，在夏季高峰负荷时，则由电力锅炉负担。

由于采用多种节能措施以及计算机控制系统，从而使该大楼与一般同类型建筑相比，可以节能30%左右。

四、日本的节能政策

在建筑物和居民日常生活方面，政府也大力采取了节约能源的措施。如家庭住宅实现隔热化，在新建的房屋中广泛采用隔热材料、反射玻璃、双层窗户等。日本政府还采取了一系列限制措施，如限制电视播放、电影上映及商业用霓虹灯的开启时间等。日本还公布了“关于能源使用合理化法律”，在民用方面规定暖气温度不得超过18℃，夏季空调不得低于28℃。

日本在节能方面取得如此成就，也与其在财政、金融、市场价格等方面的措施分不开。如为了鼓励节能，对节能设备实行特别折旧制，一年可折旧。在年度财政预算中规定：凡以节省能源为目的的新投资，可实行减免相当于投资额10%的减税制度。据估算，此项减税额达2 000亿日元。尽管日本的财政预算是“超紧缩的”，但开发银行对节省能源及代替能源的投资贷款仍有大幅度增加，计增加26.1%，利息率为5.9%，另外还创立了年利息5.5%的超低利率贷款制度。

与上述各国建筑节能技术实例相比，我国存在很大差距。我国是个耗能大国，能源利用率极低。据统计，1988年我国每亿美元国民生产总值的能耗量比日本高出近4倍，比美国高出1倍，甚至比印度也要高出65%。特别是建筑能耗，它大体占到全国总能耗的30%～40%。现在，建筑节能的浪潮席卷所有的发达国家。各国纷纷制订建筑节能标准，其中规定的墙体、门窗、屋顶等传热系数的限值，为我国相同气候条件下房屋的1/5～1/3。北京常用的单层钢窗传热系数为6.4W/(m^2·K)，发达国家已普遍采用双层密封窗，并有内外遮蔽措施，传热系数在2.0W/(m^2·K)以下。至于窗户的气密性，我国目前常用的钢窗的空气渗透系数达6～8，而发达国家的门窗密封性良好，通常窗的空气渗透系数在1以下。因此，节约能源应是我国包括建筑在内的各行各业刻不容缓的任务。

第十五节　太阳能建筑与绿色建筑

目前，我国每年城乡新建房屋建筑面积近20亿m^2，其中80%以上为高能耗建筑；既有建筑近400亿m^2，95%以上是高能耗建筑。我国单位建筑面积能耗是发达国家的2～3倍，对社会造成了沉重的能源负担和严重的环境污染，这已成为制约我国可持续发展的突出问题。为此，我国全面推广节能与绿色建筑工作刻不容缓。

在能源危机和环境污染的双重压力下，太阳能作为一种取之不尽且清洁无污染的能源，已成为当前国际能源开发利用领域中的新热点。人们用高科技的手段向太阳索取，享受太阳。

太阳能在绿色建筑中的应用包括两方面：①太阳热能应用系统，用太阳辐射加热水，以供给建筑生活热水、取暖及制冷；②太阳能光电系统，将太阳辐射直接转化为电能，为建筑提供清洁的能源。其中太阳能热水器在太阳能利用领域中，技术最成熟，应用最广泛，产业化进程最迅速。

一、太阳能热水器与建筑一体化

（一）太阳能热水器与建筑一体化发展的背景

我国地处北纬18°～54°之间，幅员广阔，年日照时间大于2 000h的地区约占全国总面积的三分之二，有着丰富的太阳能资源。20世纪90年代，我国已经建立了全玻璃真空集热管和平板集热器工业。但随着城市建筑密度的增加及建筑的高层化，如何在建筑物上有限的空间充分利用太阳能资源，并使太阳能热水系统能够与建筑物有机结合，显得尤为迫切。

为促进太阳能热水器产业的可持续发展，1998年10月国家经贸委和建设部在昆明召开了“太阳能技术与建筑技术研讨会”，提出了我国太阳能系统建筑一体化问题，分析了太阳能系统建筑一体化的必要性及紧迫性。2001年12月建设部在南京再次研讨了如何实现太阳能热水器与建筑有机结合这一设计理念。在这种设计理念的指导下，国内太阳能热利用领域的科研机构和企业都在努力寻求实现太阳能热水器与建筑结合的最佳方式。

（二）太阳能热水器与建筑一体化的研究现状

随着社会的发展，一方面，城市住宅建筑日益高度化，传统太阳能热水器将面对安装空间不够这一严峻现实。另一方面，人们对城市景观日益看重。人们希望太阳能热水器既能提供生活热水，同时又不影响城市景观。为实现热水器产业的可持续发展，国内一些相关科研机构与企业正致力于太阳能热水器与建筑一体化方面的研究。这方面的研究主要包括新型集热器的研制、太阳能热水器建筑一体化工程实践及与建筑有机结合的分体式太阳能热泵热水器的研究。

太阳能热水器建筑一体化的要点在于把太阳能热水器视为建筑的一部分，在工程设计、设备安装、设备色彩、工程尺度等方面与建筑的功能、造型、色彩、风格、质感等和谐一致。目前普遍采用的平板型集热器及真空管集热器，难以满足太阳能热水器建筑一体化的要求。为实现太阳能集热器与建筑的和谐统一，昆明新元太阳能设备厂研制了一种新型太阳能集热器——新元热板。该集热板可安装在坡屋面上，作为屋面构件，除集热功能外，还具有建材的围护、保温、隔热、防水等功能，并能在形态和色彩上与建筑融合。

（三）太阳能热水器与建筑一体化进程中的研究动向

由于能源危机的影响，建筑节能已引起世界各国的普遍重视。传统的压缩式空调系统，不仅消耗常规能源，而且污染环境。因此，研究新型清洁、节能的采暖及制冷装置势在必行。现行的太阳能热水系统，尚不能满足建筑采暖、空调的双重功能。另一方面，研究表明太阳能制冷在技术上是完全可行的。为进一步扩大太阳能热水系统的市场份额，一些研究机构及太阳能设备生产厂家正致力于以下方面的研究。

1.与热泵结合，冬季室内地板采暖，全年供生活热水的太阳能复合热水系统的研究

与常规的空调机组、电加热器相比，太阳能地板采暖复合热水系统不仅可以节约高品质的电能，而且，由于地板采暖温度波动较少，可有效提高人体舒适度。我国绝大部分地区冬季较寒冷，随着人们生活水平的提高，冬季采暖的能耗将逐步增加。因此，顺应建筑节能的潮流，研制太阳能地板采暖复合热水系统，将进一步扩大太阳能热水器的市场份额。

2.基于建筑一体化的太阳能冷暖空调与热水复合系统的研究

太阳辐射能与制冷用能需求在时间和地域上的分布规律高度匹配。因此，开发太阳能热驱动的冷暖空调与热水复合系统，部分替代夏季白昼电网电力空调峰值负荷及冬季供暖，对改善人居环境和缓解城市电网峰负荷具有重要意义。随着太阳能吸收式制冷及吸附式制冷研究的进一步深入，太阳能热水器与吸收式或吸附式制冷装置有机结合的太阳能冷暖空调与热水复合系统，将逐渐成为太阳能热水器的另一发展方向。上海交通大学教育部太阳能发电与制冷工程研究中心在该方面进行了深入的研究，目前已成功研制出了太阳能冰箱热水器复合机。该复合机在提供生活热水的同时，还可有效制冷。

此外，在太阳能热水器建筑一体化进程中，传统的太阳能热水器的角色发生了根本变化，由相对独立、与建筑开发商毫无关联、可任意安装的一个装置，变化为与建筑密不可分的建筑构件。因此，太阳能热水系统的设计、营销、安装验收、售后服务等环节需要太阳能设备生产及安装厂家、建筑规划设计部门、建筑开发商等共同参与、共同探索及共同完善。住宅建设管理等职能部门将对太阳能热水器的安装制定相关的法规，以引导太阳能热水器行业的健康发展。

(四)太阳能热水器与建筑一体化进程中的市场前景

随着人们生活水平的提高，建筑能耗已接近发达国家水平。为减少建筑能耗，建设部制定了《建筑节能技术政策1996～2010》，将太阳能热利用纳入国家建筑节能的范畴，为太阳能产业的发展奠定了政策基础。据统计，1995～2000年间，全国新建住宅55亿m^2，到2010年新建住宅将增至150亿m^2。按20%的新建住宅安装这种基于建筑一体化的太阳能热水系统计算，其市场前景十分广阔。

随着社会的发展，一方面城市建筑密度日益增加，楼宇日益高层化，有限的建筑空间难以安装足够多的传统的太阳能热水器。另一方面，传统的太阳能热水器在一定程度上影响了城市景观。太阳能热水器与建筑一体化是绿色能源和新建筑理念的有机结合。在国家政策的引导下，太阳能热水系统与建筑的有机结合，将成为未来太阳能热水系统的发展趋势。

二、太阳能光伏发电与建筑相结合的发展

随着太阳能光伏发电系统的大量推广应用，光伏与建筑相结合(BIPV)近年来得到了迅速的发展。尤其是随着太阳能电池价格的不断下降和制造技术的飞速发展，光伏发电与建筑相结合必将成为光伏应用最重要的领域之一。

(一)光伏与建筑相结合(BIPV)的形式

1.光伏系统与建筑相结合

将一般的光伏方阵安装在建筑物的屋顶或阳台上,可以配备蓄电池独立供电,也可以通过逆变控制器输出端与公共电网并联,共同向建筑物供电,这是光伏系统与建筑相结合的初级形式。

2.光伏器件与建筑相结合

光伏组件与建筑材料融为一体,采用特殊的材料和工艺手段,将光伏组件做成屋顶、外墙、窗户等形状,可以直接作为建筑材料使用,既能发电,又可作为建材,一举两得,能够进一步降低发电成本。

(二)光伏与建筑相结合的优点

光伏与建筑相结合应用时,通常采用并网发电的方式,这类系统与独立光伏系统相比,光伏方阵在有日照时所发出的电能供给建筑物内负载使用,如有多余,可反馈给电网。在阴雨天或晚间,则由电网向负载供电。因此系统不必配备储能装置,这样,可以降低系统造价,也免除了维护和更换蓄电池的麻烦,同时还增加了供电的可靠性。

1.充分利用电能

在并网光伏系统中,可以随时向电网存、取电能,不受蓄电池荷电状态的限制,所以在设计太阳电池方阵倾角时,可以取全年能接收到最大太阳辐照量所对应的角度。以最大限度地发挥太阳电池方阵的发电能力。

2.就地供电

光伏方阵一般可以安装在闲置的屋顶或阳台上,不必占用宝贵的土地资源,也不影响人们的日常生活。同时可以就地供电,不需要另外架设输电线路,避免了长距离输配电所造成的线路损耗。

这种分散供电的模式具有很多优点,逐渐发展后,最终将改变目前单一的集中供电模式。

3.调峰作用

由于天热时空调、制冷等设备利用率高,耗电量大,因此每年夏天都是用电高峰期。同时夏天的太阳辐射强度大,太阳能电池方阵所发的电能也多。正好可以起到调峰作用。

(三)光伏与建筑相结合的发展简史

由于光伏与建筑相结合有着巨大的市场潜力,各国很早就开始了研究开发。早在1979年,美国太阳联合设计公司(SDA)在能源部的支持下,研制出了面积为0.9m×1.8m的大型光伏组件,建造了户用屋顶光伏实验系统。并于1980年在MIT建造了有名的"Carlisle House",屋顶安装了7.5kW光伏方阵,并结合被动太阳房及太阳能集热器,除了供电外,还提供热水和制冷。

20多年前,日本三洋电气公司研制出了瓦片形状的非晶硅太阳电池组件,每一块能输出2.7W,但由于价格太贵,性能也不太稳定而未能大量推广。后来各国经过不断的开发改进,陆续推出了多种形式的(BIPV)产品,到1997年就已经安装了数兆瓦。特别是美国和欧盟先后实施了"百万屋顶"计划,日本计划到2010年光伏系统的装机容量要达到5GW,这些都极大地推动了光伏与建筑相结合技术的发展。现在世界上规模最大的是德国慕尼黑展览中心的屋顶光伏系统，第一期安装的光伏系统容量为 1 MW，后来又增加了一倍，达到了 2MW。

（四）光伏与建筑相结合系统的特点

1.组件的要求

与一般的平板式光伏组件不同，BIPV 组件既然兼有发电和建材的功能，就必须满足建材性能的要求，如隔热、绝缘、抗风、防雨、透光、美观，还要具有足够的强度和刚度，不易破损，便于施工安装及运输等。为了满足建筑工程的需要，已经研制出了多种颜色的太阳电池组件，以供建筑师选择，使得建筑物色彩与周围环境更加和谐。根据建筑工程的需要，已经生产出多种满足屋顶瓦、外墙、窗户等性能要求的太阳电池组件。其外形不单有标准的矩形，还有三角形、菱形、梯形、甚至是不规则形状。也可以根据要求，制作成组件周围是无边框的，或者是透光的，接线盒可以不安装在背面而是在侧面。

2.容量的确定

对于并网光伏系统，由于不受蓄电池容量的限制，并且有公共电网作为后盾，确定光伏方阵容量时，不必像独立光伏系统那样一定要经过严格的优化设计，只要根据负载的要求和投资情况经过适当计算就可决定。对于一般家庭来说，通常太阳电池方阵容量的范围为 1～5 kW。

3.方阵倾角

在独立光伏系统中，光伏方阵要尽量朝向赤道倾斜安装，与水平面之间的倾角要经过严格的计算，以达到光伏方阵输出的极大性和均衡性。而在并网光伏系统中，只要考虑光伏方阵输出的极大性即可。然而在实际应用中，往往因为要服从于建筑物外形的需要，方阵可能会有各种朝向，倾角也可能从 0～90°都有，这就需要光伏和建筑设计师共同协商，兼顾双方的需要，妥善解决。

4.计量电表

家庭使用的并网光伏系统中，光伏方阵所发出的电能，主要供给用户负载使用，多余部分输入电网，用户负载所消耗的电能，也是由光伏方阵和公共电网共同供应。原则上可以用一块电表来进行计量，电网供电时电表正转，光伏方阵向电网馈电时电表反转。实际上由于各国政府对于开发利用新能源大多实行优惠政策，目前太阳能发电的上网电价要远大于用户的用电电价，常常用两块电表来分别计量，所以有“买入”电表和“卖出”电表的区别。

5.逆变和控制器

太阳电池方阵所发出的是低压直流电，要与电网连接，必须转换成 220V、380V 甚至更高电压的交流电，而且对于电能质量如电压、波动、频率、谐波和功率等参数都有严格的要求。为了保证电网、设备和人身安全，还必须配备并网检测保护装置，如对于处理过（欠）电压、过（欠）频率、电网失电（防孤岛效应）、恢复并网、直流隔离、防雷和接地、短路保护、断路开关、功率方向保护等都有明确的规定。所以逆变和控制器是并网光伏系统的关键设备。

随着科技的进步，BIPV 新产品还将不断涌现，光伏系统的大规模应用，将促使其价格进一步下降，光伏发电与建筑相结合将成为光伏应用最重要的领域之一，也将为越来越多的建筑师所接受并实际使用。作为庞大的建筑产业与潜力巨大的光伏发电的结合点——BIPV，是光伏系统的应用由偏远农村地区进入城市的重要标志，有着十分广阔的发展前景。

三、绿色建筑

自20世纪80年代以来，绿色、可持续性建筑研究已逐渐成为国际间关切的建筑议题，欧美日等地区及国家纷纷提出绿色建筑、可持续性建筑、生态建筑等，以寻求“降低环境的负荷”、“与环境相融”且“有利于使用者健康”的建筑。

（一）绿色建筑的概念

绿色建筑就是指在建筑生命周期（选址、规划设计、施工、使用管理及拆除过程）中，以最节约能源、最有效利用资源的方式，建造最低环境负荷情况下最安全、健康、高效及舒适的居住空间，达到人及建筑与环境共生共荣、持续发展。绿色建筑最终的目标是以“绿色建筑”为基础进而扩展至“绿色社区”、“绿色城市”层面，达到促进建筑持续发展的目标。绿色建筑，又称为生态建筑，这意味着建筑不仅被作为非生命元素来对待，更被视为自然生态循环系统的一个有机组成部分。

第一，在建筑体形和空间处理上尽量压缩交通面积以减少不必要的空间浪费；第二，充分利用自然光和自然通风，保证主要工作空间朝向南或西南以争取最大限度地利用自然能源；第三，采用灵活的钢框架结构，便于将来任何可能的空间和功能的调整；第四，设置高反射率的屋顶，不仅可以降低保暖及空调设备的能耗，还可减少产生城市热岛效应的可能性。

最大限度地利用自然采光和通风，在无法减少建筑面积的情况下，使用统一而又有变化的建筑语言，从视觉上减小建筑体量。塔楼菱形的平面布局，增加了结构的稳定性和灵活性，并与当地的主导风向吻合，从而对改善区域小气候大有帮助。建议采用低辐射玻璃，以减少对能源的消耗。设置许多不锈钢遮阳板来解决西晒的问题。在倾斜的屋顶上，采用竖向遮阳板，既可以防阳光直晒，又满足了通风的要求。

（二）绿色建筑整套系统的设计理论和评估方法

1. 因地制宜，绿色建筑不是照搬某种形式

绿色建筑是一种概念及策略的运用，不是某种特殊的建筑形式，对于建筑的功能或者外观影响不大。设计师必须在考虑项目的自然、文化及经济因素等条件下，在项目的早期阶段发展出适合该项目的绿色建筑技术策略。

绿色建筑在我国起步较晚，许多相关信息及技术都是从国外引进的，很多项目常常在不考虑国内的自然、文化及经济环境条件下就照搬这一理论，很多不理想的建筑项目也由此而生。

无论从建筑物的朝向、布局到其周边的交通组织，都应充分尊重当地的自然地貌和气候条件，最大限度地保护并融入原有的生态环境。如果说合理的选址和有效的规划为造就绿色建筑奠定了基础，对建筑物内外多层面的精心设计则是支持绿色建筑的骨架。精心地选择高效且又适应当地经济承载力的建筑材料和设备至关重要。

2.将绿色建筑基地选址及规划对基地内生态环境的影响减到最小

绿色建筑在基地选址及规划时要尽量翻新旧建筑,节省资源并减少新建筑物对环境的影响。详细评估基地的自然资源,了解基地现有的日照情况、土壤性质、植物、重要的自然区域等。

建筑物在基地内的位置应尽量减少对环境的影响,保存并降低对基地内生态环境的影响,减少道路及服务区域的面积,避免破坏基地内的湿地、沼泽地。利用基地内的现有植物,降低西晒、减少冬天的冷风以节省建筑物能源的使用。一定要鼓励建筑物使用者尽量利用公共交通、自行车及步行等低污染交通方式,提供通往公共交通车站的路线、自行车及步道等。

3.绿色建筑设计要尽一切办法节约各种能源

在建筑物设计上要充分利用建筑物的面积,避免资源、能源及经济上的浪费。尽量使用高效的保暖层及玻璃,并注意施工的质量及气密性。

在南方较热的地区,使用低辐射玻璃。利用自然能源来提供建筑物部分的供暖、间接照明及冷却(风向与气流的运用),同时也可考虑太阳能热水系统与太阳能电池。以外墙的标准尺寸化及模数化、合理的结构系统、结构轻量化等来减少建材的浪费。

节省水资源包括省水器材、中水利用计划、雨水再利用与植栽浇灌节水等。结构上考虑未来功能变更的可能性,尽量考虑使用可回收或可再生利用的材料。考虑设置绿屋顶或者高反射率屋顶,可减低保暖及空调设备的能源用量。

(三)我国绿色建筑的发展

绿色建筑是顺应可持续发展和环境保护的要求而产生的,其内容十分丰富。主要包括场地选址、节水、节能、材料和部件的重复利用、太阳能等洁净可再生能源的使用、室内环境质量等。积极发展绿色建筑,符合当今世界和平与发展的主流。按照绿色建筑标准建设的住宅,不仅可以让入住者享受更舒适、更方便、更健康的生活条件,而且有利于保护生态环境,有利于节约能源。

绿色建筑目前在中国还处于起步阶段,因此在绿色建筑发展中一是要推广绿色建筑,增强全社会的生态环境意识。要通过广泛有效的宣传,让全社会更加了解绿色建筑的诸多优点,从而认同绿色建筑,支持绿色建筑,并成为建筑发展的新潮流导向。二是要制定相关政策法规,引导绿色建筑健康发展。三是绿色建筑要避免无实质的概念化炒作,实实在在搞一些符合绿色建筑技术要求的建筑工程项目。要制定绿色建筑的标准规范,针对绿色建筑涉及的内容,及时组织有关专家制定绿色建筑设计、施工的技术标准和规范,以确保绿色建筑的质量。要在绿色建筑行业推广一些先进适用的新材料、新产品、新技术,大力提高绿色建筑的科技含量。

(四)绿色建筑中关键技术综合应用

我国首幢超低能耗示范楼坐落于清华大学校园东区,总建筑面积 2 920m^2,作为 2008 年奥运建筑"前期示范工程",旨在通过其体现奥运建筑"高科技"、"绿色"、"人性化"。同时,该楼是国家"十五"科技攻关项目"绿色建筑关键技术研究"技术集成平台,用于展示和试验各种低能耗、生态化、人性化的建筑形式及先进技术产品,并在此基础上开展建筑技术科学领域基础与应用性研究,并作为展示与宣传各种最新技术的舞台。

作为绿色建筑的示范，超低能耗楼在设计方案中主要考虑了以下几方面关键技术的应用。

1.智能围护结构

超低能耗楼外围护结构体系主要是针对可调控的"智能型"外围护结构进行研究，使其能够自动适应气候条件变化和室内环境控制要求的变化。从采光、保温、隔热、通风、太阳能利用等进行综合分析，给出不同环境条件下的推荐形式。

示范楼东立面有三种幕墙方式，分别为宽通道外循环式双层皮幕墙、玻璃幕墙+水平外遮阳、玻璃幕墙+垂直外遮阳。东立面大型外遮阳装置，叶片宽度为600mm，叶片间距同样是600mm，单片遮阳板长度可达6m。根据采光、视野和能量收集的不同要求，水平外遮阳板分为三组，能够根据室内采光度和太阳光的不同照射角度等，及时调整外遮阳百叶开启角度，从而达到室内采光与外遮阳两者间的最佳结合。示范楼东侧内开窗采用隔热铝合金窗，选用20mm宽隔热条铝合金型材及暖边密封系统，具有良好的窗扇整体刚性和保温性能。

南立面有三种幕墙方式，一种与东立面玻璃幕墙+水平外遮阳类似，区别是双中空玻璃幕墙的中间一片采用真空玻璃。南立面另外两种幕墙则和东立面不同，一是其安装方式为单元式，二是采用窄通道的通风方式。其中一层和二层为内循环方式，通风夹层为200mm，通风系统与空调排风系统相结合，房间空调回风通过双层皮之间的通道后进入排风道，达到夏季利用排风中的冷量而冬季利用排风中的热量实现节能。

西立面和北立面采用轻质保温外墙，从外到内依次为铝幕墙、保温棉、石膏砌块。其中石膏砌块利用发电厂烟气脱硫的副产品，粉碎后还可回收利用，而聚氨酯保温材料的原料之一也是废旧塑料瓶、光盘等产品回用，体现了在材料选择上全生命周期的环保理念。

西立面及北立面外窗采用多腔结构的PVC塑钢窗，并统一安装卷帘外遮阳。

屋面有两类，一类为种植屋面，其中有保温层。另一部分透光屋面是生态仓屋顶，屋顶斜面部分采用了自洁净玻璃。

示范楼采用了高架活动地板的方式，架空层高度1.2m，此高度远大于常规项目，具有试验性质，旨在为今后空调风道、各类水管、电缆、综合布线等均隐藏在架空层内的各类管线的移动调整提供便利。

示范楼的围护结构由玻璃幕墙、轻质保温外墙组成，热容较小，低热惯性容易导致室内温度波动大，尤其是在冬季，昼夜温差会超过10℃。为增加建筑热惯性，以使室内热环境更加稳定，示范楼采用了相变蓄热地板的设计方案，将相变温度为20～22℃的定形相变材料放置于常规的活动地板内作为部分填充物，由此形成的蓄热体在冬季的白天可蓄存由玻璃幕墙和窗户进入室内的太阳辐射热，晚上材料相变向室内放出蓄存的热量，这样室内温度波动将不超过6℃。

2.室内环境控制系统方案

一是自然通风利用。超低能耗示范楼利用热压通风和风压通风的结合，根据建筑结构形式及周围环境的特点，在楼梯间和走廊设置三个通风竖井，负责不同楼层的热压通风。在建筑顶端设计玻璃烟囱，利用太阳能强化通风。为实现自然通风、自然采光同时又满足防火要求，室内楼梯间成为一个多功能综合体，楼梯间井道利用高强度单片铯钾防火玻璃建成,使得玻璃通风道同时解决了室内楼梯间的自然采光需求。此外在建筑外立面合适部位设置开启扇,室外空气在风压通风的作用下可顺畅地流过建筑。

二是湿度独立控制的新风处理方式。超低能耗示范楼共设置4台4 000m^3/h新风机组,通过溶液除湿设备的处理,可提供干燥的新风,用来消除室内的湿负荷,同时满足室内人员的新风要求。此外示范楼的新风机组同时可实现全热回收效率超过80%的高效热回收。

三是模块化的末端调节设备。通过溶液除湿后的新风可带走室内的湿负荷,房间内的末端装置仅负责显热部分(冷冻水温度可采用18℃),按照干工况运行,不存在结露现象,彻底避免了潮湿表面滋长霉菌,恶化空气质量。示范楼内提供模块化的空调末端配置,根据房间实际使用功能灵活组合。

四是室内照明系统。照明系统采用背景照明与桌面台灯相结合。其中全楼背景照明系统能自动补充日照水平,高效荧光灯在每个阶段提供300 lx,整体感应器测量内部光线度和光线运动情况,如果有足够的日光则使灯变暗,如果没有人使用这一房间,则把该房间的灯关掉。感应器还有红外线接收器,允许使用者通过电脑来控制照明度。

3.能源和设备系统方案

示范楼能源和设备系统采用多项节能措施和可再生能源技术。在设计阶段的模拟分析表明包括照明和办公设备在内,示范楼单位面积全年总用电量指标为40kW·h/m^2,是北京市高档办公建筑总用电量指标的30%。

一是BCHP系统。示范楼的能源系统采用楼宇式热电联供系统BCHP,大楼所发电力除供应本楼使用,还可并入校园电网供校内其他建筑使用。发电后的废热冬季可直接用于供热或用于驱动吸收式热泵,此外烟气冷凝余热充分回收,热电联产系统的总用能效率可接近100%。夏季溴化锂溶液除湿系统承担室内潜热负荷,显热负荷可以通过3种方式(微离心式电制冷机、利用内燃机废热的吸收式热泵、直接利用溴化锂浓溶液产生冷冻水的制冷机)产生18~21℃的冷冻水来承担。

冬季4种热电联产方式交替运行,夏季3种制冷机可联合或交替运行,这样冬季及夏季为满足试验需求及负荷特性,可有近十种不同的运行模式,通过多种组合的详细运行数据可为北京市乃至全国各类建筑的能源系统总结推荐的系统方案。

二是高温冷水机组。由于多项节能措施的采用,示范楼夏季最大供冷量仅需120kW,而且大多数时间为部分负荷。另外,由于采用了独立湿度控制的新风机组,除湿任务由溶液除湿系统承担,冷机仅承担显热负荷,夏季冷水温度18℃即可满足要求。基于这样的供冷需求,示范楼选用了小型高效率离心式压缩机,在一个夏天运行后,可比常规的制冷方式节省50%以上的电量。

三是空调末端控制调节措施与输配系统。示范楼空调系统根据负荷需求调节,其中新风根据室内CO_2浓度或回风湿度调节,新风机变频调速,排风机与新风机同步变化。

4.可再生能源利用

可再生能源的利用表现在以下几方面。

一是光电玻璃。楼南立面装有约30m^2的光电玻璃,设计峰值发电能力为5kW。位于结构夹层外侧,不影响采光,同时与双层皮幕墙结合组成光电幕墙,作为集太阳能光伏发电技术与幕墙技术为一身的新型功能性建筑幕墙示范。

二是太阳能空气集热器。利用联集管式太阳能空气集热器，日集热效率可达到50%。

三是太阳能庭院灯。选用太阳能庭院灯为大楼入口处提供夜间照明，选用LED光源。

四是太阳光采光技术。南侧室外设置自动跟踪太阳光的太阳光采集系统，为地下室提供采光，减少白天照明电耗。

5.测量和控制系统

超低能耗楼实现了消防、保安、照明、空调、办公、通讯等多个系统的智能化，其中重点内容为完善的设备节能管理系统，其控制管理的任务可以归纳为以下几个方面。

一是对照明系统、围护结构、冷热源系统等系统设备进行调节，保证系统设备的安全可靠运行，实现室内的舒适性要求，优化系统运行和设备调节，降低能耗。

二是对整个建筑电耗、燃气量、城市热网热用量的统计，内燃机等发电、供热量的计量，以及各子系统和子系统设备电耗的分支计量。

三是气象参数监测、围护结构热工性能逐时监测，反映室内环境舒适度的温湿度、CO_2 浓度、照度等参数的测试以及反映系统运行状况的水温、风温、烟气温度、烟气流量等参数的监测。

四是提供对设备的管理机制。建立系统设备的数据库，使研究人员能够方便地查询到设备的出厂信息、在示范楼系统图中的位置和空间位置、当前工作状态和历史运行记录。

五是根据试验研究的需要以及设备研究的需要，楼控系统应提供多种操作模式。包括现场手动操作，手动、自动模式切换，通过控制系统对设备的人工调节、程序自动控制等。示范楼各系统设备会经常改变，楼控系统需要为人工设定传感器与执行器的关联途径，编辑控制算法提供改变的接口。为满足上述要求，楼控系统由测量网、控制网和办公网组成。

该楼是我国首个综合了示范、展示、试验功能的绿色建筑，其建安成本单位建筑面积为10 000元。该楼2005年1月竣工并投入使用，多种生态与节能措施实际应用效果将通过详细的测试及计量结果验证，从这种意义上讲，示范楼是一个以真实建筑为基础的试验台，在大楼方案论证阶段，就贯穿可更新、可调节、可拓展思路，为未来更深入的试验及科研创造条件。

附　录

建筑节能相关政策与法规

中华人民共和国节约能源法

（1997年11月1日中华人民共和国主席令第90号公布）

第一章　总　则

第一条　为了推进全社会节约能源，提高能源利用效率和经济效益，保护环境，保障国民经济和社会的发展，满足人民生活需要，制定本法。

第二条　本法所称能源，是指煤炭、原油、天然气、电力、焦炭、煤气、热力、成品油、液化石油气、生物质能和其他直接或者通过加工、转换而取得有用能的各种资源。

第三条　本法所称节能，是指加强用能管理，采取技术上可行、经济上合理以及环境和社会可以承受的措施，减少从能源生产到消费各个环节中的损失和浪费，更加有效、合理地利用能源。

第四条　节能是国家发展经济的一项长远战略方针。

国务院和省、自治区、直辖市人民政府应当加强节能工作，合理调整产业结构、企业结构、产品结构和能源消费结构，推进节能技术进步，降低单位产值能耗和单位产品能耗，改善能源的开发、加工转换、输送和供应，逐步提高能源利用效率，促进国民经济向节能型发展。

国家鼓励开发、利用新能源和可再生能源。

第五条　国家制定节能政策，编制节能计划，并纳入国民经济和社会发展计划，保障能源的合理利用，并与经济发展、环境保护相协调。

第六条　国家鼓励、支持节能科学技术的研究和推广，加强节能宣传和教育，普及节能科学知识，增强全民的节能意识。

第七条　任何单位和个人都应当履行节能义务，有权检举浪费能源的行为。

各级人民政府对在节能或者节能科学技术研究、推广中有显著成绩的单位和个人给予奖励。

第八条　国务院管理节能工作的部门主管全国的节能监督管理工作。国务院有关部门在各自的职责范围内负责节能监督管理工作。

县级以上地方人民政府管理节能工作的部门主管本行政区域内的节能监督管理工作。县级以上地方人民政府有关部门在各自的职责范围内负责节能监督管理工作。

第二章　节能管理

第九条　国务院和地方各级人民政府应当加强对节能工作的领导，每年部署、协调、监督、检查、推动节能工作。

第十条　国务院和省、自治区、直辖市人民政府应当根据能源节约与能源开发并举，把能源节约放在首位的方针，在对能源节约与能源开发进行技术、经济和环境比较论证的基础上，择优选定能源节约、能源开发投资项目，制定能源投资计划。

第十一条　国务院和省、自治区、直辖市人民政府应当在基本建设、技术改造资金中安排节能资金，用于支持能源的合理利用以及新能源和可再生能源的开发。

市、县人民政府根据实际情况安排节能资金，用于支持能源的合理利用以及新能源和可再生能源的开发。

第十二条　固定资产投资工程项目的可行性研究报告，应当包括合理用能的专题论证。

固定资产投资工程项目的设计和建设，应当遵守合理用能标准和节能设计规范。

达不到合理用能标准和节能设计规范要求的项目，依法审批的机关不得批准建设；项目建成后，达不到合理用能标准和节能设计规范要求的，不予验收。

第十三条　禁止新建技术落后、耗能过高、严重浪费能源的工业项目。禁止新建的耗能过高的工业项目的名录和具体实施办法，由国务院管理节能工作的部门会同国务院有关部门制定。

第十四条　国务院标准化行政主管部门制定有关节能的国家标准。

对没有前款规定的国家标准的，国务院有关部门可以依法制定有关节能的行业标准，并报国务院标准化行政主管部门备案。

制定有关节能的标准应当做到技术上先进，经济上合理，并不断加以完善和改进。

第十五条　国务院管理节能工作的部门应当会同国务院有关部门对生产量大、面广的用能产品的行业加强监督，督促其采取节能措施，努力提高产品的设计和制造技术，逐步降低本行业的单位产品能耗。

第十六条　省级以上人民政府管理节能工作的部门，应当会同同级有关部门，对生产过程中耗能较高的产品制定单位产品能耗限额。

制定单位产品能耗限额应当科学、合理。

第十七条　国家对落后的耗能过高的用能产品、设备实行淘汰制度。

淘汰的耗能过高的用能产品、设备的名录由国务院管理节能工作的部门会同国务院有关部门确定并公布。具体实施办法由国务院管理节能工作的部门会同国务院有关部门制定。

第十八条　企业可以根据自愿原则，按照国家有关产品质量认证的规定，向国务院产品质量监督管理部门或者国务院产品质量监督管理部门授权的部门认可的认证机构提出用能产品节能质量认证申请；经认证合格后，取得节能质量认证证书，在用能产品或者其包装上使用节能质量认证标志。

第十九条 县级以上各级人民政府统计机构应当会同同级有关部门，做好能源消费和利用状况的统计工作，并定期发布公报，公布主要耗能产品的单位产品能耗等状况。

第二十条 国家对重点用能单位要加强节能管理。

下列用能单位为重点用能单位：

（一）年综合能源消费总量1万吨标准煤以上的用能单位；

（二）国务院有关部门或者省、自治区、直辖市人民政府管理节能工作的部门指定的年综合能源消费总量5 000吨以上不满1万吨标准煤的用能单位。

县级以上各级人民政府管理节能工作的部门应当组织有关部门对重点用能单位的能源利用状况进行监督检查，可以委托具有检验测试技术条件的单位依法进行节能的检验测试。

重点用能单位的节能要求、节能措施和管理办法，由国务院管理节能工作的部门会同国务院有关部门制定。

第三章 合理使用能源

第二十一条 用能单位应当按照合理用能的原则，加强节能管理，制定并组织实施本单位的节能技术措施，降低能耗。

用能单位应当开展节能教育，组织有关人员参加节能培训。

未经节能教育、培训的人员，不得在耗能设备操作岗位上工作。

第二十二条 用能单位应当加强能源计量管理，健全能源消费统计和能源利用状况分析制度。

第二十三条 用能单位应当建立节能工作责任制，对节能工作取得成绩的集体、个人给予奖励。

第二十四条 生产耗能较高的产品的单位，应当遵守依法制定的单位产品能耗限额。

超过单位产品能耗限额用能，情节严重的，限期治理。限期治理由县级以上人民政府管理节能工作的部门按照国务院规定的权限决定。

第二十五条 生产、销售用能产品和使用用能设备的单位和个人，必须在国务院管理节能工作的部门会同国务院有关部门规定的期限内，停止生产、销售国家明令淘汰的用能产品，停止使用国家明令淘汰的用能设备，并不得将淘汰的设备转让给他人使用。

第二十六条 生产用能产品的单位和个人，应当在产品说明书和产品标识上如实注明能耗指标。

第二十七条 生产用能产品的单位和个人，不得使用伪造的节能质量认证标志或者冒用节能质量认证标志。

第二十八条 重点用能单位应当按照国家有关规定定期报送能源利用状况报告。能源利用状况包括能源消费情况、用能效率和节能效益分析、节能措施等内容。

第二十九条 重点用能单位应当设立能源管理岗位，在具有节能专业知识、实际经验以及工程师以上技术职称的人员中聘任能源管理人员，并向县级以上人民政府管理节能工作的部门和有关部门备案。

能源管理人员负责对本单位的能源利用状况进行监督、检查。

第三十条　单位职工和其他城乡居民使用企业生产的电、煤气、天然气、煤等能源应当按照国家规定计量和交费，不得无偿使用或者实行包费制。

第三十一条　能源生产经营单位应当依照法律、法规的规定和合同的约定向用能单位提供能源。

第四章　节能技术进步

第三十二条　国家鼓励、支持开发先进节能技术，确定开发先进节能技术的重点和方向，建立和完善节能技术服务体系，培育和规范节能技术市场。

第三十三条　国家组织实施重大节能科研项目、节能示范工程，提出节能推广项目，引导企业事业单位和个人采用先进的节能工艺、技术、设备和材料。

国家制定优惠政策，对节能示范工程和节能推广项目给予支持。

第三十四条　国家鼓励引进境外先进的节能技术和设备，禁止引进境外落后的用能技术、设备和材料。

第三十五条　在国务院和省、自治区、直辖市人民政府安排的科学研究资金中应当安排节能资金，用于先进节能技术研究。

第三十六条　县级以上各级人民政府应当组织有关部门根据国家产业政策和节能技术政策，推动符合节能要求的科学、合理的专业化生产。

第三十七条　建筑物的设计和建造应当依照有关法律、行政法规的规定，采用节能型的建筑结构、材料、器具和产品，提高保温隔热性能，减少采暖、制冷、照明的能耗。

第三十八条　各级人民政府应当按照因地制宜、多能互补、综合利用、讲求效益的方针，加强农村能源建设，开发、利用沼气、太阳能、风能、水能、地热等可再生能源和新能源。

第三十九条　国家鼓励发展下列通用节能技术：

（一）推广热电联产、集中供热，提高热电机组的利用率，发展热能梯级利用技术，热、电、冷联产技术和热、电、煤气三联供技术，提高热能综合利用率；

（二）逐步实现电动机、风机、泵类设备和系统的经济运行，发展电机调速节电和电力电子节电技术，开发、生产、推广质优、价廉的节能器材，提高电能利用效率；

（三）发展和推广适合国内煤种的流化床燃烧、无烟燃烧和气化、液化等洁净煤技术，提高煤炭利用效率；

（四）发展和推广其他在节能工作中证明技术成熟、效益显著的通用节能技术。

第四十条　各行业应当制定行业节能技术政策，发展、推广节能新技术、新工艺、新设备和新材料，限制或者淘汰能耗高的老旧技术、工艺、设备和材料。

第四十一条　国务院管理节能工作的部门应当会同国务院有关部门规定通用的和分行业的具体的节能技术指标、要求和措施，并根据经济和节能技术的发展情况适时修订，提高能源利用效率，降低能源消耗，使我国能源利用状况逐步赶上国际先进水平。

第五章 法律责任

第四十二条 违反本法第十三条规定，新建国家明令禁止新建的高耗能工业项目的，由县级以上人民政府管理节能工作的部门提出意见，报请同级人民政府按照国务院规定的权限责令停止投入生产或者停止使用。

第四十三条 生产耗能较高的产品的单位，违反本法第二十四条规定，超过单位产品能耗限额用能，情节严重，经限期治理逾期不治理或者没有达到治理要求的，可以由县级以上人民政府管理节能工作的部门提出意见，报请同级人民政府按照国务院规定的权限责令停业整顿或者关闭。

第四十四条 违反本法第二十五条规定，生产、销售国家明令淘汰的用能产品的，由县级以上人民政府管理产品质量监督工作的部门责令停止生产、销售国家明令淘汰的用能产品，没收违法生产、销售的国家明令淘汰的用能产品和违法所得，并处违法所得一倍以上五倍以下的罚款；可以由县级以上人民政府工商行政管理部门吊销营业执照。

第四十五条 违反本法第二十五条规定，使用国家明令淘汰的用能设备的，由县级以上人民政府管理节能工作的部门责令停止使用，没收国家明令淘汰的用能设备；情节严重的，县级以上人民政府管理节能工作的部门可以提出意见，报请同级人民政府按照国务院规定的权限责令停业整顿或者关闭。

第四十六条 违反本法第二十五条规定，将淘汰的用能设备转让他人使用的，由县级以上人民政府管理产品质量监督工作的部门没收违法所得，并处违法所得一倍以上五倍以下的罚款。

第四十七条 违反本法第二十六条规定，未在产品说明书和产品标识上注明能耗指标的，由县级以上人民政府管理产品质量监督工作的部门责令限期改正，可以处5万元以下的罚款。

违反本法第二十六条规定，在产品说明书和产品标识上注明的能耗指标不符合产品的实际情况的，除依照前款规定处罚外，依照有关法律的规定承担民事责任。

第四十八条 违反本法第二十七条规定，使用伪造的节能质量认证标志或者冒用节能质量认证标志的，由县级以上人民政府管理产品质量监督工作的部门责令公开改正，没收违法所得，可以并处违法所得一倍以上五倍以下的罚款。

第四十九条 国家工作人员在节能工作中滥用职权、玩忽职守、徇私舞弊，构成犯罪的，依法追究刑事责任；尚不构成犯罪的，给予行政处分。

第六章 附　则

第五十条 本法自1998年1月1日起施行。

中华人民共和国可再生能源法

（2005年2月28日第十届全国人民代表大会常务委员会第十四次会议通过）

第一章　总　则

第一条　为了促进可再生能源的开发利用，增加能源供应，改善能源结构，保障能源安全，保护环境，实现经济社会的可持续发展，制定本法。

第二条　本法所称可再生能源，是指风能、太阳能、水能、生物质能、地热能、海洋能等非石化能源。

水力发电对本法的适用，由国务院能源主管部门规定，报国务院批准。

通过低效率炉灶直接燃烧方式利用秸秆、薪柴、粪便等，不适用本法。

第三条　本法适用于中华人民共和国领域和管辖的其他海域。

第四条　国家将可再生能源的开发利用列为能源发展的优先领域，通过制定可再生能源开发利用总量目标和采取相应措施，推动可再生能源市场的建立和发展。

国家鼓励各种所有制经济主体参与可再生能源的开发利用，依法保护可再生能源开发利用者的合法权益。

第五条　国务院能源主管部门对全国可再生能源的开发利用实施统一管理。国务院有关部门在各自的职责范围内负责有关的可再生能源开发利用管理工作。

县级以上地方人民政府管理能源工作的部门负责本行政区域内可再生能源开发利用的管理工作。县级以上地方人民政府有关部门在各自的职责范围内负责有关的可再生能源开发利用管理工作。

第二章　资源调查与发展规划

第六条　国务院能源主管部门负责组织和协调全国可再生能源资源的调查，并会同国务院有关部门组织制定资源调查的技术规范。

国务院有关部门在各自的职责范围内负责相关可再生能源资源的调查，调查结果报国务院能源主管部门汇总。

可再生能源资源的调查结果应当公布；但是，国家规定需要保密的内容除外。

第七条　国务院能源主管部门根据全国能源需求与可再生能源资源实际状况，制定全国可再生能源开发利用中长期总量目标，报国务院批准后执行，并予公布。

国务院能源主管部门根据前款规定的总量目标和省、自治区、直辖市经济发展与可再生能源资源实际状况，会同省、自治区、直辖市人民政府确定各行政区域可再生能源开发利用中长期目标，并予公布。

第八条　国务院能源主管部门根据全国可再生能源开发利用中长期总量目标，会同国务院有关部门，编制全国可再生能源开发利用规划，报国务院批准后实施。

省、自治区、直辖市人民政府管理能源工作的部门根据本行政区域可再生能源开发利用中长期目标，会同本级人民政府有关部门编制本行政区域可再生能源开发利用规划，报本级人民政府批准后实施。

经批准的规划应当公布；但是，国家规定需要保密的内容除外。

经批准的规划需要修改的，须经原批准机关批准。

第九条 编制可再生能源开发利用规划，应当征求有关单位、专家和公众的意见，进行科学论证。

第三章 产业指导与技术支持

第十条 国务院能源主管部门根据全国可再生能源开发利用规划，制定、公布可再生能源产业发展指导目录。

第十一条 国务院标准化行政主管部门应当制定、公布国家可再生能源电力的并网技术标准和其他需要在全国范围内统一技术要求的有关可再生能源技术和产品的国家标准。

对前款规定的国家标准中未作规定的技术要求，国务院有关部门可以制定相关的行业标准，并报国务院标准化行政主管部门备案。

第十二条 国家将可再生能源开发利用的科学技术研究和产业化发展列为科技发展与高技术产业发展的优先领域，纳入国家科技发展规划和高技术产业发展规划，并安排资金支持可再生能源开发利用的科学技术研究、应用示范和产业化发展，促进可再生能源开发利用的技术进步，降低可再生能源产品的生产成本，提高产品质量。

国务院教育行政部门应当将可再生能源知识和技术纳入普通教育、职业教育课程。

第四章 推广与应用

第十三条 国家鼓励和支持可再生能源并网发电。

建设可再生能源并网发电项目，应当依照法律和国务院的规定取得行政许可或者报送备案。

建设应当取得行政许可的可再生能源并网发电项目，有多人申请同一项目许可的，应当依法通过招标确定被许可人。

第十四条 电网企业应当与依法取得行政许可或者报送备案的可再生能源发电企业签订并网协议，全额收购其电网覆盖范围内可再生能源并网发电项目的上网电量，并为可再生能源发电提供上网服务。

第十五条 国家扶持在电网未覆盖的地区建设可再生能源独立电力系统，为当地生产和生活提供电力服务。

第十六条 国家鼓励清洁、高效地开发利用生物质燃料，鼓励发展能源作物。

利用生物质资源生产的燃气和热力，符合城市燃气管网、热力管网的入网技术标准的，经营燃气管网、热力管网的企业应当接收其入网。

国家鼓励生产和利用生物液体燃料。石油销售企业应当按照国务院能源主管部门或者省级人民政府的规定,将符合国家标准的生物液体燃料纳入其燃料销售体系。

第十七条　国家鼓励单位和个人安装和使用太阳能热水系统、太阳能供热采暖和制冷系统、太阳能光伏发电系统等太阳能利用系统。

国务院建设行政主管部门会同国务院有关部门制定太阳能利用系统与建筑结合的技术经济政策和技术规范。

房地产开发企业应当根据前款规定的技术规范,在建筑物的设计和施工中,为太阳能利用提供必备条件。

对已建成的建筑物,住户可以在不影响其质量与安全的前提下安装符合技术规范和产品标准的太阳能利用系统;但是,当事人另有约定的除外。

第十八条　国家鼓励和支持农村地区的可再生能源开发利用。

县级以上地方人民政府管理能源工作的部门会同有关部门,根据当地经济社会发展、生态保护和卫生综合治理需要等实际情况,制定农村地区可再生能源发展规划,因地制宜地推广应用沼气等生物质资源转化、户用太阳能、小型风能、小型水能等技术。

县级以上人民政府应当对农村地区的可再生能源利用项目提供财政支持。

第五章　价格管理与费用分摊

第十九条　可再生能源发电项目的上网电价,由国务院价格主管部门根据不同类型可再生能源发电的特点和不同地区的情况,按照有利于促进可再生能源开发利用和经济合理的原则确定,并根据可再生能源开发利用技术的发展适时调整。上网电价应当公布。

依照本法第十三条第三款规定实行招标的可再生能源发电项目的上网电价,按照中标确定的价格执行;但是,不得高于依照前款规定确定的同类可再生能源发电项目的上网电价水平。

第二十条　电网企业依照本法第十九条规定确定的上网电价收购可再生能源电量所发生的费用,高于按照常规能源发电平均上网电价计算所发生费用之间的差额,附加在销售电价中分摊。具体办法由国务院价格主管部门制定。

第二十一条　电网企业为收购可再生能源电量而支付的合理的接网费用以及其他合理的相关费用,可以计入电网企业输电成本,并从销售电价中回收。

第二十二条　国家投资或者补贴建设的公共可再生能源独立电力系统的销售电价,执行同一地区分类销售电价,其合理的运行和管理费用超出销售电价的部分,依照本法第二十条规定的办法分摊。

第二十三条　进入城市管网的可再生能源热力和燃气的价格,按照有利于促进可再生能源开发利用和经济合理的原则,根据价格管理权限确定。

第六章　经济激励与监督措施

第二十四条　国家财政设立可再生能源发展专项资金,用于支持以下活动:

（一）可再生能源开发利用的科学技术研究、标准制定和示范工程；

（二）农村、牧区生活用能的可再生能源利用项目；

（三）偏远地区和海岛可再生能源独立电力系统建设；

（四）可再生能源的资源勘查、评价和相关信息系统建设；

（五）促进可再生能源开发利用设备的本地化生产。

第二十五条　对列入国家可再生能源产业发展指导目录、符合信贷条件的可再生能源开发利用项目，金融机构可以提供有财政贴息的优惠贷款。

第二十六条　国家对列入可再生能源产业发展指导目录的项目给予税收优惠。具体办法由国务院规定。

第二十七条　电力企业应当真实、完整地记载和保存可再生能源发电的有关资料，并接受电力监管机构的检查和监督。

电力监管机构进行检查时，应当依照规定的程序进行，并为被检查单位保守商业秘密和其他秘密。

第七章　法律责任

第二十八条　国务院能源主管部门和县级以上地方人民政府管理能源工作的部门和其他有关部门在可再生能源开发利用监督管理工作中，违反本法规定，有下列行为之一的，由本级人民政府或者上级人民政府有关部门责令改正，对负有责任的主管人员和其他直接责任人员依法给予行政处分；构成犯罪的，依法追究刑事责任：

（一）不依法作出行政许可决定的；

（二）发现违法行为不予查处的；

（三）有不依法履行监督管理职责的其他行为的。

第二十九条　违反本法第十四条规定，电网企业未全额收购可再生能源电量，造成可再生能源发电企业经济损失的，应当承担赔偿责任，并由国家电力监管机构责令限期改正；拒不改正的，处以可再生能源发电企业经济损失额一倍以下的罚款。

第三十条　违反本法第十六条第二款规定，经营燃气管网、热力管网的企业不准许符合入网技术标准的燃气、热力入网，造成燃气、热力生产企业经济损失的，应当承担赔偿责任，并由省级人民政府管理能源工作的部门责令限期改正；拒不改正的，处以燃气、热力生产企业经济损失额一倍以下的罚款。

第三十一条　违反本法第十六条第三款规定，石油销售企业未按照规定将符合国家标准的生物液体燃料纳入其燃料销售体系，造成生物液体燃料生产企业经济损失的，应当承担赔偿责任，并由国务院能源主管部门或者省级人民政府管理能源工作的部门责令限期改正；拒不改正的，处以生物液体燃料生产企业经济损失额一倍以下的罚款。

第八章　附　则

第三十二条　本法中下列用语的含义：

（一）生物质能，是指利用自然界的植物、粪便以及城乡有机废物转化成的能源。

（二）可再生能源独立电力系统，是指不与电网连接的单独运行的可再生能源电力系统。

（三）能源作物，是指经专门种植，用以提供能源原料的草本和木本植物。

（四）生物液体燃料，是指利用生物质资源生产的甲醇、乙醇和生物柴油等液体燃料。

第三十三条 本法自2006年1月1日起施行。

民用建筑节能管理规定

（2005 年 10 月 28 日建设部 143 号令）

第一条 为了加强民用建筑节能管理，提高能源利用效率，改善室内热环境质量，根据《中华人民共和国节约能源法》、《中华人民共和国建筑法》、《建设工程质量管理条例》，制定本规定。

第二条 本规定所称民用建筑，是指居住建筑和公共建筑。

本规定所称民用建筑节能，是指民用建筑在规划、设计、建造和使用过程中，通过采用新型墙体材料，执行建筑节能标准，加强建筑物用能设备的运行管理，合理设计建筑围护结构的热工性能，提高采暖、制冷、照明、通风、给排水和通道系统的运行效率，以及利用可再生能源，在保证建筑物使用功能和室内热环境质量的前提下，降低建筑能源消耗，合理、有效地利用能源的活动。

第三条 国务院建设行政主管部门负责全国民用建筑节能的监督管理工作。

县级以上地方人民政府建设行政主管部门负责本行政区域内民用建筑节能的监督管理工作。

第四条 国务院建设行政主管部门根据国家节能规划，制定国家建筑节能专项规划；省、自治区、直辖市以及设区城市人民政府建设行政主管部门应当根据本地节能规划，制定本地建筑节能专项规划，并组织实施。

第五条 编制城乡规划应当充分考虑能源、资源的综合利用和节约，对城镇布局、功能区设置、建筑特征，基础设施配置的影响进行研究论证。

第六条 国务院建设行政主管部门根据建筑节能发展状况和技术先进、经济合理的原则，组织制定建筑节能相关标准，建立和完善建筑节能标准体系；省、自治区、直辖市人民政府建设行政主管部门应当严格执行国家民用建筑节能有关规定，可以制定严于国家民用建筑节能标准的地方标准或者实施细则。

第七条 鼓励民用建筑节能的科学研究和技术开发，推广应用节能型的建筑、结构、材料、用能设备和附属设施及相应的施工工艺、应用技术和管理技术，促进可再生能源的开发利用。

第八条 鼓励发展下列建筑节能技术和产品：

（一）新型节能墙体和屋面的保温、隔热技术与材料；

（二）节能门窗的保温隔热和密闭技术；

（三）集中供热和热、电、冷联产联供技术；

（四）供热采暖系统温度调控和分户热量计量技术与装置；

（五）太阳能、地热等可再生能源应用技术及设备；

（六）建筑照明节能技术与产品；

（七）空调制冷节能技术与产品；

（八）其他技术成熟、效果显著的节能技术和节能管理技术。

鼓励推广应用和淘汰的建筑节能部品及技术的目录，由国务院建设行政主管部门制定;省、自治区、直辖市建设行政主管部门可以结合该目录,制定适合本区域的鼓励推广应用和淘汰的建筑节能部品及技术的目录。

第九条 国家鼓励多元化、多渠道投资既有建筑的节能改造,投资人可以按照协议分享节能改造的收益;鼓励研究制定本地区既有建筑节能改造资金筹措办法和相关激励政策。

第十条 建筑工程施工过程中,县级以上地方人民政府建设行政主管部门应当加强对建筑物的围护结构(含墙体、屋面、门窗、玻璃幕墙等)、供热采暖和制冷系统、照明和通风等电器设备是否符合节能要求的监督检查。

第十一条 新建民用建筑应当严格执行建筑节能标准要求,民用建筑工程扩建和改建时,应当对原建筑进行节能改造。

既有建筑节能改造应当考虑建筑物的寿命周期,对改造的必要性、可行性以及投入收益比进行科学论证。节能改造要符合建筑节能标准要求,确保结构安全,优化建筑物使用功能。

寒冷地区和严寒地区既有建筑节能改造应当与供热系统节能改造同步进行。

第十二条 采用集中采暖制冷方式的新建民用建筑应当安设建筑物室内温度控制和用能计量设施,逐步实行基本冷热价和计量冷热价共同构成的两部制用能价格制度。

第十三条 供热单位、公共建筑所有权人或者其委托的物业管理单位应当制定相应的节能建筑运行管理制度,明确节能建筑运行状态各项性能指标、节能工作诸环节的岗位目标责任等事项。

第十四条 公共建筑的所有权人或者委托的物业管理单位应当建立用能档案,在供热或者制冷间歇期委托相关检测机构对用能设备和系统的性能进行综合检测评价,定期进行维护、维修、保养及更新置换,保证设备和系统的正常运行。

第十五条 供热单位、房屋产权单位或者其委托的物业管理等有关单位,应当记录并按有关规定上报能源消耗资料。

鼓励新建民用建筑和既有建筑实施建筑能效测评。

第十六条 从事建筑节能及相关管理活动的单位,应当对其从业人员进行建筑节能标准与技术等专业知识的培训。

建筑节能标准和节能技术应当作为注册城市规划师、注册建筑师、勘察设计注册工程师、注册监理工程师、注册建造师等继续教育的必修内容。

第十七条 建设单位应当按照建筑节能政策要求和建筑节能标准委托工程项目的设计。

建设单位不得以任何理由要求设计单位、施工单位擅自修改经审查合格的节能设计文件,降低建筑节能标准。

第十八条 房地产开发企业应当将所售商品住房的节能措施、围护结构保温隔热性能指标等基本信息在销售现场显著位置予以公示,并在《住宅使用说明书》中予以载明。

第十九条 设计单位应当依据建筑节能标准的要求进行设计,保证建筑节能设计质量。

施工图设计文件审查机构在进行审查时,应当审查节能设计的内容,在审查报告中单列节能审查章节;不符合建筑节能强制性标准的,施工图设计文件审查结论应当定为不合格。

第二十条 施工单位应当按照审查合格的设计文件和建筑节能施工标准的要求进行施工,保证工程施工质量。

第二十一条 监理单位应当依照法律、法规以及建筑节能标准、节能设计文件、建设工程承包合同及监理合同对节能工程建设实施监理。

第二十二条 对超过能源消耗指标的供热单位、公共建筑的所有权人或者其委托的物业管理单位,责令限期达标。

第二十三条 对擅自改变建筑围护结构节能措施,并影响公共利益和他人合法权益的,责令责任人及时予以修复,并承担相应的费用。

第二十四条 建设单位在竣工验收过程中,有违反建筑节能强制性标准行为的,按照《建设工程质量管理条例》的有关规定,重新组织竣工验收。

第二十五条 建设单位未按照建筑节能强制性标准委托设计,擅自修改节能设计文件,明示或暗示设计单位、施工单位违反建筑节能设计强制性标准,降低工程建设质量的,处20万元以上50万元以下的罚款。

第二十六条 设计单位未按照建筑节能强制性标准进行设计的,应当修改设计。未进行修改的,给予警告,处10万元以上30万元以下罚款;造成损失的,依法承担赔偿责任;两年内,累计三项工程未按照建筑节能强制性标准设计的,责令停业整顿,降低资质等级或者吊销资质证书。

第二十七条 对未按照节能设计进行施工的施工单位,责令改正;整改所发生的工程费用,由施工单位负责;可以给予警告,情节严重的,处工程合同价款2%以上4%以下的罚款;两年内,累计三项工程未按照符合节能标准要求的设计进行施工的,责令停业整顿,降低资质等级或者吊销资质证书。

第二十八条 本规定的责令停业整顿、降低资质等级和吊销资质证书的行政处罚,由颁发资质证书的机关决定;其他行政处罚,由建设行政主管部门依照法定职权决定。

第二十九条 农民自建低层住宅不适用本规定。

第三十条 本规定自2006年1月1日起施行。原《民用建筑节能管理规定》(建设部令第76号)同时废止。

中国节能产品认证管理办法

（1999年2月1日中国节能产品认证管理委员会）

第一章　总　则

第一条　为节约能源、保护环境，有效开展节能产品的认证工作，保障节能产品的健康发展和市场公平竞争，促进节能产品的国际贸易，根据《中华人民共和国产品质量法》、《中华人民共和国产品质量认证管理条例》和《中华人民共和国节约能源法》，制定本办法。

第二条　本办法中所称的节能产品，是指符合与该种产品有关的质量、安全等方面的标准要求，在社会使用中与同类产品或完成相同功能的产品相比，它的效率或能耗指标相当于国际先进水平或达到接近国际水平的国内先进水平。

第三条　节能产品认证（以下简称认证）是依据相关的标准和技术要求，经节能产品认证机构确认并通过颁布节能产品认证证书和节能标志，证明某一产品为节能产品的活动。节能产品认证采用自愿的原则。

第四条　中华人民共和国境内企业和境外企业及其代理商（以下简称企业）均可向中国节能产品认证管理委员会（以下简称"管理委员会"）自愿申请节能产品认证。

第五条　节能产品认证工作受国家经贸委的领导，接受国家质量技术监督局的管理以及全社会的监督。

第二章　认证条件

第六条　申请认证的条件：

（一）中华人民共和国境内企业应持有工商行政主管部门颁发的《企业法人营业执照》，境外企业应持有有关机构的登记注册证明；

（二）生产企业的质量体系符合国家质量管理和质量保证标准及补充要求，或者外国申请人所在国等同采用ISO9000系列标准及补充要求；

（三）产品属国家颁布的可开展节能产品认证的产品目录；

（四）产品符合国家颁布的节能产品认证用标准或技术要求；

（五）产品应注册，质量稳定，能正常批量生产，有足够的供货能力，具备售前、售后的优良服务和备品备件的保证供应，并能提供相应的证明材料。

第三章　认证程序

第七条　申请认证的国内企业，应按管理委员会确定的认证范围和产品目录提出书面申请，按规定格式填写认证申请书，并按程序将申请书和需要的有关资料提交中国节能产品认证中心（以下简称"中心"）；国外企业或代理商向国家质量技术监督局或中心申请，其申请书及材料应有中英文对照。

第八条 中心经审查决定受理认证申请后，向企业发出《受理认证申请通知书》。企业应按照《节能产品认证收费管理办法》的有关规定，向中心交纳有关认证费用。

第九条 中心组织检查组，按程序对申请企业的质量体系和产品生产过程进行现场检查。检查组应在规定时间内向中心提交《质量体系审核及检查报告》。

第十条 现场检查通过后，对需要进行检验的产品，由检查组(或委托的检验机构)负责对申请认证的产品进行随机抽样和封样，由企业将封存的产品送指定的认证检验机构进行检验。必须在现场检验时，由检验机构派人到现场检验。

第十一条 检验机构应依据管理委员会确认的节能产品认证用标准或技术要求对样品进行检验，并在规定时间内向中心提交《产品检验报告》。

第十二条 中心将企业申请材料、质量体系审核及检查报告、产品检验报告等进行汇总整理，然后提交给相关的专家工作组进行评审认证，并由专家工作组撰写评审意见，报管理委员会审批。

第十三条 管理委员会召开全体委员会议或执委会会议审查认证材料，批准认证合格的产品，颁发认证证书，并准许使用节能标志。

中心负责将通过认证的产品及其生产企业名单报送国家经贸委和国家质量技术监督局备案，并向社会发布公告、进行宣传。

第十四条 对未通过认证的产品，由中心向企业发出认证不合格通知书，说明不合格原因。

第四章 认证证书和节能标志的使用

第十五条 通过认证的企业，在公告发布后两个月内，到中心签订节能标志使用合同，缴纳节能标志批准费和年金，领取认证证书。认证证书由国家质量技术监督局、管理委员会印制并统一编号。

第十六条 认证证书和节能标志使用有效期为四年。有效期满，愿继续认证的企业应在有效期满前三个月重新提出认证申请，由中心按照认证程序进行评审，并可区别情况简化部分评审内容。不重新认证的企业不得继续使用认证证书和节能标志，或向中心申请注销认证证书。

第十七条 通过认证的企业，允许在认证的产品、包装、说明书、合格证及广告宣传中使用节能标志(节能标志管理办法另行规定)。

未参与认证或没有通过认证的企业的分厂、联营厂和附属厂均不得使用认证证书和节能标志。

第十八条 在认证证书有效期内，出现下列情况之一的，应当按照有关规定重新换证：

(一)使用新的商标名称；

(二)认证证书持有者变更；

(三)产品型号、规格变更，经确认仍能满足有关标准和技术要求。

第十九条 认证证书持有者必须建立节能标志使用制度,每年向中心报告节能标志的使用情况。

第五章 认证后的监督检查

第二十条 在认证证书有效期内,中心应定期或不定期地组织对通过认证的产品及其企业进行监督性抽查或检验,两次监督性抽查或检验之间的间隔最长不得超过十二个月。

第二十一条 在认证证书有效期内,凡有下列情况之一者,暂停企业使用认证证书和节能标志。

(一)监督检查时,发现通过认证的产品及其生产现状不符合认证要求;

(二)通过认证的产品在销售和使用中达不到认证时的各项技术经济指标;

(三)用户和消费者对通过认证的产品提出严重质量问题,并经查实的;

(四)认证证书或节能标志的使用不符合规定要求。

第二十二条 当认证证书持有者违反第二十一条时,中心向认证证书持有者发出《暂停使用认证证书和节能标志的通知书》,并令其限期整改,整改期限最长不超过半年。整改结束后,企业向中心提交整改报告和申请恢复使用认证证书。中心经复查合格后,向认证证书持有者发出《恢复使用认证证书和节能标志通知书》。增加的检查费用按实际支出由企业负担。

第二十三条 有下列情况之一者,由中心提出,经管理委员会或执委会批准后,撤消认证证书,禁止使用节能标志,并向全国公告。

(一)经监督检查和检验判定通过认证的产品为不合格产品;

(二)整改期满不能达到整改目标;

(三)通过认证的产品质量严重下降,或出现重大质量问题,且造成严重后果;

(四)转让认证证书、节能标志或违反有关规定、损害节能标志的信誉;

(五)拒绝按规定缴纳年金;

(六)没有正当理由而拒绝监督检查。

被撤消认证证书的企业,自发出通知之日起一年内不得再次向中心提出认证申请。

第六章 罚　则

第二十四条 使用伪造的节能标志或冒用节能标志、转让节能标志的企业,按《中华人民共和国产品质量认证管理条例》第十九条和《中华人民共和国节约能源法》第四十八条的规定处罚。

第二十五条 通过认证的产品出厂销售时,其产品达不到认证时的各项技术经济指标的,生产企业应当负责包修、包换、包退,给用户或消费者造成经济损失或造成危害的,生产企业应当依法承担赔偿责任。

第七章　申诉与处理

第二十六条　有下列情况之一时,企业和用户可向中心、管理委员会提出申诉:

(一)符合认证条件要求,但认证机构不予受理申请;

(二)对检查、检验或暂停、撤消认证证书有异议;

(三)认证机构、检验机构或其工作人员有违纪行为;

(四)认证工作违章收费;

(五)用户对获证产品有异议。

第二十七条　申诉调查和处理工作一般由中心的申诉监理部组织进行。对处理结果有异议者可向国家质量技术监督局提出申诉。

第八章　附　则

第二十八条　认证收费遵循不营利原则,从申请认证的企业收取,具体收费办法及标准按照国家有关规定另行制定。

第二十九条　本办法经管理委员会全体会议讨论通过后,报国家质量技术监督局批准。

第三十条　本办法由管理委员会负责解释。

第三十一条　本办法自批准之日起生效。

能源效率标识管理办法

（2004年8月13日国家发展和改革委员会　国家质量监督检疫总局令第17号）

第一章　总　则

第一条　为加强节能管理，推动节能技术进步，提高能源效率，依据《中华人民共和国节约能源法》、《中华人民共和国产品质量法》、《中华人民共和国认证认可条例》，制定本办法。

第二条　本办法所称能源效率标识，是指表示用能产品能源效率等级等性能指标的一种信息标识，属于产品符合性标志的范畴。

第三条　国家对节能潜力大、使用面广的用能产品实行统一的能源效率标识制度。国家制定并公布《中华人民共和国实行能源效率标识的产品目录》（以下简称《目录》），确定统一适用的产品能效标准、实施规则、能源效率标识样式和规格。

第四条　凡列入《目录》的产品，应当在产品或者产品最小包装的明显部位标注统一的能源效率标识，并在产品说明书中说明。

第五条　列入《目录》的产品的生产者或进口商应当在使用能源效率标识后，向国家质量监督检验检疫总局（以下简称国家质检总局）和国家发展和改革委员会（以下简称国家发展改革委）授权的机构（以下简称授权机构）备案能源效率标识及相关信息。

第六条　国家发展改革委、国家质检总局和国家认证认可监督管理委员会（以下简称国家认监委）负责能源效率标识制度的建立并组织实施。

地方各级人民政府节能管理部门（以下简称地方节能管理部门）、地方质量技术监督部门和各级出入境检验检疫机构（以下简称地方质检部门），在各自的职责范围内对所辖区域内能源效率标识的使用实施监督检查。

第二章　能源效率标识的实施

第七条　国家发展改革委、国家质检总局和国家认监委制定《目录》和实施规则。国家发展改革委和国家认监委制定和公布适用产品的统一的能源效率标识样式和规格。

第八条　能源效率标识的名称为“中国能效标识”（英文名称为China Energy Label），能源效率标识应当包括以下基本内容：

（一）生产者名称或者简称；

（二）产品规格型号；

（三）能源效率等级；

（四）能源消耗量；

（五）执行的能源效率国家标准编号。

第九条　列入《目录》的产品的生产者或进口商，可以利用自身的检测能力，也可以委托国家确定的认可机构认可的检测机构进行检测，并依据能源效率国家标准，确定产品能源效率等级。

利用自身检测能力确定能源效率等级的生产者或进口商，其检测资源应当具备按照能源效率国家标准进行检测的基本能力，国家鼓励其实验室取得认可机构的国家认可。

第十条 生产者或进口商应当根据国家统一规定的能源效率标识样式、规格以及标注规定，印制和使用能源效率标识。

在产品包装物、说明书以及广告宣传中使用的能源效率标识，可按比例放大或者缩小，并清晰可辨。

第十一条 生产者或进口商应当自使用能源效率标识之日起30日内，向授权机构备案，可以通过信函、电报、电传、传真、电子邮件等方式提交以下材料：

（一）生产者营业执照或者登记注册证明复印件，进口商与境外生产者订立的相关合同副本；

（二）产品能源效率检测报告；

（三）能源效率标识样本；

（四）初始使用日期等其他有关材料；

（五）由代理人提交备案材料时，应有生产者或进口商的委托代理文件等。

上述材料应当真实、准确、完整。

外文材料应当附有中文译本，并以中文文本为准。

第十二条 能源效率标识内容发生变化，应当重新备案。

第十三条 对产品的能源效率指标发生争议时，企业应当委托经依法认定或者认可机构认可的第三方检测机构重新进行检测，并以其检测结果为准。

第十四条 授权机构应当定期公告备案信息，并对生产者和进口商使用的能源效率标识进行核验。

能源效率标识备案不收取费用。

第三章 监督管理

第十五条 生产者和进口商应当对其使用的能源效率标识信息准确性负责，不得伪造或冒用能源效率标识。

第十六条 销售者不得销售应当标注但未标注能源效率标识的产品，不得伪造或冒用能源效率标识。

第十七条 认可机构认可的检测机构接受生产者或进口商的委托进行检测，应当客观、公正，保证检测结果的准确，承担相应的法律责任，并保守受检产品的商业秘密。

第十八条 任何单位和个人不得利用能源效率标识对其用能产品进行虚假宣传，误导消费者。

第十九条 国家质检总局和国家发展改革委依据各自职责，对列入《目录》的产品进行检查，核实能源效率标识信息。

第二十条 列入《目录》的产品的生产者、销售者和进口商应当接受监督检查。

第二十一条 任何单位和个人对违反本办法的行为,可以向地方节能管理部门、地方质检部门举报。地方节能管理部门、地方质检部门应当及时调查处理,并为举报人保密。

第四章 罚 则

第二十二条 地方节能管理部门、地方质检部门依据《中华人民共和国节约能源法》的有关规定,在各自的职责范围内负责对违反本办法规定的行为进行处罚。

第二十三条 违反本办法规定,生产者或进口商应当标注统一的能源效率标识而未标注的,由地方节能管理部门或者地方质检部门责令限期改正,逾期未改正的予以通报。

第二十四条 违反本办法规定,有下列情形之一的,由地方节能管理部门或者地方质检部门责令限期改正和停止使用能源效率标识;情节严重的,由地方质检部门处1万元以下罚款:

(一)未办理能源效率标识备案的,或者应当办理变更手续而未办理的;

(二)使用的能源效率标识的样式和规格不符合规定要求的。

第二十五条 伪造、冒用、隐匿能源效率标识以及利用能源效率标识做虚假宣传、误导消费者的,由地方质检部门依照《中华人民共和国节约能源法》和《中华人民共和国产品质量法》以及其他法律法规的规定予以处罚。

第五章 附 则

第二十六条 本办法由国家发展改革委和国家质检总局负责解释。

第二十七条 本办法自2005年3月1日起施行。

新型墙体材料专项基金征收和使用管理办法

（2002年9月12日财政部、国家经贸委发布）

第一章　总　则

第一条　为贯彻实施可持续发展战略，加快推广新型墙体材料，规范新型墙体材料专项基金收支管理，根据国务院《关于加快墙体材料革新和推广节能建筑意见的通知》（国发[1992]66号），以及国家有关政府性基金管理规定，制定本办法。

第二条　新型墙体材料专项基金属于政府性基金，收入全额缴入地方国库，纳入地方财政预算，实行"收支两条线"管理。

第三条　新型墙体材料专项基金征收、使用和管理政策由财政部会同国家经贸委统一制定，由地方各级财政部门和新型墙体材料行政主管部门负责组织实施，由地方各级墙体材料革新办公室负责征收和使用管理。

第四条　新型墙体材料专项基金征收、使用和管理应当接受财政、审计和新型墙体材料行政主管部门的监督检查。

第二章　征　收

第五条　凡新建、扩建、改建建筑工程未使用新型墙体材料的建设单位（以下简称"建设单位"），应按照本办法规定缴纳新型墙体材料专项基金。

第六条　未使用新型墙体材料的建筑工程。建设单位在工程开工前，按照工程概算确定的建筑面积以及最高不超过每平方米8元的标准预缴新型墙体材料专项基金。在主体工程竣工后30日内，凭有关部门批准的工程决算以及购进新型墙体材料原始凭证等资料，经地方财政部门和原预收新型墙体材料专项基金的墙体材料革新办公室核实无误后，办理新型墙体材料专项基金清算手续，实行多退少补。新型墙体材料专项基金不得向施工单位重复收取，也不得在墙体材料销售环节征收，严禁在新型墙体材料专项基金外加收任何名目的保证金或押金。

新型墙体材料专项基金的具体征收标准，由各省、自治区、直辖市财政部门会同同级新型墙体材料行政主管部门依照本条规定，结合本地实际情况以及建设单位承受能力制定，报经同级人民政府批准执行。

第七条　除国务院、财政部规定外，任何地方、部门和单位不得擅自改变新型墙体材料专项基金征收对象、扩大征收范围、提高征收标准或减、免、缓征新型墙体材料专项基金。

第八条　征收新型墙体材料专项基金，应使用省、自治区、直辖市财政部门统一印制的政府性基金专用票据。

第九条　建设单位缴纳新型墙体材料专项基金，计入建安工程成本。

第十条 新型墙体材料专项基金由地方墙体材料革新办公室负责征收，也可由地方墙体材料革新办公室委托其他单位代征。

第十一条 地方墙体材料革新办公室及其委托单位征收的新型墙体材料专项基金，应当按照省、自治区、直辖市财政部门的规定，全额缴入地方国库，纳入地方财政预算管理。具体缴库办法，依照《财政部关于印发政府性基金预算管理办法的通知》(财预字(1996)435号)的有关规定执行。地方各级财政部门负责监督同级新型墙体材料专项基金收缴和入库。

新型墙体材料专项基金缴入国库，填列“基金预算收入”科目第80类“工业交通部门基金收入”第8019款“墙体材料专项基金收入”；财政部门拨付新型墙体材料专项基金，填列“基金预算支出科目”第80类“工业交通部门基金支出”第8019款“墙体材料专项基金支出”。

第十二条 新型墙体材料专项基金代征手续费按实际代征缴入国库的2‰比例，由地方同级财政部门按规定计提和拨付，纳入地方预算管理。

第三章 使 用

第十三条 新型墙体材料专项基金必须专款专用，使用范围包括：

(一)引进、新建、扩建、改造新型墙体材料生产线工程项目的贴息；

(二)新型墙体材料示范项目(含引进项目)和推广应用试点工程的补贴；

(三)新型墙体材料的科研、新技术与新产品开发及推广；

(四)发展新型墙体材料的宣传；

(五)代征手续费；

(六)经地方同级财政部门批准与发展新型墙体材料有关的其他开支。

其中(一)、(二)、(三)和(四)项开支合计，不得少于当年新型墙体材料专项基金支出总额的90%。

第十四条 新型墙体材料专项基金用于固定资产投资和更新改造的，作为增加国家资本金处理。

第十五条 地方各级墙体材料革新办公室作为行政机关或预算拨款事业单位的，其管理经费由同级财政部门按照编制从正常预算经费中核拨；地方各级墙体材料革新办公室目前仍作为经费自理事业单位的，其管理经费由地方同级财政部门严格按照基本支出预算和项目支出预算管理规定，暂从新型墙体材料专项基金中拨付，今后应逐步从正常预算经费中核拨。

第十六条 地方各级墙体材料革新办公室应按同级财政部门规定编制年度新型墙体材料专项基金预、决算，报同级财政部门审批，并报新型墙体材料行政主管部门备案。

第十七条 新型墙体材料专项基金用于新型墙体材料基本建设工程项目或技术改造项目的，按照下列程序办：

(一)由使用单位提出书面申请及项目建设可行性报告；

(二)由墙体材料革新办公室组织专家组对项目可行性报告进行审查；

（三）基本建设、技术改造项目和科研开发项目，应按国家规定的审批程序和管理权限办理；

（四）经墙体材料革新办公室审核后，报同级财政部门审批，纳入新型墙体材料专项基金年度预算；

（五）财政部门根据新型墙体材料专项基金年度预算拨付项目资金。

第四章　法律责任

第十八条　建设单位不及时足额缴纳新型墙体材料专项基金的，由地方墙体材料革新办公室及其委托单位督促补缴应缴的新型墙体材料专项基金，并自滞纳之日起，按日加收应缴未缴新型墙体材料专项基金万分之五的滞纳金。

第十九条　建设单位虚报建筑面积以及新型墙体材料购进数量的，由地方墙体材料革新办公室及其委托单位责令改正，并限期补缴应缴纳的新型墙体材料专项基金。

第二十条　地方墙体材料革新办公室及其委托单位不按本办法规定征收新型墙体材料专项基金，不按规定使用省、自治区、直辖市财政部门统一印制的政府性基金专用票据，截留、挤占、挪用新型墙体材料专项基金的，由地方同级财政部门责令改正，并按照《国务院关于违反财政法规处罚的暂行规定》（国发[1987]58号）等有关法律、行政法规的规定进行处罚。地方墙体材料革新办公室不按本办法规定比例使用新型墙体材料专项基金的，由上级财政部门和新型墙体材料行政主管部门责令改正。

第二十一条　对违反本办法第十八条至第二十条规定行为的行政主管部门、建设单位以及其他单位主要负责人及直接责任人员，依照《关于违反行政事业性收费和罚款收入收支两条线管理规定行政处分暂行规定》（国务院令第281号）以及国家其他有关法律法规的规定，给予行政处分或处罚；触犯刑律、构成犯罪的，移交司法机关依法处理。

第五章　附　则

第二十二条　新型墙体材料专项基金征收至2005年12月31日。

第二十三条　各省、自治区、直辖市财政部门可会同同级新型墙体材料行政主管部门依据本办法制定实施细则，经同级人民政府批准后报财政部、国家经贸委备案。

第二十四条　本办法由财政部会同国家经贸委负责解释。

第二十五条　本办法自2002年10月1日起执行。

关于发展节能省地型住宅和公共建筑的指导意见

(2005年5月31日建设部建科[2005]8号)

各省、自治区建设厅,直辖市建委及有关部门,计划单列市建委,新疆生产建设兵团建设局:

我国已进入全面建设小康社会的新的发展时期。如何解决日益紧迫的人口、资源、环境与工业化、城镇化、经济快速增长的矛盾,是我们面临的重要挑战。中央从战略高度提出发展节能省地型住宅和公共建筑,是新时期转变城乡建设方式,提高城乡发展质量和效益的重要决策。为贯彻落实中央关于发展节能省地型住宅和公共建筑的要求,现提出如下指导意见。

一、充分认识发展节能省地型住宅和公共建筑的重要意义

(一)我国是一个发展中国家,人均能源资源相对贫乏。但在城乡建设中,增长方式比较粗放,发展质量和效益不高;建筑建造和使用,能源资源消耗高,利用效率低的问题比较突出;一些地方盲目扩大城市规模,规划布局不合理,乱占耕地的现象时有发生;重地上建设,轻地下建设的问题还不同程度的存在。资源、能源和环境问题已成为城镇发展的重要制约因素。各地要充分认识到发展节能省地型住宅和公共建筑,做好建筑节能节地节水节材(以下简称"四节")工作,是落实科学发展观、调整经济结构、转变经济增长方式的重要内容,是保证国家能源和粮食安全的重要途径,是建设节约型社会和节约型城镇的重要举措。要进一步增强紧迫感和责任感,转变观念,切实改变城乡建设方式,切实从节约资源中求发展,从保护环境中求发展,从循环经济中求发展,促进城乡建设和国民经济的持续健康发展。

二、指导思想、工作目标、基本思路和途径

(二)指导思想

以"三个代表"重要思想和科学发展观为指导,以发展节能省地型住宅和公共建筑为工作平台,以建筑"四节"为工作重点和突破口,以技术、经济、法律等为手段,以改革为动力,努力建设节约型城镇。

(三)主要目标

总体目标:到2020年,我国住宅和公共建筑建造和使用的能源资源消耗水平要接近或达到现阶段中等发达国家的水平。

具体目标:到2010年,全国城镇新建建筑实现节能50%;既有建筑节能改造逐步开展,大城市完成应改造面积的25%,中等城市完成15%,小城市完成10%;城乡新增建设用地占用耕地的增长幅度要在现有基础上力争减少20%;建筑建造和使用过程的节水率在现有基础上提高20%以上;新建建筑对不可再生资源的总消耗比现在下降10%。到2020年,北方和沿海经济发达地区和特大城市新建建筑实现节能65%的目标,绝大部分既有建筑完成节能改造;城乡新增建设用地占用耕地的增长幅度要在2010年目标基

础上再大幅度减少;争取建筑建造和使用过程的节水率比 2010 年再提高 10% ;新建建筑对不可再生资源的总消耗比 2010 年再下降 20% 。

(四)基本思路和途径

发展节能省地型住宅和公共建筑,要立足当前的发展阶段和基本国情,立足建筑“四节”已取得的进展;要用城乡统筹和循环经济的理念,研究思考节能省地型住宅和公共建筑的深刻内涵及其之间的辨证关系,认真解决当前的突出矛盾和问题;要处理好建筑“四节”工作中点与面、近期工作重点与长远发展目标的关系。既要考虑单体建筑,又要考虑城市或区域的统筹规划和总体布局;既要考虑新建建筑的“四节”,又要研究不同历史时期不同性质的既有建筑的节能节水问题,注重降低建筑建造和使用过程中总的能源资源消耗。当前要着重从规划、标准、科技、政策及产业化等方面综合研究,积极引进和推广国外日益普及的绿色建筑、生态建筑和可持续建筑等的新理念和新技术,并制定规划和政策措施,多渠道推进节能省地型住宅和公共建筑建设。

建筑节能。要通过城镇供热体制改革与供热制冷方式改革,以公共建筑的节能降耗为重点,总体推进建筑节能。所有新建建筑必须严格执行建筑节能标准,加强实施监管。要着力推进既有建筑节能改造政策和试点示范,加快政府既有公共建筑的节能改造。要积极推广应用新型和可再生能源。要合理安排城市各项功能,促进城市居住、就业等合理布局,减少交通负荷,降低城市交通的能源消耗。

建筑节地。在城镇化过程中,要通过合理布局,提高土地利用的集约和节约程度。重点是统筹城乡空间布局,实现城乡建设用地总量的合理发展、基本稳定、有效控制;加强村镇规划建设管理,制定各项配套措施和政策,鼓励、支持和引导农民相对集中建房,节约用地;城市集约节地的潜力应区分类别来考虑,工业建筑要适当提高容积率,公共建筑要适当提高建筑密度,居住建筑要在符合健康卫生和节能及采光标准的前提下合理确定建筑密度和容积率;要突出抓好各类开发区的集约和节约占用土地的规划工作。要深入开发利用城市地下空间,实现城市的集约用地。进一步减少黏土砖生产对耕地的占用和破坏。

建筑节水。要降低供水管网漏损率。要重点强化节水器具的推广应用,要提高污水再生利用率,积极推进污水再生利用、雨水利用。着重抓好设计环节执行节水标准和节水措施。合理布局污水处理设施,为尽可能利用再生水创造条件。绿化用水推广利用再生水。

建筑节材。要积极采用新型建筑体系,推广应用高性能、低材(能)耗、可再生循环利用的建筑材料,因地制宜,就地取材。要提高建筑品质,延长建筑物使用寿命,努力降低对建筑材料的消耗。要大力推广应用高强钢和高性能混凝土。要积极研究和开展建筑垃圾与物品的回收和利用。

三、主要政策和措施

(五)加强城乡规划的引导和调控。充分发挥城乡规划在推进节能省地型住宅和公共建筑建设中的重要作用,统筹城乡发展,促进城镇发展用地合理布局。在城镇体系规划、城市总体规划、村镇规划、近期建设规划、控制性详细规划等不同层次和类型的规划中,要充分论证资源和环境对城镇布局、功能分区、土地利用模式、基础设施配置及交通组织等方面的影响,确定适宜的城镇发展空间布局、城镇规模和运行模式。加强规划对城镇土地、能源、水资源等利用方面的引导与调控,立足资源和环境条件,合理确定城市发展规模,合理选择建设用地,尽量少占或不占耕地,充分利用荒地、劣地、坡地和废弃地,充分开发利用地下空间,提高土地利用率。要注重区域统筹,积极推进区域性重大基础设施的统筹规划和共建共享。大力发展公共交通,有效降低交通能耗和道路交通占用土地资源。要注意城乡统筹,按照有利生产、方便生活的原则,加快编制和实施村镇规划,合理调整居民点布局,引导农房建设和旧村改造,减少农村现有居民点人均用地,提高村镇建设用地的使用率,改善农民的生产生活环境。要对各类开发区的土地利用实施严格的审批制度,促进其集约和节约使用土地。要继续认真贯彻《国务院关于加强城乡规划监督管理的通知》(国发[2002]13 号),加强城乡规划实施的监督,严格保护自然资源、人文资源和生态环境,严格控制土地使用,严格执行建设用地标准,防止突破规划和违反规划使用土地,维护城乡规划的严肃性和权威性。

(六)严格执行并不断完善标准规范。进一步加强建筑“四节”标准规范的制订工作,鼓励有条件的地区在工程建设国家标准、行业标准的基础上,组织制订更加严格的建筑“四节”地方实施细则。要认真执行建设部《关于新建居住建筑严格执行节能设计标准的通知》(建科[2005] 55 号)和《关于认真做好〈公共建筑节能设计标准〉宣贯、实施及监督工作的通知》(建标函[2005]121 号)要求,加强工程建设全过程监管,保证节能标准落到实处。加强对建设、设计、施工、监理和施工图审查、工程质量检测等工程建设各方主体和中介机构执行建筑“四节”强制性条文的监管。各地要抓紧制订当地的施工图设计文件审查和工程实施阶段的监督要点,做好施工图审查、工程实施监管和竣工验收备案工作。要加强对新建建筑特别是公共建筑执行建筑“四节”标准情况的监督检查。

(七)加快科技创新。要通过科技创新为发展节能省地型住宅和公共建筑提供技术支撑。积极组织科技攻关,努力开发利用适合国情、具有自主知识产权的适用技术和建筑新材料、新技术、新体系以及新型和可再生能源,鼓励研究开发节能、节水、节材的技术和产品。注重加快成熟技术和技术集成的推广应用。认真落实国家中长期科学和技术发展规划纲要中有关城乡现代节能与绿色建筑等专项规划。加强国际合作,积极引进、消化、吸收国际先进理念和技术,增强自主创新能力。抓紧编写《绿色建筑技术导则》。加快墙体材料革新,特别是注重解决墙体改革工作中的关键技术和技术集成问题,加快高强钢和高性能混凝土的推广应用工作。建立健全建筑“四节”科技成果推广应用机制,尽快把科技成果转化为现实生产力。

(八)研究制定经济激励政策措施。要探索政府引导和市场机制推动相结合的方法和机制,研究制定产业经济和技术政策。会同有关部门研究对新建建筑推广“四节”和既有建筑节能改造给予适当的税收优惠政策,对示范项目给予贴息优惠政策;研究适当延长墙改专项基金的征收时间,扩大使用范围,促进墙改基金支持节能省地工作;研究推进水价改革,促进节约用水。鼓励社会资金和外资投资参与既有建筑改造等。大力推进市政公用行业改革,深化供热体制改革。严格执行污水垃圾收费制度。改革有关奖项的评审办法,把执行建筑“四节”的情况作为评审内容。

(九)抓好试点示范工作。从“绿色创新奖”起步,完善该奖的评价体系,由点到面,逐步推广。要积极开展统筹城乡规划布局，节约用地的试点。各地要研究通过产业现代化促进发展节能省地型住宅和公共建筑建设。按照“减量化、再利用、资源化”原则，确立适合本地区的节能省地型住宅和公共建筑的产业化发展模式和建筑体系，建立与之相适应的工业化结构体系和通用部品体系。要抓好一批供热管网改造、城市绿色照明、政府公共建筑节能改造、新型和可再生能源资源应用工程等示范项目及新材料、新工艺和新体系的试点示范，有条件的城市应当组织成片新建和改造地区建筑“四节”的综合示范。政府公共建筑要率先进行节能改造。

（十）建立健全法规制度。在提出修订有关法律、法规建议和制定规章时，要研究建立有利于促进发展节能省地型住宅和公共建筑，推进建筑“四节”工作的制度。

四、切实加强对发展节能省地型住宅和公共建筑工作的领导

（十一）加强组织领导。各地建设行政主管部门要进一步提高认识，转变观念，把推进建筑“四节”工作作为当前和今后一个时期一项重要工作，切实抓紧、抓实、抓出成效。要制定发展节能省地型住宅和公共建筑规划，并争取纳入当地国民经济和社会发展规划，认真组织实施。要研究建立相应的工作机制，确定专门机构和专人负责，加强与有关部门的协调和沟通，认真研究解决推进工作中的难点和热点问题，制订相应的政策和措施，并加强督促检查。结合对工程质量的执法检查，强化对新建建筑执行“四节”情况的监督。

（十二）切实抓好宣传培训工作。各地建设行政主管部门要开展多种形式的宣传活动，普及建筑“四节”知识，提高全社会对发展节能省地型住宅和公共建筑重要性的认识，树立良好的节约能源资源的意识和正确的消费观，形成良好的社会氛围。要加强培训，提高管理人员和专业技术人员对发展节能省地型住宅和公共建筑的法律法规、标准规范、政策措施、科学技术的综合水平和能力，总结推广好的经验与做法，逐步深化发展节能省地型住宅和公共建筑的工作。

关于进一步推进墙体材料革新和推广节能建筑的意见

(2005年3月21日河南省建设厅豫建[2005]20号)

为贯彻落实《中华人民共和国节约能源法》和《国务院办公厅关于开展资源节约活动的通知》精神,进一步推进全省墙体材料革新和建筑节能工作,提出以下意见。

一、提高认识,增强墙体材料革新和建筑节能工作的紧迫感

推进建筑节能和墙体材料革新工作是搞好资源综合利用,促进经济结构调整,转变经济增长方式的重要举措;是实施可持续发展战略,建设资源节约型社会,推动循环经济发展的可靠保证;是建设领域贯彻科学发展观的长期任务。党中央、国务院对资源节约、建筑节能和墙材革新工作十分重视。去年四月份,国务院办公厅下发了《关于开展资源节约活动的通知》,要求在全国范围内组织开展资源节约活动,全面推进能源、原材料、水、土地等资源节约和综合利用工作,保障国民经济快速协调健康发展。省委、省政府认真贯彻《通知》精神,及时召开电视电话会议,对全省深入开展资源节约活动做了全面部署,并在去年年底转发了建设厅等七部门《关于在全省城镇建设工程中逐步禁止使用实心黏土砖的意见》,对墙改和建筑节能提出了总体目标和具体要求,是对建设系统开展资源节约活动的有力推动。近年来,我省建设系统在积极推动节水、节地和建筑节能等方面做了大量工作,取得了一定成效。但由于一些地区和单位对资源节约工作的重要性、紧迫性缺乏清醒的认识,加之我省地理环境特殊,经济尚欠发达,建筑节能和墙改工作较先进省市仍有一定差距,节能建筑数量少,科技含量低;新型墙材使用比例偏低,每年生产实心黏土砖毁地达4.6万亩。

面对这种发展形势,必须充分认识建筑节能和墙体材料革新工作的重要性和紧迫性,走超常规、跨越式发展道路,加快发展新型墙材和建筑节能的步伐,用科学发展观指导建设系统推进资源节约工作。

二、明确目标,大力推广建设节能省地型建筑

从现在起用3～5年的时间,大力推进墙体材料革新,逐步禁止使用实心黏土砖,使全省城镇新建建筑全面执行建筑节能65%的新标准,大力推广建设节能省地型建筑。

(一)总体要求

贯彻落实国家和我省的建筑节能政策、标准和规程,保证房屋建筑使用功能、建筑质量和室内热环境符合国家和省有关技术标准要求;积极引进国内外先进成熟的新型墙体材料和建筑节能技术、产品,在消化吸收的基础上,引导现有地方墙体材料和建筑节能产业、企业的发展;采取有效的措施,推进新型墙体材料的推广应用;借鉴建筑节能的先进经验,加强对节能建筑工程建设全过程的管理;改善建筑物维护结构的保温隔热性能,提高采暖系统的用能效率和居住舒适度,降低建筑能耗,走可持续发展的道路。

(二)具体目标

从现在起,全省城镇新建居住建筑全面严格执行国家和省建筑节能设计标准。

从2005年7月1日起,郑州、开封、洛阳等有条件的城市要率先执行《河南省居住建筑节能设计标准》(DBJ41/062—2005)节能65%的新标准;2006年7月1日起,其他城市开始全面执行节能65%的新标准;从2008年1月1日起,全省所有县(市)开始全面执行节能65%的新标准。

从2006年1月1日起,全省城镇新建公共建筑开始执行建筑节能标准。

从2006年1月1日起开展既有居住建筑节能改造试点示范,政府机构要率先实行办公和居住建筑的节能改造。

坚决贯彻落实豫政办[2004]131号文件精神,省辖市从2008年1月1日起"禁实",县政府所在地的城镇最迟不得超过2008年底起"禁实"。

新型墙材生产比例2005年达到25%,2007年达到30%,2010年达到35%;应用比例2005年达到55%,2007年达到60%,2010年达到65%。

三、完善制度,实施闭合式监督管理

(一)建设工程项目可行性研究报告或设计任务书的编制

墙体材料革新和建筑节能工作是一项系统工程,涉及工程建设的诸多环节,为加快推进这项工作,必须坚持多部门、多单位合作联动,实施闭合式管理。

建设单位在编制建筑工程项目的可行性研究报告或者设计任务书中应按有关规定编制节能篇(章),不得明示或暗示设计单位和施工企业降低节能设计标准,不得擅自修改变更建筑节能设计文件,未组织建筑节能验收的不予办理建设工程竣工备案手续。

(二)施工图设计

设计单位应当依据建设单位委托及节能的标准和规范进行设计,保证建筑节能设计质量;积极推广使用国家和省有关部门认定的新型墙体材料、建筑节能新技术和新产品,禁止采用国家、省明令限制和禁止使用的技术与产品。

(三)施工图审查

施工图审查机构必须依据国家法律、法规和有关技术标准、规范等进行施工图审查,在节能专项审查合格后办理施工图设计文件审查合格证书,并将节能审查结果报工程所在地建设行政主管部门进行告知性备案。节能审查达不到要求的,不得办理合格证书。建筑节能设计通过审查后,任何设计单位和个人不得擅自变更。

(四)工程施工

施工单位应当按照审查合格的施工图进行施工,不得擅自修改,不得使用限制和禁止使用的技术与产品,保证工程施工质量。外墙外保温工程的施工单位必须具有相应的专项资质。

(五)工程建设施工监理

工程监理单位应当依照施工图设计文件和建设部《工程监理规范》对建筑节能工程进行监督,并做好记录。对设计、施工达不到建筑节能设计标准要求的项目,必须要求施工、建设单位改正,对不按要求改正的,要及时向建设行政主管部门或建筑节能、墙改稽查部门反映。

(六)建筑节能竣工验收

各级工程质量监督站要加强对建筑节能的日常监督,并将建筑节能验收纳入到建筑工程质量竣工验收工作中,依据有关规定组织竣工验收。对验收达不到节能标准要求的,责令建设单位改正,重新组织竣工验收。对拒不改正,将验收不合格的民用建筑工程交付使用的,将依法予以查处。

(七)供热与采暖

供热单位、房屋产权单位及个人或其委托的物业管理单位应当做好建筑物供热系统的节能工作。建设行政主管部门要建立健全节能考核制度,对超过能源消耗指标或者达不到供暖温度标准的,责令其限期达标。

新建住宅采用城镇集中供暖的,应当满足分户计量和分户控制的技术要求,稳步推进按实际耗热量收费。

(八)建筑节能稽查

省建设行政主管部门负责全省墙改和建筑节能工作的监督管理。各级建筑节能、墙改办要加强稽查工作。

四、加强领导,保证墙体材料革新和建筑节能工作顺利进行

(一)健全组织机构

各地要成立建筑节能和墙体材料革新工作专门机构,切实加强领导,统筹协调,形成一把手负总责,分管领导亲自抓,有关部门具体抓的工作机制,确保墙体材料革新和建筑节能工作落到实处。省厅已于去年调整充实了由主管厅领导任组长,各职能处室和有关单位负责人为成员的“省建筑节能暨建设资源节约领导小组”,加强了对全省建筑节能暨建设资源节约工作的组织、领导和协调。各市建设行政主管部门也要建立健全组织管理机构。

(二)落实工作措施

1.加快建筑节能配套标准、规程、规范的编制工作,以满足工程设计、施工等方面的需要。利用2年左右的时间,完善配套我省新型墙材和建筑节能标准、规程和图集,使其系列化、规范化、制度化。

2.建立激励和惩戒机制,促进墙材革新和建筑节能工作的开展。对做出突出贡献的单位和个人进行表彰奖励;对在居住建筑工程建设各项评奖评优中,将是否达到节能设计标准做为基本评选条件;对违规行为将通过新闻媒体或政府网站进行曝光。

3.建立建设、设计及施工图设计审查、施工、开发、工程监理等环节的问责和督查制度,发现违规行为及时责令改正,对拒不改正的,将列入不良记录档案,定期公布。

(三)加大宣传力度

各地要加大墙改和建筑节能的推广宣传工作,一是要充分利用每年的节能宣传周,大张旗鼓地宣传推广应用新型墙材和建筑节能的重要意义。二是要发挥网络优势,设立“墙材革新与建筑节能”专栏,提高服务水准。三是编写宣传手册,普及墙体革新和建筑节能方面的基本知识。四是要将发展新型墙材和推广节能建筑纳入建设类注册师继续教育的内容,提高其执业能力。五是要加强与有关部门的协调联动,营造发展新型墙材和推广节能建筑的良好环境。

河南省建筑节能材料及产品认证管理办法

（2005年5月9日河南省建设厅豫建[2005]32号）

一、为节约能源、保护环境，有效的开展建筑节能工作，根据《中华人民共和国节约能源法》、《中华人民共和国认证认可条例》和建设部《民用建筑节能管理规定》等相关法律、法规、规章，制定本办法。

二、开展建筑节能材料及产品的认证工作，有利于保障建筑节能材料及产品健康发展，有利于加强本省境内建设工程中使用的建设产品质量的监督和管理，有利于保证建设工程质量。

三、建筑节能材料及产品认证的具体组织和管理工作，由河南省建筑节能材料及产品认证办公室（以下简称节能材料认证办公室）负责。

四、实行节能认证管理的产品，仅限于建筑节能材料及产品。对传统的建筑材料及制品，不实行节能认证管理。实行节能认证管理的材料及产品根据相关标准及技术要求，经河南省建筑节能材料及产品认证办公室组织相关专家审核确定后，由省建设厅批准并颁发证书及节能标志。

五、河南省境内企业及境外企业在河南代理商均可向河南省建筑节能材料及产品认证办公室自愿申请建筑节能材料及产品认证。

六、河南省建筑节能材料及产品认证申请程序

1.填写《河南省建筑节能材料及产品认证申请表》一式三份，盖章后报送节能材料认证办公室进行初审。

2.节能材料认证办公室组织对初审合格的企业进行考核（考核内容见河南省建筑节能材料及产品认证实施细则），对材料及产品进行抽样送专业检测部门检验；受检企业按规定提供受检产品，费用由认证申请单位承担。

3.经节能材料认证办公室组织专家审定合格的产品，由建设厅颁发“河南省建筑节能材料及产品认证证书”及节能标志，发布公告。

七、在认证证书有效期内，出现质量问题或违反证书、标志使用等有关规定的，由节能材料认证办公室报建设厅批准撤消节能认证证书及节能标志，并向社会公告。

八、省辖市建委（建设局）相关管理部门的职责

（一）贯彻执行建筑节能材料、产品认证管理的相关政策规定；

（二）监督管理本市范围内已获认证的建筑节能材料及产品，做好横向协调工作，及时反馈节能认证材料及产品的工程应用情况。

九、各建设、施工及房地产开发等单位承接的本省建设工程均应优先采用取得节能认证的材料和产品。

十、认证证书和节能标志使用有效期为三年，期满自行无效。有效期满，可经复检重新提出认证申请，由节能材料认证办公室审核，批注后继续使用。未重新提出申请的企业不得继续使用认证证书和节能标志。

十一、各施工单位在使用认证产品时，仍按照有关规定对产品质量进行常规复验。

十二、本管理办法自发文之日起执行。本办法由河南省建设厅负责解释。

河南省建设厅转发建设部《关于新建居住建筑严格执行节能设计标准的通知》的通知

（2005年5月9日河南省建设厅豫建[2005]33号）

各省辖市建设主管委(局)、各有关单位：

现将建设部印发的《关于新建居住建筑严格执行节能设计标准的通知》(建科[2005]55号)文件转发给你们,有关建筑节能工作,近期我厅相继印发了《关于进一步推进墙体材料革新和推广节能建筑的意见》(豫建[2005]20号)、《河南省建筑节能材料及产品使用认证管理办法》(豫建[2005]32号)等一系列文件,结合上述文件精神,再提出如下意见,请你们结合本地、本单位实际一并贯彻落实。

一、全省各城市新建(居住)建筑必须严格执行国家和我省相应的建筑节能设计标准;凡属各级财政补贴或拨款的建筑应率先执行相应的建筑节能设计标准。

二、各地要按照《关于进一步推进墙体材料革新和推广节能建筑的意见》(豫建[2005]20号)、《河南省建设厅关于调整并成立建筑节能暨建设资源节约工作领导小组的通知》(豫建科外[2004]15号)文件及本通知要求,尽快成立或调整建筑节能暨建设资源节约工作领导小组,并建立相应的工作制度,形成协调配合、运行顺畅的工作机制。

各地于6月底前将节能领导小组及相应的组织管理机构报建设厅科技外事处。

三、各级建设行政主管部门要采取有效措施,加强建筑节能工作中各环节的监督管理。

在核发施工许可证时,应查验施工图审查机构对节能的审查情况,审查不合格的不得颁发施工许可证。

各级墙改管理部门,对不符合节能设计标准要求的工程,不得减免新型墙体材料专项基金;房地产管理部门要督察房地产开发单位将建筑节能措施、围护结构保温隔热性能指标等建筑能耗说明载入《住宅使用说明书》。

四、各地要加大建筑节能的宣传和培训力度,及时组织宣贯、学习国家和本省发布的有关建筑节能方面的法律法规、标准规程及经省以上建设行政主管部门核准的新技术、新材料和新工艺等,并将上述学习内容作为注册建筑师、勘察设计注册工程师、监理工程师、建造师等各类执业注册人员继续教育培训的必修内容。

五、各地要尽快建立健全建筑节能统计报告制度,每半年向省厅报告一次各地节能建筑的开工及竣工情况,并作适当的分析说明。

六、省厅从今年开始,将建筑节能作为建筑工程质量年度检查的专项内容进行检查,对问题突出的地区或单位依法予以处理。凡建筑节能工作开展不力的城市,不得参加“人居环境奖”和“园林城市”的评奖。不符合建筑节能要求的建设项目,不得参加“中州杯”等奖项的评奖。

附件:关于新建居住建筑严格执行节能设计标准的通知

附　件

关于新建居住建筑严格执行节能设计标准的通知

(2005年4月15日建科[2005]55号)

各省、自治区建设厅,直辖市建委及有关部门,计划单列市建委,新疆生产建设兵团建设局:

建筑节能设计标准是建设节能建筑的基本技术依据,是实现建筑节能目标的基本要求,其中强制性条文规定了主要节能措施、热工性能指标、能耗指标限值,考虑了经济和社会效益等方面的要求,必须严格执行。1996年7月以来,建设部相继颁布实施了各气候区的居住建筑节能设计标准。一些地区还依据部的要求,在建筑节能政策法规制定、技术标准图集编制、配套技术体系建立、科技试点示范、建筑节能材料产品开发应用与管理、宣传培训等方面开展了大量工作,取得了成效。但是,也有一些地方和单位,包括建设、设计、施工等单位不执行或擅自降低节能设计标准,新建建筑执行建筑节能设计标准的比例不高,不同程度存在浪费建筑能源的问题。为了贯彻落实科学发展观和今年政府工作报告提出的"鼓励发展节能省地型住宅和公共建筑"的要求,切实抓好新建居住建筑严格执行建筑节能设计标准的工作,降低居住建筑能耗,现通知如下。

一、提高认识,明确目标和任务

(一)我国人均资源能源相对贫乏,在建筑的建造和使用过程中资源、能源浪费问题突出,建筑的节能节地节水节材潜力很大。随着城镇化和人民生活水平的提高,新建建筑将继续保持一定增长势头。在发展过程中,必须考虑能源资源的承载能力,注重城镇发展建设的质量和效益。各级建设行政主管部门要牢固树立科学发展观,要从转变经济增长方式、调整经济结构、建设节约型社会的高度,充分认识建筑节能工作的重要性,把推进建筑节能工作作为城乡建设实现可持续发展方式的一项重要任务,抓紧、抓实、抓出成效。

(二)城市新建建筑均应严格执行建筑节能设计标准的有关强制性规定;有条件的大城市和严寒、寒冷地区可率先按照节能率65%的地方标准执行;凡属财政补贴或拨款的建筑应全部率先执行建筑节能设计标准。

(三)开展建筑节能工作,需要兼顾近期重点和远期目标、城镇和农村、新建和既有建筑、居住和公共建筑。当前及今后一个时期,应首先抓好城市新建居住建筑严格执行建筑节能设计标准工作,同时,积极进行城市既有建筑节能改造试点工作,研究相关政策措施和技术方案,为全面推进既有建筑节能改造积累经验。

二、明确各方责任,严格执行标准

(四)建设单位要遵守国家节约能源和保护环境的有关法律法规,按照相应的建筑节能设计标准和技术要求委托工程项目的规划设计、开工建设、组织竣工验收,并应将节能工程竣工验收报告报建筑节能管理机构备案。房地产开发企业要将所售商品住房的结构形式及其节能措施、围护结构保温隔热性能指标等基本信息载入《住宅使用说明书》。

（五）设计单位要遵循建筑节能法规、节能设计标准和有关节能要求，严格按照节能设计标准和节能要求进行节能设计，设计文件必须完备，保证设计质量。

（六）施工图设计文件审查机构要严格按照建筑节能设计标准进行审查，在审查报告中单列是否符合节能标准的章节；审查人员应有签字并加盖审查机构印章。不符合建筑节能强制性标准的，施工图设计文件审查结论应为不合格。

（七）施工单位要按照审查合格的设计文件和节能施工技术标准的要求进行施工，确保工程施工符合节能标准和设计质量要求。

（八）监理单位要依照法律、法规以及节能技术标准、节能设计文件、建设工程承包合同及监理合同，对节能工程建设实施监理。监理单位应对施工质量承担监理责任。

三、加强组织领导，严格监督管理

（九）推进建筑节能涉及城市规划、建设、管理等各方面的工作，各地要完善建筑节能工作领导小组的工作制度，通过联席会议和专题会议等有效形式，形成协调配合、运行顺畅的工作机制。

（十）各地建设行政主管部门要加大建筑节能宣传力度，增强公众的节能意识，逐步建立社会监督机制。要结合实例向公众宣传建筑节能的重要性，提高公众建筑节能的自觉性和主动性。同时，要建立监督举报制度，受理公众举报。

（十一）各地和有关单位要加强对设计、施工、监理等专业技术人员和管理人员的建筑节能知识与技术的培训，把建筑节能有关法律法规、标准规范和经核准的新技术、新材料、新工艺等作为注册建筑师、勘察设计注册工程师、监理工程师、建造师等各类执业注册人员继续教育的必修内容。

（十二）各地建设行政主管部门要采取有效措施加强建筑节能工作中设计、施工、监理和竣工验收、房屋销售核准等的监督管理。在查验施工图设计文件审查机构出具的审查报告时，应查验对节能的审查情况，审查不合格的不得颁发施工许可证。发现违反国家有关节能工程质量管理规定的，应责令建设单位改正；改正后要责令其重新组织竣工验收，并且不得减免新型墙体材料专项基金。

房地产管理部门要审查房地产开发单位是否将建筑能耗说明载入《住宅使用说明书》。

（十三）设区城市以上建设行政主管部门要组织推进节能建筑性能测评工作。各级建筑节能工作机构要切实履行职责，认真开展对节能建筑及部品的检测。要建立健全建筑节能统计报告制度，掌握分析建筑节能进展情况。

（十四）各地建设行政主管部门要加强经常性的建筑节能设计标准实施情况的监督检查，发现问题，及时纠正和处理。各省（自治区、直辖市）建设行政主管部门每年要把建筑节能作为建筑工程质量检查的专项内容进行检查，对问题突出的地区或单位依法予以处理，并将监督检查和处理情况于今年 9 月 30 日前报建设部。建设部每年在各地监督检查的基础上，对各地建筑节能标准执行情况进行抽查，对建筑节能工作开展不力的地方和单位进行重点检查。2005 年底以前，建设部重点抽查大城市和特大城市；2006 年 6 月以前，对其他城市进行抽查，并将抽查的情况予以通报。

凡建筑节能工作开展不力的地区，所涉及的城市不得参加"人居环境奖"、"园林城市"的评奖，已获奖的应限期整改，经整改仍达不到标准和要求的将撤消获奖称号。不符合建筑节能要求的项目不得参加"鲁班奖"、"绿色建筑创新奖"等奖项的评奖。

（十五）各地建设行政主管部门对不执行或擅自降低建筑节能设计标准的单位，要依据《中华人民共和国建筑法》、《中华人民共和国节约能源法》、《建设工程质量管理条例》（国务院令第279号）、《建设工程勘察设计管理条例》（国务院令第293号）、《民用建筑节能管理规定》（建设部令第76号）、《实施工程建设强制性标准监督规定》（建设部令第81号）等法律法规和规章的规定进行处罚：

1.建设单位明示或暗示设计单位，施工单位违反节能设计强制性标准，降低工程建设质量；或明示或者暗示施工单位使用不合格的建筑材料、建筑构配件和设备；或施工图设计文件未经审查或者审查不合格，擅自施工的；或未按照国家规定将竣工验收报告、有关认可文件或者准许使用文件报送备案的；处20万元以上50万元以下的罚款。

建设单位未取得施工许可证或者开工报告未经批准，擅自施工的，责令停止施工，限期改正，处工程合同价款1%以上2%以下的罚款。

建设单位未组织竣工验收，擅自交付使用的；或验收不合格，擅自交付使用的；或对不合格的建设工程按照合格工程验收的；处工程合同价款2%以上4%以下的罚款；造成损失的，依法承担赔偿责任。建设工程竣工验收后，建设单位未向建设行政主管部门或者其他有关部门移交建设项目档案的，责令改正，处1万元以上10万元以下的罚款。

2.设计单位指定建筑材料、建筑构配件的生产厂、供应商的；或未按照工程建设强制性标准进行设计的；责令改正，处10万元以上30万元以下的罚款；由上述行为造成重大工程质量事故的，责令停业整顿，降低资质等级；情节严重的，吊销资质证书；造成损失的，依法承担赔偿责任。

3.施工图设计文件审查单位如不按照要求对施工图设计文件进行审查，一经查实将由建设行政主管部门对当事人和其所在单位进行批评和处罚，直至取消审查资格。

4.施工单位在施工中偷工减料的，使用不合格的建筑材料、建筑构配件和设备的，或者有不按照工程设计图纸或者施工技术标准施工的其他行为的，责令改正，并处工程合同价款2%以上4%以下的罚款；造成建设工程质量不符合规定的质量标准的，负责返工、修理，并赔偿因此造成的损失；情节严重的，责令停业整顿，降低资质等级或者吊销资质证书。

施工单位不履行保修义务或者拖延履行保修义务的，责令改正，处10万元以上20万元以下的罚款，并对在保修期内因质量缺陷造成的损失承担赔偿责任。

5.工程监理单位与建设单位或者施工单位串通，弄虚作假、降低工程质量的；或将不合格的建设工程、建筑材料、建筑构配件和设备按照合格签字的；责令改正，处50万元以上100万元以下的罚款，降低资质等级或者吊销资质证书；有违法所得的，予以没收；造成损失的，承担连带赔偿责任。

6.注册建筑师、注册结构工程师、监理工程师等注册执业人员因过错造成质量事故的，责令停止执业1年；造成重大质量事故的，吊销执业资格证书，5年以内不予注册；情节特别恶劣的，终身不予注册。

河南省节能建筑检测与认定管理办法

（2005年5月26日河南省建设厅豫建〔2005〕39号）

第一条 为贯彻落实国家有关资源节约的方针政策，推进我省的建设资源节约暨建筑节能工作，加强居住和公共建筑节能保温工程施工过程控制和现场监督，改善和提高建筑物的使用功能和整体质量，实现建筑节能65%的新目标，根据建设部《民用建筑节能管理规定》和《河南省居住建筑节能设计标准》(DBJ41/062—2005)、《河南省居住建筑节能检测及验收技术规程》(DBJ41/065—2005)等有关规定，制定本办法。

第二条 本办法适用于本省行政区域内下列建设项目的建筑节能检测与认定。

(一)新建、扩建的居住建筑及其附属设施；

(二)新建、扩建和改建的公共建筑。

第三条 本办法所称的节能建筑，是指依据建设部现行的《民用建筑节能设计标准(采暖居住建筑部分)》(JGJ26—95)、《夏热冬冷地区居住建筑节能设计标准》(JGJ134—2001)、《公共建筑节能设计标准》(GB50189—2005)及本省现行的《河南省民用建筑节能设计标准实施细则(采暖居住建筑)》(DBJ41/041—2000)、《河南省居住建筑节能设计标准》(DBJ41/062—2005)等规范、标准，设计、建造在本省境内的新建、扩建和改建的民用节能建筑。

第四条 省建设行政主管部门负责全省范围内节能建筑的检测和认定的监督管理工作。

省辖市建设行政主管部门负责本行政区域内节能建筑的检测和认定的监督管理工作。

第五条 省、市建设行政主管部门对承担节能建筑的开发、建设、设计、施工、监理、检测、验收等单位依法实施监督检查管理。必要时可采取下列措施：

(一)进入被检查单位或施工现场进行检查；

(二)要求被检查单位提供有关工程的节能设计文件和资料；

(三)调查、询问、了解有关节能设计、施工、监理、检测、验收等方面的情况，查询、复印合同、节能产品等有关技术资料；

(四)纠正违反国家和本省有关建筑节能规范、标准、规程等规定的行为；

(五)对检查中发现的质量隐患，责令立即排除；重大质量隐患在排除前或排除过程中无法保证安全的，责令暂时停止施工；

(六)对违法违规行为依法实施处罚。

第六条 节能建筑的检测，由通过计量认证，并取得省建设行政主管部门颁发的资质证书的建筑节能检测机构(以下简称检测机构)承担。

节能建筑的认定，由省和省辖市的建筑节能办公室(以下简称认定机构)具体负责。

第七条 省认定机构负责全省范围内省级试点示范工程(小区)和重点工程项目的建筑节能认定工作。

其他工程项目的建筑节能认定工作由工程所在地的市认定机构负责。

市认定机构认定的建设工程项目，其认定文件资料应按季度上报省认定机构备案。省认定机构应委托相应检测机构对市认定的建设工程项目，随机进行抽样复检。

第八条 省、市认定机构应当建立节能建筑认定的专家库,并加强动态的监督管理。

第九条 检测机构由各市建设行政主管部门推荐,经省建设行政主管部门审查批准后,方可承担建筑节能检测任务。

第十条 开发或建设单位应及时委托检测机构进行建筑节能检测,并提供以下资料:

(一)《河南省建筑节能检测委托书》;

(二)节能工程设计文件(包括热工计算书)及相关设计变更文件;

(三)施工图设计审查文件;

(四)建筑节能材料、产品、构(配)件的相关性能指标测试报告及产品合格证;

(五)建筑节能材料及产品的认证资料。

第十一条 检测机构接受检测委托后应当及时对工程进行现场检验检测,其结果经检验检测人员签字后,由检测机构技术负责人签署,出具《河南省建筑节能热工性能现场检测报告》。

第十二条 住宅小区建筑节能检测采取抽检方式。节能保温做法相同的建筑物应当随机抽样检测,抽检比例为幢号数的20%;不同的节能保温做法应当分别抽样检测。

第十三条 检测机构必须严格按照国家有关规定和《河南省居住建筑节能检测及验收技术规程》(DBJ41/065—2005)进行检测;检测费用按省有关规定执行。

第十四条 检测机构在进行检验检测业务时发现严重质量隐患,应当及时告知委托单位,并立即以书面形式报告当地建设行政主管部门。

第十五条 经检测合格的工程,由开发或建设单位向认定机构申请节能建筑认定,并提供以下资料:

(一)《河南省节能建筑认定申请书》;

(二)检测机构出具的《河南省建筑节能热工性能现场检测报告》;

(三)节能工程设计文件(包括热工计算书)及相关设计变更文件;

(四)施工图设计审查文件;

(五)建筑节能材料、产品、构(配)件的相关性能指标测试报告及产品合格证;

(六)建筑节能材料及产品的认证资料。

第十六条 认定机构受理开发或建设单位的认定申请后,应当及时组织专家审查资料和查验现场,并进行评审。对评审合格者,颁发《河南省节能建筑认定证书》(以下简称《节能建筑认定证书》)和《河南省节能建筑标志》(以下简称《节能建筑标志》),作为办理工程竣工验收备案的必备资料。

未取得《河南省节能建筑认定证书》的建设工程项目,不予办理工程竣工验收备案手续。

第十七条 经评审达不到建筑节能标准的建设工程项目,开发或建设单位应当按照国家和本省有关规定要求,在限期整改完成后,重新申请认定;仍达不到建筑节能标准的,按有关规定进行处罚。

第十八条 对不按照《河南省居住建筑节能检测验收技术规程》和本办法要求进行检验检测的检测机构,由省、市建设行政主管部门责令改正;情节严重的,由省建设行政主管部门取消其建筑节能检测资质,并按有关规定进行处理。

第十九条 省、市认定机构应当定期对认定的节能建筑进行通告，并对其认定的节能建筑进行跟踪管理。

对查实违反本办法的行为，应当予以公开通报批评；对情节严重的，予以收回其《节能建筑认定证书》和《节能建筑标志》。

第二十条 对玩忽职守、滥用职权、徇私舞弊的建筑节能检测、认定人员，依法追究其行政责任或法律责任。

第二十一条 既有建筑节能改造和公共建筑的节能检测与认定，参照本办法执行。

第二十二条 《河南省建筑节能检测委托书》、《河南省建筑节能热工性能现场检测报告》、《河南省节能建筑认定申请书》由省建设行政主管部门制定样式，各市复制印发。《河南省节能建筑认定证书》、《河南省节能建筑标志》由省建设行政主管部门统一印制，各市认定机构到省认定机构统一领取。

第二十三条 本办法由省建设行政主管部门负责解释。

第二十四条 本办法自 2005 年 7 月 1 日起实施。

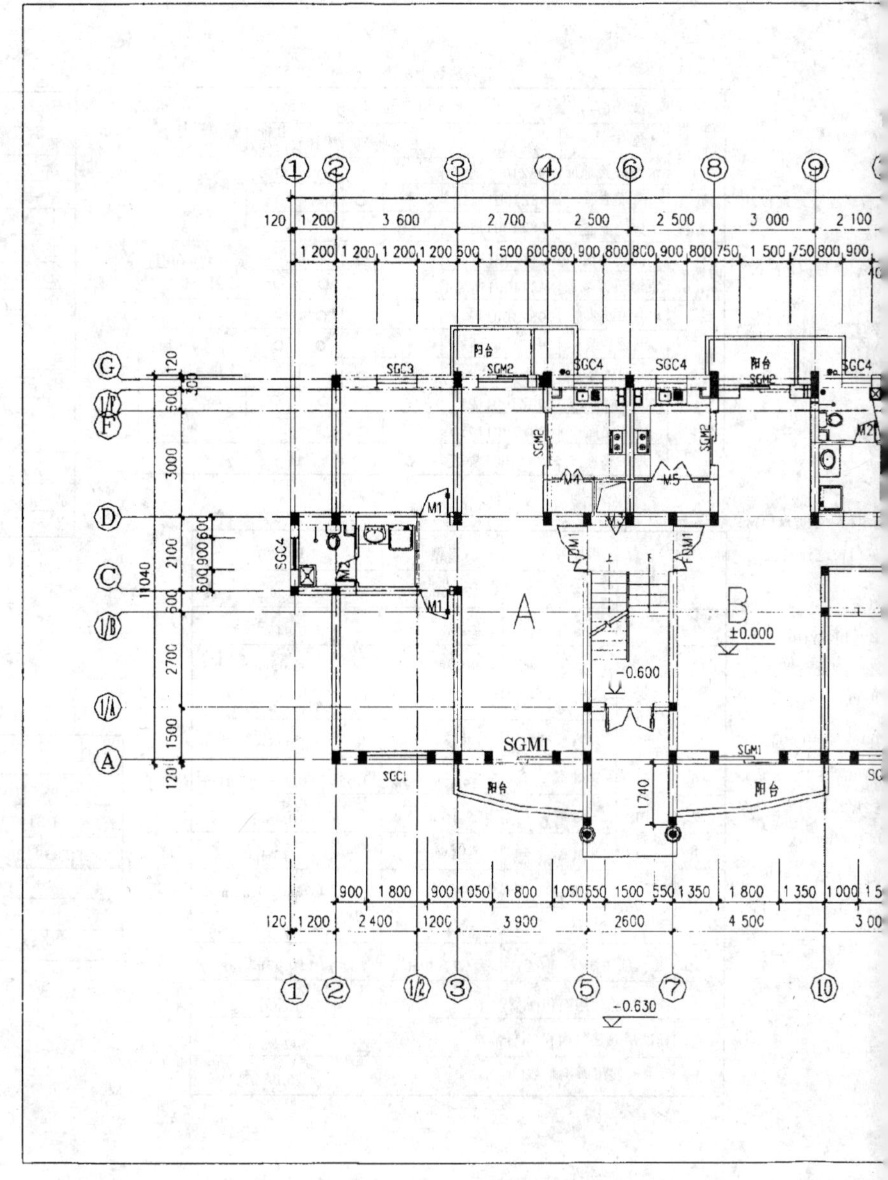

阳台
SGC3
SGM2
SGC4
SGC4
SGM1
SGC1
A
B
±0.000
-0.600
-0.630
M1
M2
M4
M5
FM1
1740
11040

行《建筑地面设计
法表。
1%坡度坡向地漏，
混凝土填实。
)。

图。
21-2。

单框中空玻璃门窗，
见门窗统计表。

均选用98YJ101
作防腐处理。

.00，西向0.003。
/W (m²·K)。
抹2厚饰面石膏
.76W/(m²·K)。
饰面石膏
<1.05W/(m²·K)。
=2.7W/(m²·K)。

。

室内装修做法表

项目	做法		适用位置				备注
	名称	编号	卫生间	厨房	楼梯	其他房间	
地面	水泥砂浆地面	98ZJ001地1			○	○	
	地砖地面	98ZJ001地19		○			
	地砖地面	98ZJ001地50	○				
内墙面	面砖墙面	98ZJ001地内8	○	○			外罩939白色涂料一道
	混合砂浆墙面	98ZJ001地墙4			○	○	
踢脚	水泥砂浆	98ZJ001踢4			○	○	150
顶棚	混合砂浆	98ZJ001顶3			○	○	外罩939白色涂料一道
	水泥砂浆	98ZJ001顶4	○	○			
楼面	水泥砂浆楼面	98ZJ001楼1			○	○	
	地砖楼面	98ZJ001楼10		○			
	地砖楼面	98ZJ001楼27	○				

经济技术指标

序号		指标列项	A户型	B户型
1	各功能空间使用面积	客厅	17.56m²	22.83m²
2		餐厅	9.59m²	9.94m²
3		厨房	6.03m²	6.03m²
4		卫生间	6.36m²	6.81m² 5.13m²
5		户内楼梯	12.18m²	12.18m²
6		卧室	12.29m² 15.32m²	23.65m² 10.93m² 10.10m²
7		过道	9.16m²	10.48m²
8		储藏	1.08m²	4.13m²
9		阳台	3.02m² 4.28m²	4.96m² 3.23m²
10	套内使用面积(m²/套)		77.39m²	110.03m²
11	标准层总使用面积(m²)			407.48m²
12	标准层总建筑面积(m²)			542.88m²
13	标准层使用面积系数(%)			75.06%²

图纸目录

图号	图纸名称	备注
建施 1	首页	2#加长
建施 2	门窗表 门窗大样	2#
建施 3	一层平面图	2#加长
建施 4	二—六层平面图	2#加长
建施 5	屋顶平面图	2#加长
建施 6	①-㉚立面图	2#加长
建施 7	㉚-①立面图	2#加长
建施 8	Ⓐ-Ⓘ立面图 1-1剖面图	2#加长
建施 9	Ⓘ-Ⓐ立面图	2#
建施 10	楼梯详图	2#
建施 11	厨房卫生间大样	2#加长
	阳台平面立面大样	
	楼梯入口造型大样	
建施 12	屋顶节点详图(一)	2#加长
建施 13	墙剖大样及屋顶节点详图(二)	2#加长

利用图表

序号	图集号	利用图名称	备注
1	98YJ101	建筑构造用料做法	省标
2	DBJ41/	保温隔热复合板	”
3	T039-2000	CCP倒置式屋面技术规程	”
4	JSJ-216	硬聚氯乙烯塑钢窗	国标
5	新J90-1	标志牌	院标
6	98ZJ-	中南标全套	全套

建筑设计说明

一、设计依据

1.新乡市博筑房地产开发有限责任公司提供的河南新乡博筑花园总平图规划。

2.新乡市规划局关于新乡市博筑房地产开发有限责任公司“河南新博筑花园总平面图”的批复批文，028号。

3.建设单位所提设计要求。

4.本院与新乡市博筑房地产开发有限责任公司签订的建设工程设计合同（合同号2005-004）

5.本院下达的任务通知书。

6、国家有关建筑设计规范及标准：

《民用建筑设计通则》JGJ37—87 《房屋建筑制图统一标准》GB/T500—2001

《住宅设计规范》GB50096—99

《民用建筑节能设计标准实施细则》DBJ411041-2000

《国家康居示范工程成套技术量化评定指标》

二、项目概况

1.本工程为新乡博筑房地产开发有限责任公司博筑花园多层住宅8#（9#）楼

2.总建筑面积3257.28m^2， 建筑基底面积542.88m^2

3.建筑层数为六层，建筑高度18.98m,地上六层。

4.建筑结构形式为砖混结构，建筑结构的类别为三类，合理使用年限为50年，抗震设防烈度为8度。

5.耐火等级为二级。

6.住宅户型经济指标详列表。

7.本工程设计包括建筑、结构、暖、电。

三、设计标高

1.本工程±0.000相当于绝对高程由甲方和规划测量部门确定，室内外高差630。

2.各层标注标高为完成面标高（建筑面标高），屋面标高为结构面标高。

3.本工程标高以米为单位，其他尺寸以毫米为单位。

四、墙体工程

1.墙体的基础部分详见结施图。

2.墙体厚度、构造柱设置均以结施为准。

3.凡未注明的墙体均应砌至梁底或板底。

4.墙身防潮层：有地圈梁的可不作防潮层，没有地圈梁的在室内地坪下60处做20厚1：2水泥砂浆内加5%防水剂。

5.墙中预留洞位置大小见设备图，洞口应随砌随抹光，以确保管线（管道）的密闭性。

6.±0.000以上为多孔砖,±0.000以下为实心黏土砖。

五、屋面工程

1.本工程的屋面防水等级为三级，防水层合理使用年限为10年。

做法为：所有坡屋面做法采用98ZJ001屋30。所有不上人平屋面做法98ZJ001屋13。

六、建筑施工及用料说明　建筑构造做法均采用98ZJ001

6.1 内装修工程

6.1.1 内装修工程执行《建筑内部装修设计防火规范》,楼地面[illegible]规范》。内墙面、墙裙、踢脚、楼地面、顶棚见室装修[illegible]

6.1.2 凡设有漏房间应做防水层，防水层做法为SBS防水卷材，均[illegible]并沿墙上翻250。

6.1.3 楼板上管道预留孔应在管道安装后与楼板用原设计标[illegible]

6.1.4 所有门窗洞口内墙阳角均做水泥护脚，做法见98ZJ501[illegible]

6.2 外装修工程

外墙装修选用98ZJ001，外墙22，部位及色彩索引详见立[illegible]

外墙外保温选用50厚聚苯乙烯泡沫板，做法详见国标99J[illegible]

6.3 门窗工程

6.3.1 本工程门窗定位未注明者，立樘均居墙中，外墙门窗采用塑[illegible]

所有窗的开启扇配纱扇，通阳台的门配纱门，门窗选型[illegible]

6.3.2 底层外墙门均设防盗措施，规格和形式由甲方定。

6.4 油漆工程

所有木门及木制构件油漆均选用98YJ101涂1，所有铁制构件油[illegible]涂13，颜色自定。金属预埋件均须作防锈处理，木质预埋件须[illegible]

七、节能设计

1.体型系数：0.28，窗墙面积比：北向0.22，南向0.24，东向[illegible]

2.平屋面采用CCP保温隔热复合板倒置式屋面，总传热系数0.[illegible]

3.坡屋面顶棚保温做法；板底粘帖50厚聚苯乙烯泡沫塑料板，[illegible]敷设玻璃纤维布一道·抹3厚饰面石膏,外墙平均传热系数K=[illegible]

4.外墙面保温做法：外墙面粘贴30厚聚苯乙烯泡沫塑料·抹2[illegible]敷设玻璃纤维布一道·抹3厚饰面石膏,外墙平均传热系数[illegible]

5.外窗采用85系列白色单框双玻塑钢窗，气密性等级为Ⅱ级，[illegible]

八、施工中应注意下列问题

1.各专业设计图纸密切配合施工，如顶留孔洞及预埋件大小，位置[illegible]

2.预埋铁件均应做防锈处理,预埋木砖均应做防腐处理。

3.成品排烟道的安装应由生产厂家配合施工。

4.如有问题应及时与设计人员联系，协商解决。

13
14
45640
15
17
19
20
22
24
25
26
27
3 000
2 100
2 100
3 000
2 100
3 000
2 500
2 500
2 700
3 600
1 200
120
400
SGC3
SGC3
SGC4
SGC4
SGC4
SGC4
SGC4
SGC3
SGM2
SGM2
SGM2
SGM2
阳台
阳台
M1
M2
M5
M4
FDM1
FDM1
B
±0.000
A
-0.600
SGM1
SGM1
SGC1
SGC1
SGC2
SGC1
3 000
2 700
1 500
2 100
11040
G
1/E
F
D
C
1/B
1/A
A
3 900
3 900
3 000
4 500
2 600
3 900
3 600
12
14
16
18
21
23
25
26
N

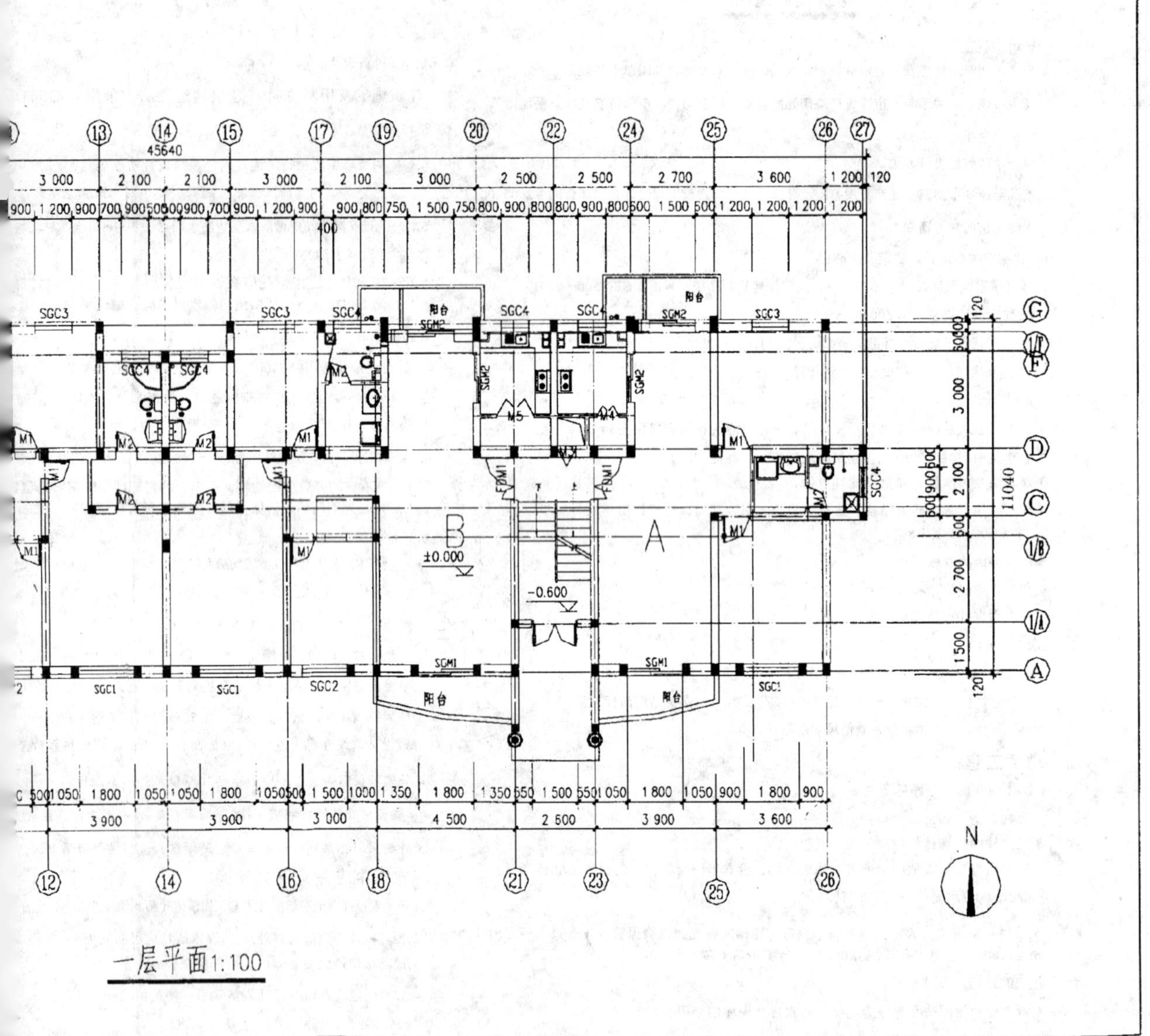

一层平面1:100

16.800
15.500
14.200
12.600
11.300
9.700
8.400
6.800
5.500
3.900
2.600
1.000
±0.000
-0.630
14.450
150
11.550
150
8.650
150
5.750
150
2.850
150
-0.050
㉚

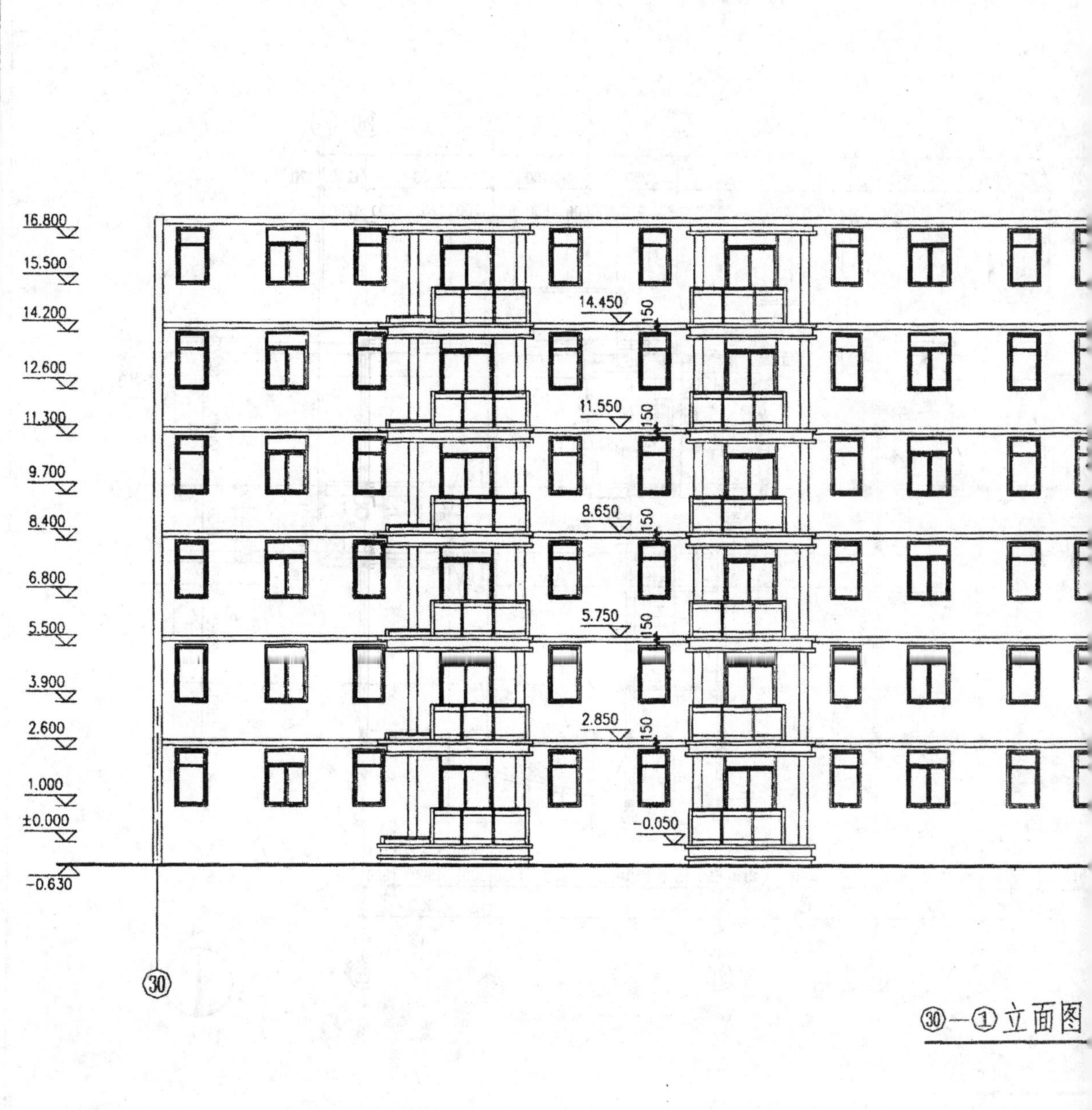

㉚—①立面图

15
17
19
20
22
24
25
26
27
3000
2100
3000
2500
2500
2700
3600
1200
120
SGC23
SGC4
阳台
SGM2
SGC34
SGC34
SGM2
阳台
SGC3
G
F
D
M2
M1
M5
M4
FDM1
SGC4
11040
B
A
SGC2
SGM1
SGM1
SGC1
SGC2
SGC1
阳台
阳台
1800
3900
3000
4500
2600
3900
3600
16
18
21
23
25
26
N

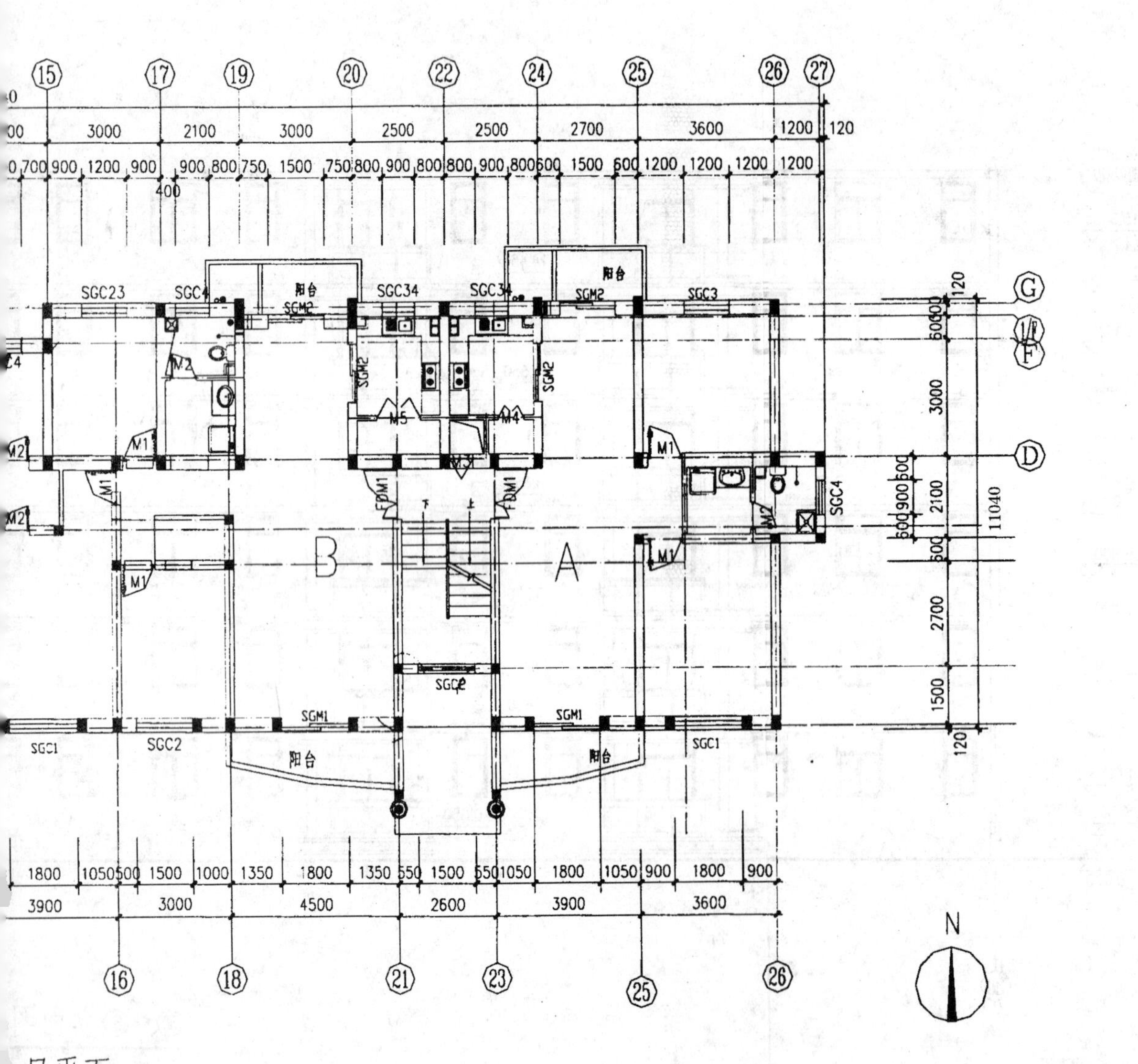

层平面1:100

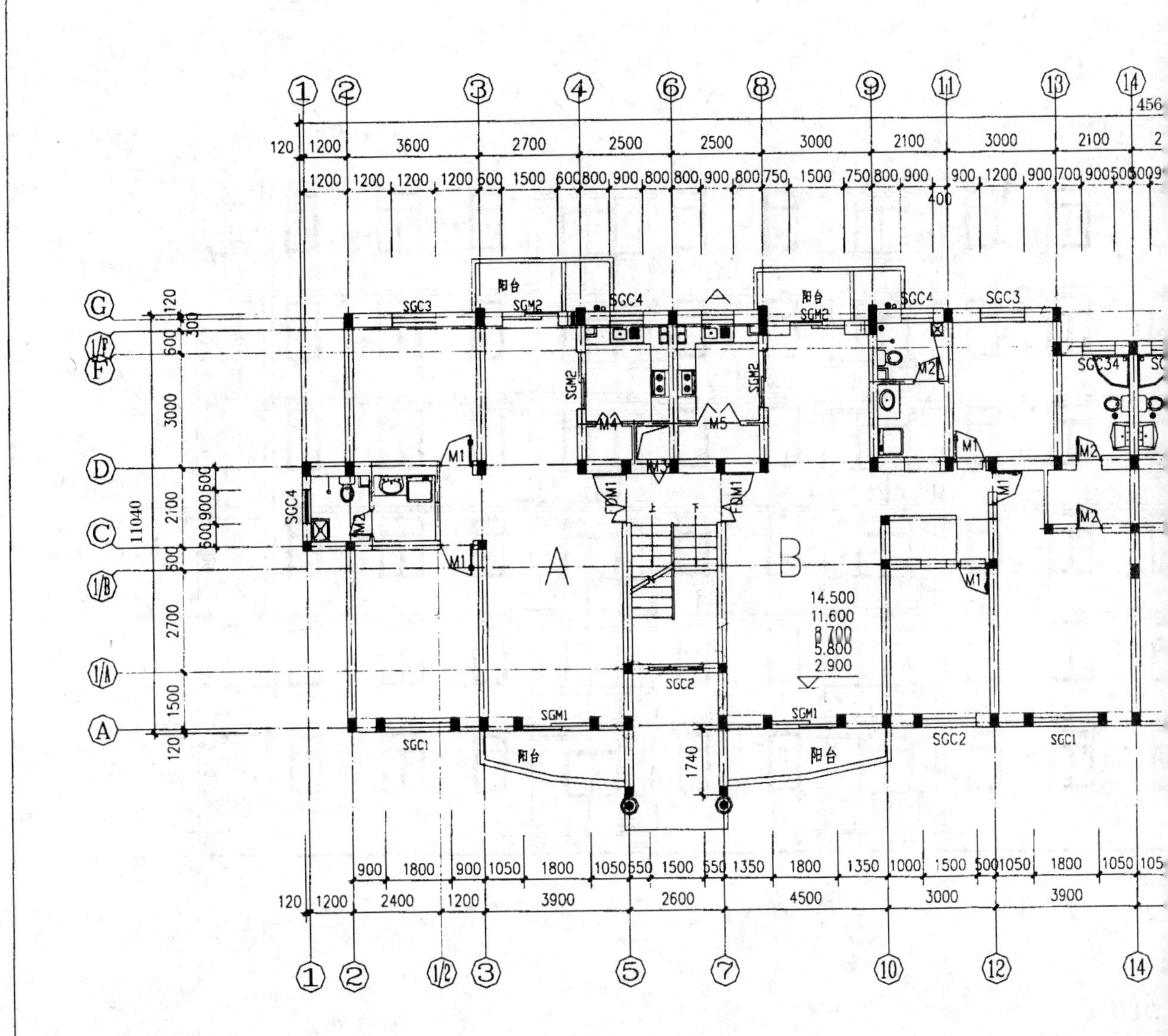

阳台
SGC1
SGC2
SGC3
SGC4
SGM1
SGM2
M1
M2
M3
M4
M5
FDM1
A
B
14.500
11.600
8.700
5.800
2.900
11040
1740
二层~

17.440
14.500 (6F)
11.600 (5F)
8.700 (4F)
5.800 (3F)
2.900 (2F)
±0.000 (1F)
-0.630
14.450
11.550
8.650
5.750
2.850
-0.050
150
400
1300
1000
1600
300
2940
2900
630

:100

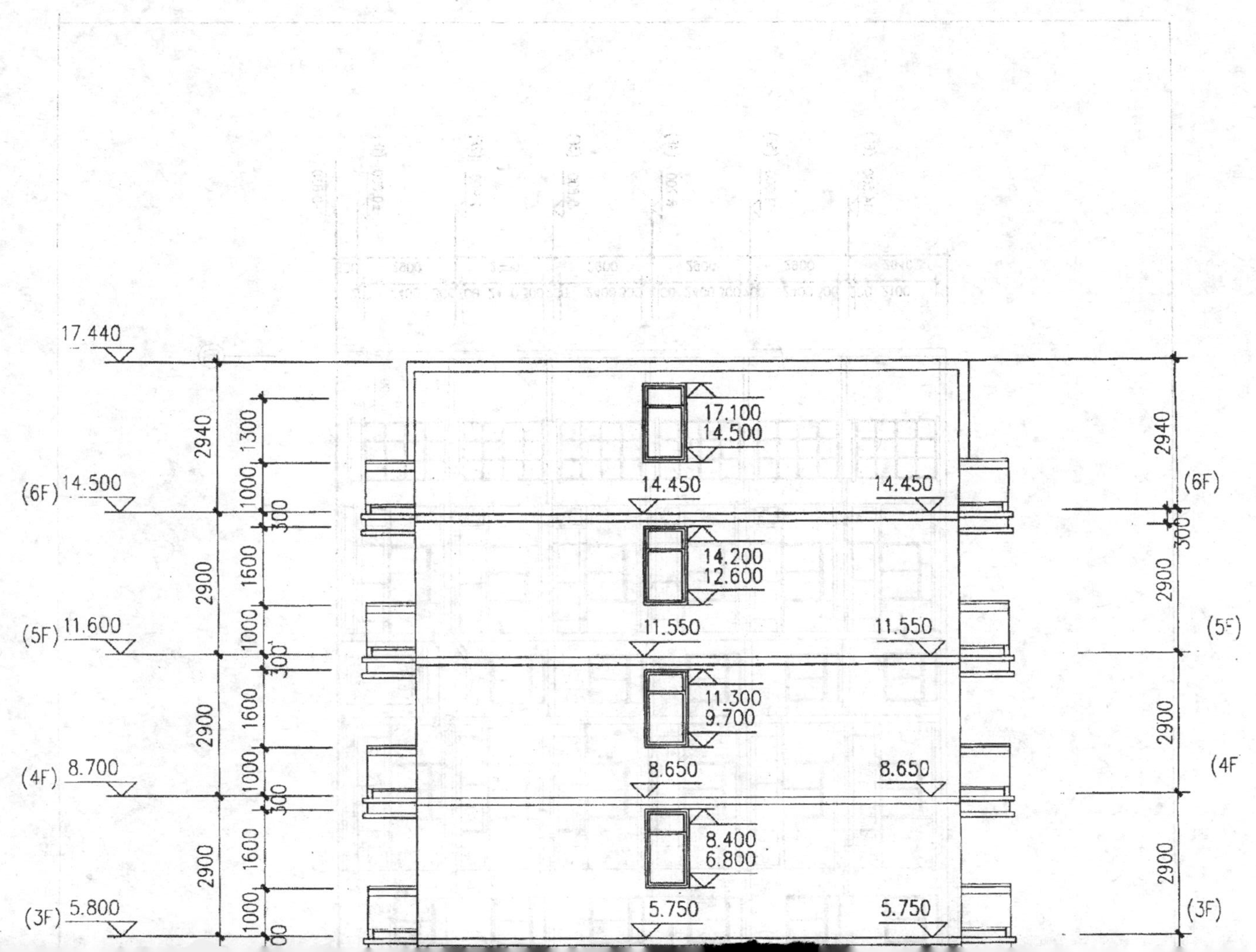

17.440
(6F) 14.500
(5F) 11.600
(4F) 8.700
(3F) 5.800
2940
2900
2900
2900
1300
1000
300
1600
1000
300
1600
1000
300
1600
1000
17.100
14.500
14.200
12.600
11.300
9.700
8.400
6.800
14.450
14.450
11.550
11.550
8.650
8.650
5.750
5.750
2940
(6F)
300
2900
(5F)
2900
(4F
2900
(3F)

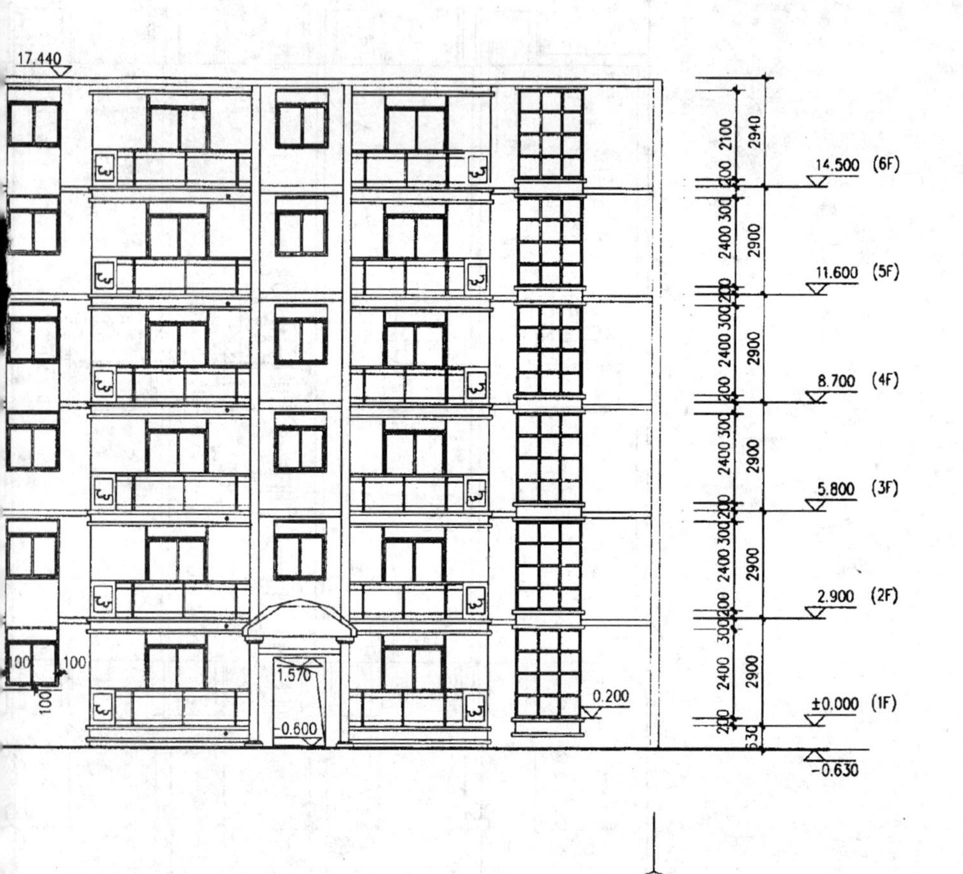
17.440
14.500 (6F)
11.600 (5F)
8.700 (4F)
5.800 (3F)
2.900 (2F)
±0.000 (1F)
-0.630
0.200
1.570
-0.600
2940
2100
2900
2400
300
200
630
100
30

17.440
14.700
14.200
11.800
11.300
8.900
8.400
5.100
3.100
2.600
±0.000
0.200
-0.630
1.570
-0.600
100
100
100
①

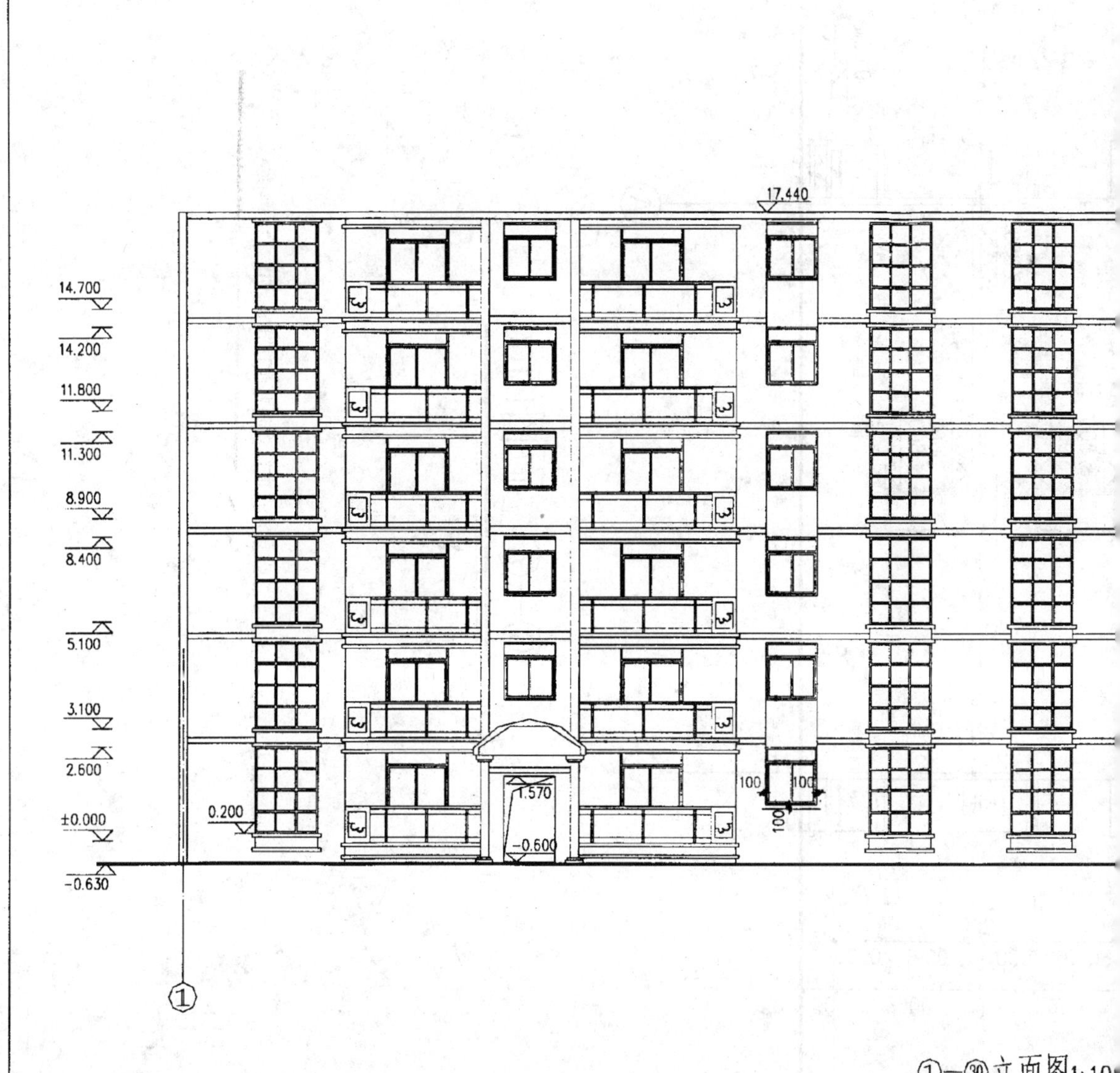

①—㉚立面图1:10

(2F) 2.900
(1F) ±0.000
2900
1600
1000
300
630
5.500
3.900
2.850
2.600
1.600
-0.050
200
G
A

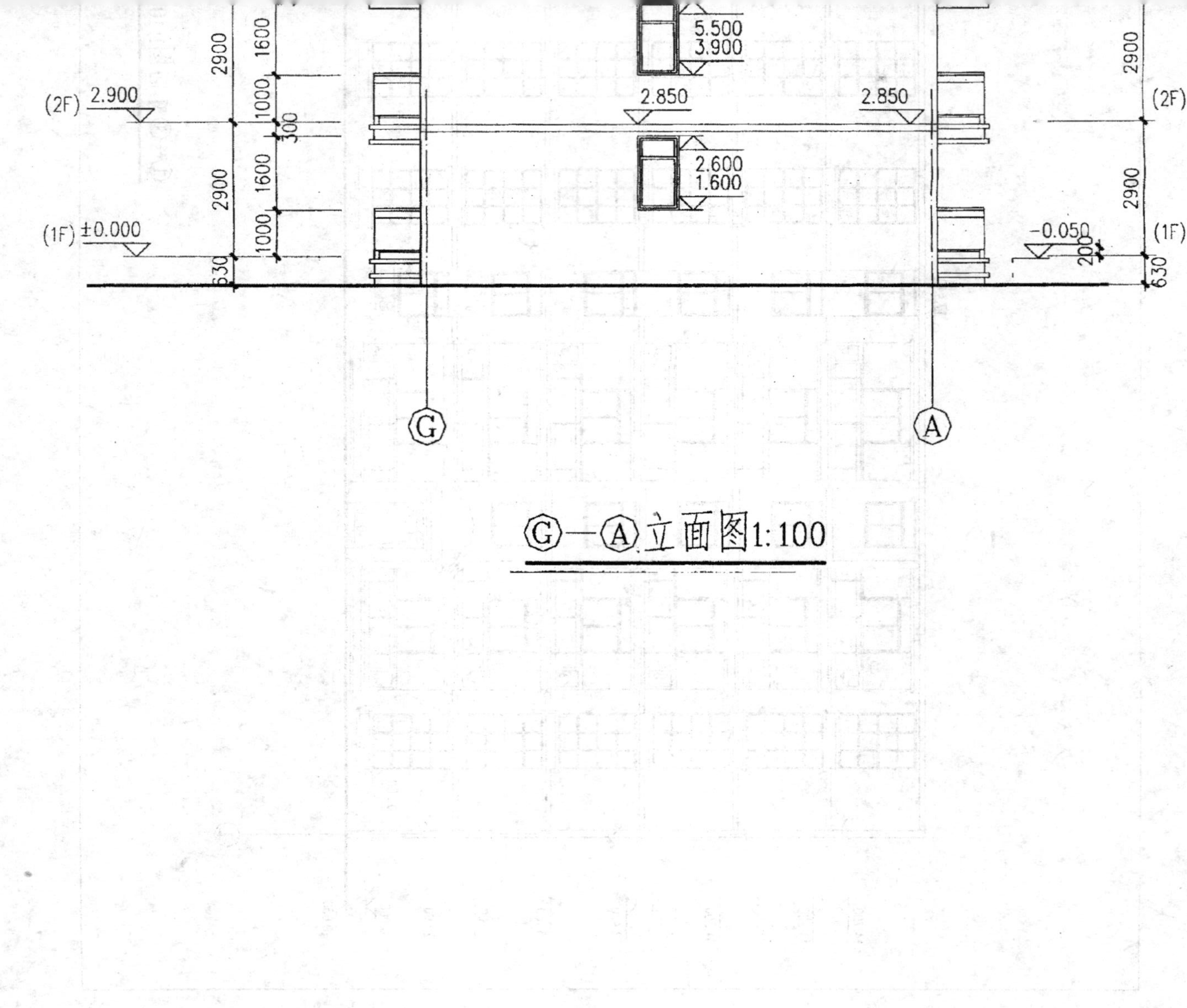

Ⓖ—Ⓐ立面图1:100